# 湖北省特高压输变电工程洪水影响评价技术要点与案例分析

徐长江　邴建平　张文杰　左　建／等　著

长江出版社
CHANGJIANG PRESS

图书在版编目（CIP）数据

湖北省特高压输变电工程洪水影响评价技术要点与案例分析 / 徐长江等著．

武汉：长江出版社，2024. 11. -- ISBN 978-7-5492-9935-5

Ⅰ．TM63

中国国家版本馆 CIP 数据核字第 20244LJ039 号

**湖北省特高压输变电工程洪水影响评价技术要点与案例分析**

HUBEISHENGTEGAOYASHUBIANDIANGONGCHENGHONGSHUIYINGXIANGPINGJIAJISHU

YAODIANYUANLIFENXI

徐长江等　著

**责任编辑：** 李春雷

**装帧设计：** 彭微

**出版发行：** 长江出版社

**地　　址：** 武汉市江岸区解放大道 1863 号

**邮　　编：** 430010

**网　　址：** https://www.cjpress.cn

**电　　话：** 027-82926557（总编室）

027-82926806（市场营销部）

**经　　销：** 各地新华书店

**印　　刷：** 武汉市卓源印务有限公司

**规　　格：** 787mm×1092mm

**开　　本：** 16

**印　　张：** 25.25

**字　　数：** 580 千字

**版　　次：** 2024 年 11 月第 1 版

**印　　次：** 2024 年 11 月第 1 次

**书　　号：** ISBN 978-7-5492-9935-5

**定　　价：** 228.00 元

# 前 言

## PREFAACE

　　湖北省地处长江中游,境内长江干流长达 1061km,约占长江干流总长的六分之一,是长江干流流经里程最长的省份,被称作"长江之腰"。湖北省境内的长江支流有汉江、沮漳河、清江、陆水、澴水、倒水、举水、巴水、浠水、富水、府澴河、通顺河、东荆河、四湖总干渠等,其中,汉江是长江最长的支流,总长 1577km,湖北省境内汉江干流长达 858km。除长江、汉江外,省内各级河流河长 5km 以上的有 4229 条,河流总长 5.9 万 km,这些中小河流受地形影响形成以长江、汉江为轴心的向心状水系。

　　蓄滞洪区是长江中下游防洪工程体系的重要组成部分,与堤防、水库等防洪工程共同构成了长江流域防洪体系,在抵御洪水、保障人民生命财产安全等方面发挥着不可替代的作用。湖北省境内分布有 12 个蓄滞洪区和 36 个分蓄洪民垸,其中荆江分洪区、洪湖东分块蓄滞洪区、杜家台蓄滞洪区均为重要蓄滞洪区。

　　2006 年,全国首条 1000kV 特高压交流试验示范工程开始建设,该工程终点变电站为湖北荆门变电站,湖北电网因此步入特高压电网建设时期。"十二五"时期开始,国家电网公司为加快实施西电东送、全国联网的步伐,积极谋划布局特高压及跨区联网工程。湖北省地处中国中部,是西电东送中通道建设区域,也是实施全国联网的重要战场之一,很多特高压及跨区联网工程在这里展开。"十三五"时期以来,国家电网重点发展跨区域特高压直流输电工程,区域内构建特高压环网实现跨省跨区相互支援。"十四五"期间,国家电网规划建成华中特高压交流环网,在湖北境内逐步建成"五交两直"特高压通道,进一步加强湖北省在华中及全国联网中的枢纽地位。湖北省境内的输变电工程,沿线跨越了众多河流、堤防及蓄滞洪区等防洪工程。

《中华人民共和国防洪法》明确规定,建设跨河、穿河、穿堤、临河的工程设施,其工程建设方案未经有关水行政主管部门审查同意的,建设单位不得开工建设。在洪泛区、蓄滞洪区内建设非防洪建设项目,应当就洪水对建设项目可能产生的影响和建设项目对防洪可能产生的影响作出评价,编制洪水影响评价报告,提出防御措施。1992 年至今,水利部相继发布了《河道管理范围内建设项目管理的有关规定》《关于加强河湖水域岸线空间管控的指导意见》《关于加强蓄滞洪区建设与管理的若干意见》《关于加强蓄滞洪区内非防洪建设项目洪水影响评价管理的意见》等加强河湖和蓄滞洪区管理的有关规定。

党的十八大以来,习近平同志多次在防汛抗洪关键时刻发表重要讲话、作出重要指示批示,提出"两个坚持、三个转变"防灾减灾救灾理念,全面提升全社会抵御自然灾害的综合防范能力。总书记强调要坚持系统观念,坚持求真务实、科学规划、合理布局,统筹好上下游、左右岸、干支流防汛,不断提升防灾减灾救灾能力。总书记的重要讲话和指示批示,为做好洪涝灾害防御工作提供了根本遵循。

近年来,长江水利委员会水文局、湖北一方科技发展有限责任公司等单位共同完成了多项湖北省特高压输变电工程的洪水影响评价项目,如金上—湖北 ±800kV 特高压、白鹤滩—浙江 ±800kV 特高压、白鹤滩—江苏 ±800kV 特高压、武汉—南昌—长沙 1000kV 特高压、荆门—武汉 1000kV 特高压、南阳—荆门—长沙 1000kV 特高压等工程,系统全面地掌握了洪水影响评价报告的编制要点、审查技术要求和审批流程。通过科学严谨的洪水影响评价,充分评估建设项目可能对防洪产生的影响,为优化建设项目布局和结构、加强河湖和蓄滞洪区管理提供了重要科学依据,减轻了洪水灾害风险,保障了防洪安全。 长江水利委员会水文局参与起草了《长江流域和澜沧江以西(含澜沧江)区域河湖管理范围内建设项目工程建设方案洪水影响审查技术标准》《长江流域蓄滞洪区内非防洪建设项目洪水影响评价审查技术标准》,为加强长江流域河湖和蓄滞洪区管理与保护发挥了重要支撑作用。

本书聚焦于洪水影响评价有关行政审批事项,结合湖北省特高压输变电工程实际案例,深入剖析了建设项目工程建设方案有关管理和审查要求、建设项目在河道管理范围内洪水影响评价、蓄滞洪区内洪水影响评价、对国家基本水文测站影响评价、防洪影响补救措施等报告编制技术要点和审查要求,同时阐述了建设项目洪水影响评价有关事项行政审批流程及要求,为建设项目洪水影响评价工作提供借鉴参考。

本书研究和编写工作由长江水利委员会水文局、湖北一方科技发展有限责任公司、中国电力工程顾问集团中南电力设计院有限公司、湖北省电力规划设计研究院有限公司等单位共同完成。本书由徐长江、邴建平、张文杰、左建主编。第1章由徐长江、张文杰、杨波、邵太华撰写;第2章由刘昕、李威撰写;第3章由邴建平、左建、邓鹏鑫、卜慧、杜涛撰写;第4章由徐长江、王琨撰写;第5章由罗兴、朱迪撰写;第6章由欧阳硕、郭卫撰写;第7章由邴建平、左建、朱迪撰写;第8章由张文杰、卜慧撰写。长江出版社对此书的出版付出了大量的心血,在此一并表示感谢。

由于作者时间和水平有限,书中难免存在疏漏和不足之处,敬请广大读者批评指正。

作　者

2024 年 10 月

# 目 录
## CONTENTS

# 第1章 绪 论

## 1.1 湖北省特高压输变电工程建设情况

### 1.1.1 湖北省经济社会发展现状及用电需求

"十四五"期间,华中四省作为我国"东中西"互动区域经济布局的重要枢纽,成为继长江三角洲经济圈、珠江三角洲经济圈和环渤海经济圈之后的全国第四增长极,承担起了东启西的战略支点任务,带动华中区域跨越式发展。随着长江经济带、中部崛起等战略快速落地,华中地区经济结构持续优化,各省经济发展具有较大潜力,电力需求将保持较快增长。

截至2022年,湖北省生产总值为53734.92亿元,按可比价格计算,比上年增长4.3%。其中,第一产业增加值4986.72亿元,增长3.8%;第二产业增加值21240.61亿元,增长6.6%;第三产业增加值27507.59亿元,增长2.7%。三次产业结构由2021年的9.3∶38.6∶52.1调整为9.3∶39.5∶51.2。区域经济竞相发力,武汉市经济总量接近2万亿元,襄阳、宜昌加速迈向6000亿元,2000亿元以上城市增至9个,全国百强县增至8个,区域协同发展格局加快形成。

在建设梯队中,电力建设必须早于经济建设,输变电工程建设是电力建设的重要组成部分。电力是现代工业社会的基础,几乎所有的经济活动都离不开电力的支持。无论是制造业、服务业还是农业,都需要电力来驱动机器设备、提供照明和保证运营。因此,电力建设的先行,是确保经济建设顺利推进的关键。

电力的发展水平是衡量一个国家经济实力和技术水平的重要标志。随着科技的进步和产业的发展,对电力的需求也在不断增加。只有电力建设先行,才能满足经济发展对电力的需求,为经济建设提供源源不断的动力。

电力先行还能够促进能源的可持续发展。随着全球能源结构的转型和应对气候变化的压力增加,清洁能源和可再生能源的发展成为必然趋势。电力作为清洁能源和可再生能源的主要应用领域之一,其先行发展能够为能源转型提供有力支持,推动国家能源结构的优化和可持续发展。

随着"双循环"新发展格局逐步完善和电能替代的大范围推广,预计湖北的电气化水平将稳步提升,全社会用电量、全社会最大负荷稳步增长。

湖北省 2025 年、2030 年全社会用电量分别为 3000 亿 kW·h、4150 亿 kW·h,"十四五""十五五"期间年均增长率分别为 6.9%、6.7%。湖北省 2025 年、2030 年全社会最大负荷分别为 58500MW、74000MW,"十四五""十五五"期间的年均增长率分别为 6.5%、4.8%。

湖北省电力盈亏控制月份通常为夏季的 8 月。电力平衡计算结果表明,考虑三峡分电以及灵宝背靠背、陕武直流等区外送入电力后,2025 年,湖北省夏季最大电力缺口约为 7150MW,冬季最大电力缺口约为 1450MW;2030 年,湖北省夏季最大电力缺口约为 23160MW,冬季最大电力缺口约为 14820MW。从上述数据可以看到,未来仍存在较大的电力缺口,为了保证经济建设的稳步向前,必须加大电力建设的力度。

经济建设,电力先行。我们应该充分认识电力在经济发展中的重要作用,加强电力建设,为经济建设提供坚实的电力保障。同时,还要注重推动电力技术的创新和发展,提高电力供应的效率和可靠性,为国家的经济繁荣和社会进步做出更大的贡献。

## 1.1.2　湖北省特高压输变电工程总体情况

### 1.1.2.1　工程建设历史

"十五"期间,国家电网特高压电网规划思路是形成 7 大区域电网,区域电网之间通过特高压直流互联。"十一五"后,国家电网提出围绕华北、华东、华中负荷中心,通过特高压交流电网相连,形成"三华"联网。"三华"同步电网建成"五纵六横"特高压主网架。形成以"三华"电网为核心,通过直流和东北电网、西北电网、南方电网互联,联接各大煤电基地、大水电基地、大核电基地、大可再生能源基地和主要负荷中心的坚强电网结构,充分发挥特高压交流和直流的功能,提高受端电网电力承接和消散能力。山西、陕西、蒙西、锡林郭勒盟、宁东煤电基地通过特高压交流就近接入"三华"电网,部分电力通过直流直送负荷中心。国家电网形成交直流混合运行的输电格局。湖北电网在形成国家电网"强交、强直"特高压输电网络中迈出新的步伐。2009 年 1 月 6 日,全国首个 1000kV 特高压工程建成投运,开辟了湖北通过特高压电网接受北方火电资源的新纪元。2011 年 12 月 16 日,晋东南—南阳—荆门 1000kV 特高压交流试验示范工程扩建工程投运。

"十三五"以来,国家电网重点发展跨区域特高压直流输电工程,在区域内构建特高压环网实现跨省跨区相互支援。根据国家能源局《关于加快推进一批输变电重点工程规划建设工作的通知》(国能发电力〔2018〕70 号)及纳入规划情况,"十四五"期间,规划建成华中特高压交流环网,着力构建华中区域风光水火储一体化资源优化配置平台,湖北境内逐步建成"五交两直"特高压通道,进一步加强在华中及全国联网中的枢纽地位。

### 1.1.2.2 工程建设现状

2006 年,全国首条 1000kV 特高压交流试验示范工程开始建设,该工程终点变电站为湖北荆门变电站,湖北电网因此步入特高压电网建设时期。"十二五"开始,国家电网公司为加快实施西电东送、全国联网,积极谋划布局特高压及跨区联网工程。湖北省地处中国中部,是西电东送中通道建设区域,也是实施全国联网的重要战场之一,很多特高压及跨区联网工程都在这里展开。

目前,湖北省境内已经建成投运的特高压工程如下:

(1)晋东南—南阳—荆门 1000kV 特高压交流试验示范工程

2006 年 8 月开工,2009 年 1 月投运。起点山西,终点湖北,途经山西、河南、湖北3 省。

(2)向家坝—上海±800kV 特高压直流输电示范工程

2008 年 12 月开工,2010 年 7 月投运。起点四川,终点上海,途经四川、重庆、湖南、湖北、安徽、浙江、江苏、上海 8 省(直辖市)。

(3)锦屏—苏南±800kV 特高压直流输电工程

2009 年 4 月开工,2012 年 12 月投运。起点四川,终点上海,途经四川、云南、重庆、湖南、湖北、安徽、浙江、江苏 8 省(直辖市)。

(4)酒泉—湖南±800kV 特高压直流输电工程

2015 年 6 月开工,2017 年 6 月投运。起点甘肃,终点湖南,途经甘肃、陕西、重庆、湖北、湖南等 5 省(直辖市)。

(5)陕北—湖北±800kV 特高压直流输电工程

2019 年 5 月开工,2021 年 12 月投运。起点陕西,终点湖北。途经陕西、山西、河南、湖北 4 省。

(6)白鹤滩—江苏±800kV 特高压直流输电线路工程

2020 年 12 月开工,2022 年 7 月投运。起点四川,终点江苏,途经四川、重庆、湖北、安徽、江苏等 4 省。线路长度约 2095.8km。

湖北一方科技发展有限责任公司承担了《白鹤滩—江苏±800kV 特高压直流输电线路工程跨越汉江及穿越潦市分蓄洪民垸洪水影响评价报告》的编制工作。

工程线路在湖北省荆门市钟祥市磷矿镇淅河口上游约 4km 处跨越汉江,跨越汉江左岸潦市堤后进入潦市分蓄洪民垸(图 1.1-1)。

汉江大跨越工程(N5043～N5046)右岸位于湖北省钟祥市磷矿镇刘家庄村,左岸位于湖北省钟祥市丰乐镇枫梓堰村,杆塔采用"耐—直—直—耐"跨越方式,档距为750.00m—1522.00m—503.00m。两岸跨越塔立在堤外迎水侧河漫滩地,锚塔立在堤内背水侧。

工程线路跨越潞市堤防后进入潞市分蓄洪民垸,分蓄洪民院内共布设21座杆塔,对应杆塔编号为N5046～N5065N,档距为371.00～549.00m,分蓄洪民垸内线路长度9.84km。

**图 1.1-1　工程跨越汉江及潞市分蓄洪民垸平面位置示意图**

(7)荆门—武汉 1000kV 特高压交流输变电工程

2021 年 3 月开工,2022 年 12 月投运。起点湖北荆门,终点湖北武汉,途经湖北荆门、天门、孝感、武汉、黄冈 5 市。路径全长约 238km。

荆门站—屈家岭管理区与京山市交界段路径全长约 50.5km,其中王家滩汉江跨越长 2.21km,一般线路段长约 48.29km。本段工程线路自西向东穿越邓家湖分蓄洪民垸、小江湖分蓄洪民垸后,于荆门市沙洋县王家滩附近跨越汉江进入钟祥市旧口镇,于天门市方家营村北跨越郑刘桥河、京山市永隆镇严家墩村西侧跨越天门河、京山市蔡家垱村北跨越支流青木垱河(图 1.1-2)。

长江水利委员会水文局承担了荆门—武汉 1000kV 特高压交流输变电工程跨越汉江、天门河、郑刘桥河、青木垱河、邓家湖分蓄洪民垸、小江湖分蓄洪民垸的洪水影响评价报告编制工作。

王家滩汉江大跨越方案右岸跨越点位于沙洋县马良镇张集村王家滩附近,左岸位于钟祥市旧口镇联兴大队的李家河附近,杆塔采用"耐－直－直－耐"跨越方式,杆塔编号为 J1012、Z1036、Z1037、J1013,档距为 540m－1220m－450m;J1018 转角塔与 Z1055 直线塔跨越郑刘桥河,杆塔档距 485m;J1020 转角塔与 Z1062 直线塔跨越天门河,杆塔档距 480m;Z1071 直线塔与 J1021 转角塔跨越青木垱河,杆塔档距 411m。

邓家湖分蓄洪民垸内新建杆塔 12 基,杆塔编号为 Z1007～Z1019,线路总长度约 5.90km。

小江湖分蓄洪民垸内新建杆塔 18 基,杆塔编号为 J1008～J1012L/R,线路总长度约 9.15km。

图 1.1-2  工程跨越汉江及分蓄洪民垸平面位置示意图

(8)南阳—荆门—长沙 1000kV 特高压交流工程

2021 年 6 月开工,2022 年 10 月投运。起点河南,终点湖南,途经河南、湖北、湖南 3 省。工程线路全长 635.5km,其中南阳—荆门段采用单回路架设,路径长度 289.0km,荆门—长沙段采用双回路架设,路径长度 346.5km。

湖北一方科技发展有限责任公司承担了南阳—荆门—长沙 1000kV 特高压交流工程包 4 段和包 5 段工程跨越长江、洪湖蓄滞洪区、江南陆城分蓄洪民垸的洪水影响评价报告编制工作。

线路包 4 段工程于监利县毛市镇陡湖村附近跨越洪排河右岸洪湖主隔堤后进入洪湖蓄滞洪区,线路穿越洪湖蓄滞洪区中分块和西分块,于螺山镇西北侧跨越螺山干渠、S13 武监高速后跨越洪湖监利长江干堤。

工程于长江中游螺山河段跨越长江,采用一档跨越长江的方式,杆塔编号

N4151～N4154。

包 5 段工程一般线路起于螺山长江大跨越终点(N4154),止于岳阳县与汨罗市交界(N6001)。N5001～N5010 共 10 基塔穿越江南陆城分蓄洪民垸,于 N5010～N5011 跨越江南陆城分蓄洪民垸东南侧自然高地边界。

(9)白鹤滩—浙江±800kV 特高压直流输电线路工程

2021 年 11 月开工,2023 年 6 月投运。起点四川,终点浙江,途径四川、重庆、湖北、安徽、浙江 5 省(直辖市)。线路长度约 2140.2km,包括 4 个大跨越,分别为四川宜宾岷江大跨越(2.656km),重庆江津长江大跨越(2.5km),湖北钟祥汉江大跨越(2.811km),安徽池州长江大跨越(3.5km)。

湖北一方科技发展有限责任公司承担了《白鹤滩—浙江±800kV 特高压直流输电线路工程跨越汉江及穿越潞市分蓄洪民垸洪水影响评价报告》的编制工作。

工程线路在湖北省荆门市钟祥市磷矿镇涮河口上游 4km 处跨越汉江,距下游在建的碾盘山水利枢纽约 18km,跨越汉江左岸潞市堤后进入潞市分蓄洪民垸(图 1.1-3)。

汉江大跨越工程(N5046～N5049)右岸位于钟祥市磷矿镇凹子湖村,左岸位于钟祥市丰乐镇枫梓堰村,杆塔采用"耐—直—直—耐"跨越方式,档距为 708.00m－1523.00m－580.00m。两岸跨越塔立在堤外迎水侧河漫滩地,锚塔立在堤内背水侧。

工程线路跨越潞市堤防后进入潞市分蓄洪民垸,分蓄洪民垸内共布设 20 座杆塔,对应杆塔编号为 N5049～N5068,档距为 395.00～596.00m,分蓄洪民垸内线路长度 9.63km。

(10)武汉—南昌 1000kV 特高压交流工程

2022 年 9 月开工,2024 年 9 月投运。起点湖北,终点江西,途经湖北、江西 2 省。

长江水利委员会水文局承担了《武汉—南昌特高压工程 1000kV/500kV 鲍家林长江大跨越洪水影响评价报告》的编制工作。

工程线路在长江中游田家镇河段,跨越长江,左岸为黄冈市蕲春县蕲州镇,右岸为阳新县黄颡口镇侯家矶(图 1.1-4)。

工程跨越长江方案采用混压四回路(1000kV/500kV)过江,跨越方式为"耐(耐)—直—直—耐(耐)",跨越档档距为 1728m。其中:

1000kV 线路:档距为 642.00m—1728.00m—494.00m(SN2092—SSN2094—SSN2095—SN2097),耐张段全长为 2.864km。

500kV 线路:档距为 497.00m—1728.00m—401.00m(SN2093—SSN2094—SSN2095—SN2096),耐张段全长为 2.626km。

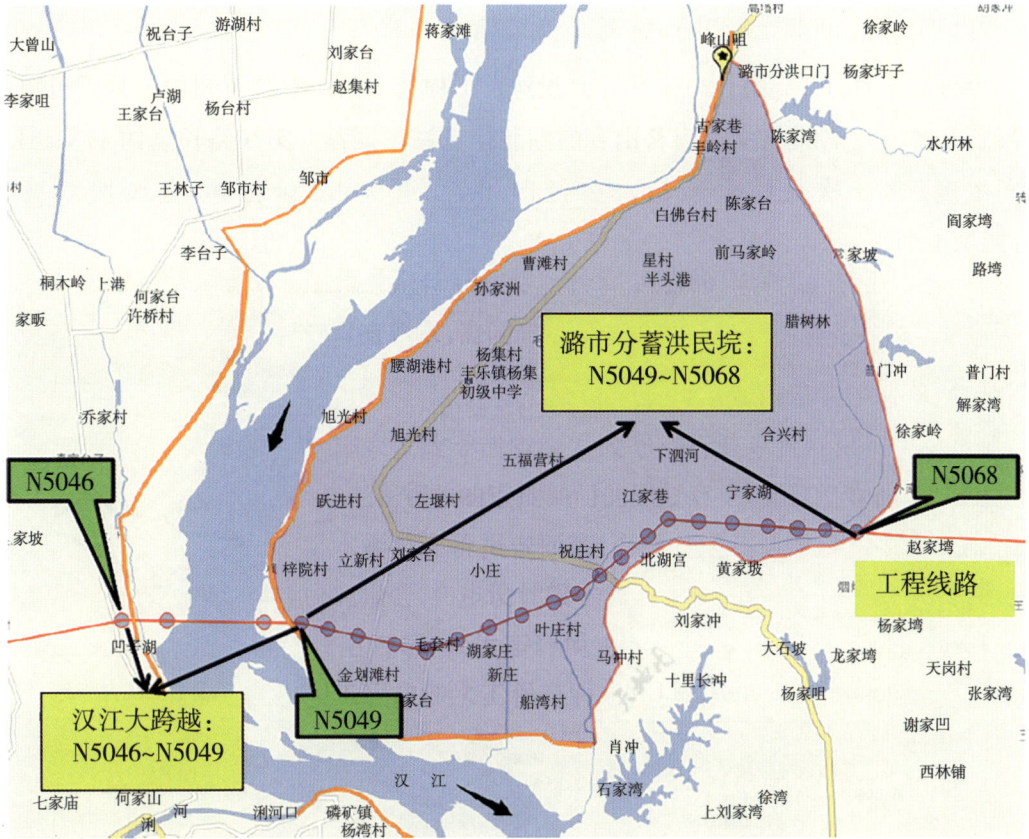

图 1.1-3　工程跨越汉江及潞市分蓄洪民垸平面位置

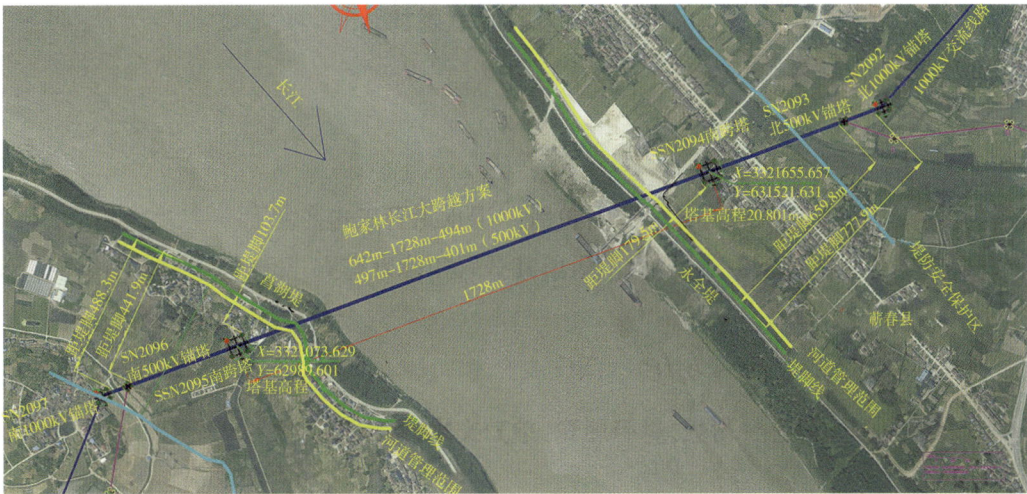

图 1.1-4　工程跨越长江平面布置

（11）金上—湖北±800kV特高压直流输电工程

2023年7月开工，预计2025年4月投运。工程起于四川省甘孜州白玉县盖玉镇的帮果换流站，止于湖北省大冶市茗山乡的湖北换流站。推荐方案线路长度约1784.1km（2%裕度，含3次长江大跨越），途经四川省、重庆市、湖北省，全线按双极架设（图1.1-5）。

**图1.1-5　工程跨越河流及蓄滞洪区平面位置**

湖北一方科技发展有限责任公司承担了金上—湖北±800kV特高压直流输电工程荆州长江大跨越、咸宁长江大跨越、虎渡河跨越工程、松滋河（东西支）跨越工程洪水影响评价报告的编制工作。

荆州长江大跨越工程（以下简称荆州长江大跨越）位于长江中游上荆江河段，左岸为湖北省荆州市江陵县滩桥镇，跨越荆江大堤；右岸为湖北省荆州市公安县埠河镇，跨越荆南长江干堤。工程采用"耐—直—直—耐"跨越方式跨越长江，共布置4座杆塔（N7452～N7455），档距为805m—1624m—636m，耐张段全长3.065km。

咸宁长江大跨越工程（以下简称咸宁长江大跨越）位于长江中游嘉鱼河段，左岸为湖北省荆州市洪湖市龙口镇，跨越洪湖监利长江干堤，右岸为湖北省咸宁市嘉鱼县鱼岳镇，跨越咸宁长江干堤。工程采用"耐—直—直—耐"跨越方式跨越长江，共布置4座杆塔（N8300～N8303），档距为570m—1800m—420m，耐张段全长2.79km。

松西河跨越工程位于松西河上游河段，左岸为荆州市松滋市八宝镇，右岸为荆州市松滋市八宝镇；工程采用"耐—直—直—耐"跨越方式跨越松西河，共布置4座杆塔（N7005～N7008），档距为323m—756m—385m，耐张段全长1.464km。

松东河跨越工程位于松东河上游河段,左岸为荆州市松滋市沙道观镇,右岸为荆州市松滋市八宝镇景星村水闸北侧;工程采用"直—直—直—耐"跨越方式跨越松东河,共布置 4 座杆塔(N7029～N7032),档距为 419m—627m—272m,跨越工程全长 1.318km。

虎渡河跨越工程位于虎渡河上游河段,左岸为湖北省荆州市公安县埠河镇,右岸为湖北省荆州市荆州区弥市镇;工程采用"耐—直—直—直"跨越方式跨越虎渡河,共布置 4 座杆塔(N7424～N7427),档距为 359m—849m—452m,跨越工程全长 1.66km。

湖北省境内水系发达,素有"千湖之省"之称,江河湖库和蓄滞洪区分布众多。输电线路是线性工程,往往涉及多个县市,沿线可能跨越众多河流、蓄滞洪区、水库、湖泊等水体及防洪工程。为满足电力、水利的行业要求,依法合规地进行输电线路建设,需开展涉水工程洪水影响评价专题工作。

## 1.2　湖北省河湖及蓄滞洪区概况

### 1.2.1　河湖水系概况

湖北省位于我国中部,是长江流域的主要省份之一,境内水系发达,河流纵横,全省面积中,长江流域面积占比 99.3%,淮河流域占比 0.7%,其中淮河干流呈西南向东北流向,长约 1km,附近淮河干流的其他河段大多作为河南桐柏县与湖北随县的边界,也是两省的界河。

湖北省地处长江中游,长江自西向东流贯省内恩施、宜昌、荆州、咸宁、武汉、鄂州、黄石、黄冈 8 个市(州),巴东、秭归、夷陵、西陵、点军、伍家岗、猇亭等 41 个县(市、区),西从恩施土家族苗族自治州巴东县鳊鱼溪河口入境,东至黄冈市黄梅县滨江出境。湖北省境内长江干流长达 1061km,约占长江干流总长的六分之一,是长江干流流经里程最长的省份,被称作"长江之腰"。

湖北省境内的长江支流有汉江、沮漳河、清江、陆水、滠水、倒水、举水、巴水、浠水、富水、府澴河、通顺河、东荆河、四湖总干渠等。其中,汉江是长江最长的支流,总长 1577km,湖北省境内汉江干流长达 858km,在湖北省境内由西北向东南,流经 8 个市、20 个县(市、区),由陕西省白河县将军河进入湖北省郧西县,至武汉市汇入长江。境内的主要支流有堵河、丹江、唐白河、汉北河、南河、蛮河等。

除长江、汉江干流外,省内河长 5km 以上的有 4229 条,河流总长 5.9 万 km,流域面积 50km$^2$ 以上河流 1232 条,长约 4 万 km,这些中小河流受地形影响形成以长江、汉江为轴心的向心状水系。其中,清江是全程流经湖北省境内的最长的一条河流,其发源于恩施土家族苗族自治州利川市齐岳山，至宜昌市宜都市陆城街道注入长江。

长江干流、汉江与清江"三江"在荆楚大地汇聚，串联了湖北省的其他江河和湖泊，形成"江汉湖群"，使湖北省成为全国著名的淡水湖泊密集分布区域之一，以"千湖之省"著称，境内湖泊主要分布在江汉平原上，纳入全省湖泊保护名录的湖泊共 755 个，湖泊水面面积合计 2706.85km²。全省水面面积 100km² 以上的湖泊有洪湖、长湖、梁子湖、斧头湖 4 个，水域面积 1 km² 以上的湖泊有汤逊湖、东湖、鲁湖、后官湖等 231 个。众多的江河湖泊奠定了湖北"生态大省""湿地大省"的地位。截至 2023 年，湖北省已有洪湖、武汉沉湖、阳新网湖、神农架大九湖、公安崇湖、仙桃沙湖 6 处国际重要湿地，石首麋鹿、谷城汉江、荆门漳河、麻城浮桥河、潜江返湾湖、松滋洈水、江夏安山、远安沮河 8 处国家重要湿地，老河口西排子湖、枝江金湖、长阳清江、十堰郧阳湖、云梦涢水、荆门惠亭湖、英山张家咀、天门张家湖等 48 处省级重要湿地，它们与其他国家湿地公园、省级湿地公园、湿地保护区共同维系着长江流域乃至全国湿地的生态安全。

湖北省河流众多，长江自西向东横贯全省，汉江穿过秦岭和武当山谷，经平原洼地，于武汉汇入长江。中小河流自山区丘陵顺地势汇入长江、汉江，形成以长江、汉江为轴线的向心状水系。全省 5km 以上河流共 4229 条（不包括长江，汉江干流），总长度 5.9 万 km，河长 10km 以上河流 1707 条，总河长 4.2 万 km（表 1.2-1、图 1.2-1）。

表 1.2-1 湖北省主要河流特征值表

| 序号 | 河名 | 干流长度/km | 集水面积/km² | 干流河道坡度/‰ |
|------|------|------------|-------------|----------------|
| 1 | 长江 | 1046（境内） | 184519 | |
| 2 | 唐岩河 | 115 | 2512 | 2.6 |
| 3 | 香溪河 | 103 | 3102 | 9.0 |
| 4 | 清江 | 428 | 16714 | 1.9 |
| 5 | 忠建河 | 121 | 1627 | 3.1 |
| 6 | 马水河 | 103 | 1732 | 5.1 |
| 7 | 娄水 | 141 | 2939 | 3.6 |
| 8 | 松滋河 | 108 | 2564 | |
| 9 | 洈水 | 172 | 1734 | 4.2 |
| 10 | 西水 | 163 | 2687 | 1.8 |
| 11 | 黄柏河 | 161 | 2016 | 3.8 |
| 12 | 沮漳河 | 344 | 7305 | 0.8 |
| | 沮河 | 230 | 3353 | 1.8 |
| 13 | 漳河 | 190 | 2968 | 5.8 |
| 14 | 拾桥河 | 115 | 1081 | 0.5 |

| 序号 | 河名 | 干流长度/km | 集水面积/km² | 干流河道坡度/‰ |
|---|---|---|---|---|
| 15 | 四湖总干渠 | 191 | | |
| 16 | 东荆河 | 180 | | |
| 17 | 通顺河 | 195 | | |
| 18 | 陆水 | 187 | 3867 | 0.5 |
| 19 | 富水 | 194 | 4775 | 0.7 |
| 20 | 府澴河 | 348 | 14287 | 0.3 |
| | 涢水 | 281 | 9039 | 0.4 |
| 21 | 溾水 | 101 | 1275 | 1.3 |
| 22 | 漳水 | 126 | 930 | 0.6 |
| 23 | 滠水 | 142 | 2582 | 0.3 |
| 24 | 倒水 | 145 | 1572 | 0.3 |
| 25 | 举水 | 165 | 3993 | 0.6 |
| 26 | 巴水 | 148 | 3697 | 0.9 |
| 27 | 浠水 | 162 | 2499 | 1.7 |
| 28 | 蕲水 | 120 | 1971 | 1.2 |
| 29 | 汉江 | 864 | 52694 | |
| 30 | 堵河 | 245 | 10932 | 0.9 |
| 31 | 官渡河 | 127 | 2885 | 4.6 |
| 32 | 霍河 | 103 | 781 | 4.6 |
| 33 | 北河 | 103 | 1194 | 3.5 |
| 34 | 南河 | 253 | 6481 | 3.5 |
| | 粉青河 | 151 | 2146 | 7.1 |
| 35 | 马栏河 | 108 | 2299 | 4.2 |
| 36 | 蛮河 | 184 | 3276 | 1.1 |
| 37 | 滚河 | 146 | 2824 | 0.7 |
| 38 | 汉北河 | 238 | 6256 | 0.2 |
| 39 | 大富水 | 168 | 1672 | 0.9 |

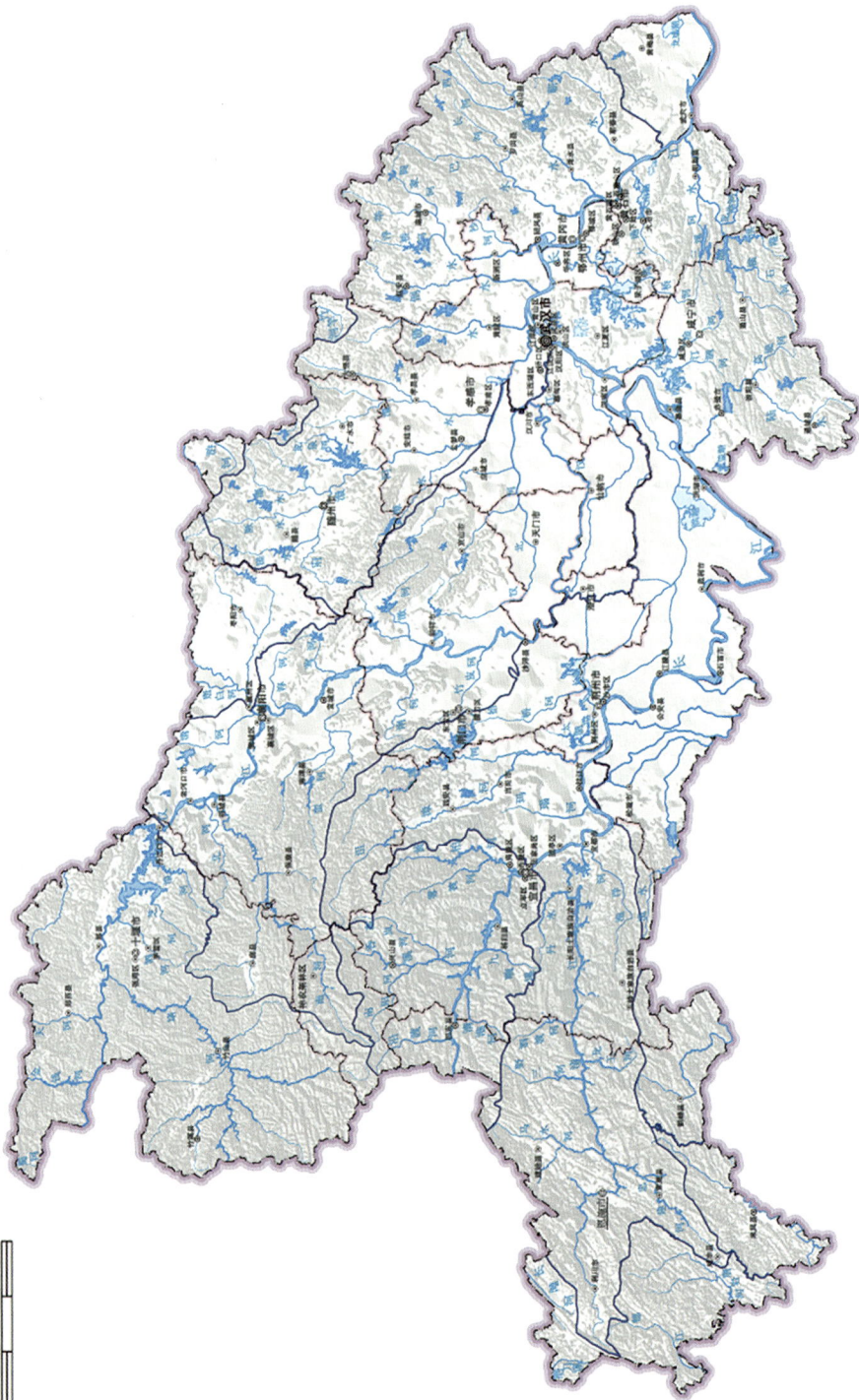

图1.2-1　湖北省主要河流分布图

图例

〜　河流

——　水系边界

湖北省河流

1：2000000

0 15 30　60　90　120km

## 1.2.2 蓄滞洪区概况

蓄滞洪区是防洪工程体系的重要组成部分,是防御流域大洪水、保障流域防洪安全的关键工程。湖北省内的蓄滞洪区分布众多,主要分布于长江中游和汉江中游(表1.2-2)。

长江中游蓄滞洪区共12个,分别为荆江地区的荆江分洪区、涴市扩大分洪区、虎西备蓄区及人民大垸,城陵矶附近的洪湖蓄滞洪区,武汉附近的杜家台、西凉湖、武湖、涨渡湖、白潭湖和东西湖蓄滞洪区,湖口附近的华阳河蓄滞洪区(图1.2-2)。

汉江中游分蓄洪民垸共14个,包括襄东垸、襄西垸、大集垸、丰乐垸、关山垸、潞市垸(也称贺潞垸)、中直垸、联合垸、皇庄垸、文集垸、大柴湖垸、石牌垸、邓家湖垸、小江湖垸(图1.2-3)。14个分蓄洪民垸中,襄西垸内有宜城县城,皇庄垸围堤是钟祥市郢中镇的防洪屏障,大柴湖垸安置了大量丹江口库区移民,邓家湖垸和小江湖垸在1983年10月均被破垸行洪。

沮漳河分蓄洪民垸共8个,分别为观基垸、芦河垸、木闸湖垸、众志垸、谢古垸、夹洲垸、莫家湖垸、沮西大垸。

汉北河分蓄洪民垸共7个,分别为龙骨湖垸、沉底湖垸、老观湖垸、龙赛湖垸、东西汉湖垸、南垸、叼汊湖垸。

府澴河分蓄洪民垸共4个,分别为东风垸、外东风垸、幸福垸、童家垸。

富水分蓄洪民垸共3个,分别为网湖垸、朱婆湖垸、牧羊湖垸。

武汉附近的杜家台蓄滞洪区自1956年建成以来,先后运用21次,对缓解长江流域武汉河段防洪压力起到了至关重要的作用,凸显了蓄滞洪区在防洪中的关键作用。对蓄滞洪区内的非防洪工程建设,需统筹好发展与安全,坚决制止蓄滞洪区范围内未经洪水影响评价审批的非防洪项目建设,确保蓄滞洪区能在关键时刻发挥关键作用,坚决守牢底线、守护安全。

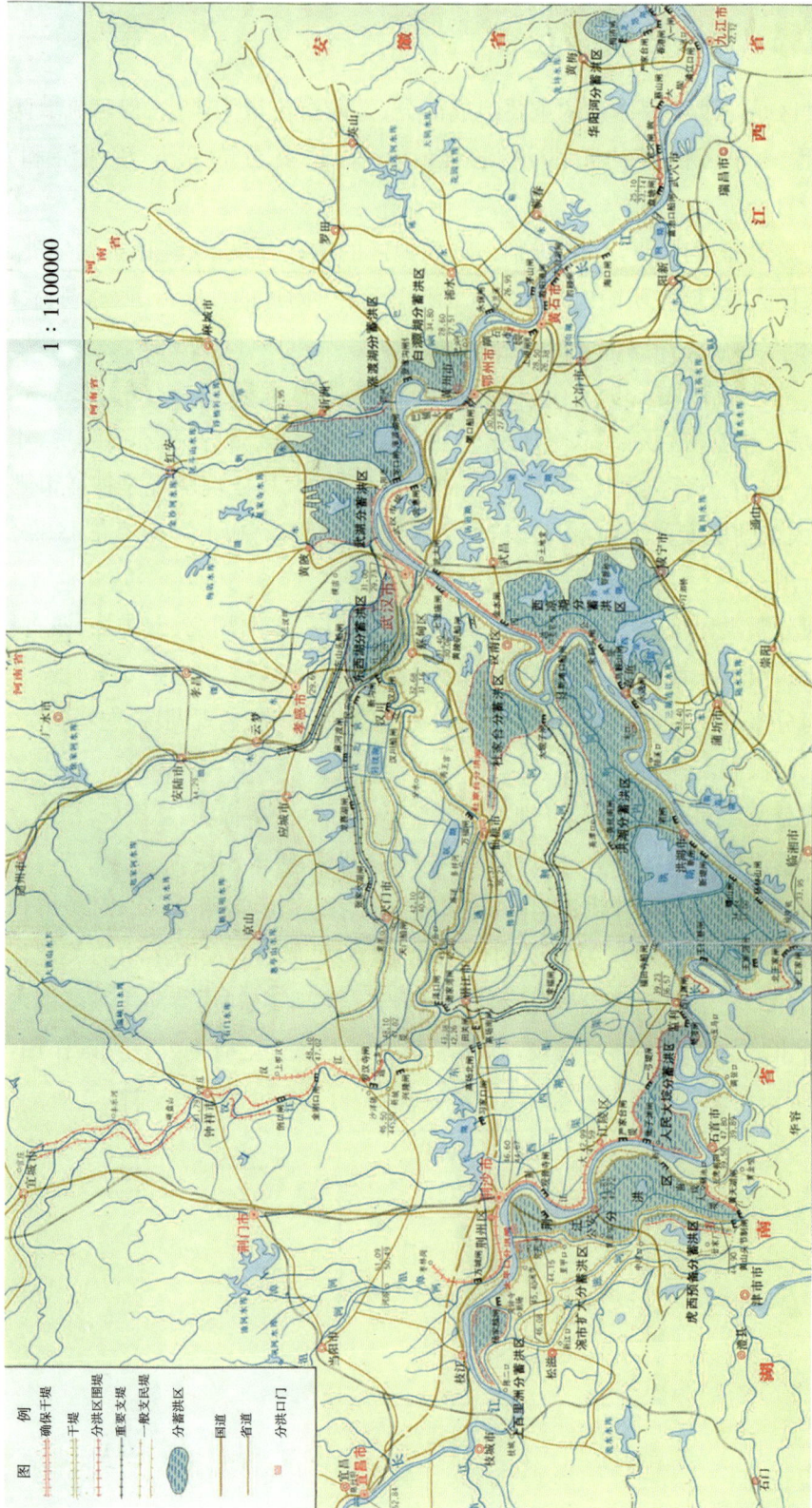

图1.2-2　长江中游蓄滞洪区分布图

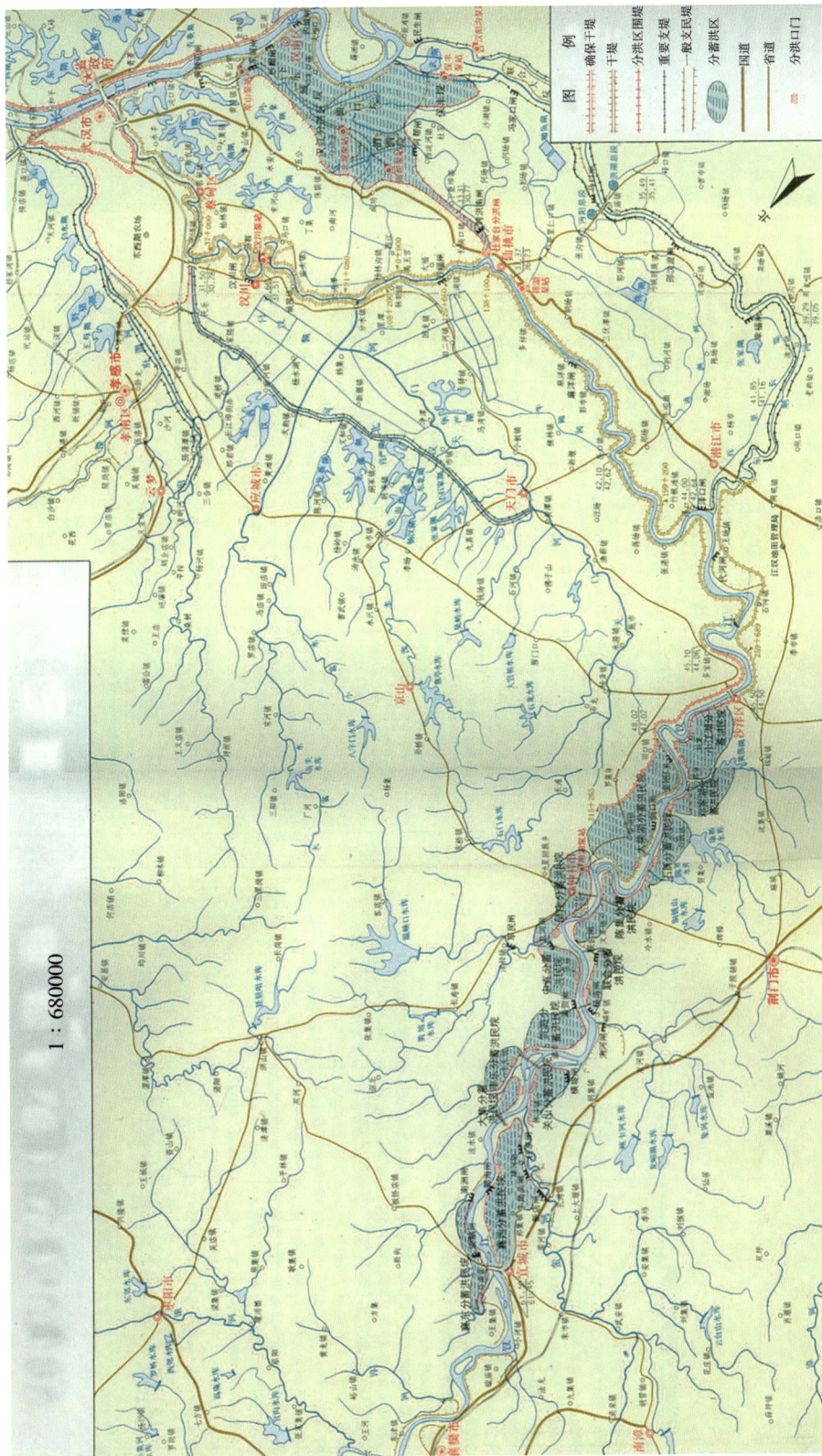

图1.2-3 汉江中下游分蓄洪民垸分布图

1 : 680000

表 1.2-2 湖北省长江河段蓄滞洪区基本情况

| 河段 | 蓄滞洪区 | 现状情况 | | | |
| --- | --- | --- | --- | --- | --- |
| | | 分类 | 面积 /km² | 设计蓄洪水位（冻结吴淞）/m | 有效蓄洪容积 /亿 m³ |
| 荆江河段 | 荆江分洪区 | 重点 | 920.6 | 42 | 50.82 |
| | 涴市扩大区 | 保留 | 94.37 | 43 | 2.57 |
| | 虎西备蓄区 | 保留 | 74.45 | 42 | 3.81 |
| | 人民大垸 | 保留 | 348.85 | 38.5 | 11.8 |
| 城陵矶河段 | 洪湖东分块 | 重要 | 873.7 | 32.5 | 59.7 |
| | 洪湖中分块 | 一般 | 1053.09 | 32.5 | 67.23 |
| | 洪湖西分块 | 保留 | 858.19 | 32.5 | 49.75 |
| 武汉河段 | 杜家台 | 重要 | 603.02 | 30 | 28.64 |
| | 西凉湖 | 一般 | 1085.61 | 31 | 42.24 |
| | 武湖 | 一般 | 305.15 | 29.1 | 10.21 |
| | 涨渡湖 | 一般 | 438.32 | 28.3 | 15.31 |
| | 白潭湖 | 一般 | 261.83 | 27.5 | 6.88 |
| | 东西湖 | 保留 | 431.6 | 29.5 | 21.99 |
| 湖口河段 | 华阳河 | 一般 | 1594.26 | 19.17 | 25 |

表 1.2-3 湖北省汉江河段蓄滞洪区基本情况

| 河段 | 蓄滞洪区 | 分类 | 面积 /km² | 设计蓄洪水位（冻结吴淞）/m | 有效蓄洪容积/亿 m³ |
| --- | --- | --- | --- | --- | --- |
| 汉江 | 襄东 | 民垸 | 80 | 59.9 | 1.24 |
| | 襄西 | 民垸 | 121 | 57.55 | 2.79 |
| | 大集 | 民垸 | 28 | 54.05 | 0.234 |
| | 丰乐 | 民垸 | 76 | 53.8 | 0.63 |
| | 关山 | 民垸 | 53 | 54.2 | 1.15 |
| | 潞市 | 民垸 | 67 | 53.4 | 1.42 |
| | 中直 | 民垸 | 87 | 51 | 1.32 |
| | 联合 | 民垸 | 48 | 51.4 | 0.72 |
| | 皇庄 | 民垸 | 102 | 50.3 | 4.39 |
| | 文集 | 民垸 | 85 | 50 | 1.98 |
| | 大柴湖 | 民垸 | 210 | 48.1 | 8.62 |
| | 石牌 | 民垸 | 90 | 47.9 | 1.84 |
| | 邓家湖 | 民垸 | 86 | 46.8 | 2.96 |
| | 小江湖 | 民垸 | 126 | 46.6 | 6.36 |

## 1.3 洪水影响评价工作依据

### 1.3.1 法律法规及有关规定

(1)《中华人民共和国水法》(以下简称《水法》)

《水法》于1988年1月21日第六届全国人民代表大会常务委员会第24次会议通过,1988年1月21日中华人民共和国主席令第61号公布。历经2002年一次修订,2009年、2016年二次修正。

《水法》是最早提出河道管理范围内建设项目应经过有关水行政主管部门审批的法律。第三十七条规定,禁止在江河、湖泊、水库、运河、渠道内弃置、堆放阻碍行洪的物体和种植阻碍行洪的林木及高秆作物。禁止在河道管理范围内建设妨碍行洪的建筑物、构筑物以及从事影响河势稳定、危害河岸堤防安全和其他妨碍河道行洪的活动。第三十八条规定,在河道管理范围内建设桥梁、码头和其他拦河、跨河、临河建筑物、构筑物,铺设跨河管道、电缆,应当符合国家规定的防洪标准和其他有关的技术要求,工程建设方案应当依照防洪法的有关规定报经有关水行政主管部门审查同意。因建设前款工程设施,需要扩建、改建、拆除或者损坏原有水工程设施的,建设单位应当负担扩建、改建的费用和损失补偿。

《水法》明确了水行政主管部门的行政执法权力。第六十五条规定,在河道管理范围内建设妨碍行洪的建筑物、构筑物,或者从事影响河势稳定、危害河岸堤防安全和其他妨碍河道行洪的活动的,由县级以上人民政府水行政主管部门或者流域管理机构依据职权,责令停止违法行为,限期拆除违法建筑物、构筑物,恢复原状;逾期不拆除、不恢复原状的,强行拆除,所需费用由违法单位或者个人负担,并处一万元以上十万元以下的罚款。未经水行政主管部门或者流域管理机构同意,擅自修建水工程,或者建设桥梁、码头和其他拦河、跨河、临河建筑物、构筑物,铺设跨河管道、电缆,且防洪法未作规定的,由县级以上人民政府水行政主管部门或者流域管理机构依据职权,责令停止违法行为,限期补办有关手续;逾期不补办或者补办未被批准的,责令限期拆除违法建筑物、构筑物;逾期不拆除的,强行拆除,所需费用由违法单位或者个人负担,并处一万元以上十万元以下的罚款。虽经水行政主管部门或者流域管理机构同意,但未按照要求修建前款所列工程设施的,由县级以上人民政府水行政主管部门或者流域管理机构依据职权,责令限期改正,按照情节轻重,处一万元以上十万元以下的罚款。

(2)《中华人民共和国防洪法》(以下简称《防洪法》)

《防洪法》于1997年8月29日第八届全国人民代表大会常务委员会第二十七次会

议通过,中华人民共和国主席令第 88 号颁布,1998 年 1 月 1 日起施行,历经 2009 年一次修正,2015 年二次修正,2016 年三次修正。

《防洪法》提出了河道管理范围的划定原则,为洪水影响评价范围的确定提供了依据。第二十一条规定,有堤防的河道、湖泊,其管理范围为两岸堤防之间的水域、沙洲、滩地、行洪区和堤防及护堤地;无堤防的河道、湖泊,其管理范围为历史最高洪水位或者设计洪水位之间的水域、沙洲、滩地和行洪区。流域管理机构直接管理的河道、湖泊管理范围,由流域管理机构会同有关县级以上地方人民政府依照前款规定界定;其他河道、湖泊管理范围,由有关县级以上地方人民政府依照前款规定界定。

《防洪法》从防洪角度明确了河道管理范围内的建设项目的原则性要求,并对不满足防洪要求的建设项目提出了整改建议。第二十二条规定,河道、湖泊管理范围内的土地和岸线的利用,应当符合行洪、输水的要求。禁止在河道、湖泊管理范围内建设妨碍行洪的建筑物、构筑物,倾倒垃圾、渣土,从事影响河势稳定、危害河岸堤防安全和其他妨碍河道行洪的活动。第二十六条规定,对壅水、阻水严重的桥梁、引道、码头和其他跨河工程设施,根据防洪标准,有关水行政主管部门可以报请县级以上人民政府按照国务院规定的权限责令建设单位限期改建或者拆除。

《防洪法》将河道管理范围内建设项目和蓄滞洪区内非防洪建设项目的洪水影响评价报告审批列为开工前置条件,强化了洪水影响评价报告审批的重要性。第二十七条规定,建设跨河、穿河、穿堤、临河的桥梁、码头、道路、渡口、管道、缆线、取水、排水等工程设施,应当符合防洪标准、岸线规划、航运要求和其他技术要求,不得危害堤防安全、影响河势稳定、妨碍行洪畅通;其工程建设方案未经有关水行政主管部门根据前述防洪要求审查同意的,建设单位不得开工建设。第三十三条规定,在洪泛区、蓄滞洪区内建设非防洪建设项目,应当就洪水对建设项目可能产生的影响和建设项目对防洪可能产生的影响作出评价,编制洪水影响评价报告,提出防御措施。洪水影响评价报告未经有关水行政主管部门审查批准的,建设单位不得开工建设。第五十七条规定,违反本法第二十七条规定,未经水行政主管部门对其工程建设方案审查同意或者未按照有关水行政主管部门审查批准的位置、界限,在河道、湖泊管理范围内从事工程设施建设活动的,责令停止违法行为,补办审查同意或者审查批准手续;工程设施建设严重影响防洪的,责令限期拆除,逾期不拆除的,强行拆除,所需费用由建设单位承担;影响行洪但尚可采取补救措施的,责令限期采取补救措施,可以处一万元以上十万元以下的罚款。第五十八条规定,违反本法第三十三条第一款规定,在洪泛区、蓄滞洪区内建设非防洪建设项目,未编制洪水影响评价报告或者洪水影响评价报告未经审查批准开工建设的,责令限期改正;逾期不改正的,处五万元以下的罚款。

（3）《中华人民共和国长江保护法》（以下简称《长江保护法》）

《长江保护法》于 2020 年 12 月 26 日颁布，2021 年 3 月 1 日起施行。《长江保护法》对长江流域的河湖管理提出了明确要求，第二十五条规定，国务院水行政主管部门加强长江流域河道、湖泊保护工作。长江流域县级以上地方人民政府负责划定河道、湖泊管理范围，并向社会公告，实行严格的河湖保护，禁止非法侵占河湖水域。

（4）《中华人民共和国河道管理条例》（以下简称《河道管理条例》）

《河道管理条例》于 1988 年 6 月 10 日国务院发布施行，2018 年 3 月 19 日第四次修正。

《河道管理条例》进一步明确了河道管理范围内建设项目的工程建设方案洪水影响评价审批是工程开工建设的前置条件。第十一条规定，修建开发水利、防治水害、整治河道的各类工程和跨河、穿河、穿堤、临河的桥梁、码头、道路、渡口、管道、缆线等建筑物及设施，建设单位必须按照河道管理权限，将工程建设方案报送河道主管机关审查同意。未经河道主管机关审查同意的，建设单位不得开工建设。建设项目经批准后，建设单位应当将施工安排告知河道主管机关。第十二条规定，跨越河道的管道、线路的净空高度必须符合防洪和航运的要求。

（5）《中华人民共和国水文条例》（以下简称《水文条例》）

国家基本水文监测站上下游建设影响水文监测工程的审批在国家法律层面的主要依据文件为《水文条例》，由中华人民共和国国务院令第 496 号发布，于 2007 年 6 月 1 日起施行。

《水文条例》明确提出国家依法保护水文监测设施，建设项目对国家基本水文测站有影响的，应由建设单位申报水文站影响专题报告的审批，并承担其补救措施费用。第二十九条规定，国家依法保护水文监测设施。任何单位和个人不得侵占、毁坏、擅自移动或者擅自使用水文监测设施，不得干扰水文监测。国家基本水文测站因不可抗力遭受破坏的，所在地人民政府和有关水行政主管部门应当采取措施，组织力量修复，确保其正常运行。第三十条规定，未经批准，任何单位和个人不得迁移国家基本水文测站；因重大工程建设确需迁移的，建设单位应当在建设项目立项前，报请对该站有管理权限的水行政主管部门批准，所需费用由建设单位承担。第三十三条规定，在国家基本水文测站上下游建设影响水文监测的工程，建设单位应当采取相应措施，在征得对该站有管理权限的水行政主管部门同意后方可建设。因工程建设致使水文测站改建的，所需费用由建设单位承担。第三十七条规定，未经批准擅自设立水文测站或者未经同意擅自在国家基本水文测站上下游建设影响水文监测的工程的，责令停止违法行为，限期采取补救措施，补办有关手续；无法采取补救措施、逾期不补办或者补办未被批准的，责令限期拆除违法建筑物;逾期不拆除的,强行拆除,所需费用由违法单位或者个人承担。

《水文条例》明确提出了水文监测环境保护范围内的禁止性活动。第三十一条规定,国家依法保护水文监测环境。县级人民政府应当按照国务院水行政主管部门确定的标准划定水文监测环境保护范围,并在保护范围边界设立地面标志。任何单位和个人都有保护水文监测环境的义务。第三十二条规定,禁止在水文监测环境保护范围内从事下列活动:

①种植高秆作物、堆放物料、修建建筑物、停靠船只。

②取土、挖砂、采石、淘金、爆破和倾倒废弃物。

③在监测断面取水、排污或者在过河设备、气象观测场、监测断面的上空架设线路。

④其他对水文监测有影响的活动。

(6)《河道管理范围内建设项目管理的有关规定》(以下简称《有关规定》)

《有关规定》于1992年4月3日由水利部、国家计委水政〔1992〕7号发布,2017年12月22日修订。

《有关规定》在《河道管理条例》的基础上,进一步明确了河道管理范围内建设项目的类型和建设要求。第二条规定,适用于在河道(包括河滩地、湖泊、水库、人工水道、行洪区、蓄洪区、滞洪区)管理范围内新建、扩建、改建的建设项目,包括开发水利(水电)、防治水害、整治河道的各类工程,跨河、穿河、穿堤、临河的桥梁、码头、道路、渡口、管道、缆线、取水口、排污口等建筑物,厂房、仓库、工业和民用建筑以及其他公共设施(以下简称建设项目)。第三条规定,河道管理范围内的建设项目,必须按照河道管理权限,经河道主管机关审查同意后,方可开工建设。第四条规定,河道管理范围内建设项目必须符合国家规定的防洪标准和其他技术要求,维护堤防安全,保持河势稳定和行洪、航运通畅。

《有关规定》提出了河道管理范围内建设项目工程建设方案洪水影响评价专题审批的申请主体和必要文件。第五条规定,建设单位编制立项文件时必须按照河道管理权限,向河道主管机关提出申请。申请时应提供以下文件:

①申请书。

②建设项目所依据的文件。

③建设项目涉及河道与防洪部分的初步方案。

④占用河道管理范围内土地情况及该建设项目防御洪涝的设防标准与措施。

⑤说明建设项目对河势变化、堤防安全、河道行洪、河水水质的影响以及拟采取的补救措施。

对于重要的建设项目,建设单位还应编制更详尽的防洪评价报告。

《有关规定》明确了水行政主管部门对涉河建设项目工程建设方案的主要审查内容,为建设单位、设计单位和洪水影响评价专题单位提供了技术方向指导。第六条规定,

河道主管机关接到申请后,应及时进行审查,审查主要内容为:

①是否符合江河流域综合规划和有关的国土及区域发展规划,对规划实施有何影响。

②是否符合防洪标准和有关技术要求。

③对河势稳定、水流形态、水质、冲淤变化有无不利影响。

④是否妨碍行洪、降低河道泄洪能力。

⑤对堤防、护岸和其他水工程安全的影响。

⑥是否妨碍防汛抢险。

⑦建设项目防御洪涝的设防标准与措施是否适当。

⑧是否影响第三人合法的水事权益。

⑨是否符合其他有关规定和协议。

流域机构在对重大建设项目进行审查时,还应征求有关省、自治区、直辖市的意见。第七条规定,河道主管机关应在法定期限内将审查意见书面通知申请单位,同意兴建的,应发给审查同意书,并抄知上级水行政主管部门和建设单位的上级主管部门。建设单位在取得河道主管机关的审查同意书后,方可开工建设。审查同意书可以对建设项目设计、施工和管理提出有关要求。

《有关规定》对取得水行政审批批复的河道管理范围内建设项目提出了要求。第九条规定,计划主管部门在审批建设项目时,如对建设项目的性质、规模、地点作较大变动时,应事先征得河道主管机关的同意。建设单位应重新办理审查同意书。第十条规定,建设项目开工前,建设单位应当将施工安排送河道主管机关备案。施工安排应包括施工占用河道管理范围内土地的情况和施工期防汛措施。第十二条规定,河道管理范围内的建筑物和设施竣工后,应经河道主管机关检验合格后方可启用。建设单位应在竣工验收6个月内向河道主管机关报送有关竣工资料。第十三条规定,河道主管机关应定期对河道管理范围内的建筑物和设施进行检查,凡不符合工程安全要求的,应提出限期改建的要求,有关单位和个人应当服从河道主管机关的安全管理。

(7)《关于加强蓄滞洪区建设与管理的若干意见》(以下简称《若干意见》)

《若干意见》由2006年国务院办公厅以"国办发〔2006〕45号"文印发。

《若干意见》提出要强化蓄滞洪区管理。深入分析和研究蓄滞洪区管理中存在的问题,提出解决问题的政策措施和办法,抓紧研究起草蓄滞洪区管理条例,加强和规范对蓄滞洪区的管理。研究制定蓄滞洪区维护管理经费政策,明确蓄滞洪区维护管理经费渠道。

根据流域防洪需要,尽快编制蓄滞洪区洪水风险图,并将蓄滞洪区风险程度向社会公布,为规范管理、安全运用蓄滞洪区,指导经济结构和生产布局调整,建立和完善补偿救助等保障体系提供支持。

在蓄滞洪区内或跨蓄滞洪区建设非防洪项目,必须依法就洪水对建设项目可能产生的影响和建设项目对防洪可能产生的影响进行科学评价,编制洪水影响评价报告,提出防御措施,报有管辖权的水行政主管部门或流域管理机构批准。

《若干意见》提出要规范蓄滞洪区经济社会活动。要从流域、区域经济社会协调发展的高度,研究不同类型蓄滞洪区管理与经济发展模式,调整区内经济结构和产业结构,积极发展农牧业、林业、水产业等,因地制宜发展第二、三产业,鼓励当地群众外出务工。限制蓄滞洪区内高风险区的经济开发活动,鼓励企业向低风险区转移或向外搬迁。加强蓄滞洪区土地管理,土地利用、开发和各项建设必须符合防洪的要求,保证蓄滞洪容积,实现土地的合理利用,减少洪灾损失。蓄滞洪区所在地人民政府要制订人口规划,加强区内人口管理,实行严格的人口政策,严禁区外人口迁入,鼓励区内常住人口外迁,控制区内人口增长。

(8)《水利部关于加强河湖水域岸线空间管控的指导意见》(以下简称《指导意见》)

为进一步强化河湖长制,加强河湖水域岸线空间管控,保障行洪通畅,复苏河湖生态环境,2022 年 5 月,水利部以"水河湖〔2022〕216 号"文印发了《指导意见》。

《指导意见》提出要严格依法依规审批涉河建设项目。严格按照法律法规以及岸线功能分区管控要求等,对跨河、穿河、穿堤、临河的桥梁、码头、道路、渡口、管道、缆线、取水、排水等涉河建设项目,遵循确有必要、无法避让、确保安全的原则,严把受理、审查、许可关,不得超审查权限,不得随意扩大项目类别,严禁未批先建、越权审批、批建不符。

(9)《水文站网管理办法》

《水文站网管理办法》是为加强水文站网管理,充分发挥水文站网功能和作用,根据《水法》《水文条例》等法律法规制定。由中华人民共和国水利部于 2011 年 12 月 2 日发布,自 2012 年 2 月 1 日起施行。

《水文站网管理办法》明确了对国家基本水文测站影响评价专题的评价范围。第二十条规定,国家水文站网应当保持稳定。未经批准,任何单位和个人不得裁撤、改级和迁移国家基本水文测站;因重大工程建设确需迁移的,建设单位应当在建设项目立项前,报请对该站有管理权限的水行政主管部门批准,所需费用由建设单位承担。在国家基本水文测站上下游各 20km(平原河网区上下游各 10km)河道管理范围内新建、改建、扩建有关工程影响水文监测,致使国家基本水文测站改建的,按照《水文条例》和《水文监测环境和设施保护办法》(水利部令第 43 号)的有关规定执行。

(10)《水文监测环境和设施保护办法》(以下简称《保护办法》)

《保护办法》于 2011 年 2 月 18 日由中华人民共和国水利部令第 43 号公布,自 2011

年4月1日起施行。

《保护办法》明确提出了水文监测环境保护范围及保护范围内的禁止性活动。第四条规定,水文监测环境保护范围应当因地制宜,符合有关技术标准,一般按照以下标准划定:

①水文监测河段周围环境保护范围:沿河纵向以水文基本监测断面上下游各一定距离为边界,不小于500m,不大于1000m;沿河横向以水文监测过河索道两岸固定建筑物外20m为边界,或者根据河道管理范围确定。

②水文监测设施周围环境保护范围:以监测场地周围30m、其他监测设施周围20m为边界。

第六条规定,禁止在水文监测环境保护范围内从事下列活动:

①种植树木、高秆作物,堆放物料,修建建筑物,停靠船只。

②取土、挖砂、采石、淘金、爆破、倾倒废弃物。

③在监测断面取水、排污,在过河设备、气象观测场、监测断面的上空架设线路。

④埋设管线,设置障碍物,设置渔具、锚锭、锚链,在水尺(桩)上栓系牲畜。

⑤网箱养殖,水生植物种植,烧荒、烧窑、熏肥。

⑥其他危害水文监测设施安全、干扰水文监测设施运行、影响水文监测结果的活动。

《保护办法》第七条规定,国家依法保护水文监测设施。任何单位和个人不得侵占、毁坏、擅自移动或者擅自使用水文监测设施,不得使用水文通信设施进行与水文监测无关的活动。第八条规定,未经批准,任何单位和个人不得迁移水文测站。因重大工程建设确需迁移的,建设单位应当在建设项目立项前,报请对该水文测站有管理权限的流域管理机构或者水行政主管部门批准,所需费用由建设单位承担。

《保护办法》在《水文站网管理办法》的基础上,将国家基本水文测站的影响评价范围扩展到了水文测站,其规定更具有普适性,同时也明确了工程建设类型。第九条规定,在水文测站上下游各20km(平原河网区上下游各10km)河道管理范围内,新建、改建、扩建下列工程影响水文监测的,建设单位应当采取相应措施,以下工程在征得对该水文测站有管理权限的流域管理机构或者水行政主管部门同意后方可建设:

①水工程。

②桥梁、码头和其他拦河、跨河、临河建筑物、构筑物,或者铺设跨河管道、电缆。

③取水、排污等其他可能影响水文监测的工程。

因工程建设致使水文测站改建的,所需费用由建设单位承担,水文测站改建后应不低于原标准。

《保护办法》明确提出了水文测站影响评价需进行审批,并提交相关的申请材料。第十条规定,建设本办法第九条规定的工程,建设单位应当向有关流域管理机构或者水行

政主管部门提出申请,并提交下列材料:

①在水文测站上下游建设影响水文监测工程申请书。

②自行或者委托有关单位编制的建设工程对水文监测影响程度的分析评价报告。

③补救措施和费用估算。

④工程施工计划。

⑤审批机关要求的其他材料。

(11)《湖北省河道管理实施办法》(以下简称《实施办法》)

湖北省人民政府在《水法》《防洪法》《河道管理条例》的基础上出台了《实施办法》,《实施办法》于1992年8月12日由湖北省人民政府第33号令发布。

《实施办法》在《防洪法》提出的河道管理范围划定原则上,提出了地方性补充规定。第四条规定,河道管理范围为两岸堤防之间的水域、沙洲、滩地(包括可耕地),以及堤身、禁脚地、工程留用地和安全保护区。无堤防的河道,其管理范围根据历史最高洪水水位或者设计洪水水位确定。第十八条规定,本省境内确保堤、干堤及重要支堤的禁脚地、工程留用地和安全保护区范围,由市、县人民政府按照下列标准划定公布:

①禁脚地:确保堤迎水面50~100m,背水面30~50m;干堤及重要支堤迎水面30~50m,背水面20~30m(从堤防两侧斜面与平地的交叉点算起)。

②工程留用地:确保堤、干堤及重要支堤迎水面和背水面均为200m(从禁脚地外沿算起)。

③安全保护区:确保堤、干堤及重要支堤迎水面和背水面均为300m(从工程留用地外沿算起)。

《实施办法》对工程留用地和安全保护区内的非工程建设项目进行了规定。第七条规定,在水域和洲滩以及工程留用地、安全保护区内进行爆破,钻探,挖筑鱼塘,开采地下资源或考古发掘,修建取、排水口及临时性设施等活动,必须经有关水行政主管部门或河道专门管理机关批准(涉及其他部门职责范围的,应会同其他部门共同批准)。

《实施办法》提出,河道为通航河流的,应将航道主管机关的意见作为洪水影响评价专题的支撑文件。第八条规定,在水域、洲滩、堤身和禁脚地范围内埋设缆线、管道,修建桥梁、码头、渡口、道路以及通航设施等,建设单位必须将工程建设方案,报送有关水行政主管部门或河道专门管理机关审查同意(涉及航道管理的,会同航道主管机关审查同意)后,方可办理基本建设审批手续。

## 1.3.2 相关技术标准

为落实《国务院办公厅关于印发精简审批事项规范中介服务实行企业投资项目网上并联核准制度的工作方案的通知》(国办发〔2014〕59号)精神,深化水利行政审批制度改革,进一步简化整合投资项目涉水行政审批事项,创新审批方式,优化审批流程,提高审批效率,水利部制定了《水利部简化整合投资项目涉水行政审批实施办法(试行)》,将水工程建设规划同意书审核、河道管理范围内建设项目工程建设方案审批、非防洪建设项目洪水影响评价报告审批、国家基本水文测站上下游建设影响水文监测工程的审批归并为"洪水影响评价类审批"。

(1)河道管理范围内建设项目防洪评价报告编制导则

为加强河道管理范围内建设项目的管理,保障江河防洪安全,规范河道管理范围内建设项目防洪评价报告编制,依据《水法》《防洪法》,2004 年水利部印发了《河道管理范围内建设项目防洪评价报告编制导则(试行)》(办建管〔2004〕109 号),2021 年水利部发布了《河道管理范围内建设项目防洪评价报告编制导则》(SL/T 808—2021),对河道(包括湖泊、水库、人工水道)管理范围内新建、改建、扩建的建设项目防洪评价报告编制提出了明确要求。

(2)洪水影响评价报告编制导则

为加强蓄滞洪区、洪泛区内非防洪建设项目的管理,规范蓄滞洪区、洪泛区内非防洪建设项目洪水影响评价及其报告编制,依据《防洪法》,2014 年水利部发布了《洪水影响评价报告编制导则》(SL 520—2014)。

(3)长江水利委员会行政审批项目水影响论证报告编制大纲(试行)

长江水利委员会为提高行政审批服务质量和效率,印发了《长江水利委员会关于印发简化整合水行政审批项目实施方案的通知》(长政监〔2016〕402 号),方案指出,洪水影响评价审批包括水工程建设规划同意书审核、不同行政区域边界水工程批准、非防洪建设项目洪水影响评价报告审批、河道管理范围内建设项目工程建设方案审批、坝顶兼做公路审批、国家基本水文测站上下游建设影响水文监测工程的审批 6 项。2018 年,《长江水利委员会关于印发长江水利委员会行政审批项目水影响论证报告编制大纲(试行)的通知》(长总工〔2018〕275 号)规定,将水工程建设规划同意书审核、河道管理范围内建设项目工程建设方案审批、非防洪建设项目洪水影响评价报告审批、国家基本水文测站上下游建设影响水文监测工程的审批等审批事项简化整合为"洪水影响评价审批",印发了《长江水利委员会行政审批项目水影响论证报告编制大纲(试行)》,明确了长江水利委员会审批的洪水影响评价报告编制大纲。同时在现行简化整合长江水利委员会行政许可事项的基础上,对同一建设项目、同一申请人需要同时申请多项行政许可事项的,按照"四个一"(一次申报,一本报告,一次审查,一件批文)的方式进行行政审批,同时申请人仍可选择按单一事项的要求办理申请手续。

（4）《长江流域和澜沧江以西（含澜沧江）区域河道管理范围内建设项目工程建设方案报告编制导则（修订稿）》

为加强河道管理范围内建设项目管理，提高河道管理范围内建设项目行政许可的效率，规范申请人申报的建设项目涉河建设方案报告的内容和格式，2013 年 5 月水利部长江水利委员会制定并印发了《长江流域及西南诸河河道管理范围内建设项目涉河建设方案报告编制导则（试行）》（以下简称《涉河建设方案》），明确了长江流域及西南诸河河道管理范围内建设项目涉河建设方案编制框架和内容，同时规定了涉河建设方案报告应在项目可行性研究报告审查批准之前编制，明确了涉河建设方案编制主体为项目设计单位，并需提供设计资质证书，对设计图纸也做了相关要求，所有设计图纸均需设计及校审人员签字，并加盖设计单位出图专用章。2021 年 7 月，长江水利委员会印发了《长江流域和澜沧江以西（含澜沧江）区域河道管理范围内建设项目工程建设方案报告编制导则（修订稿）》，进一步加强了河道管理范围内建设项目管理，规范了申请人申报的建设项目涉河建设方案报告的内容和格式，提高了河道管理范围内建设项目行政许可的效率。

（5）《湖北省涉河建设项目洪水影响评价技术细则》

2022 年，结合湖北省涉水专题审批实际，湖北省水利厅组织编制并印发了《湖北省涉河建设项目洪水影响评价技术细则》，规范了河道管理范围内建设项目工程建设方案审查的技术要求，细化了洪水影响评价报告的编制要求，明确了在湖北省（含市、州、区、县）审查权限范围内的建设项目，均应满足该细则要求。

（6）审查技术标准

为进一步规范建设项目工程建设方案洪水影响评价专题的审查工作，长江水利委员会依据行政审批法律法规和相关规定，结合长江流域和澜沧江以西（含澜沧江）区域河湖、蓄滞洪区特性和建设项目管理实际需求，2023 年相继出台了《长江流域和澜沧江以西（含澜沧江）区域河湖管理范围内建设项目工程建设方案洪水影响审查技术标准》（T/CTESGS 02—2022）、《长江流域蓄滞洪区内非防洪建设项目洪水影响评价审查技术标准》（T/CTESGS 01—2023）、《长江流域和澜沧江以西（含澜沧江）区域河湖管理范围内建设项目防洪影响补救措施专项设计报告编制导则》（T/CTESGS 03—2022），对河湖管理范围内、蓄滞洪区范围内不同类型的建设项目审查要点及防洪影响补救措施设计要点进行了明确，这三个审查技术标准是长江水利委员会审批洪水影响评价项目的依据，也是洪水影响评价报告编制的重要参考。

## 1.4  本书主要研究内容

根据洪水影响评价专题审查内容，结合《长江水利委员会行政审批项目水影响论证报告编制大纲(试行)》(长总工〔2018〕275号)和《河道管理范围内建设项目防洪评价报告编制导则》(SL/T 808—2021)、《洪水影响评价报告编制导则》(SL 520—2014),洪水影响评价报告的主要内容应包括概述,项目所在区域基本情况,项目基本情况,水文、河道演变及洪水影响分析计算,洪水影响分析评价,工程建设影响防治补救措施,结论与建议,附图及附件8个部分。

本书聚焦于湖北省特高压输变电工程洪水影响评价的技术要点和典型案例分析,从湖北省特高压输变电工程的发展现状及发展趋势出发,结合湖北省特高压输变电工程实际案例,深入剖析了建设项目工程建设方案有关管理和审查要求、建设项目在河道管理范围内洪水影响评价、蓄滞洪区内洪水影响评价、对国家基本水文测站影响评价、防洪影响补救措施等报告编制技术要点和审查要求,同时阐述了建设项目洪水影响评价有关事项行政审批流程及要求,为建设项目洪水影响评价工作提供借鉴参考。

本书的主要研究内容包括以下几个方面:

(1)工程建设方案管理要求及报告编制要点

简述了河道管理范围内和蓄滞洪区内特高压输变电工程建设方案的有关管理要求、报告编制的必要性与总体要求。从概述、水文、工程地质、推荐方案工程布置及主要建筑物、施工组织设计等方面,归纳总结了特高压输变电工程涉河建设方案的编制要点,并对典型案例进行了解析。

(2)河道管理范围内特高压输变电工程洪水影响评价

从评价范围的确定、基础资料的收集与现场查勘、项目所在区域基本情况、建设项目基本情况、水文分析计算、河道演变分析、洪水影响分析计算、洪水影响分析综合评价等方面,归纳总结了河道管理范围内特高压输变电工程洪水影响评价的关键技术、评价要点和报告编制要点,并对典型案例进行了解析。

(3)蓄滞洪区内特高压输变电工程洪水影响评价

从评价范围的确定基础资料的收集与现场查勘、项目所在区域基本情况、建设项目基本情况、建设项目对防洪的影响分析计算、洪水对建设项目的影响分析计算、洪水影响分析综合评价等方面,归纳总结了蓄滞洪区内特高压输变电工程洪水影响评价的关键技术、评价要点和报告编制要点,并对典型案例进行了解析。

(4)对国家基本水文测站影响评价

从评价范围的确定、水文测验基本情况、水文监测影响分析计算、水文监测影响分析评价、水文监测补救方案论证等方面,归纳总结了特高压输变电工程对上下游国家基本水文测站的影响评价要点和报告编制要点,并对典型案例进行了解析。

（5）防洪影响补救措施

从建设项目基本情况、补救措施工程设计方案、施工组织设计及投资概算等方面，归纳总结了特高压输变电工程建设影响的防治补救措施关键技术和报告编制要点，并对典型案例进行了解析。

（6）洪水影响评价行政审批流程及要求

介绍了洪水影响评价专题的审批事项，并对湖北省特高压输变电工程主要涉及的河道管理范围内建设项目工程建设方案审批、蓄滞洪区内建设项目工程建设方案审批及"四个一"行政许可事项审批的申报、受理、审批流程进行了详细说明。

# 第 2 章　工程建设方案

## 2.1　工程建设方案有关管理要求

### 2.1.1　河湖管理范围内工程建设方案管理要求

#### 2.1.1.1　长江水利委员会有关管理要求

为加强河湖管理范围内建设项目管理,进一步规范建设项目工程建设方案洪水影响审查工作,依据有关法律法规和相关规定,结合长江流域和澜沧江以西(含澜沧江)区域河湖特性和建设项目管理实际,长江水利委员会组织制定了《长江流域和澜沧江以西(含澜沧江)区域河湖管理范围内建设项目工程建设方案洪水影响审查技术标准》(T/CTESGS 02—2022),缆线工程建设方案的有关管理和技术要求如下:

①建设项目应与流域综合规划及防洪规划、河湖岸线保护与利用规划、河湖治理规划、河湖采砂管理规划、港口规划、过江通道布局规划等有关专业(专项)规划相适应,应符合河湖管理和水利工程管理的有关规定。

②建设项目选址宜选择河势及岸坡稳定、水流平顺的河段,应避开重要水利工程设施、饮用水水源一级保护区、水文监测设施周围环境保护范围等。

③建设项目布置应遵循确有必要、无法避让河湖管理范围、确保防洪与生态安全的原则;应节约集约布置,严格控制河湖管理范围内建(构)筑物占用的岸线长度、过水断面面积、水域及滩地面积、河槽(湖泊、水库)容积。

④不应在河湖管理范围内顺河顺堤布置。应采用跨越方式一跨跨越河道,确实难以满足的,阻水比应小于1%。

⑤塔基严禁布置在堤防工程管理范围内,且塔基外缘与1、2级堤防堤脚的最小距离不应小于100m,与3级及以下级别堤防堤脚的最小距离不应小于50m。

⑥缆线跨越堤防处与规划堤顶间净空不应小于5m,并应满足相关行业标准要求。

⑦河道内的攀爬设施操作平台底高程应高于设计洪水位。

⑧建设项目对水利规划实施、河道行洪、河势及岸坡稳定、防洪工程安全、水利工程运行管理、防汛抢险等产生影响的,应采取防洪影响补救措施,并进行可行性分析;建设项目防洪影响补救措施设计应符合水利行业相关标准的要求,并与建设项目同步实施。

⑨建设项目影响规划的堤防建设、堤防加高加固、河湖治理等水利工程实施时,应将影响范围内的水利工程按规划标准纳入建设项目投资并同步实施。

⑩建设项目施工不应影响堤防安全,应减少河道内施工临时工程。各单项临时工程功能实现后,建设单位应按要求及时拆除并恢复原貌。

### 2.1.1.2 湖北省有关管理要求

为进一步规范湖北省级河道管理范围内建设项目工程建设方案审批工作,湖北省水利厅组织编制了《湖北省涉河建设项目洪水影响评价技术细则》,以鄂水利函〔2022〕506 号文印发实施,市、县两级涉河建设项目审批可参照执行。缆线工程建设方案的有关管理要求如下:

①建设项目应符合国家和省的有关法律法规、规章、规范性文件,符合江河流域及区域综合规划、河道管理与保护相关规划、防洪规划、岸线保护和利用规划、河道治理规划、采砂规划、蓝线规划、水功能区划等相关规划和河湖空间管控要求,符合国家规定的防洪标准及相关规程、规范和技术标准。

②建设项目选址应遵循确有必要、无法避让、确保安全的原则。

③跨河线缆跨越堤顶的净空,应满足堤顶作为防汛通道时安全通行要求;弧垂最低点与设计洪水位间的净空应满足水上救生要求。

④顺河向布置的电力电缆、油气、供水、通信等管线应尽量布置在堤防背水侧,且不得布置在堤防禁脚地内。

⑤施工临时道路施工完毕时应及时拆除,弃土弃渣堆场(包括临时堆放)不得布置在河道内。利用堤身作为场内施工道路的,应根据施工机械荷载标准,对堤防进行加固处理。

⑥河道内建设项目施工完毕后,应对施工区域进行全面清理,拆除硬化铺装,并复绿。

⑦消除和减轻影响措施一般包括工程措施和非工程措施。工程措施主要包括堤防防渗、防冲、加固处理、岸坡防护处理及防汛辅道的设计等。非工程措施主要包括堤防变形、渗流安全监测、岸坡变形监测、安全度汛方案及防汛应急措施等。

⑧消除和减轻影响措施专项设计应根据建设项目涉及的水利工程等别,由具备水利行业相应设计资质的单位进行设计。消除和减轻影响措施应与主体工程同步设计、同步施工、同时投入使用。

## 2.1.2　蓄滞洪区内工程建设方案管理要求

### 2.1.2.1　长江水利委员会有关管理要求

为指导长江流域蓄滞洪区内非防洪建设项目洪水影响评价技术审查工作,加强蓄滞洪区内非防洪建设项目监督管理,保障蓄滞洪区防洪减灾功能,依据《水法》《防洪法》《长江保护法》等法律法规及其他相关规定,结合长江流域蓄滞洪区内非防洪建设项目管理实际情况,长江水利委员会组织制定了《长江流域蓄滞洪区内非防洪建设项目洪水影响评价审查技术标准》(T/CTESGS 01—2023),缆线工程建设方案的有关管理和技术要求如下:

①建设项目应遵循确有必要、无法避让、确保安全、集约节约的原则。

②建设项目应与流域综合规划、防洪规划、蓄滞洪区建设与管理规划、河湖岸线保护与利用规划、河湖治理规划等有关规划相适应,应符合蓄滞洪区管理的有关规定。

③建设项目应服从洪水调度安排。满足流域防御洪水方案、洪水调度方案、水工程联合调度运用计划和有关防洪应急预案等要求。

④建设项目选址应符合下列要求:应避开重要水利工程设施、水文监测设施;严禁在进(退)洪洪水主流区域内建设有碍行洪的项目;应远离进(退)洪设施,顺堤防方向应大于0.5km,确实难以满足的,应科学论证、严格管控。

⑤建设项目布置应符合下列要求:应集约节约布置,严格控制占地面积和占用有效蓄洪容积;不应对进(退)洪流量、蓄满历时等造成明显不利影响;不应破坏蓄滞洪区内洪水汇集方式,不应影响蓄滞洪区内洪水传播方式;不应破坏蓄滞洪区内已有高岗、高地、旧堤等临时避洪场所;与堤防、河道(沟渠)、安全区、安全台、转移道路等交叉衔接的,应满足水利行业相关标准的要求;除跨堤、爬堤、穿堤及与堤防平交的建(构)筑物和堤路结合的道路工程外,其他建(构)筑物及场地不应布置在堤防工程护堤地(禁脚地)内。

⑥建设项目场区平均填高不宜超过0.5m,周边围墙应采用透水结构。

⑦建设项目与河道(沟渠)交叉的,不应占用河道(沟渠)行洪断面。确实无法避让的,应采取补救措施恢复行洪断面,阻水比应控制在5%以内且不应影响防洪安全。

⑧建设项目占用蓄滞洪区内湖泊面积和容积的,应采取补偿措施。

⑨建设项目对水利规划实施、蓄洪工程、安全建设工程、河道(沟渠)行洪排涝、防汛抢险及水上救生、其他水利工程设施等产生影响的,应采取防洪影响补救措施;建设项目防洪影响补救措施设计应符合水利行业相关标准的要求,并与建设项目同步实施。

⑩建设项目施工需借用堤顶道路的,应按施工车辆设计荷载对受影响的堤段先期进行加固,确保施工期堤防安全。施工完成后,应按要求及时恢复。

⑪建设单位应采取有效措施应对蓄滞洪区运用时洪水淹没、冲刷、长时间浸泡等对

建设项目的影响,制定防洪应急预案,保障人员和重要设施安全。

⑫缆线工程垂弧最低点与设计蓄洪水位间净空必须满足防汛抢险及水上救生和相关行业标准的安全超高要求。

⑬缆线工程宜一跨跨越河道(沟渠)。塔基不应布置在堤防工程管理范围内,缆线与规划堤顶间净空必须大于5m并满足相关行业标准的安全超高要求。

⑭输电线路应避开安全台、安全楼(避水楼)。确实难以避开的,输电线路与安全台上建(构)筑物、安全楼(避水楼)之间水平距离和净空应满足相关行业标准要求。

⑮缆线工程攀爬设施操作平台底高程应高于设计蓄洪水位。

⑯缆线工程跨越现状或规划转移道路的,缆线与现状或规划转移道路间净空必须大于5m,并满足相关行业标准要求。

⑰缆线工程采用埋地敷设的,不应抬高现状地面高程,缆线埋深应考虑冲刷影响,并满足相关行业标准要求。

⑱缆线工程下穿河道(沟渠)的,下穿结构顶部高程应低于规划河(渠)底高程或最大可能冲刷线,并满足相关行业标准要求。

⑲缆线工程采用爬堤敷设的,堤防工程管理范围内应贴地敷设,不应削弱堤身设计断面。过堤处建基面最低点高程应高于设计蓄洪水位或设计洪水位0.5m,并应采取必要的抗冲措施,确保堤防安全。

### 2.1.2.2 湖北省有关管理要求

湖北省水利厅2022年发布的《湖北省涉河建设项目洪水影响评价技术细则》对蓄滞洪区内缆线工程建设方案的有关管理要求如下:

①建设项目的防洪标准高于蓄滞洪区运用几率时,应采取与防洪标准相适应的防洪保安措施。

②蓄滞洪区内不得筑岛建设建(构)筑物,建设项目的场坪高程应与现状地面高程基本一致。

③建设项目应尽量避免占用蓄洪容积,减小对分蓄洪运用的影响,不得妨碍避洪转移通道畅通,不得影响水上救生。

④在进、退洪口门左右两侧各500m和进、退洪通道口门上下游1000m内,严禁建设有碍行洪的建设项目。

⑤输配电线路工程垂弧最低点与设计蓄洪水位间的净空应满足水上救生要求。

⑥占地面积较大的工程应合理布局,优化方案,尽量减小对灌排水系和区域排涝的影响,并采取水系恢复和排涝补救措施。

## 2.2 工程建设方案报告编制的必要性与总体要求

### 2.2.1 必要性

工程建设方案报告是指建设项目涉及河湖、蓄滞洪区与防洪管理的建设方案报告，是有关水行政主管部门要求的"河湖管理范围内建设项目工程建设方案审批"和"蓄滞洪区内非防洪建设项目洪水影响评价报告审批"等两项水行政审批事项申请的必要文件，对工程建设方案进行的洪水影响评价审批程序也是履行河湖管理范围内或蓄滞洪区内建设项目审批手续的前置条件。

《防洪法》第二十一条规定："有堤防的河道、湖泊，其管理范围为两岸堤防之间的水域、沙洲、滩地、行洪区和堤防及护堤地；无堤防的河道、湖泊，其管理范围为历史最高洪水位或者设计洪水位之间的水域、沙洲、滩地和行洪区"。第二十七条规定："建设跨河、穿河、穿堤、临河的桥梁、码头、道路、渡口、管道、缆线、取水、排水等工程设施，应当符合防洪标准、岸线规划、航运要求和其他技术要求，不得危害堤防安全，影响河势稳定，妨碍行洪畅通；其工程建设方案未经有关水行政主管部门根据前述防洪要求审查同意的，建设单位不得开工建设"。

《防洪法》第三十三条规定："在洪泛区、蓄滞洪区内建设非防洪建设项目，应当就洪水对建设项目可能产生的影响和建设项目对防洪可能产生的影响作出评价，编制洪水影响评价报告，提出防御措施。洪水影响评价报告未经有关水行政主管部门审查批准的，建设单位不得开工建设"。

1992 年水利部、国家计委发布实施的《河道管理范围内建设项目管理的有关规定》指出，凡在河道管理范围内新建、扩建、改建的建设项目，包括开发水利（水电）、防治水害、整治河道的各类工程，跨河、穿河、穿堤、临河的桥梁、码头、道路、渡口、管道、缆线、取水口、排污口等建筑物，厂房、仓库、工业和民用建筑以及其他公共设施，按照管理权限，需经河道主管部门对工程建设方案中涉及河道保护的内容予以审查，在发放建设项目同意书后，方可按照基本建设程序履行建设项目审批手续。

以上法律法规和有关管理规定均明确了在涉及河湖管理范围内和蓄滞洪区内建设项目应对工程建设方案进行审查。在实际执行过程中，不少待建项目存在方案较复杂、涉及区域分布较广的特点，在各级水行政主管部门审查中无法凸显河湖管理范围和蓄滞洪区内建设工程对河湖相关规划、防洪安全、河势稳定、蓄滞洪区运用、防汛抢险、现有水利工程与设施以及第三人合法水事权益等问题是否存在影响。因此，各级水行政主管部门要求建设单位专门对项目在河道管理范围内和蓄滞洪区内的工程编制独立的工程建设方案报告，作为行政审批事项的必要文件。

### 2.2.2 总体要求

根据长江水利委员会发布的《长江流域和澜沧江以西(含澜沧江)区域河湖管理范围内建设项目工程建设方案报告编制导则》《长江流域和澜沧江以西(含澜沧江)区域河湖管理范围内建设项目工程建设方案洪水影响审查技术标准》(T/CTESGS 02—2022)、《长江流域蓄滞洪区内非防洪建设项目洪水影响评价审查技术标准》(T/CTESGS 01—2023),长江水利委员会许可权限范围内的河道(包括湖泊、水库、人工水道)管理范围内新建、扩建、改建的建设项目以及长江流域蓄滞洪区内新建、改建、扩建的非防洪建设项目(以下简称"建设项目"),工程建设方案报告总体要求如下:

①工程建设方案报告应满足国家或建设项目所属行业工程可行性研究阶段工作深度要求,重点反映建设项目涉及河道与防洪管理的有关设计内容。

②报告主要内容应包括概述、水文、工程地质、推荐方案工程布置及主要建(构)筑物、施工组织设计。

③报告的附图应包括建设项目地理位置示意图、防洪工程平面布置图及剖面图、工程地质钻孔平面布置图及剖面图、建设项目场址现状地形图、建设项目总布置图、建设项目平面布置图、主要建(构)筑物纵、横剖面图、与堤防工程相对关系图、施工总布置图、主要临时工程平面布置图及剖面图等。

④报告的附表应包括建设项目基本情况表(附于报告正文目录之前)、岩(土)体物理力学指标建议值表、施工总进度表。

⑤报告的附件应包括建设项目的有关重要文件,相关部门的审查意见或审查会议纪要和批复文件,与政府、部门或其他项目业主达成的相关协议。

⑥涉河建设方案报告应附具相应设计资质证书、责任页,设计图纸应有设计、校审等人员签字,并加盖设计文件专用章或出图专用章。

⑦建设项目应与流域综合规划、防洪规划、蓄滞洪区建设与管理规划、河湖岸线保护与利用规划、河湖治理规划等有关规划相适应,应符合河湖管理、水利工程管理以及蓄滞洪区管理的有关规定。

⑧建设项目应服从洪水调度安排,满足流域防御洪水方案、洪水调度方案、水工程联合调度运用计划和有关防洪应急预案等要求。

⑨建设项目布置应遵循确有必要、无法避让、确保安全、集约节约的原则,严格控制河湖管理范围内建筑物占用的岸线长度、过水断面面积、水域及滩地面积、河槽(湖泊、水库)容积,应避开重要水利工程设施、水文监测设施、蓄滞洪区进(退)洪洪水主流区域,应远离进(退)洪设施。

⑩建设项目与河道(沟渠)交叉的,不应占用河道(沟渠)行洪断面。确实无法避让

的,应采取补救措施恢复行洪断面,阻水比应控制在 5% 以内且不应影响防洪安全。

⑪建设项目对水利规划实施、河道行洪、河势及岸坡稳定、防洪工程安全、蓄洪工程、安全建设工程、河道(沟渠)行洪排涝、防汛抢险及水上救生、其他水利工程设施等产生影响的,应采取防洪影响补救措施;建设项目防洪影响补救措施设计应符合水利行业相关标准的要求,并与建设项目同步实施。

⑫建设项目影响堤防加高加固、河道(沟渠)整治、转移道路建设等水利工程实施时,应将影响范围内的水利工程按规划标准纳入建设项目投资并同步实施。建设项目影响规划新建堤防建设的,应为规划新建堤防实施预留空间。

# 2.3　工程建设方案报告编制要点及典型案例

本章典型案例采用《南阳—荆门—长沙 1000kV 特高压交流输变电工程跨越汉江涉河建设方案》和《南阳—荆门—长沙 1000kV 特高压交流输电工程穿越中直、文集(陈集)、石牌分蓄洪民垸建设方案》。

## 2.3.1　概述

### 2.3.1.1　基本内容

概述章节主要内容应包括:

①项目概况。

②防洪标准、防洪工程以及河湖管理范围。

③高程及平面坐标系统。

编制建设项目基本情况表,附于报告正文目录之前。

(1)项目概况

项目概况包括项目建设地点、前期工作开展情况、项目建设必要性、项目建设规模等。

1)项目建设地点

概述项目建设的地理位置及建设地点。基本内容为:

①地理位置应说明所涉及的河湖(河段)名称、岸别及所属行政区划。

②建设地点应说明建设项目所在地地名,以及其与上下游河道内标志性建筑物或地点的距离。

本部分应附地理位置图及局部卫星影像图,地理位置图需反映建设项目地理位置、行政区划及河流水系分布情况;局部卫星影像图应反映建设项目与相邻涉水工程的位置关系,并标识指北针和水流流向。

2）前期工作开展情况

概述建设项目前期工作开展情况。

3）项目建设必要性

主要按不同投资类型进行重点说明。企业投资的建设项目主要从企业发展战略、所在行业及关联产业发展、结构调整、对地方经济社会发展的作用、与有关规划和产业政策的符合性等方面论述建设项目的必要性。政府投资的建设项目主要从促进经济社会可持续发展以及对基础设施建设、产业结构调整和升级、产业布局优化、提升竞争力、区域协调发展的作用等方面论述建设项目的必要性。

涉及扩建、改建及方案调整的建设项目，需说明扩建、改建或方案调整的原因及必要性。

4）项目建设规模

概述建设项目推荐方案的主要建设内容及其规模。项目建设规模的编制要点是从总体和涉河部分两个方面进行说明。就特高压输变电工程而言，总体部分应介绍工程设计部分总体线路走向和里程，主要设计杆塔数量和相关附属设施情况，工程总体投资；涉河部分则是推荐方案在本次评价范围内（河道管理范围内以及蓄滞洪区内）的线路里程、杆塔数量、附属设施等内容。

（2）高程及平面坐标系统

说明本报告所采用的高程及平面坐标系统。高程系统推荐采用 1985 国家高程基准，如采用其他高程系统，应注明与 1985 国家高程基准之间的换算关系。平面坐标系统推荐采用 2000 国家大地坐标系，如采用其他平面坐标系统，应同时附具建设项目主要建（构）筑物控制点的 2000 国家大地坐标。

（3）防洪标准、防洪工程以及河湖管理范围

1）防洪标准

说明建设项目所在河段防洪标准。

2）设计洪水位

说明项目建设地点设计洪水位及其依据。

3）防洪工程

简述建设项目涉及的堤防、护岸等防洪工程现状及规划情况。

本部分应附防洪工程平面布置图及剖面图，包括建设项目所在河段堤防、护岸等防洪工程平面布置图及工程处防洪工程典型剖面图；有规划堤防的，还应反映规划堤防堤线布置、设计断面等情况；有规划护岸工程的，还应反映规划护岸工程布置、设计断面等情况。

4)河湖管理范围

说明工程河段河湖管理范围划定依据、标准及具体范围,并在相关平面布置图、剖面图或结构图中标明。

### 2.3.1.2　编制要点

(1)项目概况

项目概况的编制要点主要是明确项目建设的地理位置及建设地点,目的是让审批专家可以迅速把握项目周边的地理要素。特高压输变电工程线路一般涉及行政区划多,跨越的河湖、沟渠、蓄滞洪区较复杂,应在概括总体地理位置后详细说明分布在不同河道管理范围或蓄滞洪区内的局部设施地理位置。地理位置既要包括行政区划,也要包含工程与典型地标性建筑物的相对位置关系。

(2)高程及平面坐标系统

应统一报告上下文和图纸的高程及平面坐标系统,确保报告和图纸中所有标注的高程数据不会出现阅读障碍或者数据模糊不清等问题。

(3)防洪标准、防洪工程以及河湖管理范围

1)防洪标准

建设项目所在河段防洪标准一般可根据河段所在流域的防洪规划、河段所在行政区的城市防洪规划、河段两岸的堤防设计、河段确权划界等成果来确定;对于河段两岸无堤防、无相应规划且无正式发布的确权划界成果的情况,可采用《防洪标准》(GB 50201—2014)中相关论述的具体情况分析。

2)设计洪水位

建设项目建设地点设计洪水位一般也可以根据河段所在流域的防洪规划、河段所在行政区的城市防洪规划、河段两岸的堤防设计、河段确权划界等成果来确定,对于河段两岸无堤防、无相应规划且无正式发布的确权划界成果的情况,可采用调查河段历史最高洪水位作为设计洪水位。

3)防洪工程

建设项目涉及的堤防、护岸等防洪工程,主要是对工程跨河断面上下游涉及的堤防、护岸等防洪工程的现状及规划情况进行说明。堤防工程重点说明堤防等级、跨堤桩号、现状堤顶高程、堤宽、堤防内外坡比、堤防是否达标等现状情况,对于堤防未达标或堤防未建设但存在规划的,还应说明规划堤顶高程、规划堤防长度、规划堤防断面等信息。护岸工程重点说明工程河段现状是否存在护岸,如存在护岸则说明护岸结构及对应堤防桩号,说明工程河段是否规划有护岸工程,以及护岸工程规划范围和护岸结构。

4)河湖管理范围

河湖管理范围由河湖管理归属的水行政主管部门划定,一般情形下宜采用相应河湖的确权划界成果。部分较小的河道沟渠尚未进行河道确权划界的,可以参照《河道管理条例》分析确定范围;湖泊可以参照省级行政区水利厅公布的中小湖泊管理名录对应的湖泊范围进行确定。

### 2.3.1.3 典型案例

(1)项目概况

1)项目建设地点

南阳—荆门—长沙 1000kV 特高压交流输电工程在钟祥市文集镇沿山村跨越汉江,工程在汉江两岸河道和堤防管理范围内布置(或建设)杆塔 5 座,总长度为 3.221km(N2282~N2286)。

跨越汉江位置左岸位于荆门市钟祥市洋梓镇李庙村,右岸位于荆门市钟祥市文集镇沿山村,跨越断面位于碾盘山水利枢纽大坝下游约 0.9km 处,已建 1000kV 南荆一回输电线路工程下游 0.2km 处。

2)建设项目前期工作开展情况

①2018 年 11 月,根据国家电网公司总体规划设计,启动工程可行性研究并召开第一次路径协调会,讨论工作大纲,部署工作安排。

②2019 年 1 月,电力规划设计总院召开南阳—荆门—长沙 1000kV 特高压交流输电工程可行性研究报告评审会议。

③2019 年 3 月,国家电网经济技术研究院组织召开了本工程可行性研究报告评审收口集中编制会议。

④2019 年 4 月,启动南阳—荆门—长沙 1000kV 特高压交流输电工程初设并召开第一次协调会。

⑤2019 年 6 月,在北京召开南阳—荆门—长沙 1000kV 特高压交流输电工程初步设计评审会议。

3)项目建设必要性

华中电网由河南、湖北、湖南、江西四省电网组成,是全国电力资源优化配置的大平台,居于全国电网的枢纽地位。华中电网拟围绕 5 大直流在华中地区的消纳,建设特高压"日"字形交流环网。南阳—荆门—长沙 1000kV 特高压交流线路工程是华中"日"字形特高压交流环网的重要组成部分,在 2018 年 9 月国家能源局发布《关于加快推进一批输变电重点工程规划建设工作的通知》(国能发电力〔2018〕70 号)的文件中,已将该项目列为需加快推进的输变电重大工程。

根据电力系统规划论证,其建设必要性及在系统中的作用主要体现在以下几个方面:

①构建坚强的华中特高压交流环网,满足多直流馈入后华中电网安全稳定运行要求。

②加强华中东四省电网省间联络,提高各省交流断面受电能力,构建电力资源优化配置平台。

③有效解决湖南—河南电网对冲模式下的动稳问题。

④改善优化主网架,适应华中东四省各地区远景电网发展需求。

⑤有利于充分发挥交流特高压输电技术优势,节约输电走廊资源。

⑥保证湖南电网的安全可靠供电。

⑦为湖南接受特高压电力开辟新的通道。

⑧满足湖南电源结构转型的需要。

4)项目建设规模

工程在汉江河道与堤防管理范围内杆塔布置 5 座,档距分布为:263m(N2282～N2283)—909m(N2283～N2284)—1590m(N2284～N2285)—459m(N2285～N2286),全长 3.221km。杆塔 N2284、N2285 分别立于汉江左、右岸河道内岸滩上,N2282、N2283 立于左岸中直堤堤内,N2286 立于右岸文集堤堤内。

(2)高程及平面坐标系统

本书如无特殊说明,水位、高程基准均采用 1985 国家高程基准,平面坐标采用国家 2000 坐标系,中央子午线经度为 114°。

(3)防洪标准、防洪工程以及河湖管理范围

1)防洪标准

工程所在河段防洪标准为防御 1964 年实际最高洪水位(相当于 20 年一遇)。

2)设计洪水位

根据《湖北省荆门汉江堤防河道综合整治工程》(湖北省水利水电勘测设计院,2005 年 3 月)中典型断面的设计洪水位推算工程位置的防洪设计水位为 49.54m。

3)防洪工程

碾盘山水库建成后,本工程汉江跨越段两岸堤防进一步加固。工程跨越处左岸属中直堤(2 级堤防),跨越处右岸为文集堤(2 级堤防)。堤防防洪标准按 1964 年实际洪水考虑,跨越断面左岸中直堤断面堤防桩号为 9+808,现状堤顶高程 51.10m,右岸文集堤断面堤防桩号为 0+716,现状堤顶高程 51.07m。

(4)河道管理范围

根据钟祥市人民政府《关于河湖库及水利工程管理范围划界成果的公示》,工程所

在汉江河道管理范围为两岸堤防之间的水域、沙洲、滩地、行洪区,两岸堤防及护堤地(20m)。根据《湖北省河道管理实施办法》,工程跨越汉江断面左岸中直堤背水侧禁脚地范围为堤脚外沿 20m,右岸文集堤背水侧禁脚地范围为堤脚外沿 20m,工程留用地范围为禁脚地外沿 200m,安全保护区范围为工程留用地外沿 300m(图 2.3-1、图 2.3-2)。

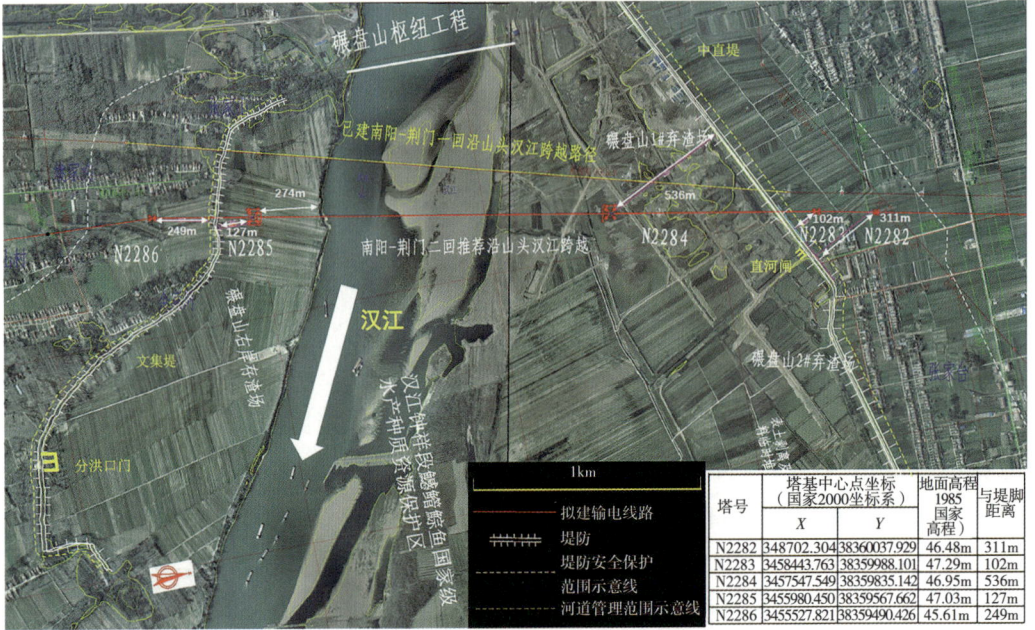

图 2.3-1　工程河道管理范围图

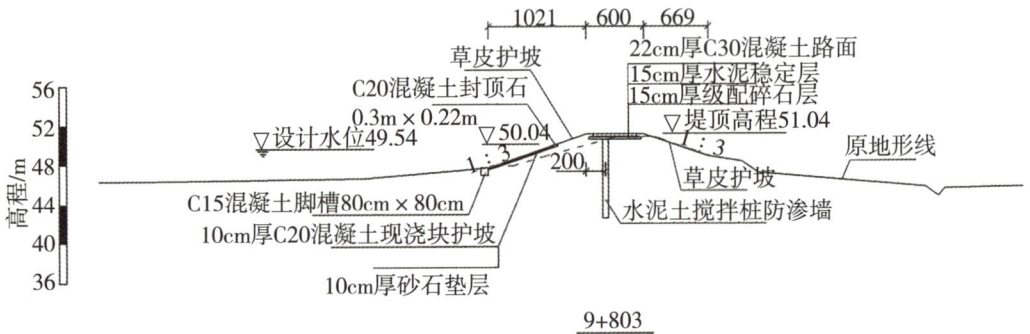

图 2.3-2　中直堤设计横断面图(桩号 9+803)

## 2.3.2　水文

### 2.3.2.1　基本内容

水文章节主要内容应包括:

①流域概况及河道特征。

②气象。

③水文基本资料。

④设计洪水。

(1)流域概况及河道特征

流域概况及河道特征的主要内容是简述流域自然概况、河湖水系、河流特性及人类活动影响。说明建设项目所在河段河道基本特征。

(2)气象

说明建设项目所在地区的气象特性。

(3)水文基本资料

水文基本资料应说明建设项目设计依据的主要水文测站、观测资料情况、主要水文特征等。

(4)设计洪水

设计洪水应说明建设项目设计、校核及施工期防洪标准,提出建设项目设计、校核及施工期相应防洪标准的洪峰流量、水位。对于蓄滞洪区内的建设项目,应说明相应防洪标准的内涝水位和设计蓄洪水位。

#### 2.3.2.2 编制要点

(1)流域概况及河道特征

该部分编制要点:

①除流域总体概况及河湖水系外,应重点对跨越河流局部河段特征进行分析。

②对于路线经过蓄滞洪区的工程,应对蓄滞洪区基本情况、区内河流水系、蓄滞洪区堤防、工程经过蓄滞洪区的路线进行详细说明。

(2)气象

气象特性要素主要包括项目区气候、降水、蒸发、气温、日照、湿度等,气象特征数据可采用项目区内的气象站和国家基本水文测站长序列资料统计。

(3)水文基本资料

首先要选取工程区比较有代表性的水文测站,其次要对水文测站的观测资料进行整编,根据长序列水文资料整理归纳主要水文特征。

(4)设计洪水

建设项目设计、校核及施工期防洪标准应满足相关的设计规范,建设项目设计、校核及施工期相应防洪标准的洪峰流量、水位应与工程河段已审批的水利工程项目及有关规划的相关成果相协调,如工程河段已有堤防设计资料,可参考已审批的堤防设计洪水成果。

蓄滞洪区的设计蓄洪水位可参考防洪规划、蓄滞洪区建设与管理规划、流域防御洪水方案及洪水调度方案等正式文件。值得注意的是,蓄滞洪区的设计蓄洪水位常采用吴淞高程,应调查清楚目标蓄滞洪区范围内吴淞高程与1985国家高程基准之间的换算关系,避免出现错误。

### 2.3.2.3 典型案例

#### 2.3.2.3.1 流域概况及河道特征

工程位于汉江流域,其流域概况及河道特征概况如下:

(1)河道自然地理概况

汉江干流上游河道,河长925km,除汉中和安康盆地外,其余均为山地,山高谷深,平均比降在0.6‰以上。其中陕西省洋县以下至丹江口大坝约661km为通航河段。

汉江干流中下游河道位于湖北省境内,上起丹江口大坝,下至汉江与长江交汇处,河道长652km,流经丹江口、襄阳、钟祥、仙桃、汉川,于武汉市汇入长江。丹江口大坝至碾盘山为汉江中游,河道长270km,平均比降0.19‰,其间较大的支流有南河和唐白河,分别在谷城县和襄阳市附近汇入;碾盘山至河口为下游,全长382km,平均比降为0.09‰,在泽口附近有东荆河分流口。汉江下游流经江汉平原,两岸筑有堤防,河道控制性节点很少,河道主要靠护岸工程、堤防等人工控制工程约束。

(2)河湖水系及河道特征

工程跨越汉江断面位于汉江干流碾盘山水库至汉口河段,为汉江干流下游,流经钟祥、荆门、潜江、仙桃、武汉等市注入长江。干流经钟祥后,河出山谷,水流变缓,河道弯曲系数1.81,属平原蜿蜒型河道。河段长379km,占汉江总长的24%,区间集水面积1.31万 $km^2$,河床坡降小,平均比降为0.09‰。流经潜江泽口、龙头拐,有汉江最大支流——东荆河,洪水时分泄汉江洪水流量,最大过水能力5060 $m^3/s$。干流自沙洋以下南岸无支流加入,北岸在汉川城关有汈汊湖水排入,至新沟又有汉北河汇入。

工程跨越汉江断面,地处鄂中大洪山与汉江盆地的过渡地段,地貌形态受地层和构造等因素的控制,大体呈南北高、中间低之势。汉江河道两岸地势较平坦,由广阔的冲积平地构成,构造作用以剥蚀堆积、堆积作用为主,构成波状起伏的岗状平原和微向远离河床方向倾斜的一级、二级阶地。

(3)蓄滞洪区概况

工程涉及中直蓄滞洪区、文集蓄滞洪区和石牌蓄滞洪区。蓄滞洪区基本概况如下:

1)中直蓄滞洪区

中直蓄滞洪区又称中直分蓄洪民垸,位于汉江左岸,钟祥市郢中镇北 12km 处,西临汉江,东靠直河。中直分蓄洪民垸兴建于 1964 年,蓄滞洪面积 37.0km²,蓄滞洪水位 49.27m,蓄滞洪容积 1.32 亿 m³。

中直分蓄洪民垸围堤中直堤,自中山口至殷河泵站,全长 18.2km,堤顶宽 5~6m,堤内地面高程为 44~48m。

中直分蓄洪民垸位于汉江支流直河右岸、官庄湖农场南部,殷家港河自西向东蜿蜒穿过中直分蓄洪民垸北边界汇入直河,殷家港河河宽 3~8m,为不通航河流。此外中直分蓄洪民垸内有"三横三纵"六条人工引水渠用于农田灌溉,渠宽 1~2m,深 1.0~1.5m,现状基本全部干涸,大部分渠系已长时间未使用。

2)文集蓄滞洪区

文集蓄滞洪区又称文集分蓄洪民垸,位于汉江右岸,与石牌分蓄洪民垸仅一堤之隔,和钟祥市区隔河相望。文集分蓄洪民垸兴建于 1964 年,面积 85km²,设计蓄洪水位 48.27m,有效蓄洪容积 1.98 亿 m³。

文集分蓄洪民垸围堤文集堤,北起沿山头与磷矿镇接壤,南至塘港一组与石牌堤交界,堤顶宽 4~6m,全长 28.9km,堤内地面高程为 42.0~48.0m。

西大河自北向南穿过文集分蓄洪民垸流至冷水镇,在文集分蓄洪民垸内全长 12km 左右,河宽 10~20m,流经沿山、胡港、魏湖、沿河、青林、青星、马桥、王集、康集、汉林等村,西大河在文集镇汉林村附近分成两条河道,主河道向西南方向流至冷水镇郑湾村,西大河支流向南流至塘港闸汇入汉江,为不通航河流。长滩河流经冷水镇、文集镇,河长约 9km、河宽 5~10m,西起冷水镇丁垱水库,自西向东进入文集分蓄洪民垸,在邓家咀村附近向北与西大河支流汇流至塘港闸汇入汉江,为不通航河流。

3)石牌蓄滞洪区

石牌蓄滞洪区又称石牌分蓄洪民垸,位于汉江右岸,钟祥市西南端,是全国著名的豆腐之乡。石牌分蓄洪民垸兴建于 1964 年,蓄滞洪面积 90km²,蓄滞洪水位 46.17m,蓄滞洪容积 1.84 亿 m³。

石牌分蓄滞民垸围堤石牌堤,上与文集堤接壤,下与荆门邓家湖堤相连,1958 年修筑,全长 20.5km,堤顶宽 4~6m,堤内地面高程为 40.0~46.0m。

石牌分蓄洪民垸内共有三条河流,陈坡河西起陈坡水库,自西向东流经石牌分蓄洪民垸,于和平闸汇入汉江,为不通航河流;幸福河北起陈坡水库,自北向南流经石牌分蓄洪民垸,于老河闸汇入汉江,为不通航河流;竹皮河发源于荆门市子陵铺镇赵家冲,自西北向东南流,下段自塔湖以南进入石牌分蓄洪民垸,流经石牌大闸出石牌分蓄洪民垸,为不通航河流。

2.3.2.3.2　水文气象

（1）主要水文测站及观测资料

汉江干流荆门河段附近设有皇庄水文站，皇庄站冻结基面采用1959年吴淞高程系统，冻黄差为1.799m；碾盘山站冻结基面采用前汉江工程局吴淞系统，冻黄差为2.032m。

该站多年水文泥沙特征值见表2.3-1。

表2.3-1　　　　　　　　　　皇庄（碾盘山）站多年水文泥沙特征值

| 项目 | 建库前 1950—1959 年 | 滞洪期 1960—1967 年 | 蓄水期 1968—1999 年 |
|---|---|---|---|
| 多年平均径流量/$10^8 m^3$ | 533 | 527 | 456 |
| 最大年径流量/$10^8 m^3$ | 725(1952年) | 1047(1964年) | 944(1983年) |
| 最小年径流量/$10^8 m^3$ | 304(1959年) | 212(1960年) | 207(1999年) |
| 多年平均流量/（$m^3/s$） | 1690 | 1670 | 1450 |
| 年最大流量均值/（$m^3/s$） | 17900 | 15400 | 8920 |
| 年最小流量均值/（$m^3/s$） | 310 | 267 | 509 |
| 历年最大流量/（$m^3/s$） | 29100 (1958年7月19日) | 29100 (1964年10月6日) | 26100 (1983年10月8日) |
| 历年最小流量/（$m^3/s$） | 172 (1958年3月15日) | 180 (1967年6月21日) | 242 (1979年1月29日) |
| 多年平均水位变幅/m | 7.58 | 6.70 | 4.85 |
| 多年平均输沙量/$10^4 t$ | 13337 | 11284 | 2071 |
| 最大年输沙量/$10^4 t$ | 24800(1958年) | 26300(1964年) | 6190(1968年) |
| 最小年输沙量/$10^4 t$ | 3540(1959年) | 2230(1966年) | 72.1(1999年) |
| 多年平均输沙率/（kg/s） | 4220 | 3570 | 656 |
| 最大日平均输沙率/（kg/s） | 341000 (1958年7月19日) | 156000 (1964年10月6日) | 42800 (1983年10月8日) |
| 多年平均含沙量/（$kg/m^3$） | 2.54 | 2.00 | 0.416 |
| 最大日平均含沙量/（$kg/m^3$） | 16.9 (1953年6月23日) | 11.1 (1965年7月11日) | 6.29 (1975年8月10日) |
| 最小日平均含沙量/（$kg/m^3$） | 0.028 (1959年7月17日) | 0.05 (1960年2月29日) | 0.011 (1998年2月5日) |
| 最高水位/m | 49.91 (1958年7月20日) | 50.75 (1964年10月6日) | 50.62 (1983年10月8日) |

| 项目 | 建库前<br>1950—1959 年 | 滞洪期<br>1960—1967 年 | 蓄水期<br>1968—1999 年 |
|---|---|---|---|
| 最低水位/m | 41.17<br>(1958 年 3 月 15 日) | 40.93<br>(1967 年 1 月 28 日) | 40.49<br>(1998 年 2 月 6 日) |

注：水位采用冻结吴淞基面。

本河段的径流量以皇庄为代表，多年平均径流量为 490 亿 $m^3$（统计系列为 1951—1998 年），径流补给主要来源为降雨。该站多年平均流量为 1560$m^3$/s，最大年平均流量为 3310$m^3$/s(1964 年)，最小年平均流量为 572$m^3$/s，实测最大洪峰流量为 29100$m^3$/s(1964 年)。

丹江口水库建库前，汉江来水流量年内分配极为不均，年内最大流量与最小流量的比值最大可达 170。汉江来水量主要集中在 7、8、9 三个月，皇庄站三个月的来水量占全年总来水量的 56%。最高水位主要出现在 7 月，最低水位主要出现在 3 月，枯水期时间持续较长，年内和年际间的最大水位变幅达 10m。汉江的来沙量比来水量更集中，主汛期 7、8、9 三个月的来沙量占全年总来沙量的 80% 以上，枯水期 12 月和次年 1、2 月三个月的来沙量则不到年总量的 1%。皇庄站多年平均输沙量为 $1.33 \times 10^8$ t，多年平均含沙量 2.5kg/$m^3$，约有 70% 的泥沙输入长江，其余则沿程沉积，使本河段河道处于微堆积状态。

丹江口水库建库后，由于水库的调蓄和削峰作用，洪峰被削减调平，年内流量分配较均匀，中水流量持续时间增加，枯水流量加大。建库前，皇庄站流量在 1000～2000$m^3$/s 的天数每年约有 70d，建库后，皇庄站同级流量的天数每年达 150～300d。

在来沙方面，上游来沙被大量拦在丹江口库区内，尤其是进入蓄水期后，水库基本下泄清水，中下游河道水流中的含沙量主要来自沿程河床的冲刷、河岸的坍塌和支流来沙。建库后皇庄站年平均输沙量为 $0.22 \times 10^8$ t，仅为建库前的 1/6。来沙粒径变粗，粒径级配趋于均匀，建库前的 1950—1959 年悬移质平均粒径为 0.037mm，建库后的 1987 年悬移质平均粒径则为 0.072mm；1959 年河床质中值粒径为 0.12mm，1987 年则为 0.13～0.24mm，1983 年以后河床质中有卵砾石出现，最大粒径达 40mm，见表 2.3-2。

表 2.3-2　　　　　皇庄（碾盘山）站建库前后来水来沙年内分配表

| 月份 | 建库前（1950—1959 年） | | 滞洪期（1960—1967 年） | | 蓄水期（1968—1999 年） | |
|---|---|---|---|---|---|---|
| | 流量<br>/(m³/s) | 含沙量<br>/(kg/m³) | 流量<br>/(m³/s) | 含沙量<br>/(kg/m³) | 流量<br>/(m³/s) | 含沙量<br>/(kg/m³) |
| 1 | 439 | 0.257 | 397 | 0.219 | 893 | 0.176 |

| 月份 | 建库前(1950—1959年) | | 滞洪期(1960—1967年) | | 蓄水期(1968—1999年) | |
|---|---|---|---|---|---|---|
| | 流量/(m³/s) | 含沙量/(kg/m³) | 流量/(m³/s) | 含沙量/(kg/m³) | 流量/(m³/s) | 含沙量/(kg/m³) |
| 2 | 458 | 0.251 | 332 | 0.184 | 1100 | 0.166 |
| 3 | 628 | 0.412 | 607 | 0.572 | 1850 | 0.171 |
| 4 | 1100 | 0.994 | 1480 | 1.510 | 2210 | 0.233 |
| 5 | 1620 | 1.246 | 2210 | 1.800 | 2300 | 0.319 |
| 6 | 1330 | 2.185 | 1160 | 1.280 | 2310 | 0.334 |
| 7 | 3690 | 4.930 | 3120 | 3.260 | 1530 | 0.553 |
| 8 | 4570 | 3.673 | 2450 | 3.010 | 1460 | 0.491 |
| 9 | 2750 | 2.169 | 3640 | 2.920 | 1050 | 0.407 |
| 10 | 1460 | 1.332 | 2660 | 1.930 | 870 | 0.322 |
| 11 | 926 | 0.546 | 1210 | 0.861 | 833 | 0.179 |
| 12 | 630 | 0.357 | 674 | 0.361 | 862 | 0.151 |

注:水位采用冻结吴淞基面。

(2)气象特征

项目区地处中纬度南部亚热带,属大陆性亚热带湿润季风性气候,夏季炎热降水多;冬季寒冷少雨、干燥多风,间有冻害。四季分明,具热量丰富、光照适宜、雨水充沛、光温水同季的特点。年平均气温为16.5℃。7、8月为炎热夏季、气候湿热,月平均气温27.7～28.8℃,日极端最高气温为36.4～38.3℃;最高气温达41℃。12月至次年2月为冬季,气候干冷,月平均气温在18℃;1、2月为最冷季节,月平均气温2℃,最低气温－14.9℃;全年无霜天数为217～265d。冬季常有八、九级大风,并伴有霜冻。

项目区内雨量充沛,4—7月为雨季,平均年降水量为1000～1079mm。降水量年际间变化较大,最高年降水量达1853.6mm(1954年),最低年降水量仅641.8mm(1966年)。四季降水量悬殊,6—9月降水量占全年降水量的45%。年平均降水日数为118～136d。冬季较少,月雨日不足10d;春季较多,月雨日11～16d;夏季月雨日11～13d;秋季月雨日9～11d。日雨量大于80mm的暴雨日数年平均为3～5d。平均降雪日数7.5～9.2d,最大积雪深度在12cm以上。

项目区平均全年无霜期为250d,初霜日在11月中旬至12月上旬,终霜日为3月中下旬。

境内地势平坦开阔,为冷空气南下通道,处于省内风速高值区。年平均风速2.0～3.4m/s,春季风速较大,多为3m/s。夏季南风盛行,风速也较大。秋季风速最小,最低为 10 月。全年 5 级以上(平均风速＞8m/s)的大风日数为 23～68d,8 级以上(瞬间风速＞8m/s)以上的大风日数 4～14d。全年盛行的风向多为北风、北东风。

(3)设计洪水

根据《湖北省荆门汉江堤防加固一期工程初步设计报告》相关成果,工程跨越汉江两岸堤防设计洪水标准采用 1964 年实际洪水。工程上跨汉江左岸中直堤 9＋808,防洪设计水位 49.54m。根据《汉江干流综合规划报告》,碾盘山—皇庄河段河道泄流能力为 27000～30000m³/s。

根据国家防汛抗旱总指挥部《关于汉江洪水与水量调度方案的批复》(国汛〔2017〕9号),中直分蓄洪民垸的设计蓄洪水位为 49.27m,文集分蓄洪民垸的设计蓄洪水位为 48.27m,石牌分蓄洪民垸的设计蓄洪水位为 46.17m。

### 2.3.3 工程地质

#### 2.3.3.1 基本内容

工程地质章节主要内容应包括:
①概述。
②区域地质。
③工程地质。

(1)概述

概述的主要内容是说明地质勘察工作情况、承担单位、勘察项目、完成的工作量及主要成果。

(2)区域地质

概述建设项目所在区域的地形地貌、地质构造、地层岩性、水文地质条件等。评价区域地质构造稳定性,确定建设项目场址的地震动峰值加速度及其相应的地震基本烈度。

该部分应附区域地质图。

(3)工程地质

说明建设项目主要建(构)筑物所在地段的地形地貌、地层岩性、河床及两岸组成物质、地质构造、岩体风化情况、水文地质条件、岩体物理力学性质等。叙述建设项目所在地段存在的不良地质现象及主要工程地质问题。

该部分应附线路的工程地质钻孔平面布置图、重要断面的工程地质纵横剖面图、涉河区域的岩体物理力学指标建议值。

#### 2.3.3.2 编制要点

工程地质章节的编制要点主要在以下几个方面:

①工程地质钻孔位置与工程分部应相协调。

②近堤杆塔的地质剖面应与堤防地质资料相协调。

③地质钻孔深度应不低于杆塔桩基深度。

④项目所在地段存在的不良地质现象及主要工程地质问题,在工程设计中必须有明确对应的补救方案,以保证工程自身的安全。

⑤报告中提供的近堤地质钻孔资料,钻孔实施前应前往堤防管理部门办理相关手续。

⑥堤防背水侧堤脚线外沿 550m 范围内的地质钻孔应做好封孔工作。

### 2.3.3.3 典型案例

#### 2.3.3.3.1 概述

湖北省电力勘测设计院有限公司承担南阳—荆门—长沙 1000kV 特高压交流线路跨越汉江段的岩土勘测任务,完成钻孔 10 个(左岸 6 个,右岸 4 个),最大孔深 40.1m,总计进尺 438.1m;完成静力触探孔 12 个(左岸 6 个,右岸 6 个),最大孔深 27.5m,总计进尺 240.9m;取原状土试样 33 个,取钻孔岩石试样 9 个,现场标贯试验 47 次,剪切波速测试 4 孔。外业工作于 2019 年 3 月 12 日至 2019 年 5 月 1 日完成,2019 年 6 月完成岩土工程勘测报告。

#### 2.3.3.3.2 区域地质

(1) 区域地质构造

根据《湖北省区域地质志》(1990 年)等区域地质、地震资料,塔位附近主要发育的区域断裂构造为江汉北西向断裂系的胡家集与沙洋断裂(图 2.3-3)。

胡家集—沙洋断裂(16):位于乐乡关地垒与汉水地堑间,为隐伏断裂。据物探推测,该断裂由两条断裂组成,呈北北西向延展于尹家集、胡集、沙洋一线,长约 140km,倾向东,上陡,向深部急剧变缓。根据地震、声波测井,该断裂断面波发育,连续性好,断点清楚。重力显示密集递变带。两侧磁场有一定差异,表明断裂的客观存在。根据华山观花岗岩中发育的北北西向断裂引起的强烈动力变质作用推测,在前白垩纪,胡家集—沙洋断裂似具压剪性质,白垩—第三纪时期具同沉积断裂的特点,控制汉水断陷槽地的形成和发展,沉积约 2000m 厚的白垩—第三系,盆地显示西断东超的结构,沉积中心偏向断裂一侧。第四纪时期的槽地沉积物及其河流等亦偏向断裂一侧,现代汉水对乐乡关隆起的侵袭显著,历史上发生多次微震。总体来看,它是白垩—第三纪时期活动性特征的继续和发展,应属张剪性为主的活动断裂。本工程线路与该断裂相交。

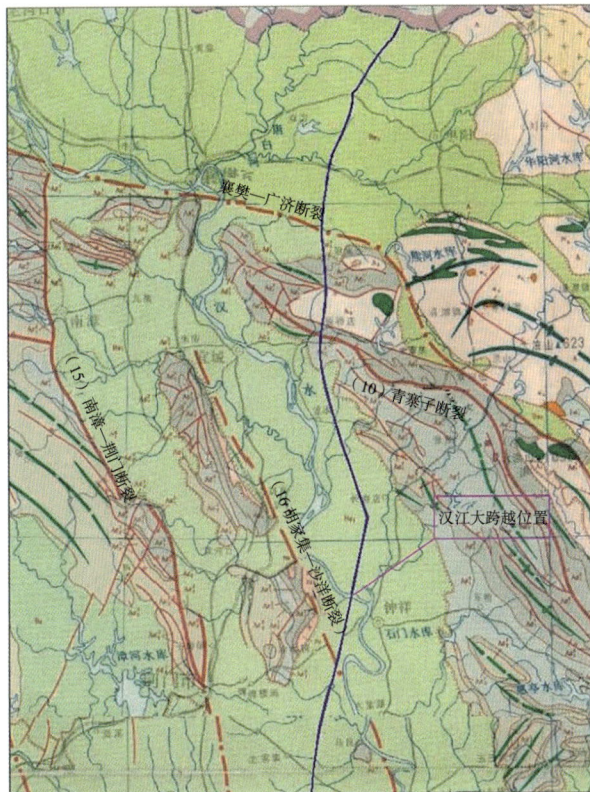

图 2.3-3　区域地质及断裂带分布示意图

青寨子断裂(10):呈北西向向北东凸出的弧形。西起襄阳隆中,经随县界山至天门县皂市北被云应凹陷所限,可见长度为 130km,断面产状 25°∠32°～58°,为逆掩断裂。西部,震旦系、寒武系沿断面平缓波状向南逆掩于三叠系、二叠系或志留系之上,造成客店坡复式向斜北翼断失。在方家冲等地,逆(逆掩)断层平行密集发育。沿断裂在随县徐家湾、钟祥市陈家湾、九华寨和京山市彭家塝一带出露受断裂控制的玻基纯橄岩、金伯利角砾岩等偏碱性超基性岩的脉状小岩群,本工程线路与该断裂相交。

(2)地震概况

根据《湖北地震志》《湖北省水利水电工程地质》以及相关地区的县志及地震台网数据等资料,工程附近历史上发生的较大震级地震详情如下:历史上 1959—1973 年荆门地区在南漳—荆门断裂西侧以及荆门断凹中共发生过 34 次震级大于 2.0 级的地震,其中大于 3 级的地震 9 次,最大一次 4.2 级。该地区地震活动相对较弱,为相对平静地段。

(3)地震参数

根据《中国地震动峰值加速度区划图》(GB 18306—2015 图 A1,1∶400 万)、《中国地震动反应谱特征周期区划图》(GB 18306—2015 图 B1,1∶400 万),工程基于 Ⅱ 类场地的地震动峰值加速度为 0.05g,对应地震烈度为 Ⅵ,地震动反应谱特征周期为 0.35s。

（4）线路区域稳定性评价

综上所述，构造单元、地质构造、断裂活动、地震活动等特征表明：本段线路路径方案所经区域地质环境属区域地质相对稳定区，适宜兴建特高压直流输电线路。

2.3.3.3.3　工程地质

（1）地形地貌

工程跨越汉江段路径地貌单元主要为汉江一级阶地地貌和汉江河漫滩地貌，左岸一般线路段直线塔 N2282、左岸锚塔 N2283、右岸锚塔 N2286 地貌单元为汉江一级阶地地貌，左岸跨江塔 N2284、右岸跨江塔 N2285 位于汉江河漫滩。塔位所处区域地形平坦近水平，均为旱地，主要种植小麦、油菜等，见图 2.3-4。

（2）各段地层岩性

1）一般线路段直线塔 N2282、跨越汉江段左岸及右岸锚塔（N2283 和 N2286）

根据现场勘探资料，一般线路段直线塔 N2282、跨越汉江段左岸及右岸锚塔（N2283 和 N2286）均位于汉江一级阶地地貌地段，地层分布如下：

第四系全新统冲洪积（$Q_4^{al+pl}$）黏性土、粉土及第四系上更新统冲积（$Q_3^{al}$）粉细砂与卵石层，下伏基岩为白垩系（K）泥质粉砂岩。

①粉质黏土：褐黄色，稍湿，可塑偏软，夹薄层粉土，厚度 5.5～6.5m，局部可达 8.0m。

②粉质黏土：褐黄色，稍湿，软塑，夹薄层粉土，厚度 7.0～10.0m。

③粉土：褐黄色、褐灰色，稍湿，稍密，局部分布，厚度 2.5～3.5m。

④粉质黏土：褐黄色，稍湿，可塑，夹薄层粉土或粉细砂，厚度 6.0～9.0m。

⑤粉细砂：褐黄色，饱和，稍密—中密，以长石、石英为主，砂质均匀，局部含少量粉土，厚度 3.0～5.0m，该层起伏较大，埋深一般为 13.0～16.0m。

⑥卵石：褐黄色，饱和，稍密—中密，粒径 25～60mm，成分为砂岩、灰岩，局部夹薄层粉细砂，该层起伏较大，厚度 3.0～5.0m。埋深一般为 16.0～24.0m。

⑦下伏基岩为泥质粉砂岩，埋深变化较大，埋深一般为 22.0～26.0m。

2）左岸及右岸跨越塔

根据现场勘探资料，左岸及右岸跨越塔均位于汉江河漫滩地貌地段汉江段，力学指标推荐值见表 2.3-3、表 2.3-4。

地层分布如下：

第四系全新统冲洪积（$Q_4^{al+pl}$）粉土与黏土互层、粉细砂及第四系上更新统冲洪积（$Q_3^{al+pl}$）卵石，下伏基岩为白垩系（K）粉砂质泥岩。

N2284-A
50.16
50.70
·50.58
50.28
25
— 20
— 15
— 10
— 5

N2284-B
50.16
50.00

N2284-SY
50.16

50.38
−25 −20 　−15　−10　−5　0
·50.13
N2284
50.16

5
10　15　20　25
50.01　　49.77
180°

0°
50.11

— −5
— −10　2′

L2284-D
50.16

·50.02

N2284-C
50.16

50.94
49.83
50.14

— −15
— −20　　　2
— −25

| 序号 | Z24505 | 塔号 | N2284 | 比例尺 | 1：200 |
|------|--------|------|-------|--------|--------|

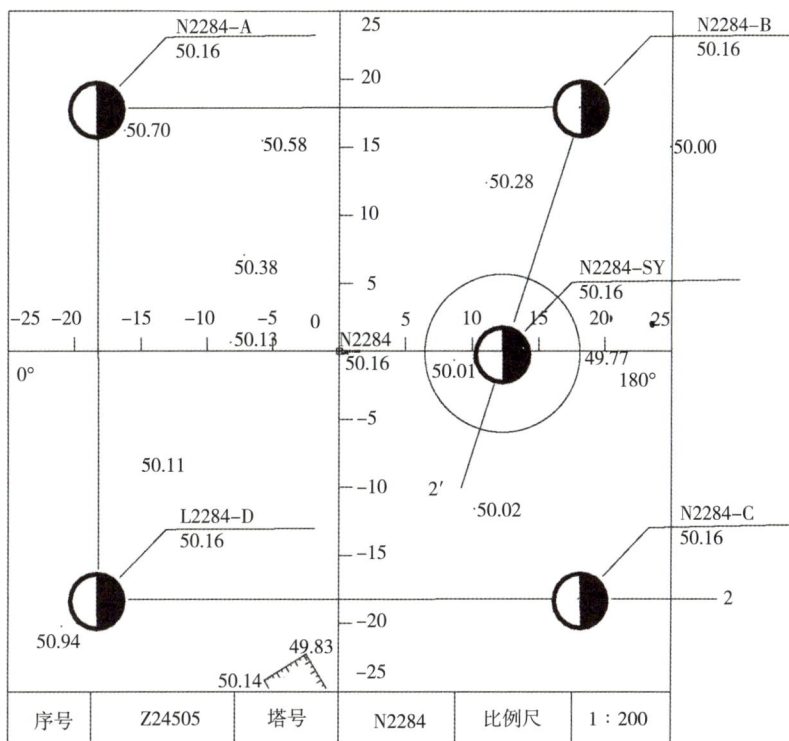

（a）左岸跨越塔 N2284 钻孔布置图

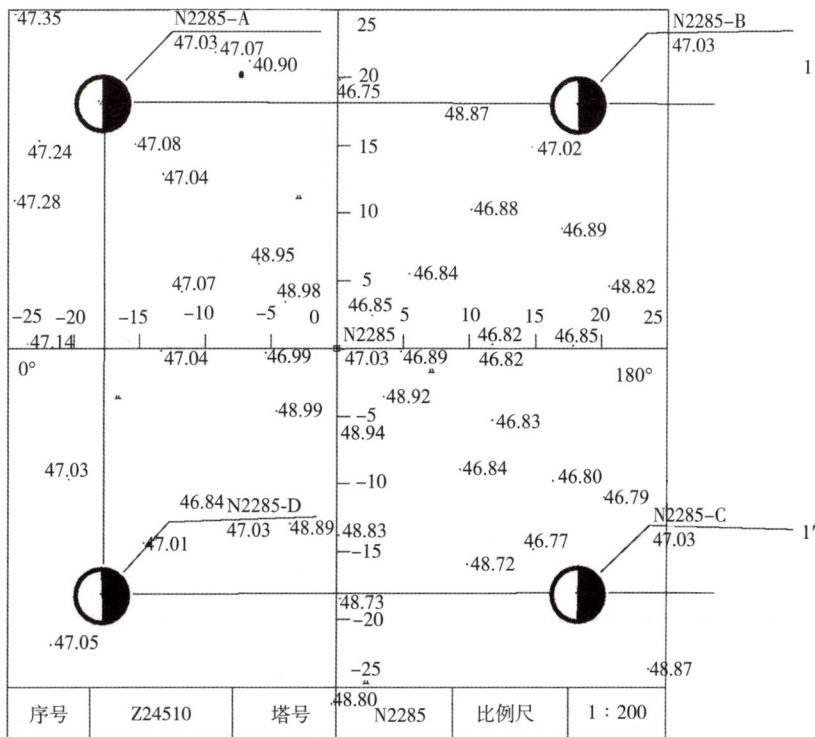

·47.35
47.03 47.07
·40.90
46.75

N2285-A
N2285-B
47.03

25
— 20
48.87

1

47.24
·47.08
·47.04

47.02

·47.28
48.95
47.07
48.98
46.85

— 15
— 10
·46.88
·46.84
46.89
·48.82

5

−25 −20　−15　−10　−5　0
·47.14
47.04　·46.99
N2285
47.03 46.89

5
10　15　20　25
46.82　46.85

0°
48.99

47.03 46.89
·48.92

46.82
180°

46.84 N2285-D
47.03 48.89
·47.01
48.83

−5
48.94
— −10
·46.83
·46.84
·46.80
46.79

N2285-C
47.03

46.77

1′

·47.05
48.73
48.80

−15
·48.72
—−20
−25
·48.87

| 序号 | Z24510 | 塔号 | N2285 | 比例尺 | 1：200 |
|------|--------|------|-------|--------|--------|

（b）右岸跨越塔 N2285 钻孔布置图

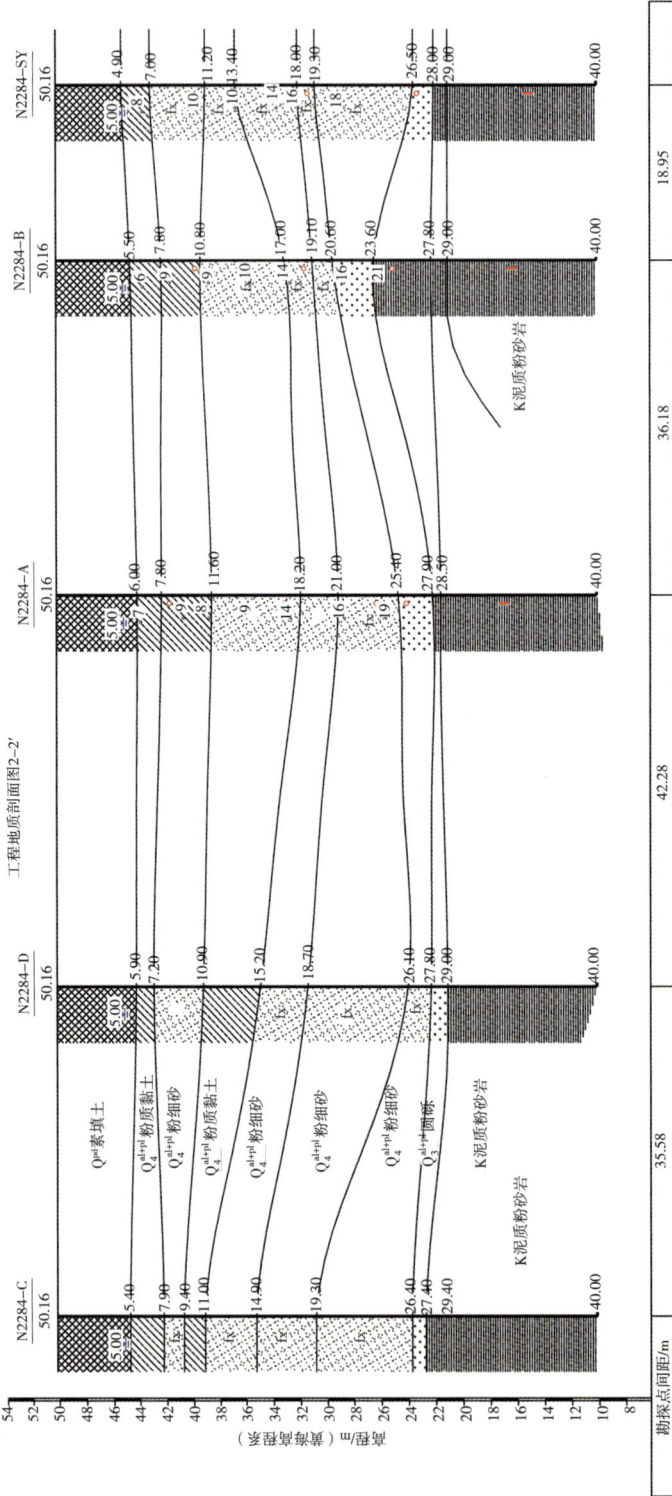

（c）工程地质剖面图2-2

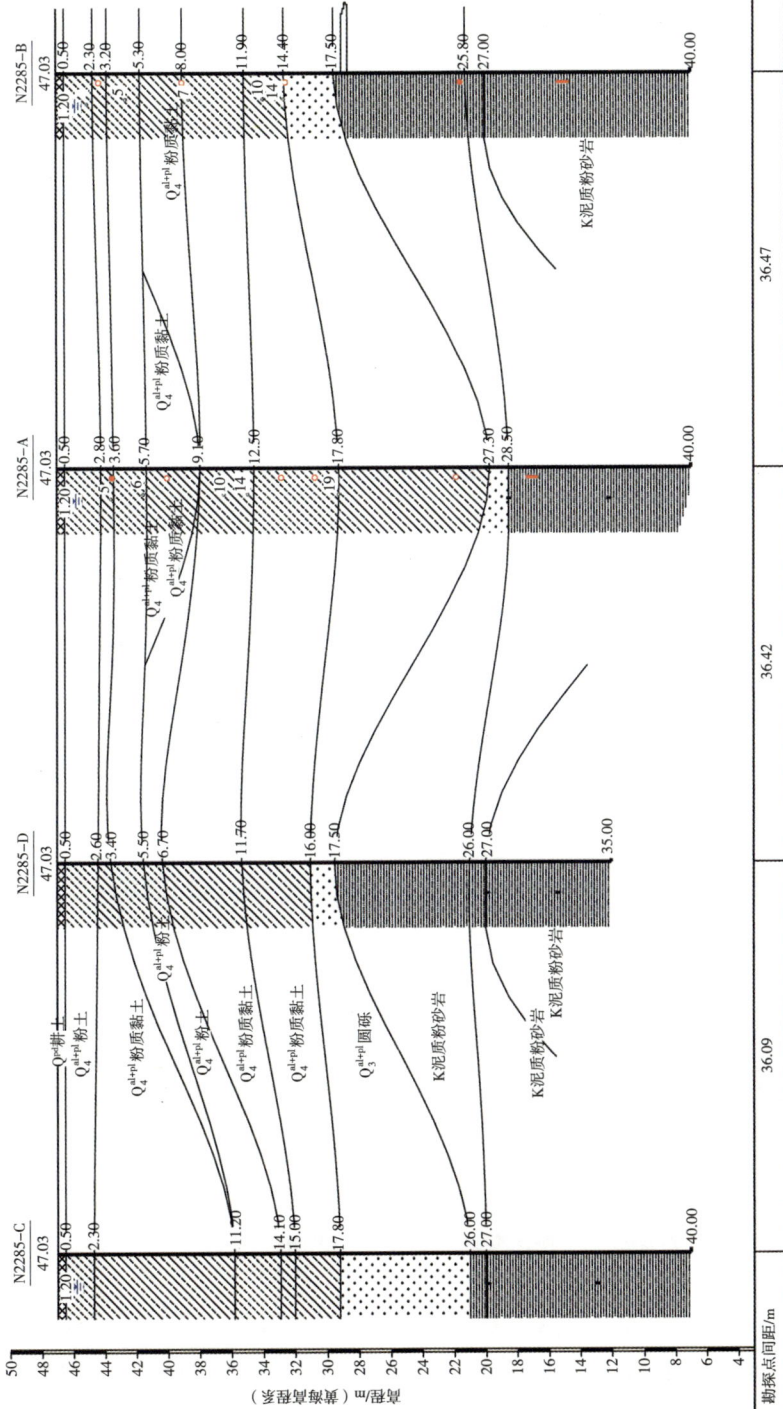

（d）工程地质剖面图1-1'

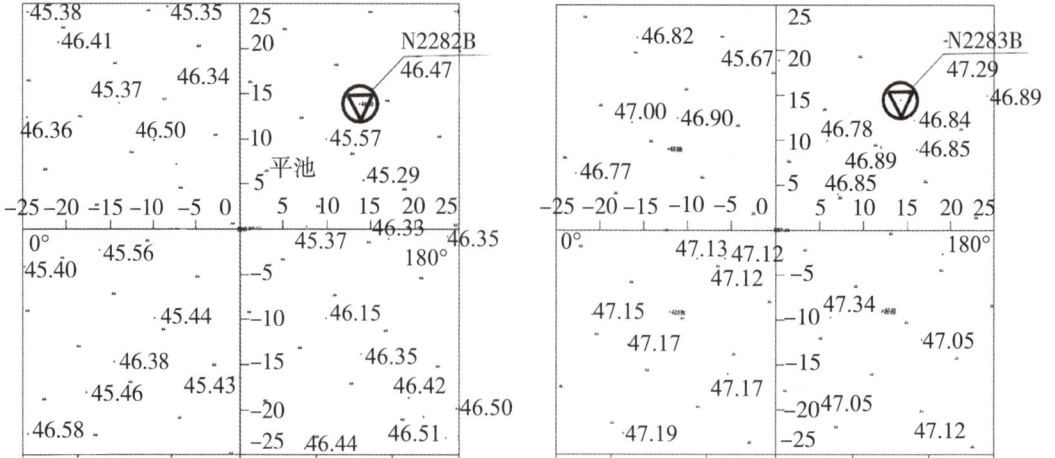

(e)左岸 N2282、N2283 钻孔布置图

水平比例：1∶1000　垂直比例：1∶100

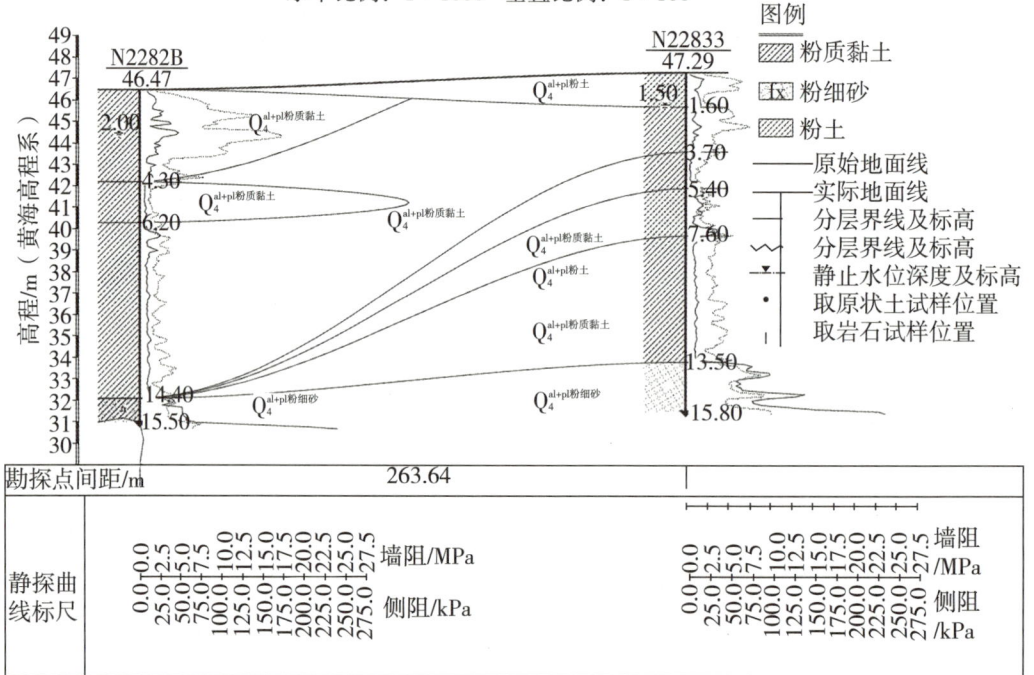

(f)工程地质剖面图 N2282B—N2283B

图 2.3-4　工程地质剖面图

①粉土与黏土互层（$Q_4^{al+pl}$）：灰色，青灰色，稍湿—饱和，主要由中密粉土混少量可塑偏软黏土组成，黏土含少量腐殖质，厚度分布不均，局部含少量粉细砂。层厚 2.0～4.0m。

②粉细砂（$Q_4^{al+pl}$）：青灰色，饱和，稍密—中密，主要由石英与长石组成，局部含少量圆砾，层厚 8.0～12.0m。

③圆砾（$Q_3^{al+pl}$）：青灰色，饱和，稍密—中密，砾石为石英或长石，圆形及亚圆形为主，分选性差，粒径一般为2～20mm。层厚1.0～2.0m，该层层顶埋深12.0～13.0m。

④卵石（$Q_3^{al+pl}$）：青灰色，饱和，稍密—中密，砾石为石英或长石，以圆形及亚圆形为主，分选性差，粒径一般为20～60mm。层厚3.0～4.0m，该层层顶埋深13.0～16.0m。

⑤粉砂质泥岩（K）：灰绿色，褐红色，强风化，粉砂质结构，泥质胶结，中厚层状，岩芯呈坚硬土状或碎块状，局部含中风化岩块。该层层顶埋深18.0～20.0m。

表2.3-3 **左岸跨越塔 N2284 力学指标推荐值表**

| 岩土名称 | 岩土特征 | 重力密度 $\gamma$/ (kN/m³) | 抗剪强度 | | 压缩模量 $ES$ /MPa | 承载力特征值 $f_{ak}$ /kPa | 钻孔灌注桩 | |
| --- | --- | --- | --- | --- | --- | --- | --- | --- |
| | | | 黏聚力 $c$/kPa | 内摩擦角 $\varphi$/° | | | 桩的极限侧阻力标准值 $q_{sik}$/kPa | 桩的极限端阻力标准值 $q_{pk}$/kPa |
| 素填土（$Q^{ml}$） | 褐黄色，松散，很湿，以粉细砂为主 | 17 | | | 2.5 | | 20 | |
| 粉质黏土（$Q_4^{al+pl}$） | 灰黄—青灰色，湿，软可塑。$qc=0.74$MPa；$fs=20.8$kPa | 18.5 | 14 | 8 | 4 | 80 | 44 | 350 |
| 粉质黏土（$Q_4^{al+pl}$） | 灰黄—青灰色，湿，软塑。$qc=0.60$MPa；$fs=14.6$kPa | 18 | 13 | 7 | 3.5 | 70 | 36 | 210 |
| 粉砂（$Q_4^{al+pl}$） | 青灰色，饱和，中密。$qc=8.10$MPa；$fs=62.7$kPa | 19 | | 27 | 19 | 210 | 53 (35) | 770 |
| 粉砂（$Q_4^{al+pl}$） | 青灰色，饱和，稍密。$qc=5.41$MPa；$fs=40.6$kPa | 18.5 | | 24 | 13.5 | 150 | 39 (26) | 670 |
| 粉砂（$Q_4^{al+pl}$） | 青灰色，饱和，中密。$qc=8.42$MPa；$fs=65.0$kPa | 19 | | 27 | 19.5 | 210 | 54 | 940 |
| 圆砾（$Q_3^{al+pl}$） | 青灰色，饱和，中密，砾石为石英或长石，亚圆状，分选性差，粒径一般为2～20mm，局部含少量卵石 | 20.5 | | 35 | —18 | 450 | 75 | 1400 |

| 岩土名称 | 岩土特征 | 重力密度 $\gamma$/(kN/m³) | 抗剪强度 | | 压缩模量 $ES$/MPa | 承载力特征值 $f_{ak}$/kPa | 钻孔灌注桩 | |
|---|---|---|---|---|---|---|---|---|
| | | | 黏聚力 $c$/kPa | 内摩擦角 $\varphi$/° | | | 桩的极限侧阻力标准值 $q_{sik}$/kPa | 桩的极限端阻力标准值 $q_{pk}$/kPa |
| 泥质粉砂岩 (K₂) | 红褐色,强风化,泥质结构,层状构造,节理裂隙发育,岩体破碎 | 21 | 35 | 24 | —42 | 300 | 140 | 1500 |
| 泥质粉砂岩 (K₂) | 红褐色,中风化,泥质结构,层状构造,节理裂隙发育,岩体较完整 | 23 | 100 | 27 | | 700 | 200 | 2200 |

**表 2.3-4　　　　　右岸跨越塔 N2285 力学指标推荐值表**

| 岩土名称 | 岩土特征 | 重力密度 $\gamma$/(kN/m³) | 抗剪强度 | | 压缩模量 $ES$/MPa | 承载力特征值 $f_{ak}$/kPa | 钻孔灌注桩 | |
|---|---|---|---|---|---|---|---|---|
| | | | 黏聚力 $c$/kPa | 内摩擦角 $\varphi$/° | | | 桩的极限侧阻力标准值 $q_{sik}$/kPa | 桩的极限端阻力标准值 $q_{pk}$/kPa |
| 耕植土 (Q^ml) | 褐黄色,松散,很湿,主要以粉土为主 | 17.0 | | | 2.5 | | 20 | |
| 粉土 (Q₄^al+pl) | 灰褐色,很湿,中密,以粉粒为主。$qc=1.20\mathrm{MPa}$;$fs=21.5\mathrm{kPa}$ | 18.5 | 16 | 20 | 6.0 | 90 | 45 | |
| 粉质黏土 (Q₄^al+pl) | 灰黄—青灰色,湿,软塑。$qc=0.44\mathrm{MPa}$;$fs=13.2\mathrm{kPa}$ | 17.0 | 11 | 5 | 2.5 | 50 | 27 | |
| 粉土 (Q₄^al+pl) | 灰褐色,很湿,中密,以粉粒为主。$qc=1.92\mathrm{MPa}$;$fs=30.6\mathrm{kPa}$ | 18.5 | 14 | 23 | 7.5 | 100 | 54 (18) | 420 |
| 粉质黏土 (Q₄^al+pl) | 灰黄—青灰色,湿,软可塑。$qc=0.87\mathrm{MPa}$;$fs=28.6\mathrm{kPa}$ | 18.5 | 16 | 9 | 4.5 | 90 | 51 | 370 |

| 岩土名称 | 岩土特征 | 重力密度 $\gamma$/(kN/m³) | 抗剪强度 | | 压缩模量 ES/MPa | 承载力特征值 $f_{ak}$/kPa | 钻孔灌注桩 | |
|---|---|---|---|---|---|---|---|---|
| | | | 黏聚力 $c$/kPa | 内摩擦角 $\varphi$/° | | | 桩的极限侧阻力标准值 $q_{sik}$/kPa | 桩的极限端阻力标准值 $q_{pk}$/kPa |
| 粉质黏土 ($Q_4^{al+pl}$) | 灰黄—青灰色,湿,软塑。$qc=0.54$MPa；$fs=11.5$ kPa | 17.5 | 12 | 6 | 3.0 | 60 | 32 | 190 ($L<10$) 270 ($L>10$) |
| 粉土 ($Q_4^{al+pl}$) | 灰褐色,很湿,中密,以粉粒为主。$qc=2.21$MPa；$fs=29.1$kPa | 18.5 | 14 | 24 | 8.0 | 110 | 58 (58) | 620 ($L<15$) 730 ($L>15$) |
| 粉质黏土 ($Q_4^{al+pl}$) | 灰黄—青灰色,湿,可塑。$qc=1.52$MPa；$fs=32.7$kPa | 18.5 | 24 | 13 | 7.0 | 150 | 68 | 1000 |
| 圆砾 ($Q_3^{al+pl}$) | 青灰色,饱和,中密,砾石为石英或长石,亚圆状,分选性差,粒径一般为2~20mm,局部含少量卵石 | 20.5 | | 35 | (18.0) | 450 | 75 | 1400 |
| 泥质粉砂岩 ($K_2$) | 红褐色,强风化,泥质结构,层状构造,节理裂隙发育,岩体破碎 | 21.0 | 35 | 24 | (42.0) | 300 | 140 | 1500 |
| 泥质粉砂岩 ($K_2$) | 红褐色,中风化,泥质结构,层状构造,节理裂隙发育,岩体较完整 | 23.0 | 100 | 27 | | 700 | 200 | 2200 |

(3)沿线地下水特征

根据地下水的赋存条件,沿线地下水主要为孔隙潜水。孔隙潜水分布于本地带的粉土、粉砂和圆砾中,水量较大,主要接受大气降水补给,以径流、蒸发排泄为主。

根据工程路径区地下水水样化验结果及现场调查可知:该地段地下水对混凝土结构及钢筋混凝土结构中的钢筋具微腐蚀性,对钢结构具中等腐蚀性。

（4）不良地质作用和地质灾害

经现场实地调查，本段线路路径区不存在大规模的影响路径方案造成的不良地质作用，场地稳定，均能满足特高压线路架设要求。

### 2.3.4　推荐方案工程布置及主要建筑物

#### 2.3.4.1　基本内容

推荐方案工程布置及主要建筑物章节主要内容应包括：

①工程等别和标准。

②工程主要建设内容及规模。

③工程布置。

④主要建(构)筑物结构。

⑤与防洪工程的关系。

（1）工程等别和标准

说明建设项目的工程等别、主要建筑物的级别、相应的洪水标准及地震设防烈度。

（2）工程主要建设内容及规模

说明建设项目位于河湖管理范围内的主要建设内容及规模。涉及扩建、改建及方案调整的建设项目，还应说明原方案主要建设内容。

（3）工程布置

1）工程布置原则

简述建设项目的工程布置原则。

2）项目建设方案比选

说明建设项目主要方案比选的基本情况及比选结论。方案比选相关图纸作为本节插图，也可列为附图。

3）工程布置方案

说明建设项目的平面布置方案及主要建筑物平面尺寸，列出建设项目主要建(构)筑物控制点坐标表。涉及扩建、改建及方案调整的建设项目，还应说明原方案的工程布置。涉及争议较大的跨河方案或穿越蓄滞洪区方案的项目，应详述建设项目主要方案比选的基本情况及比选结论。对于穿越蓄滞洪区的特高压输变电工程，应明确工程进出蓄滞洪区的线路与蓄滞洪区边界交点坐标。

本节需附建设项目场址现状地形图、建设项目总布置图、建设项目平面布置图。建设项目场址现状地形图应反映现状地形、现有建(构)筑物等情况，注明建设项目位置、采用的高程和平面坐标系统、比例尺及测图时间。建设项目总布置图应反映建设项目总体布置轮廓、河道管理范围线、堤线、水流流向、指北针等,可基于实测地形图或卫星影像图绘制。

建设项目平面布置图应清晰反映河道管理范围内建设项目主要建设内容及其与水利工程位置关系。标注河道管理范围线、堤线、主要建(构)筑物的布置、平面尺寸、高程、主要控制点位置及其坐标等。建设项目如位于水库库区内,需标明水库正常蓄水位线及移民迁移线或迁建线。地形底图应有指北针、水流流向、比例尺、测图时间,注明采用的高程和平面坐标系统。

改扩建项目需附已建工程平面布置图、已建和改扩建工程平面布置对比图、改扩建工程平面布置图。涉及方案调整的建设项目需附原方案平面布置图、调整方案与原方案平面布置对比图、调整方案平面布置图,并在对比图中清晰标明主要调整内容。

(4)主要建(构)筑物结构

说明建设项目主要建筑物采用的结构形式、结构尺寸、设计高程等。

本节需附主要建(构)筑物纵、横剖面图。主要建(构)筑物纵、横剖面图需标明设计洪水位、原地面线、设计结构线、地层岩性、河道管理范围线、堤线、高程系统、比例尺等。建设项目如位于库区内,需标明水库正常蓄水位线及移民迁移线或迁建线。

(5)与防洪工程的关系

说明建设项目与防洪工程的连接(交叉)方式、相对位置关系等。

本节需附与堤防工程相对关系局部放大图。建设项目涉及堤防的,需附连接(交叉)处的局部放大平面布置图及断面图,清晰反映建设项目与堤防工程相对位置关系,如近堤桩基与堤脚间最小距离、与现状或规划堤防堤顶间净空、穿堤建筑物的埋深等。

### 2.3.4.2 编制要点

(1)工程布置

涉及争议较大的跨河方案或穿越蓄滞洪区方案的项目,应详述建设项目主要方案比选的基本情况及比选结论。对于穿越蓄滞洪区的特高压输变电工程,应明确工程进出蓄滞洪区的线路与蓄滞洪区边界的交点坐标。

建设项目场址现状地形图应能够反映现状地形、现有建(构)筑物等情况,注明建设项目位置、采用的高程和平面坐标系统、比例尺及测图时间。建设项目总布置图应能够反映建设项目总体布置轮廓、河道管理范围线、堤线、水流流向、指北针等,可基于实测地形图或卫星影像图绘制。

建设项目平面布置图应清晰反映河道管理范围内建设项目主要建设内容及其与水利工程的位置关系。标注河道管理范围线、堤线、主要建(构)筑物的布置、平面尺寸、高程、主要控制点位置及其坐标等。建设项目如位于水库库区内,需标明水库正常蓄水位线及移民迁移线或迁建线。地形底图应有指北针、水流流向、比例尺、测图时间,注明采用的高程和平面坐标系统。

（2）主要建筑物结构

对于特高压输变电工程,应明确说明跨河线路的结构形式、跨越档距、跨越杆塔或墩柱结构形式、基础结构形式及尺寸、基础埋深、基础与堤脚间的最小距离,跨越堤防导线与现状、规划堤防堤顶间净空以及河湖管理范围内的附属设施的相应参数等。

对于穿越蓄滞洪区的特高压输变电工程,还应明确蓄滞洪区内杆塔与分退洪口门的平面距离、杆塔与转移道路的平面距离、导线与转移道路的净空、导线与设计蓄洪水位的净空、线路与安全区的相对关系、导线与安全区的净空、线路与现状涵闸泵站的相对关系以及线路与蓄滞洪区规划建设工程的相对关系等内容。

（3）与防洪工程的关系

与防洪工程的关系的主要内容包括建设项目与防洪工程的连接方式、相对位置关系等。该部分建设项目涉及堤防的,需提供跨越堤防处的局部放大平面布置图及断面图,清晰反映建设项目与堤防工程相对位置关系,如近堤桩基与堤脚间的最小距离、与现状或规划堤防堤顶间净空等。

### 2.3.4.3 典型案例

本案例工程为新建南阳—荆门—长沙特高压交流输电工程。

（1）工程等别和标准

工程等别:1000kV 架空输电线路。

设计气象条件重现期（工程自身设计标准）:100 年。

洪水标准（工程自身设计标准）:100 年一遇。

（2）工程主要建设内容及规模

本工程为新建特高压交流输电工程,其中工程在汉江河道与堤防管理范围内总长度为 3.221km。

工程在汉江河道与堤防管理范围内布置杆塔 5 座,档距分布为:263m（N2282～N2283）-909m（N2283～N2284）-1590m（N2284～N2285）-459m（N2285～N2286）,全长 3.221km。杆塔 N2284、N2285 分别立于汉江左、右岸河道内岸滩上,N2282、N2283立于左岸中直堤堤内,N2286 立于右岸文集堤堤内。

工程在中直分蓄洪民垸内线路全长共计 6.63km,布置 13 座杆塔,其中一般线路段悬垂直线塔 11 基,耐张转角塔 2 基。

工程在文集分蓄洪民垸内线路全长共计 19.72km,布置 38 座杆塔,其中一般线路段悬垂直线塔 26 基,耐张转角塔 12 基（包含分体式换位塔 1 基）。

工程在石牌分蓄洪民垸内线路全长共计 3.54km,布置 5 座杆塔,其中一般线路段悬垂直线塔 4 基,耐张转角塔 1 基。

(3)工程布置

本工程在汉江两岸河道和堤防管理范围内布置杆塔 5 座,档距分布为:263m(N2282～N2283)−909m(N2283～N2284)−1590m(N2284～N2285)−459m(N2285～N2286),全长 3221m,见图 2.3-5 与表 2.3-5。

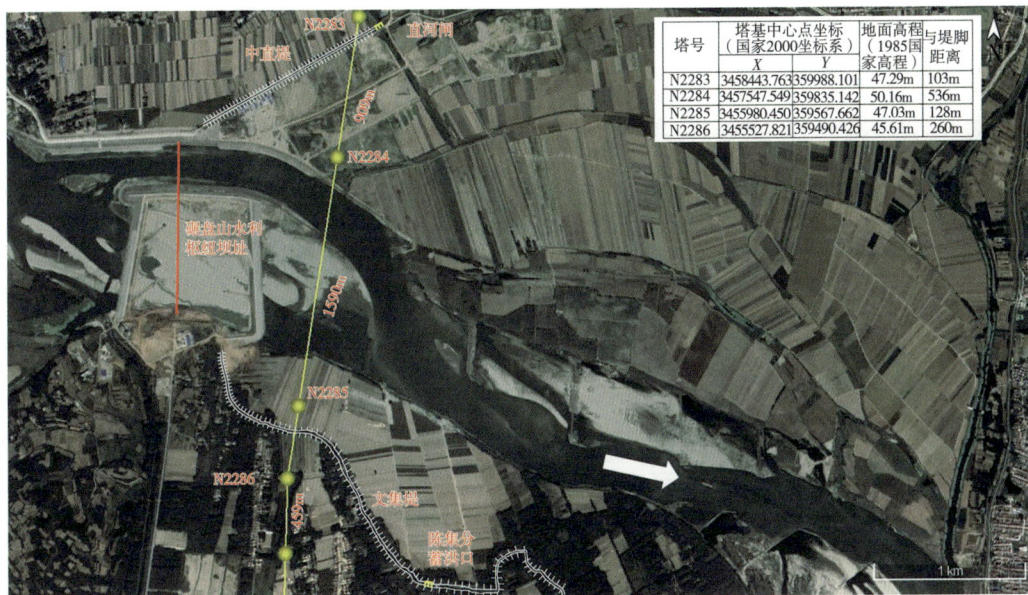

| 塔号 | 塔基中心点坐标(国家 2000 坐标系) | | 地面高程(1985国家高程) | 与堤脚距离 |
| --- | --- | --- | --- | --- |
| | X | Y | | |
| N2283 | 3458443.763 | 359988.101 | 47.29m | 103m |
| N2284 | 3457547.549 | 359835.142 | 50.16m | 536m |
| N2285 | 3455980.450 | 359567.662 | 47.03m | 128m |
| N2286 | 3455527.821 | 359490.426 | 45.61m | 260m |

图 2.3-5 工程平面布置图

表 2.3-5 杆塔中心点平面坐标(国家 2000 坐标系,中央子午线 114°)

| 序号 | 杆塔序号 | 塔型 | $X$ | $Y$ | 地面高程/m |
| --- | --- | --- | --- | --- | --- |
| 1 | N2282 | ZM27102-78 | 3458702.304 | 360037.929 | 46.50 |
| 2 | N2283 | JK-42 | 3458443.763 | 359988.101 | 47.29 |
| 3 | N2284 | ZBK-168 | 3457547.549 | 359835.142 | 46.95 |
| 4 | N2285 | ZBK-168 | 3455980.450 | 359567.662 | 47.03 |
| 5 | N2286 | JK-42 | 3455527.821 | 359490.426 | 45.61 |

其中汉江跨越采用"耐—直—直—耐"方式,单回路架设,档距分布为 909m−1590m−459m(N2285～N2286),耐张段长度 2958m。左岸杆塔 N2282 位于堤内农田,塔基外缘距左岸中直堤背水侧堤脚 311m。左岸锚塔 N2283 位于堤内农田,塔基外缘距离中直堤背水侧堤脚约 102m。左岸跨江塔 N2284 位于河漫滩,塔基外缘距离中直堤迎水侧约 536m。右岸跨江塔 N2285 位于汉江一级阶地、堤外农田,塔基外缘距文集堤迎

水侧堤脚约 127m。右岸锚塔 N2286 位于堤内农田,塔基外缘距文集堤背水侧堤脚约 249m。

工程在中直分蓄洪民垸内线路全长共计 6.63km,布置 13 座杆塔,见表 2.3-6。一般线路塔位为 N2269(官庄湖)～N2282(洋梓镇),共 13 基。工程导线上跨中直分蓄洪民垸北面自然高地进入中直分蓄洪民垸,自北向南架线穿过中直分蓄洪民垸,上跨殷家港河 1 次、直河 1 次,直河支沟 1 次,现状村道 3 次、S482 省道 1 次,最终上跨中直堤(桩号 9+808)出中直分蓄洪民垸,档距 262～646m。

工程在文集分蓄洪民垸内线路全长共计 19.72km,布置 38 座杆塔,见表 2.3-6。一般线路塔位为 N2287(文集镇)～N2297N(文集镇)、N2307N(文集镇)～N2322(冷水镇)、G1～G2、G6～G13NN,共 38 基。导线上跨文集堤(桩号 0+716)进入文集分蓄洪民垸,西南向架线穿过文集分蓄洪民垸,在魏家坡附近借用南阳—荆门一回 1000kV 特高压杆塔 N482～N490 走线(2008 年建成,未重新架线),最终上跨文集分蓄洪民垸南侧自然高地而出。工程另建设 G1～G13NN 共计 13 基杆塔供南阳—荆门一回 1000kV 特高压使用(文集分蓄洪民垸内共 10 基),其中 G2～G3 导线上跨自然高地穿出文集分蓄洪民垸边界,G5～G6 导线上跨自然高地再次穿入文集分蓄洪民垸边界;G13NN 杆塔与已建 N492 杆塔接线,导线弧垂高程 76.16m,与地面净空 32.45m。工程上跨规划转移道路 8 次,西大河 2 次,西大河支流 1 次,长滩河 1 次,档距 298～685m。

工程在石牌分蓄洪民垸内线路全长共计 3.54km,布置 5 座杆塔。一般线路塔位为 N2346(石牌镇)～N2350N(石牌镇),共 5 基。导线上跨石牌分蓄洪民垸西北面边界进入石牌分蓄洪民垸,自北向南架线穿过石牌分蓄洪民垸,上跨石牌分蓄洪民垸西南面边界出石牌分蓄洪民垸,工程上跨现状村道 2 次、竹皮河 1 次,档距 446～665m。

**表 2.3-6** 蓄滞洪区内杆塔中心点坐标统计表

| 分蓄洪民垸 | 塔号 | | 塔型 | 塔基中心点坐标 | |
| --- | --- | --- | --- | --- | --- |
| | | | | X | Y |
| 中直 | 导线上跨中直民垸边界自然高地位置 | | | 3464846.544 | 361302.438 |
| | 1 | N2269 | ZM27104 | 3464584.310 | 361295.758 |
| | 2 | N2270 | ZM27102 | 3464034.561 | 361282.767 |
| | 3 | N2271 | ZM27102 | 3463576.839 | 361271.967 |
| | 4 | N2272 | ZM27103 | 3463111.377 | 361261.004 |
| | 5 | N2273 | ZM27103 | 3462539.770 | 361247.525 |
| | 6 | N2274N | J27102 | 3462081.713 | 361236.696 |
| | 7 | N2275N | ZM27103 | 3461599.888 | 361038.309 |
| | 8 | N2276N | ZM27104 | 3461002.115 | 360792.164 |

| 分蓄洪民垸 | 塔号 | | 塔型 | 塔基中心点坐标 | |
|---|---|---|---|---|---|
| | | | | X | Y |
| 中直 | 9 | N2277N | ZM27103 | 3460415.015 | 360550.431 |
| | 10 | N2278N | ZM27102 | 3460017.244 | 360386.632 |
| | 11 | N2279N | J27101 | 3459582.715 | 360207.718 |
| | 12 | N2281N | ZM27102 | 3459081.805 | 360111.123 |
| | 13 | N2282 | ZM27102 | 3458702.304 | 360037.929 |
| | 导线上跨中直堤位置 | | | 3458287.696 | 359961.423 |
| 文集 | 导线上跨文集堤位置 | | | 3455805.116 | 359537.651 |
| | 1 | N2287 | ZM27104 | 3455058.692 | 359473.880 |
| | 2 | N2288 | J27101 | 3454532.067 | 359455.316 |
| | 3 | N2289 | ZM27104 | 3454011.925 | 359444.274 |
| | 4 | N2290N | ZM27102 | 3453471.663 | 359432.831 |
| | 5 | N2291 | J27103 | 3453132.493 | 359425.629 |
| | 6 | N2292N | ZM27102 | 3452758.485 | 359064.219 |
| | 7 | N2293N | J27102 | 3452387.969 | 358706.177 |
| | 8 | N2294N | ZM27103 | 3451876.238 | 358533.746 |
| | 9 | N2295N | ZM27102 | 3451380.611 | 358366.769 |
| | 10 | N2296N | ZM27102 | 3450998.705 | 358238.094 |
| | 11 | N2297N | ZM27102 | 3450520.139 | 358076.851 |
| | 12 | N2307N | J27101 | 3445799.411 | 355972.924 |
| | 13 | N2308N | ZM27102 | 3445410.676 | 355835.605 |
| | 14 | N2309N | ZM27102 | 3444936.471 | 355668.105 |
| | 15 | N2310N | ZM27103 | 3444526.492 | 355523.282 |
| | 16 | N2311N | ZM27104 | 3443961.693 | 355323.776 |
| | 17 | N2312N | ZM27103 | 3443316.262 | 355095.783 |
| | 18 | N2313N | ZM27103 | 3442788.714 | 354909.461 |
| | 19 | N2314X | J27101 | 3442317.746 | 354743.075 |
| | 20 | N2315 | ZM27103 | 3441837.155 | 354510.942 |
| | 21 | N2316 | ZM27102 | 3441330.613 | 354266.295 |
| | 22 | N2317 | ZM27101 | 3440944.512 | 354079.797 |
| | 23 | N2318 | J27101 | 3440517.891 | 353873.741 |
| | 24 | N2319N | ZM27102 | 3440179.222 | 353710.172 |
| | 25 | N2320N | ZM27103 | 3439841.559 | 353547.051 |

| 分蓄洪民垸 | 塔号 | 塔型 | 塔基中心点坐标 | |
|---|---|---|---|---|
| | | | $X$ | $Y$ |
| 文集 | 26 | N2320.1N | J27102 | 3439512.869 | 353388.303 |
| | 27 | N2321N | ZM27102 | 3439310.067 | 352980.313 |
| | 28 | N2322 | J27103 | 3439127.564 | 352613.172 |
| | 29 | G1 | J27101 | 3450926.948 | 358119.639 |
| | 30 | G2 | ZM27103 | 3450557.186 | 357942.562 |
| | 31 | G3(蓄滞洪区以外) | ZM27102 | 3450001.866 | 357676.625 |
| | 32 | G4(蓄滞洪区以外) | J27101 | 3449648.245 | 357507.276 |
| | 33 | G5(蓄滞洪区以外) | ZM27102 | 3449339.408 | 357379.299 |
| | 34 | G6 | ZM27104 | 3448768.666 | 357142.713 |
| | 35 | G7 | ZM27103 | 3448137.849 | 356881.297 |
| | 36 | G8 | J27102 | 3447759.090 | 356724.290 |
| | 37 | G9N | ZM27102 | 3447489.703 | 356463.073 |
| | 38 | G10N | J27102 | 3447223.307 | 356204.745 |
| | 39 | G11NN | ZM27103 | 3446739.569 | 356077.737 |
| | 40 | G12NN | ZM27103 | 3446169.879 | 355928.158 |
| | 41 | G13NN | HJ2710 | 3445589.790 | 355775.853 |
| | 出口点坐标 | | | 3438611.468 | 352498.191 |
| 石牌 | 入口点坐标 | | | 3429184.200 | 350213.372 |
| | 1 | N2346 | ZM27103 | 3428743.996 | 350286.863 |
| | 2 | N2347 | J27101 | 3428176.818 | 350381.323 |
| | 3 | N2348B | ZM27104 | 3427558.210 | 350338.673 |
| | 4 | N2349B | ZM27104 | 3426894.530 | 350292.943 |
| | 5 | N2350N | ZM27104 | 3426281.316 | 350250.657 |
| | 出口点坐标 | | | 3425663.325 | 350208.080 |

（4）主要建筑物结构

1）工程主体设施

N2284、N2285 跨越直线塔采用酒杯形钢管塔，呼高 168m，全高 181.8m。杆塔型号 ZBK-168，塔身截面为正方形，根开 36.0m×36.0m。基础均采用低桩承台＋高立柱的灌注桩群桩基础。跨越直线塔承台尺寸为 14.0m×11.0m×2.0m，桩径 1.0m，每个基础桩数 20 根，桩长 30.0m，基础埋深 33.0m，露头 3.5m。

N2283、N2286 锚塔采用"干"字形钢管塔，呼高 42m，全高 75m。杆塔型号 JK-42，塔身截面为矩形,根开 24.0m×18.0m。基础均采用低桩承台＋高立柱的灌注桩群桩基础。承台尺寸 8.0m×8.0m×2.0m,桩径 1.0m,每个基础桩数 9 根,桩长 27.0m,基础埋深 29.5m,露头分别为 2.0m(N2283)、3.0m(N2286)。

N2282 直线塔采用猫头型角钢塔,呼高 78m,全高 100.4m。杆塔型号为 ZM27102-78,塔身截面为正方形,根开 20.35m×20.35m。基础采用灌注桩单桩基础,桩径 1.6m,桩长 18.0m,基础埋深 17.3m,露头为 0.7m。

表 2.3-7 涉河杆塔基础形式统计

| 杆塔编号 | 基础形式 | 根开/m | 桩径/m | 埋深/m | 露头/m |
| --- | --- | --- | --- | --- | --- |
| N2282 | 灌注桩 | 20.35×20.35 | 1.6 | 17.3 | 0.7 |
| N2283 | 承台灌注桩 | 24.0×18.0 | 1.0 | 29.5 | 2.0 |
| N2284 | 承台灌注桩 | 36.0×36.0 | 1.0 | 33.0 | 3.5 |
| N2285 | 承台灌注桩 | 36.0×36.0 | 1.0 | 33.0 | 3.5 |
| N2286 | 承台灌注桩 | 24.0×18.0 | 1.0 | 29.5 | 3.0 |

2)工程附属设施

①防撞桩。

跨越塔 N2284、N2285 位于堤外滩地,两座杆塔周围布置防撞桩,用于拦阻河道里的漂浮物以及部分失控船舶,消散或吸收部分撞击能量,保证杆塔自身安全。N2284 杆塔塔基外沿 5m 的顺流侧及临江侧设置防撞桩,共设置防撞桩 27 根,防撞桩之间间距为 5.0m,桩间以锚链相连。N2285 杆塔塔基外沿 5m 的顺流侧、逆流侧及临江侧设置防撞桩,共设置防撞桩 39 根,防撞桩之间间距为 5.0m,桩间以锚链相连。

N2284 防撞桩地面高程为 46.95m,N2285 防撞桩地面高程为 47.03m,均采用钻孔灌注桩基础,桩径 1.4m,埋深 11.0m,露头 4.5m。

②攀爬设施及操作平台。

跨越塔 N2284、N2285 的呼高 168m,为保证登塔检修作业人员安全,在杆塔中心位置修建攀爬设施。另需设置操作平台,用以为攀爬设备提供必需的操作和储藏平台,为杆塔的运维检修所需特殊设备和材料提供储藏空间,作为攀爬、检修、监测系统等的供电间。

本工程攀爬机设备长约 2.4m,重量约为 240kg,额定载重量为 3kN,为便携式电动提升设备,不使用时可拆卸保存,使用时进行组装后安装到井架上的攀爬机导轨上即可运行。由于攀爬机尺寸和重量都较大,且工程投产后 N2284、N2285 有可能处于水中,考虑攀爬机的安全及使用方便,需要在塔位中心井架旁设置装卸攀爬机的专用操作平台。同时为减少运行维护人员使用运输攀爬机的风险,需在操作平台上设置一间存放攀爬机的简易维护房,见图 2.3-6。

杆塔 N2284、N2285 均在塔基中心位置设有 1 个 4 桩承台灌注桩基础和 5 个单桩承台灌注桩基础,用以支撑井架及操作平台等攀爬设施。

N2284 塔攀爬设施地面高程现为 46.95m,4 桩承台灌注桩基础的承台长宽高为 5.0m×5.0m×1.6m,桩径为 1.0m,埋深为 27.6m,露头为 3.5m,单桩灌注桩基础的承台长宽高为 2.0m×2.0m×1.2m,桩径为 1.0m,埋深为 19.2m,露头为 3.5m。

N2285 塔攀爬设施地面高程现为 47.03m,4 桩承台灌注桩基础的承台长宽高为 5.0m×5.0m×1.6m,桩径为 1.0m,埋深为 23.6m,露头为 3.5m,单桩灌注桩基础的承台长宽高为 2.0m×2.0m×1.2m,桩径为 1.0m,埋深为 19.2m,露头为 3.5m。

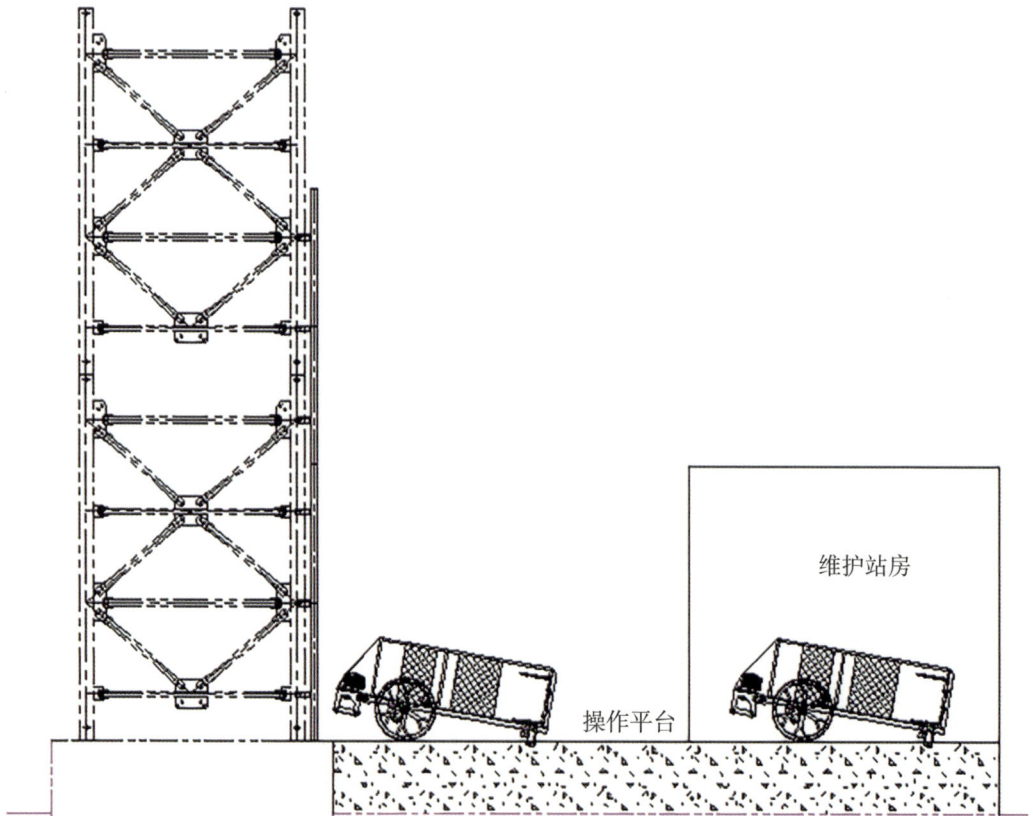

图 2.3-6 攀爬机操作平台示意图

N2284 杆塔操作平台及井架主柱顶面高程 50.45m,底面高程 50.25m;N2285 杆塔操作平台及井架主柱顶面高程 50.53m,底面高程 50.33m。

3)工程防冲设计

为防止水流对杆塔的冲刷,对其进行防冲处理(图 2.3-7)。

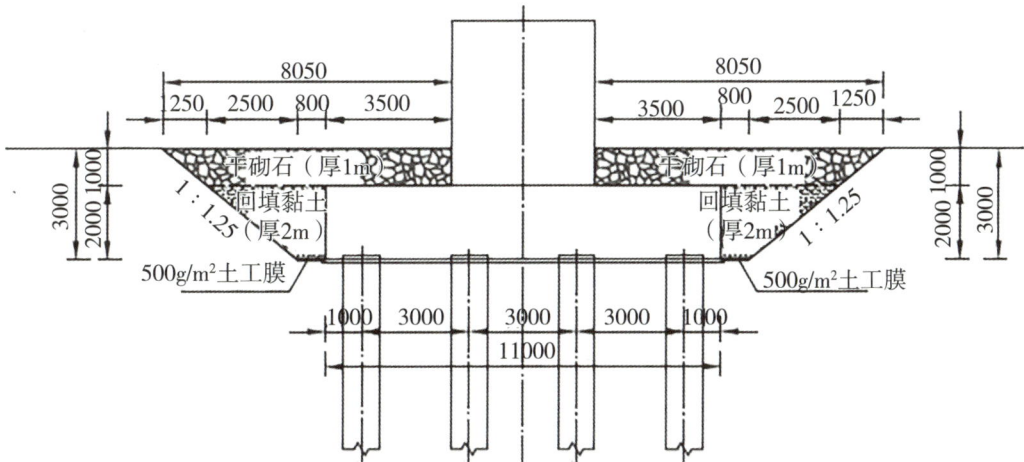

图 2.3-7 塔基防渗抗冲设计断面图(N2284、N2285)

本防冲设计方案拟对杆塔塔腿基础承台周边土体浅层开挖 3.0m 至承台基础面高程,开挖面底部铺设一层土工膜(土工膜规格为 500g/m²),土工膜铺设完成后上覆 2.0m 厚回填黏土,再上覆 1m 厚的干砌石防冲,干砌石覆盖范围不少于塔基外沿范围 4.55m,作为塔基周围的抗冲层,保证塔基的安全。土工膜铺设范围为整个杆塔桩基四周外沿 0.8m,土工膜搭接处及承台边缘需重叠 50cm,采用工业胶水与桩基相连。

对于杆塔攀爬设施的 4 桩承台灌注桩基础,在承台周边土体浅层开挖 1.6m 至承台基础面高程,开挖面底部铺设一层土工膜(土工膜规格为 500g/m²),土工膜铺设完成后上覆 1.0m 厚回填黏土,再上覆 0.6m 厚的干砌石防冲,干砌石覆盖范围不少于塔基外沿范围 2.8m。

对于杆塔攀爬设施的 5 个单桩承台灌注桩基础,在承台周边土体浅层开挖 1.2m 至承台基础面高程,开挖面底部铺设一层土工膜(土工膜规格为 500g/m²),土工膜铺设完成后上覆 0.6m 厚回填黏土,再上覆 0.6m 厚的干砌石防冲,干砌石覆盖范围不少于塔基外沿范围 2.3m。相邻的承台之间以同样的办法铺设土工膜、回填黏土、干砌石。

对于防撞柱设施的灌注桩基础,在桩基周边土体浅层开挖 2.0m 至承台基础面高程,开挖面底部铺设一层土工膜(土工膜规格为 500g/m²),土工膜铺设完成后上覆 1.0m 厚回填黏土,再上覆 1.0m 厚的干砌石防冲,干砌石覆盖范围不少于塔基外沿范围 3.3m。防撞桩之间、防撞桩与杆塔塔基之间以同样的办法铺设土工膜、回填黏土、覆盖干砌石。土工膜铺设范围为杆塔桩基四周外沿 0.8m,相邻的防撞桩之间水平方向土工膜全覆盖铺设,土工膜与承台(或防撞柱)边缘搭接处需重叠 50cm,采用工业胶水与桩基相连。

4)蓄滞洪区杆塔设计

蓄滞洪区内线路杆塔设计:直线塔采用猫头塔,耐张塔采用"干"字形塔,均为角钢塔设计,铁塔材质为 Q420B、Q345B、Q235B。悬垂塔呼高为 57.0~90.0m,全高为 79.1~112.8m,根开 15.95~26.51m,单基塔重为 58.52~151.97t。耐张塔呼高为 40.5~54.0m,全高为 65.3~80.3m,根开 15.45~19.35m,单基塔重为 89.93~121.51t。

蓄滞洪区内线路基础设计:中直分蓄洪民垸内基础均采用钻孔灌注桩基础,大部分位于农田或耕地,混凝土立柱露出现状地面高度范围 0.6~0.7m,桩径 1.6~2.4m,桩长 11.9~23.7m;文集分蓄洪民垸内基础采用钻孔灌注桩基础或挖孔基础,大部分位于农田或耕地,混凝土立柱露出塘底或现状地面高度范围 0~3.7m,桩径 1.0~2.4m,桩长 10.1~32.2m;石牌分蓄洪民垸内基础均采用钻孔灌注桩基础,大部分位于农田或耕地,混凝土立柱露出现状地面高度范围 0~2.5m,桩径 1.4~2.0m,桩长 11.7~24.7m,见图 2.3-8 至图 2.3-12。

(5)与防洪工程的关系

N2283~N2284 档跨越汉江左岸中直堤(2 级堤防),跨越处堤防桩号为 9+808,现状堤顶高程 51.10m,堤顶宽 6m,内坡比为 1∶3,坡长约 12m,无外坡(迎水侧近堤位置地面高程与堤顶高程接近,偏差在 50cm 以内),导线至堤顶垂直距离为 36.95m。

N2285~N2286 档跨越汉江右岸文集堤(2 级堤防),跨越处堤防桩号为 0+716。跨越处文集堤暂无堤防除险加固规划,现状堤顶高程 51.07m,堤顶宽 5m,内外坡比均为 1∶2,外坡坡长 13m,内坡坡长 11m,导线至堤顶垂直距离为 98.70m。

### 2.3.5　施工组织设计

#### 2.3.5.1　基本内容

施工组织设计章节主要内容包括:
①施工条件。
②主体工程施工。
③主要施工临时设施。
④施工交通及施工总布置。
⑤施工总进度。

(1)施工条件

说明项目布置特点、施工场地条件、水文气象、冰情等基本情况。概述天然建筑材料的来源及料场布置。

(2)主体工程施工

主体工程施工的主要内容是介绍主体工程施工方法、施工程序。

（a）中蓄分蓄洪民垸工程平面布置图

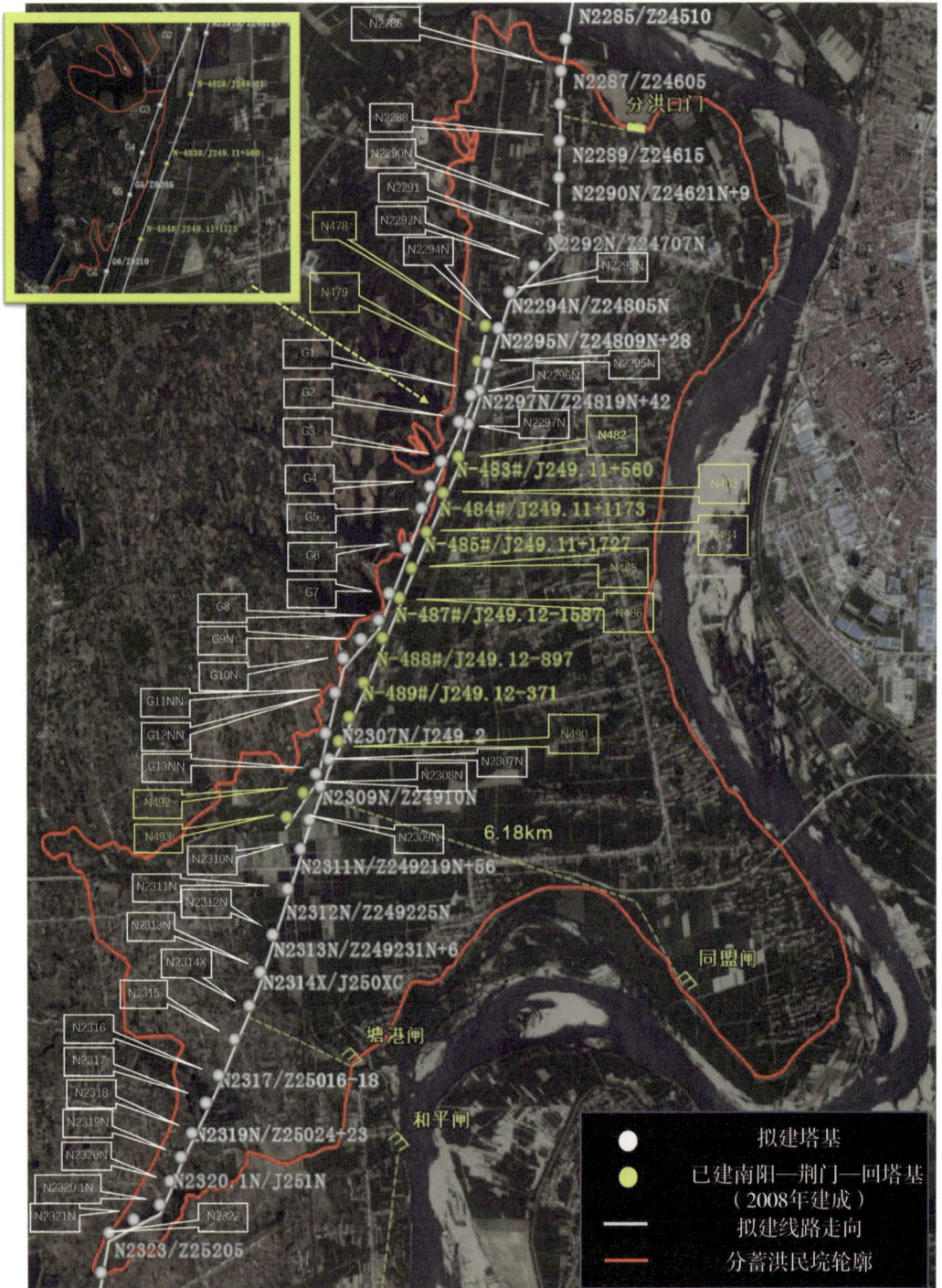

(b)文集分蓄洪民垸工程平面布置图

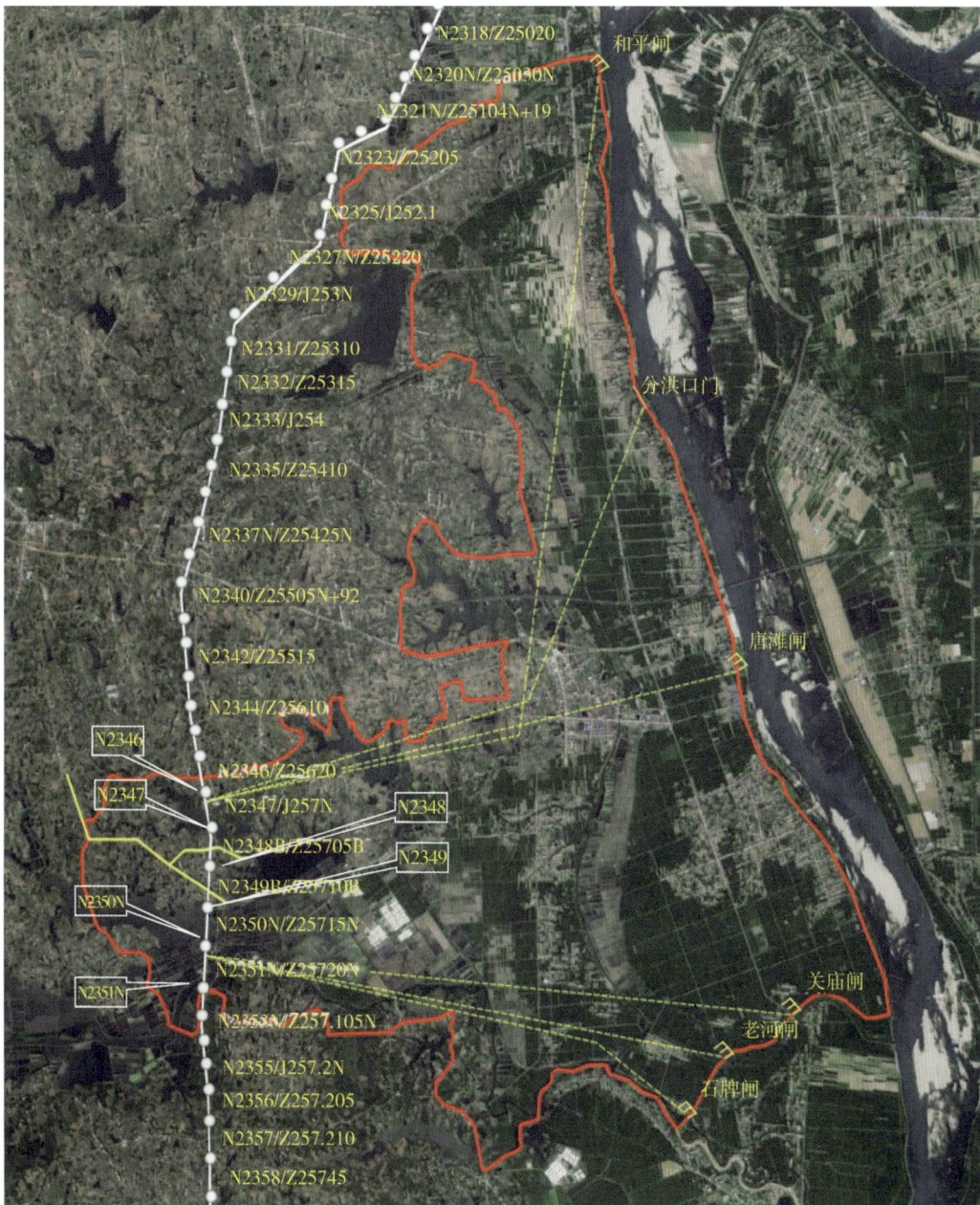

N2318/Z25020
和平闸
N2320N/Z25030N
N2321N/Z25104N+19
N2323/J25205
N2325/J252.1
N2327N/Z25220
N2329/J253N
N2331/Z25310
N2332/Z25315
N2333/J254
N2335/Z25410
N2337N/Z25425N
N2340/Z25505N+92
N2342/Z25515
N2344/Z25610
N2346
N2346/Z25620
N2347
N2347/J257N
N2348
N2348B/Z25705B
N2349
N2349B/Z25710B
N2350N
N2350N/Z25715N
N2351N/Z25720N
N2351N
N2353N/Z257.105N
N2355/J257.2N
N2356/Z257.205
N2357/Z257.210
N2358/Z25745

分洪口门
唐滩闸
关庙闸
老河闸
石牌闸

（c）石牌分蓄洪民垸工程平面布置图

**图 2.3-8　分蓄洪民垸工程平面布置图**

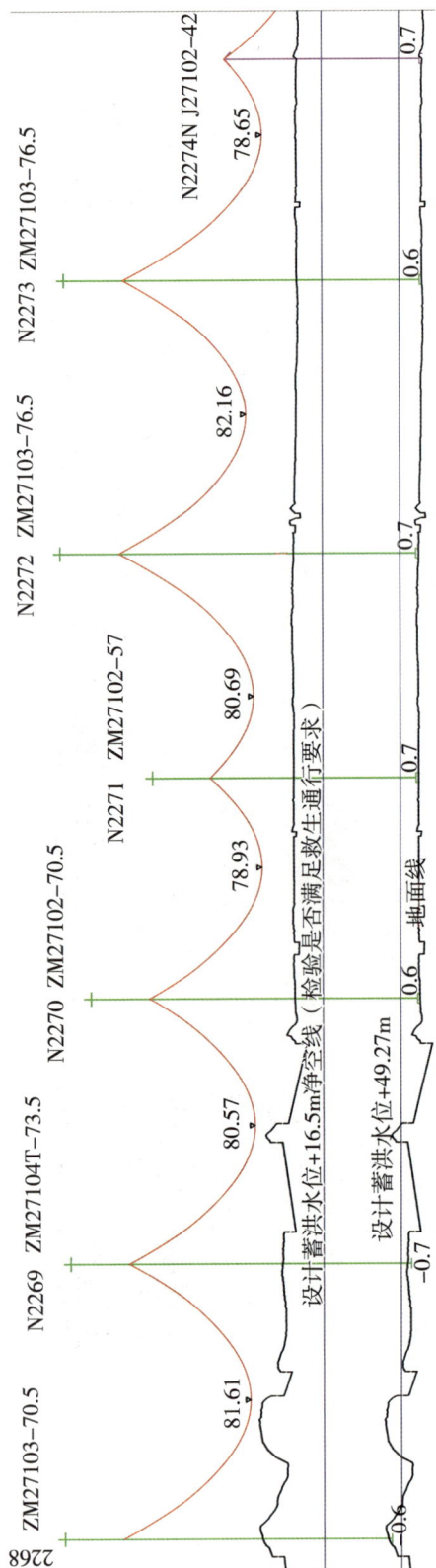

图2.3-9 中直分蓄洪民垸工程断面图（N2268~N2274）

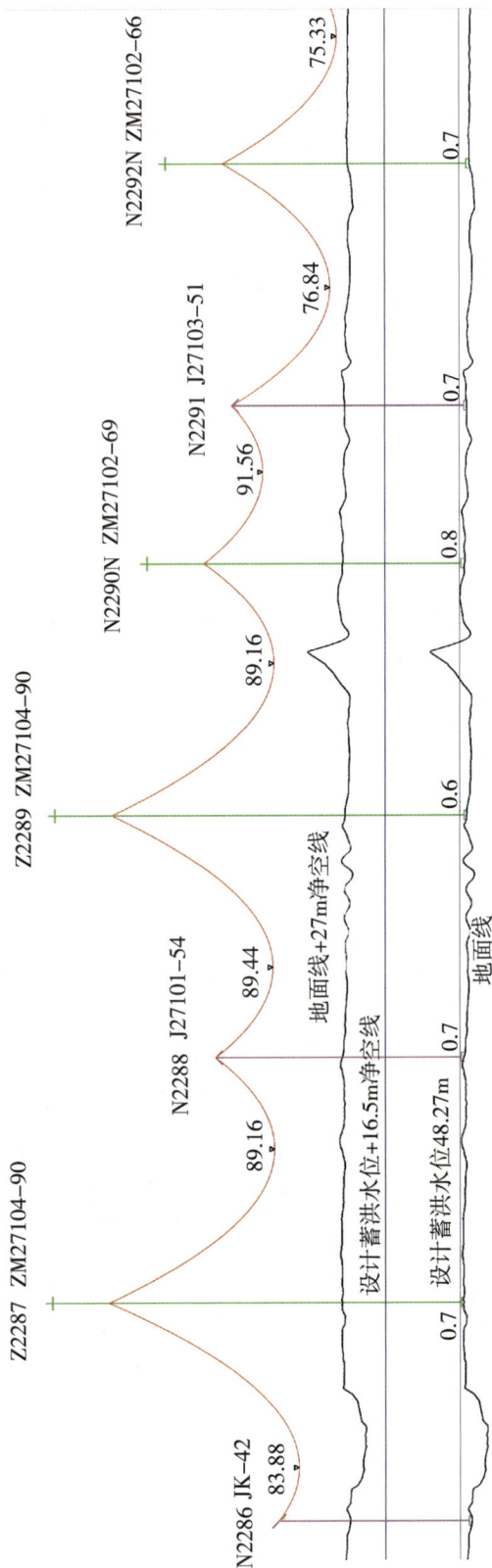

图2.3-10 文集分蓄洪民垸工程断面图1（N2286~N2292）

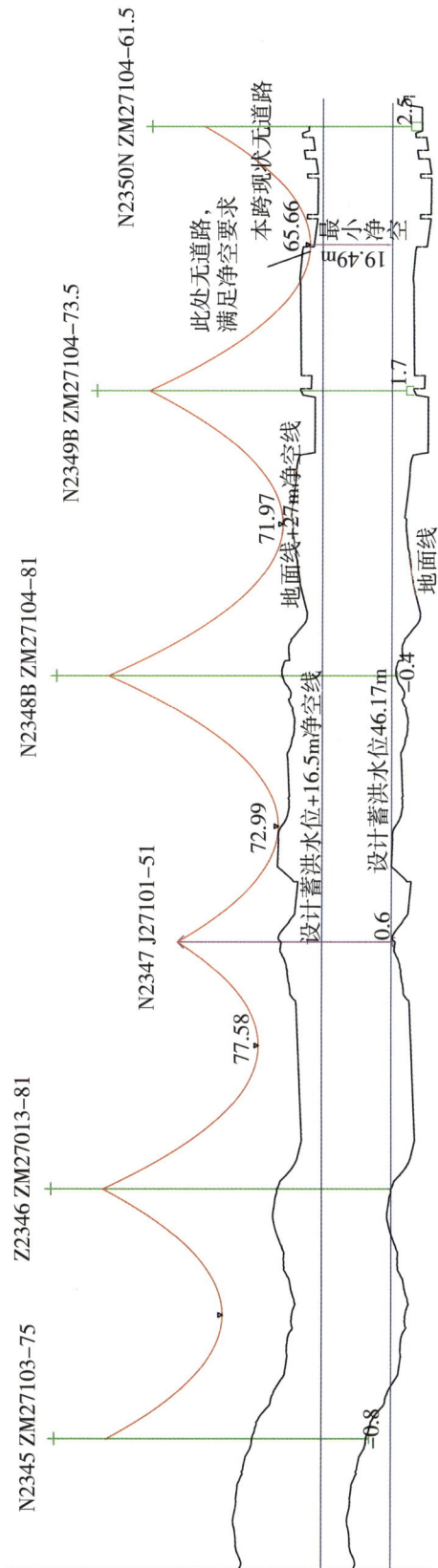

图2.3-11　石牌分蓄洪民垸工程断面图（N2345~N2350）

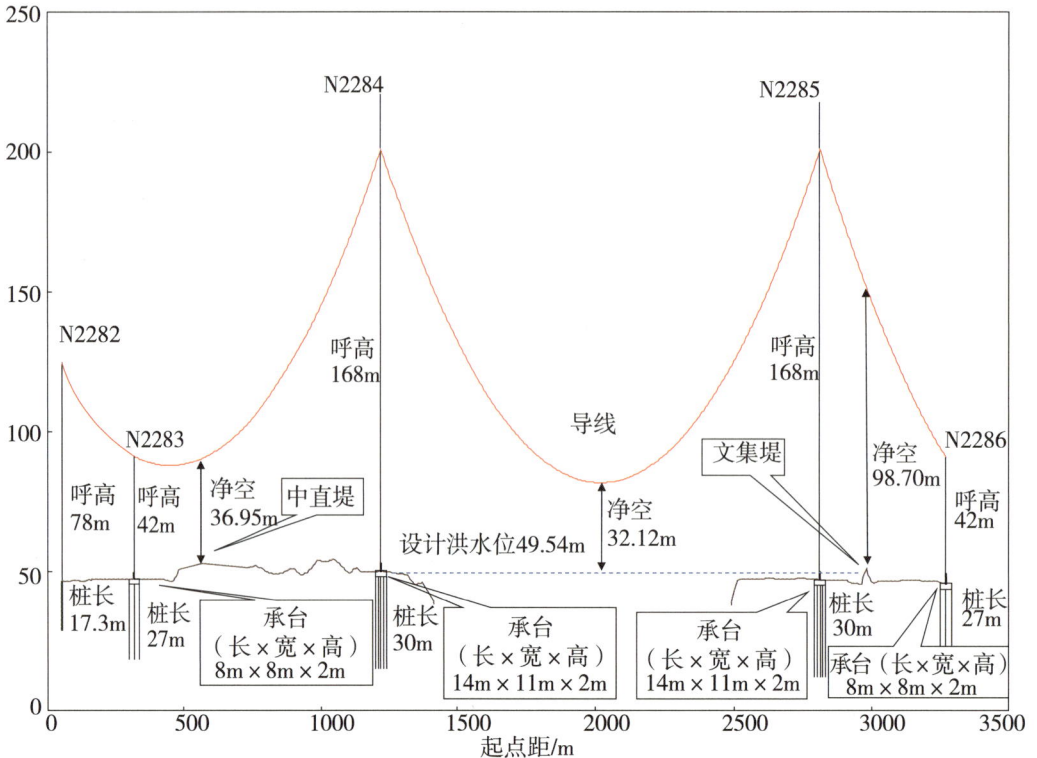

图 2.3-12 工程断面图

（3）主要施工临时设施

主要施工临时设施的主要内容有：

①概述河湖管理范围内主要施工临时设施的平面布置及结构设计、施工方法、施工程序。

②施工过程中采用围堰施工的建设项目，应说明施工围堰的设计洪水标准、平面布置、结构形式、结构尺寸、设计高程等。

③施工过程中需进行基坑支护的，应说明基坑支护结构形式、结构尺寸、设计高程等。

④施工过程中需采用栈桥施工的，应说明栈桥结构形式、结构尺寸、设计高程等。该部分应附主要临时工程平面布置图及剖面图。

（4）施工交通及施工总布置

说明对外交通方案和场内主要交通干线布置，介绍主要施工工场、生活设施的规划布置，概述弃渣场布置方案、弃渣量及施工占地情况。说明施工期是否利用堤防兼做施工道路。该部分应附施工对外交通图，施工总布置图除应标明场内外交通布置、主要施工工场、生活设施布置外，还需标示利用堤防兼做施工道路布置方案、河道管理范围线、堤线等。

（5）施工总进度

施工总进度的主要内容是提出施工总进度并说明安排原则，附施工进度表。

## 2.3.5.2　编制要点

（1）主体工程施工

主体工程施工的重点是河道管理和堤防保护范围内的杆塔基础施工，主要关注基础开挖工程量对堤防是否有影响。

（2）主要施工临时设施

主要施工临时设施的重点：

①临时设施有无涉水建筑（如临时钢栈桥和涉水钢管桩平台）。

②临时设施对堤防安全有无影响。

③临时设施的使用周期是否涉及度汛问题。

（3）施工交通及施工总布置

施工交通应明确施工车辆和施工道路路线。其中施工车辆应明确车型和载重量；施工道路应明确借用公共道路部分、跨越堤防部分以及新建道路部分，应明确对现有道路和堤顶道路损耗的补偿方案。

施工总布置应明确临建设施与堤防的相关关系，明确弃渣场位置、弃渣运距以及弃渣量。对于蓄滞洪区内的项目，应明确弃渣运至蓄滞洪区外的处理方案。

（4）施工总进度

施工总进度表应按照自然月计划各项任务工期，基础施工应避开汛期（库区除外），基础施工开挖破坏防洪工程的，其防治补救措施应与基础施工同步安排实施。

## 2.3.5.3　典型案例

（1）施工条件

1）建设地点

工程跨越汉江断面位于荆门市钟祥市文集镇沿山头，位于碾盘山水利枢纽大坝下游约 0.9km 处，1000kV 南荆一回输电线路工程下游 0.2km 处。左岸位于钟祥市洋梓镇李庙村，右岸位于钟祥市文集镇沿山村。

2）地质条件

根据现场勘探资料，跨越汉江段位于汉江一级阶地及河漫滩地段，地层分布如下：第四系全新统冲洪积（$Q_4^{al+pl}$）粉土与黏土互层、粉细砂及第四系上更新统冲洪积（$Q_3^{al+pl}$）卵石，下伏基岩为白垩系（K）粉砂质泥岩。

3)水文气象

项目区地处中纬度南部亚热带,属大陆性亚热带湿润季风性气候,夏季炎热降水多;冬季寒冷少雨、干燥多风,间有冻害。四季分明,具有热量丰富、光照适宜、雨水充沛、光温水同季的特点。

工程位于汉江下段—碾盘山口至河口段,在碾盘山水利枢纽坝址下游约 0.9km 处。跨越处两堤间河道距离约 2.5km。两岸滩地平坦开阔,左岸滩地宽度约 1.2km,自然高程 44～47m;右岸滩地宽度约 470m,自然高程 45～48m。

4)运输条件

工程塔位位于滩地内农田及堤内农田中,现有道路只能到达塔位附近,且部分道路无法满足机械设备的运输进场要求,为此,施工前需对已有道路进行平整、扩宽或新修筑进场施工道路,以满足施工运输需求。

(2)主体工程施工

1)基础施工

施工的重点为承台大体积混凝土温度控制和地脚螺栓的固定;施工的难点为高立柱模板的制作及支撑。为保证承台、立柱的施工顺利进行,需技术资料准备齐全,劳动力满足现场施工需要,施工机械设备和材料合理、适用、符合设计及工艺要求。

①基坑开挖。

机械挖至桩基顶标高 30cm 后,用人工清理至设计标高,为防止机械超挖,应及时测量标高,随开挖深度在坑壁四周设置水平控制桩。由于后续施工时间相对较长,边坡系数取 1∶0.5～0.75。

基坑底部四周留设排水明沟及集水井,垫层下部预留排水盲沟(沟内碎石填充),以方便明排水。基坑顶四周地面做成反坡,距基坑顶缘 1m 处设截水沟,防止雨水浸入基坑内。

②地脚螺栓组装施工。

本工程基础承台和立柱分两次进行浇筑。地脚螺栓安装采用定型支撑架直接坐落在承台表面。立柱模板采用整体组合钢模的形式进行安装。

③混凝土浇筑。

选用商品混凝土,提前将浇筑计划时间、施工量报给商品混凝土站,做好材料及运输准备。浇筑混凝土前,用水冲洗模板外侧降温。混凝土浇筑必须连续,不得间断,必须在下层混凝土初凝前把上层混凝土浇筑完毕。

④场地平整及基坑回填。

场地范围内的回填按 50cm 分层进行,逐层填筑、逐层碾压、逐层检测。由自卸汽车从挖方区把土石方运至填筑区,由推土机把卸下的土石方摊平,机械无法平整的地方由人工平整。场地回填碾压采用振动压路机进行。

⑤堤身、地基防渗处理。

考虑工程直线跨越塔边缘距离堤防较近,采用塔基反滤导渗处理措施。堤防防渗加固的基本原则为"上堵下排"。"上堵"就是提高渗流的入口防渗能力,例如,在堤防迎水侧修筑垂直防渗墙;"下排"就是提高堤防背水侧的反滤导渗能力,保证背水侧排水不排沙。

2)铁塔组立

考虑跨越塔的结构特点和现场实际地形情况,采用2台250t履带吊、2台50t汽车吊与座地双平臂抱杆配合分解组立。铁塔下部0~60m采用250t履带吊与50t汽车吊配合分解吊装组立,上部塔身60~182m采用座地双平臂抱杆与50t汽车吊配合分解吊装组立。跨越塔组立施工配置集中监控系统用于全方位监控高空抱杆主要受力关键点及现场各施工作业点的情况,提高安全控制水平;配置临时航空障碍警示装置,满足航空警示要求。根据立塔用电设备的功率,每基高塔配用1台发电机,并配备用1台,以保证供电可靠性。

(3)主要施工临时设施

为了满足安全文明施工的需要,工程将在N2284、N2285塔附近布置围栏,围栏内将安装临时性房屋、帐篷等。施工临时设施在施工完成后立即拆除,并清理干净运出河道管理范围,不占用河道行洪面积。

(4)施工交通及施工总布置

1)施工交通

结合现场调查的现有道路条件,本次施工道路拟采用现有乡村道路和施工道路与新修临时便道相结合的方式。其中,利用的现有乡村道路进场道路在施工道路使用过程中进行加固整修,保证将道路恢复至不低于原有道路标准。该项加固整修所利用的现场施工进场道路工作由施工单位保障完成。施工完毕后将道路恢复至原有高程,不额外占用分蓄洪民垸内的蓄洪容积。

对于工程跨越汉江两岸河道内杆塔施工,左岸中直堤跨越断面堤防已经完成硬化,跨越堤防道路为4级公路标准,可以作为施工车辆运输道路;汉江右岸距工程跨越文集堤断面约800m处建有一条碾盘山水利枢纽工程施工道路,施工车辆可以绕过文集堤行驶至左岸河道岸滩上。

中直、文集、石牌分蓄洪民垸内其余杆塔施工道路设计与N2283、N2286类似,方案为利用现有公路及乡村道路接近塔位,对现有道路不满足施工道路要求的路段予以整修、加固、扩宽,塔位附近无乡道部分予以新修临时便道。工程跨汉江和穿越文集蓄滞洪区施工道路示意图见图 2.3-13。

(a)N2286 进场道路及临时道路修筑图

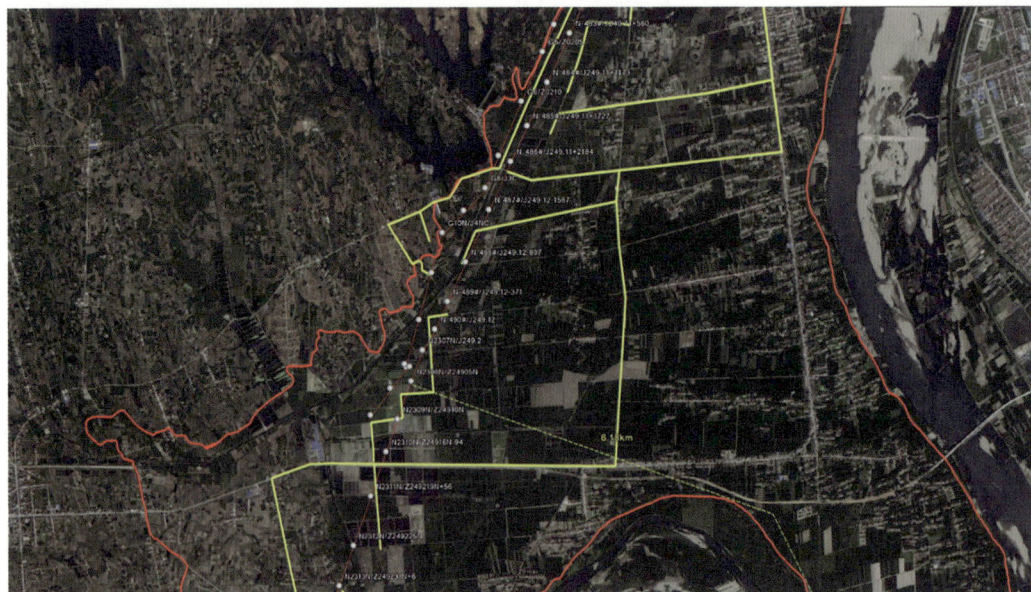

(b)文集分蓄洪民垸内施工道路示意图

图 2.3-13　工程跨汉江和穿越文集蓄洪区施工道路示意图

2)弃土弃渣处理

N2284、N2285 位于汉江两岸堤防迎水侧滩地,两基跨越塔合计量:弃土 3064m³,弃土外运并综合利用。挖方量 3916m³,回填量 852m³,使用混凝土 8304m³,钢筋 879.3t,钻孔灌注桩泥浆外运处理,施工用车载重约 8t。施工中弃土全部外运,不在滩地河道内堆砌,N2284 塔基产生的弃土运至洋梓镇敖河村进行综合利用,距塔位约 8km;N2285 塔基产生的弃土运至文集镇青林村综合利用,距塔位约 7km。

中直分蓄洪民垸内 N2269～N2283 共 14 基杆塔,按照水保设计原则,大部分将回填夯实塔基,塔基位置恢复至原有的地面高程后种植草防御冲刷,弃土外运并综合利用。施工结束后将产生弃土约 520m³,剩余的弃土弃渣将装入土方车,经过现状村道运至分蓄洪民垸以外的洋梓镇敖河村适当位置填埋处理。

文集分蓄洪民垸内 N2286～N2297N、N2307N～N2322、G1～G2、G6～G13NN 共 38 基杆塔,按照水保设计原则,大部分将回填夯实塔基,塔基位置恢复至原有的地面高程后种植草防御冲刷,弃土外运并综合利用。施工结束后将产生弃土约 1700m³,剩余的弃土弃渣将装入土方车经过现状村道运至分蓄洪民垸以外的文集镇青林村适当位置进行填埋处理。

石牌分蓄洪民垸内 N2346～N2350N 共 5 基杆塔,按照水保设计原则,大部分将回填夯实塔基,塔基位置恢复至原有的地面高程后种植草防御冲刷,弃土外运并综合利用。施工结束后将产生弃土约 180m³,剩余的弃土弃渣将装入土方车经过现状村道运至分蓄洪民垸以外的石牌镇邻坡村适当位置进行填埋处理。

灌注桩基础泥浆采取钢制泥浆池和沉淀池,集中收集泥浆,不允许泥浆外流农田或河流;铁塔和架线阶段采用在施工场地附近临时布置垃圾箱的方式收集生活垃圾。

(5)施工总进度

施工工期与综合进度是根据工程招标文件、合同要求、施工程序及工程量,在确保材料物资供应进度、资金到位的基础上综合考虑,是人力、物力、资源、组织、管理的组合。施工单位应坚持"工程进度服从质量"的原则,保证按照工期安排开工、竣工,在施工过程中保证按需要适时调整施工进度,积极采取相应措施,确保工程开工、竣工时间和工程阶段性里程碑进度计划的按时完成。

本施工组织设计暂按 13 个月施工期作出主要工序进度安排,其中基础施工(含复测)计划 5 个月完工,杆塔组立计划 4 个月完工,架线及其他工程计划 3 个月完工。同时考虑施工难度、冬雨季等情况,施工进度计划表如下:

施工准备时间:第 1 年 10 月至 11 月。

基础施工时间:第 1 年 12 月至第 2 年 4 月。

组塔时间:第 2 年 5 月至第 2 年 8 月。

架线时间:第 2 年 9 月至第 2 年 10 月。

竣工验收:第 2 年 12 月。

# 第3章 河道管理范围内工程洪水影响评价

## 3.1 主要评价内容

### 3.1.1 主要评价依据

#### 3.1.1.1 法律法规及有关规定

①《中华人民共和国水法》。

②《中华人民共和国防洪法》。

③《中华人民共和国长江保护法》。

④《中华人民共和国河道管理条例》。

⑤《长江经济带发展负面清单指南（试行，2022年版）》。

⑥《关于印发湖北长江经济带发展负面清单实施细则（试行）的通知》（2019年）。

⑦《湖北省河道管理实施办法》。

#### 3.1.1.2 规范规程和技术标准

①《河道管理范围内建设项目防洪评价报告编制导则》（SL/T 808—2021）。

②《长江水利委员会行政审批项目水影响论证报告编制大纲（试行）》（长总工〔2018〕275号）。

③《长江流域和澜沧江以西（含澜沧江）区域河湖管理范围内建设项目工程建设方案洪水影响审查技术标准》（T/CTESGS 02—2022）。

④《湖北省涉河建设项目洪水影响评价技术细则》（鄂水利函〔2022〕506号）。

⑤《防洪标准》（GB 50201—2014）。

⑥《堤防工程设计规范》（GB 50286—2013）。

⑦《堤防工程管理设计规范》（SL 171—2020）。

⑧《水利水电工程设计洪水计算规范》（SL 44—2006）。

⑨《河道演变勘测调查规范》（SL 383—2007）。

⑩《±800kV 直流架空输电线路设计规范》(GB 50790—2013)。

⑪《1000kV 架空输电线路设计规范》(GB 50665—2011)。

### 3.1.2 评价范围及评价对象

#### 3.1.2.1 评价范围

根据《河道管理范围内建设项目防洪评价报告编制导则》,"防洪评价报告应根据建设项目和所在河段的河道整治规划、河道特征、洪水特性、水利工程布置及防洪调度等情况合理确定影响分析范围""影响分析范围应主要包括:河道管理范围内建设项目所在位置上下游一定长度河段及其管理范围"。

(1)横向评价范围

1)国家及部委相关规定

《防洪法》第二十一条规定:有堤防的河道、湖泊,其管理范围为两岸堤防之间的水域、沙洲、滩地、行洪区和堤防及护堤地;无堤防的河道、湖泊,其管理范围为历史最高洪水位或者设计洪水位之间的水域、沙洲、滩地和行洪区。流域管理机构直接管理的河道、湖泊管理范围,由流域管理机构会同有关县级以上地方人民政府依照前款规定界定;其他河道、湖泊管理范围,由有关县级以上地方人民政府依照前款规定界定。

《河道管理条例》第二十条规定:有堤防的河道,其管理范围为两岸堤防之间的水域、沙洲、滩地(包括可耕地)、行洪区,两岸堤防及护堤地。无堤防的河道,其管理范围根据历史最高洪水位或者设计洪水位确定。河道的具体管理范围,由县级以上地方人民政府负责划定。

河道划界确权的提出由来已久,早在 20 世纪 80 年代,国家为了加强水利工程管理,进一步做好水利工程划界工作,保护工程设施,充分发挥综合效益,水利部相继下发了《关于抓紧划定水利工程管理与保护范围的通知》(水管〔1989〕5 号)、《关于做好水利工程土地划界工作的通知》(水管〔1991〕2 号)以及《关于进一步做好水利工程土地划界工作的通知》(水管〔1992〕10 号)等文件。2014 年 8 月,水利部下发《关于开展河湖及水利工程划界确权情况调查工作的通知》(办建管〔2014〕186 号)、《关于开展河湖管理范围和水利工程管理与保护范围划定工作的通知》(水建管〔2014〕285 号),部署开展水利工程管理与保护范围划定工作,要求到 2020 年基本完成国有水利工程管理与保护范围划定工作;2018 年 10 月 10 日,水利部办公厅印发了《关于推动河长制从"有名"到"有实"的实施意见》,指出五项重点基础工作:划定河湖管理范围,建立"一河一档",编制"一河一策",抓好规划编制,对于有岸线利用需求的河湖,要编制河湖水域岸线保护利用规划,划定岸线保护区、保留区、控制利用区和可开发利用区,严格岸线分区管理和用途管制。

2018 年 12 月 27 日,水利部下发《关于加快推进水利工程管理与保护范围划定工作的通知》(水运管〔2018〕339 号),以加快推进水利工程管理与保护范围划定工作,确保按期完成目标任务。同年,湖北省水利厅印发了《湖北省河湖和水利工程划界确权工作方案》,对湖北省全面实施河湖和水利工程划界确权作出安排,其中明确 2019 年 6 月底前,完成省市级河湖长领责的河湖及水利工程划界和试点河湖确权,2019 年底前,所有河湖全面完成划界,2020 年底前,基本完成河湖库确权工作。河湖及水利工程管理和保护范围划定后,由县级以上人民政府按管理权限予以公告、选定界址、设置界桩,见图 3.1-1。

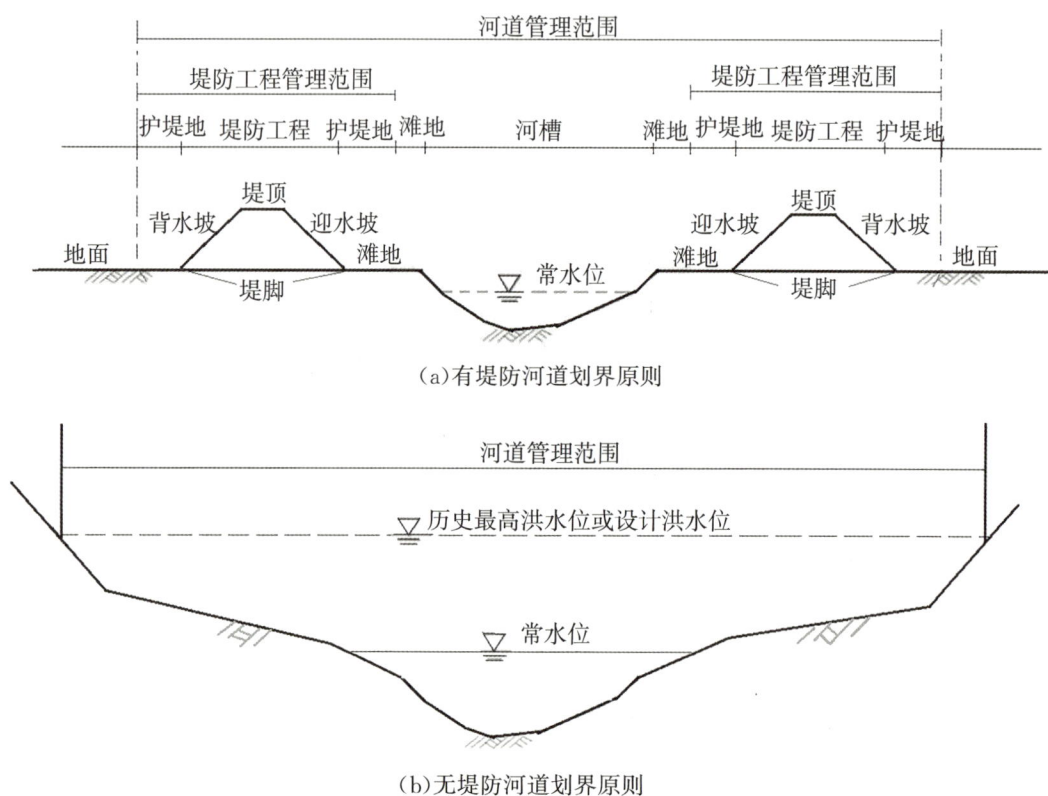

(a)有堤防河道划界原则

(b)无堤防河道划界原则

**图 3.1-1　河道管理范围线(河道划界)**

2)湖北省相关规定

针对堤防管理,湖北省人民政府在《水法》《防洪法》《河道管理条例》的基础上出台了《湖北省河道管理实施办法》,针对河道管理范围的划定提出了地方性补充规定:

第四条规定:河道管理范围为两岸堤防之间的水域、沙洲、滩地(包括可耕地),以及堤身、禁脚地、工程留用地和安全保护区。无堤防的河道,其管理范围根据历史最高洪水水位或者设计洪水水位确定。

第十七条规定:湖北省堤防安全管理重点,为境内的确保堤、干堤及重要支堤。确保堤、干堤及重要支堤,由省水行政主管部门根据国家规定和标准予以公布。

第十八条规定:本省境内确保堤、干堤及重要支堤的禁脚地、工程留用地和安全保护区范围,由市、县人民政府按照下列标准划定公布:

禁脚地:确保堤迎水面 50~100m,背水面 30~50m;干堤及重要支堤迎水面 30~50m,背水面 20~30m(从堤防两侧斜面与平地的交叉点算起)。

工程留用地:确保堤、干堤及重要支堤迎水面和背水面均为 200m(从禁脚地外沿算起)。

安全保护区:确保堤、干堤及重要支堤迎水面和背水面均为 300m(从工程留用地外沿算起)。

从实施办法中可以看出,相对《水法》《防洪法》《河道管理条例》而言,在河道管理范围中增加了堤防工程保护范围,也就是工程留用地和安全保护区,同时根据堤防等级对工程留用地和安全保护区的范围进行了规定。

因此,广义的河道管理范围应包含两方面,一是国家法律及部委文件提出的以堤防或设计水位、历史最高水位为界的河道管理范围,二是湖北省补充提出的堤防工程保护范围,其中包含禁脚地、工程留用地和安全保护区。

湖北省内的特高压输变电工程洪水影响评价范围为广义上的河道管理范围,包含河道管理范围和堤防工程保护范围,见图 3.1-2。

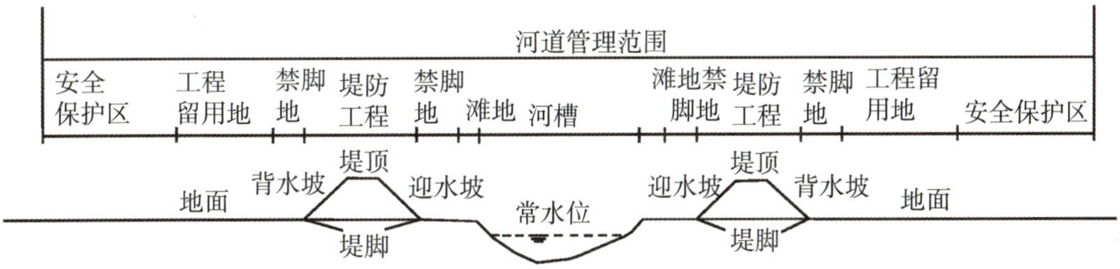

图 3.1-2　湖北省河道管理范围线(有堤防河道)

(2)纵向评价范围

河道纵向评价范围应包含工程上、下游影响范围,主要是指涉河建设项目在施工、运行及管理过程中,可能影响水利工程运行管理、防洪安全、防洪调度、河势稳定的平面及空间范围。

根据《河道管理范围内建设项目防洪评价报告编制导则》,当工程所涉河道位于山区时,其上游及下游河道长度为河道宽度的 3 倍,当工程所涉河道位于丘陵区时,其上游及下游河道长度为河道宽度的 3~5 倍,当工程所涉河道位于平原区时,其上游及下游河道长度为河道宽度的 5~10 倍。其中河道宽度为项目所在河段两堤之间的河道宽度,无堤段河道,以历史最高洪水位河宽计算。平原区及丘陵区的省际边界建设项目,取值范围应符合《河道管理条例》第十九条要求:省、自治区、直辖市以河道为边界的,在河道两岸外侧各 10km 之内，以及跨省、自治区、直辖市的河道，未经有关各方达成协议或者国务院水利行政主管部门批准，禁止单方面修建排水、阻水、引水、蓄水工程以及河道整治工程。

### 3.1.2.2 评价对象

根据《长江水利委员会行政审批项目水影响论证报告编制大纲（试行）》（以下简称《大纲》），评价范围小节中"应说明洪水影响评价涉及的长江水利委员会行政审批事项、涉及的区域及相关设施"。

评价对象主要包括评价范围内的工程建设内容、现有水利工程与设施、第三人合法水事权益等。

### 3.1.2.3 案例分析

荆门—武汉 1000kV 特高压交流输变电工程线路王家滩汉江大跨越（以下简称王家滩汉江大跨越）位于汉江中下游沙洋河段，在沙洋县马良镇张集村王家滩附近跨越汉江，左岸为汉江遥堤，右岸为小江湖堤，工程上下游 20km 范围内无国家基本水文测站。2020 年 9 月，长江水利委员会批复了王家滩汉江大跨越工程洪水影响评价报告。

金上—湖北 ±800kV 特高压直流输电线路工程咸宁长江大跨越（以下简称咸宁长江大跨越）位于长江中游嘉鱼河段，左岸为湖北省荆州市洪湖市龙口镇，跨越洪湖监利长江干堤，右岸为湖北省咸宁市嘉鱼县鱼岳镇，跨越咸宁长江干堤，工程上下游 20km 范围内涉及的国家基本水文测站为石矶头水位站。2023 年 11 月，长江水利委员会批复了咸宁长江大跨越洪水影响评价报告。

本章以王家滩汉江大跨越和咸宁长江大跨越为例，对河道管理范围内特高压输变电工程洪水影响评价报告各部分内容及要点进行案例分析。

根据《大纲》要求，首先应明确本次洪评专题涉及的长江水利委员会行政审批事项。王家滩汉江大跨越洪水影响评价报告涉及的行政审批事项为"河道管理范围内建设项目工程建设方案审批"；咸宁长江大跨越洪水影响评价报告涉及的行政审批事项为"河道管理范围内建设项目工程建设方案审批"和"国家基本水文监测站上下游建设影响水文监测工程的审批"。

（1）王家滩汉江大跨越

1）评价范围

根据《湖北省河道管理实施办法》《沙洋县人民政府关于沙洋县河湖及水利工程管理范围界线的公示》，左岸汉江遥堤禁脚地范围范围为：堤外 100m、堤内 50m；右岸小江湖堤禁脚地范围为：堤外 30m、堤内 20m；工程留用地范围为禁脚地外沿算起，堤内和堤外均为 200m；安全保护区范围为工程留用地外沿算起，堤内和堤外均为 300m。最终确定工程线路跨越汉江断面河道管理范围为:左岸汉江遥堤堤内 50m 至右岸小江湖堤堤内 20m;堤防保护范围为:左岸汉江遥堤堤内 550m 至右岸小江湖堤堤内 520m。

王家滩汉江大跨越洪水影响评价范围为堤防保护范围,即左岸汉江遥堤堤内 550m 至右岸小江湖堤堤内 520m。

根据《河道管理范围内建设项目防洪评价报告编制导则》,当工程所涉河道位于丘陵区时,其上游及下游河道长度为河道宽度的 3～5 倍,工程跨越位置处河宽约 1.3km,纵向评价范围为 6.5km。

2)评价对象

本节中评价对象主要列出评价范围内的工程建筑物,包括杆塔、导线及附属设施等。

王家滩汉江大跨越段位于评价范围内的工程主要有:

①汉江右岸小江湖堤内的 J1012(L/R)锚塔。

②右岸滩地的 Z1036 直线跨越塔及相应附属设施(防撞桩及攀爬设施)。

③左岸汉江遥堤内的 Z1037 直线跨越塔及相应附属设施(攀爬设施)。

(2)咸宁长江大跨越

1)评价范围

根据荆州市洪湖市、咸宁市嘉鱼县河道划界成果,工程河段河道管理范围为左岸洪湖监利长江干堤堤内脚外沿 30m 至右岸咸宁长江干堤堤内脚外沿 30m。工程留用地范围为禁脚地外沿算起,堤内和堤外均为 200m;安全保护区范围为工程留用地外沿算起,堤内和堤外均为 300m。最终确定工程线路跨越长江断面河道管理范围为左岸洪湖监利长江干堤堤内脚外沿 30m 至右岸咸宁长江干堤堤内脚外沿 30m;堤防保护范围为左岸洪湖监利长江干堤堤内脚外沿 530m 至右岸咸宁长江干堤堤内脚外沿 530m。

根据《湖北省河道管理实施办法》以及工程河段河道管理划界成果,咸宁长江大跨越洪水影响评价范围为左岸洪湖监利长江干堤堤内脚外沿 530m 至右岸咸宁长江干堤堤内脚外沿 530m。

根据《河道管理范围内建设项目防洪评价报告编制导则》,平原区纵向评价范围为 5～10 倍河宽,工程跨越位置处河宽约 1.3km,考虑工程河段特性,本次工程河段纵向评价范围为邱家湾至护县洲,约 9.7km。

根据《保护办法》《水文站网管理办法》,在水文测站上下游各 20km(平原河网区上下游各 10km)河道管理范围内,新建、改建、扩建下列工程影响水文监测的,建设单位应当采取相应措施,在征得对该水文测站有管理权限的流域管理机构或者水行政主管部门同意后方可建设。本次国家基本水文测站影响评价范围为咸宁长江大跨越上游 20km 至下游 20km。

2)评价对象

本节中评价对象主要列出评价范围内的工程建筑物,包括杆塔、导线及附属设施等。咸宁长江大跨越位于评价范围内的工程主要有:

①左岸洪湖监利长江干堤背水侧(洪湖蓄滞洪区内)的杆塔 N8301 及其攀爬设施。

②右岸咸宁长江干堤背水侧的杆塔 N8302 及其攀爬设施。

咸宁长江大跨越相对王家滩汉江大跨越而言,多一项国家基本水文测站影响的审批事项,为简化审批程序,长江水利委员会对同一建设项目、同一申请人需要同时申请多项行政许可事项的,按照"四个一"(一次申报,一本报告,一次审查,一件批文)的方式进行行政审批,因此咸宁长江大跨越洪水影响评价报告将国家基本水文测站影响评价一同纳入工程建设方案审批中,其评价范围中同时增加了国家基本水文测站影响的评价范围。

## 3.1.3 研究内容及技术路线

### 3.1.3.1 研究内容

根据《长江水利委员会行政审批项目水影响论证报告编制大纲(试行)》(长总工〔2018〕275 号)和《河道管理范围内建设项目防洪评价报告编制导则》(SL/T 808—2021),河道管理范围内特高压输变电工程洪水影响评价的主要工作内容如下:

(1)基础资料收集与现场查勘

收集项目所在区域及工程河段的自然地理、河道与渠系、气象水文、经济社会概况、现有水利工程及其他设施、水利规划及实施安排、洪水调度方案等基础资料;收集建设项目设计方案、施工方案、地勘资料、有关批复文件。对建设项目区域进行现场查勘与视频拍摄。

(2)项目所在区域基本情况

简述项目所在区域的自然地理概况、资源与环境概况、经济社会概况、现有水利工程及其他设施、水利规划及实施安排。

(3)项目基本情况

说明前期工作情况及必要性论证、建设项目基本情况、主要设计成果、地质勘察成果、施工方案。

(4)水文分析计算

分析计算工程跨越河段处的设计洪水及设计洪水位、施工洪水及施工洪水位。

(5)河道演变分析

对工程河段的历史河势演变、近期河势演变、工程局部河段河势演变以及演变趋势进行分析。

（6）洪水影响分析计算

开展工程阻水分析计算、壅水分析计算、冲刷分析计算、堤防稳定计算等。

（7）洪水影响分析评价

从工程建设与有关规划的关系、与防洪标准符合性分析、对河道行洪安全及河势稳定的影响、对现有水利工程及设施的影响、对防汛抢险和水上救生的影响、对第三人合法水事权益的影响、对国家基本水文测站的影响等方面进行综合评价。

（8）防洪影响补救措施

根据洪水影响分析评价结论，提出消除或减轻建设项目对防洪的影响及洪水对建设项目影响的工程与非工程措施。

（9）结论与建议

总结建设项目与有关水利规划的关系及对规划实施产生的影响，采用的洪水标准是否满足国家规定的防洪标准，对河道行洪、河势稳定、防洪工程及其他水利设施、防汛抢险、第三人合法水事权益等的影响；提出消除或减轻洪水影响的措施及有关建议。

### 3.1.3.2 技术路线

河道管理范围内特高压输变电工程洪水影响评价技术路线见图 3.1-3。

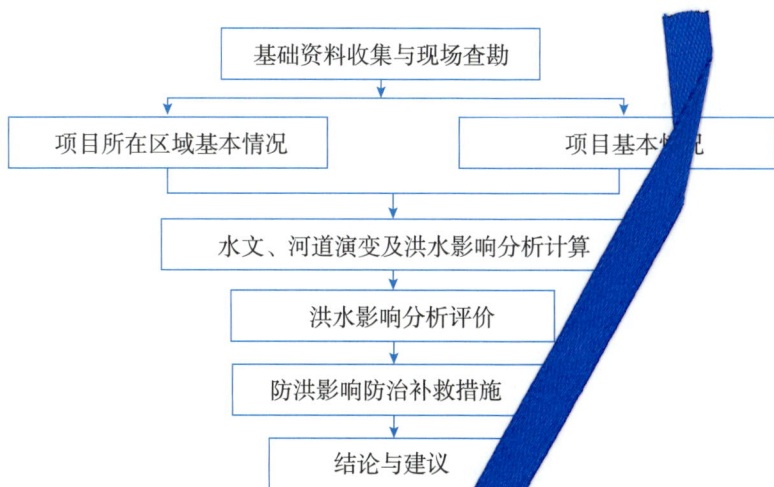

**图 3.1-3 洪水影响评价技术路线**

（1）水文分析计算

分析工程河段的洪水特性，计算工程跨越位置处河道或堤防的设计洪水及设计洪水位，在此基础上结合工程设计要求拟定相应的评价洪水。

（2）河道演变分析

根据收集的历年河道地形和断面资料，对工程河段的历史河势演变、近期河势演变、工程局部河段河势演变以及演变趋势进行分析。河势演变分析资料系列至少应包含近 5 年的地形或断面。

（3）洪水影响分析计算

1）阻水比计算

对河道内布置了工程设施的建设项目，计算工程占用河道的行洪面积及阻水比。

2）壅水分析计算

采用经验公式或平面二维水流数学模型分析工程建设对工程河段水位、流速、流场的影响。

3）冲刷计算

采用经验公式或水沙数学模型对河道内的杆塔塔基冲刷进行分析计算。

4）堤防稳定计算

采用满足《堤防工程设计规范》（GB 50286—2013）要求的堤防稳定计算方法进行堤防渗流稳定和堤坡、岸坡抗滑稳定分析计算。

## 3.2 基础资料收集与现场查勘

河道管理范围内特高压输变电工程洪水影响评价报告是针对输变电工程对河道行洪及河势影响分析的专题报告，其基础资料主要包含两类：

①工程设计资料。

②区域基础资料。在工程设计方案基本确定的条件下，应及时开展工程区域基础资料收集，结合现场查勘，有针对性地提出外业原型观测和水文测验需求，为后续的分析计算和评价打好基础。

### 3.2.1 工程设计资料

（1）工程设计方案

根据《长江水利委员会行政审批项目水影响论证报告编制大纲（试行）》和《河道管理范围内建设项目防洪评价报告编制导则》，设计方案应收集工程可行性研究阶段或初步设计阶段的成果报告以及相应的附图，设计方案应为当前设计阶段的最新成果报告。

收集的设计资料中应能体现本工程项目背景、目前项目实际开展工作的进度情况、项目建设地点、工程建设规模、工程平面布置及结构形式等。

设计图纸应包括但不限于：工程平面布置图、平纵断面图，工程与所涉河道、堤防、闸、坝的平面及剖面关系图,工程与其他第三人合法水事权益相对位置关系图,建(构)筑物基础结构图等。

对输电线路而言,主要应收集杆塔的平面布置图、基础的结构形式设计图等,图文中应包含杆塔平面坐标、基础桩径、桩数、桩深、承台尺寸、承台顶高程、主柱尺寸、高度及露头高等基础数据。当河道管理范围内有附属设施时,应同时收集附属设施的设计图纸及基础数据。

根据《长江流域和澜沧江以西(含澜沧江)区域河道管理范围内建设项目工程建设方案报告编制导则》,长江水利委员会许可权限内的河道(包括湖泊、水库、人工水道)管理范围内新建、扩建、改建的建设项目,均应按照导则编制涉河建设方案报告。为加快洪水影响评价进度,及时梳理工程建设方案是否满足水行政主管部门的审查要求和要点,应在设计单位编制完成涉河建设方案前先行收集前期设计资料,以梳理工程方案,最终洪水影响评价的设计方案以涉河建设方案报告中的设计方案为依据。

(2)工程施工方案

工程施工方案应收集施工交通及施工总布置、主要涉河建筑物的施工方法、施工产生的弃土弃渣处理方案、施工进度安排等。

施工总平面布置图是施工组织设计章节最重要的一张附图,应包含施工进场道路,明确施工进场道路是否利用堤顶道路,若利用堤顶道路,应提供局部平面图,并详细说明利用堤顶道路长度、施工车辆荷载、利用前后是否有补救措施等。

建(构)筑物的施工方法应重点收集下部结构施工方案,尤其是河道内布置有工程的,应收集河道内工程的施工方案;河道内基础施工利用围堰的,应收集围堰的设计图纸;近堤基础施工采取支护措施的,应收集基坑支护的设计方案及图纸。

河道内布置有建(构)筑物的,同时应收集工程运行期和施工期的度汛预案。

弃土弃渣处理方案应明确弃土弃渣量及弃渣场位置。

施工进度安排应明确河道管理范围内的工程施工工期,尤其是下部结构的施工工期。

(3)工程地质勘察资料

工程地质勘察报告是堤防稳定计算和冲刷计算的基础,应收集工程地质勘察报告及相应的附图及附件。根据审查要求,需同时收集工程地质钻孔的封孔记录表。

(4)相关支撑文件

相关支撑文件主要包括国家发展和改革委员会或省发展和改革委员会或行政审批局核准的立项文件,项目不同设计阶段的批复,与工程相关的审批部门的回复意见、会议纪要、批复等。

对于输变电线路工程洪水影响评价报告而言,必要的政府批复文件为发展和改革委员会核准的立项文件或工程可行性研究报告、初步设计报告审查意见;可作为补充的政府文件为征求地方政府和相关水行政主管部门、生态环境主管部门、航道主管部门的意见或批复。若工程对附近其他水利工程或涉水工程有明显占用或影响的,应同时收集相关第三人合法水事权益管理单位出具的同意本工程建设的函。

(5)相关专题报告

相关专题报告主要包括环境影响评价报告和航道通航条件影响评价报告。

当工程涉及生态敏感区或水源保护区时,应向建设单位收集工程建设环境影响评价报告及相应的附图、附件,并及时跟踪环境影响评价进度,环境影响评价报告审查或批复后应及时收集其审查意见或批复;工程河段为通航河道时,应同时收集航道通航条件影响评价报告及其审查意见或批复。

### 3.2.2 区域基础资料

需要收集的区域基础资料主要包括工程所在区域及河道(河段)的基本情况、现有水利工程及其他设施情况、水利规划及实施情况。

(1)区域及河道基本情况

1)区域基本情况

项目所在区域的自然概况、资源与环境概况、经济社会概况等。

2)河道基本情况

项目所在流域及水系基本情况,包括流域面积、河道长度、主要支流介绍;工程所在河段的河道断面形态(包括堤防、滩地主槽等);两岸堤防及护岸现状情况、历年险情及加固情况,堤防地质条件;河道确权划界成果;工程所在河段现状和规划防洪标准等。

3)水文测验资料

工程所在河段的暴雨、洪水和泥沙观测资料;设计洪峰流量、设计水位;当需要进行二维水流数学模型计算时,还应收集工程所在河段,与多个测验断面同步的水文测验资料。

4)河道地形资料

工程所在河段的河道历史演变分析资料;历年河道地形和河段断面资料;河道演变规律及趋势研究资料等。

(2)现有水利工程及其他设施情况

1)现有水利工程

包括河道堤防、护岸、水库、涵闸、泵站等水利(防洪)工程,应收集其位置、规模、设计标准、设计水位、功能、特点及运用要求等基本情况。

2）其他设施

包括纵向评价范围内的桥梁、码头、港口、取水、排水、航道整治等设施,应收集其位置、规模、设计标准、设计水位、功能、特点及运用要求等基本情况;取水工程涉及水源地保护区的,应收集取水口对应的一级、二级水源保护区的范围;涉及生态敏感区的,应收集生态敏感区的核心区、试验区等范围。

（3）水利规划及实施情况

1）流域综合规划

应收集工程所在河段的流域综合规划,尤其是和工程河段相关的规划内容。

2）流域防洪规划

应收集工程所在河段的流域防洪规划,明确工程河段的防洪规划方案;涉及防洪工程措施的,应明确工程措施的规模及主要建（构）筑物结构。

3）岸线利用规划

应收集工程所在河段的岸线利用规划,明确工程位置处规划的岸线类别及其划分依据、限制进入的项目类型。

4）堤防加固规划

应收集工程跨越位置处及上下游的堤防加固规划方案,历年险情情况,明确加固规划方案及年度实施情况,现阶段堤防的达标情况;应收集工程跨越位置处或上下游临近的堤防横断面图和堤防地质纵剖面图,上下游临近范围一般指上游1km至下游1km范围内的堤防断面,堤防横断面图宜为工程竣工验收图。

5）河道整治规划

应收集工程所在河段的河道整治规划,涉及工程措施的,应明确河道整治规划措施的规模及结构类型,若工程跨越位置处有相关的河道整治规划,应在工程建设的同时对工程跨越位置处上下游一定范围内的河道按照河道整治规划方案及标准同步实施。

6）河道采砂规划

应收集工程附近河道的采砂区分布情况,若工程评价范围内分布有采砂区,应收集该采砂区的采砂任务、规模及采砂方案。

7）建设项目所在河段的具体规划要求

应收集地方政府或地方水行政主管部门对工程所在河段的规划方案。

8）建设项目所在河段的规划实施情况

对以上收集的河段规划方案,应同步收集该河段各规划的实施情况资料。

### 3.2.3　现场查勘与现场视频

现场查勘主要是对工程附近的河道现状、堤防和护岸现状、对应的堤防桩号、工程上下游的现有水利工程及其他涉水工程分布情况进行整理，明确工程与附近水利工程及其他涉水工程的位置关系。

一般在长江水利委员会审查的涉水建设项目，审查会上均需提供工程现场近一个月的现场视频，主要目的是初步确定工程是否有未批先建的不法行为，其次是对工程所涉河道的基本情况、上下游第三人合法水事权益的分布以及是否有生态敏感区等有初步认识。

现场视频应优先采用航拍，视频中应标注工程位置、河道走向、两岸堤防(岸坡)位置和类型、与附近水利工程与设施的位置关系、附近水利工程与设施的基本情况数据等，并配视频解说或现场解说。

### 3.2.4　测量与测验

洪水影响评价专题的测量与测验主要包括地形测量、涉水工程测量、大断面测量和水文测验。

(1)地形测量

根据河势演变分析和二维水流数学模型构建的需要，在测区河段开展地形测量。测量比例尺根据项目实际需要确定，一般采用1：2000～1：10000。

测验河段长度根据项目实际需要确定，两岸宽度一般测至大堤堤内脚外沿50m，没有堤防的河段，应测至河道管理范围线。

(2)大断面测量

在测区河段内开展大断面测量，测量比例尺根据项目实际需要确定，一般采用1：500～1：2000。

断面布置应满足近期河势演变和工程局部河段河势演变分析的需要，同时重点对工程跨越位置处的断面进行测量。

工程跨越位置处断面测量横向范围两岸应测至堤内(背水侧)的堤防保护范围线，其余断面两岸均测至大堤堤内的河道管理范围线；没有堤防的河段，断面两岸均应测至河道管理范围线。

(3)涉水工程测量

地形测量范围内临河、跨河建筑物，包括水文(水位)站、地名、堤防公里碑、水闸、取排水口、泵站、丁坝、顺坝、港口码头、渡口、跨河桥梁、电缆及管道、护坡、过河灯塔、航标、已建护岸、护坡、堤段的桩号、跨河桥梁、排水沟等,应进行重点测量并在图中标出;另在图中还需准确标注出各种水利、码头设施、跨河建筑物等相关涉水建筑物的位置、尺寸、高程等,并提供上述涉水工程实物照片,包括具体位置、码头面高程、闸底板高程、桥墩具体坐标及桥底、桥面高程、跨河线缆杆塔位置及净高,护坡、丁坝、顺坝等形式、起止点以及坡脚坡顶、坝顶位置及高程。

（4）水文测验

在测区河段内开展水位观测和流量、流速分布测验。测验河段长度根据二维水流数学模型计算的需要确定。

水位、流量、流速分布测验应同步开展。流量测验一般至少布置 2 个测次,包括中水、高水测验;根据工程河段情况,在工程位置及其上下游布设水位和流速分布测验断面;测验时段根据工程河段实际来水确定,为保证能够测到高水,应提前布置水文测验任务,汛期至少开展一次水文测验。

## 3.3 项目所在区域基本情况

### 3.3.1 区域基本情况

#### 3.3.1.1 主要内容

根据《长江水利委员会行政审批项目水影响论证报告编制大纲（试行）》,项目所在区域基本情况应包括自然概况、资源与环境概况、经济社会概况、现有水利工程及其他设施情况、水利规划及实施安排、蓄滞洪区基本情况等。

（1）自然概况

简述项目所在江河的自然地理、地形地貌、区域地质、水文气象、河流水系等自然概况。

（2）资源与环境概况

简述工程所在江河资源与环境概况。资源概况主要包括水土资源、能源资源、生物资源、矿产资源等内容;环境概况主要包括自然与人文景观,自然保护区、重要湿地、少数民族聚居地等环境敏感因素的分布情况;饮用水源保护区、水功能区分布情况。

（3）经济社会概况

简述涉水建设项目所在江河、行政区划、土地利用、人口与主要经济指标、交通运输条件等经济社会概况。

（4）现有水利工程及其他设施情况

简述评价范围内包括堤防、水库、涵闸、泵站、安全建设、排水、灌溉等水利（防洪）等现有水利工程的基本情况（3.3.2节详细展开）。

（5）水利规划及实施安排

简述与防洪评价有关的水利规划审批情况、与项目相关的内容及实施安排（3.3.3节详细展开）。

（6）蓄滞洪区基本情况

若项目涉及蓄滞洪区，应简述蓄滞洪区基本情况，包括蓄滞洪区位置、堤防长度及设计标准、蓄洪水位、蓄洪面积、有效蓄洪容积（含蓄洪水位与蓄洪面积、有效蓄洪容积的关系曲线）、进退洪设施、进退洪口门位置、蓄滞洪区在流域防洪体系中的地位和作用、地形与水系、河道与渠系基本情况、调度方案、蓄滞洪区运用几率等。

### 3.3.1.2 案例分析

（1）王家滩汉江大跨越

1）自然概况

①地形地貌：工程位于沙洋县，地处鄂中腹地，江汉平原北端，属鄂北岗地向江汉平原过渡地带，途经地段地势变化较大，地势呈中间低两侧高。工程具体所在河段为江汉凹陷区，控制本河段的构造线为北西走向，穿过乐乡关地垒。

②水文气象：本线路区段属亚热带大陆性季风气候，气候温和、降水充沛、日照充足、四季分明、雨热同季、无霜期长。冬季盛行偏北风，偏冷干燥；夏季盛行偏南风，高温多雨。年平均气温16.3℃，年平均降水量834.2mm，年日照时数1281.0～1623.0h，极端最高气温39.7℃，极端最低气温为－19.6℃，年平均无霜期245～258d。可依据工程附近气象站点统计相关气象参数，依据工程河段附近水文站点统计河段流量、泥沙等水文参数。

③河流水系：工程自汉江右岸沙洋县马良镇张集村跨越小江湖堤，在王家滩立塔跨越汉江及左岸汉江遥堤，至钟祥市旧口镇联兴大队李家河，后于天门市、京山市跨越天门河及其支流。汉江跨越点位于汉江下游沙洋河段，沙洋河段从金刚口闸至鲍咀大队，流经东升村、姚家集、沙洋镇、新城、多宝湾、张家湾，全程约58km。除介绍工程河段基本情况外，可给出跨越局部河段现状（卫星图）及现场照片，并简要示意工程跨越线路走向，见图3.3-1、图3.3-2。

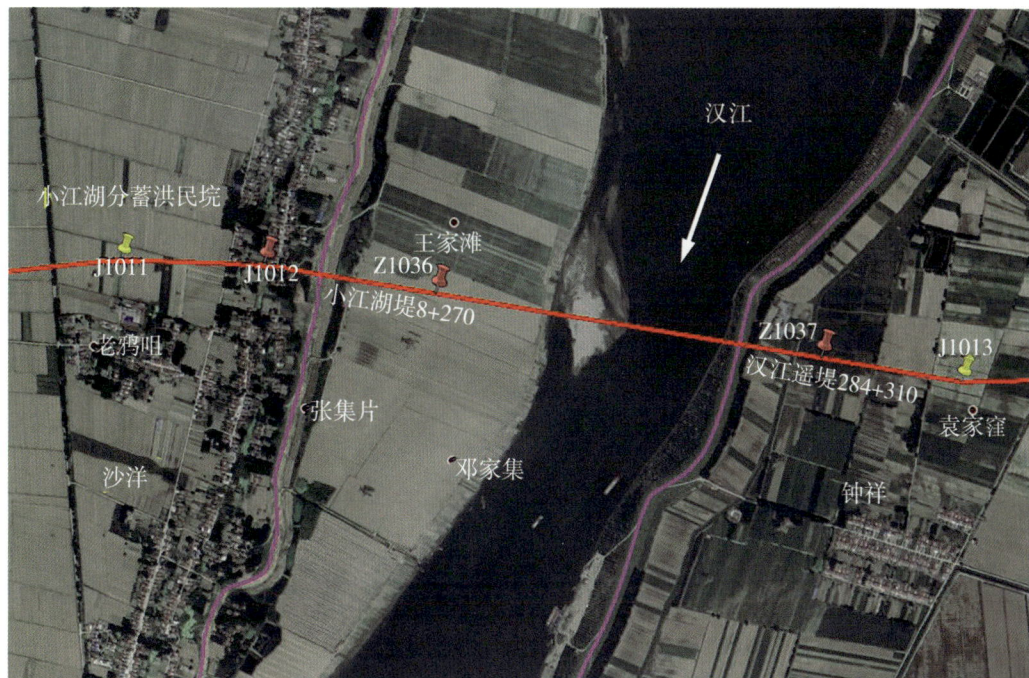

图 3.3-1　王家滩汉江大跨越局部河段现状(卫星图)

图 3.3-2　王家滩汉江大跨越河段现状

2)资源与环境概况

　　王家湾汉江大跨越工程经沙洋县跨越汉江至钟祥市,沙洋县隶属湖北省荆门市,钟祥市为湖北省直辖、荆门市代管县级市。可介绍工程所在行政区域国土资源及人口、自然资源等情况。

3)经济社会概况

可依据工程所在行政区域历年国民经济和社会发展统计公报、统计年鉴等资料,分析经济社会发展概况。沙洋县近年不断推进文化建设、基础卫生机构建设、社会保险参保和新农合参合建设、公路交通建设等;钟祥市近年来大力发展文化艺术、体育事业、科学技术研究、教育、医疗卫生、社会保障等方面建设。

（2）咸宁长江大跨越

1)自然概况

①自然地理:可介绍工程所在行政区域的自然地理情况。荆州市位于湖北省于中南部,长江中游,地理位置为东经 $111°15'\sim114°05'$,北纬 $29°26'\sim31°37'$。咸宁市位于湖北省东南部,长江中游南岸湘鄂赣三省交界处。地理位置为东经 $113°32'\sim114°58'$,北纬 $29°02'\sim30°19'$。

②地形地貌:可介绍工程所在行政区域地形地貌情况。咸宁长江大跨越所在荆州市以平原地区为主体,海拔 $20\sim50m$,相对高度在 20m 以下,其中平原湖区占 78.7%,丘陵低山区占 21.1%。咸宁长江大跨越所在咸宁市地势南高北低,分为 3 个地貌区:沿江湖冲积平原区,大幕山—雨山低山丘陵区、幕阜山侵蚀构造中山地区。

③河道概况:咸宁长江大跨越位于长江嘉鱼河段,北岸属湖北省洪湖市,南岸属湖北省嘉鱼县。长江嘉鱼河段上起石矶头,下至潘家湾,全长约 31.6km,为微弯分汊型河段。

④水沙特性:咸宁长江大跨越上游约 230m 有石矶头水位站,约 61km 有螺山水文站,可通过石矶头水位站、螺山水文站分析工程河段的水沙特性。

2)资源与环境概况

可介绍咸宁长江大跨越所在荆州市、咸宁市矿产资源、土地资源、生物资源等情况。

3)经济社会概况

可依据荆州市、咸宁市现状年份国民经济和社会发展统计公报资料分析经济社会概况。

### 3.3.2 现有水利工程及其他设施情况

#### 3.3.2.1 主要内容

简述评价范围内现有水利工程情况,包括堤防、水库、涵闸、泵站、安全建设、排水、灌溉等水利(防洪)工程的位置、规模、设计标准、设计水位、功能、特点及运用要求等基本情况。其他设施情况包括桥梁、码头、港口、取水、排水、航道整治等设施的位置、规模、设计标准、设计水位、功能、特点及运用要求等基本情况。

（1）堤防工程

本节中应对工程河段堤防的基本情况、历年险情、堤防加固规划及其实施情况进行介绍，着重介绍工程跨越位置处的堤防基本情况，包括堤防等级、对应堤防桩号、堤顶高程、堤顶宽度、内外坡比、堤内外坡的防护形式，对已达标建设的堤防应附堤防施工图或竣工图阶段的横断面设计图，对未达标但规划建设的堤防应附堤防加固规划横断面设计图，同时应附堤防现场照片。

（2）护岸工程

本节中应主要依托于工程河段历年险情，介绍工程河段护岸的基本情况、实施情况，着重介绍工程跨越位置处的护岸形式，并附工程位置处护岸工程现场照片。若特高压输变电工程跨越河道位置处无护岸，但河段上下有护岸，也应对其进行介绍。

（3）水库工程

在洪水影响评价报告中，应对工程上下游的水库进行梳理，明确水库的基本情况和调度运行方案。梳理工程河段上下游一定范围内的水库，应把握以下原则：

①若工程位于水库下游，则需考虑工程河段的设计洪水是否受水库调度影响，若有影响，则本节中应详细介绍水库的调度原则和方案，充分说明下游工程河段的设计洪水控制因素，为后续水文分析计算中确定工程河段设计洪水和设计洪水位提供参考。

②若工程位于水库上游，则需考虑下游水库的回水范围。若工程位于下游水库的回水区内，则本节中还应介绍该水库的基本情况，否则，下游水库不作介绍。

总体而言，工程上下游水库对工程河段的设计洪水或设计洪水位有影响的，应在本节中列出。

（4）其他涉水工程

其他水利设施主要包括涵闸、泵站等，其运行条件与河道的水流条件有紧密联系，在本节中应介绍河道纵向评价范围内的涵闸、泵站等工程的位置、规模、设计标准、设计水位、功能、特点及运用要求等基本情况，应着重介绍工程影响范围内的其他水利设施。

其他涉水工程主要包括桥梁、码头、港口、取水、排水、航道整治等工程。工程河段的码头和港口、航道整治工程等可参考工程的通航论证报告。本节中应介绍河道纵向评价范围内桥梁、码头、港口、取排水、航道整治等设施的位置、规模、设计标准、设计水位、功能、特点及运用要求等基本情况；取水工程一般会涉及水源地保护区，在报告中应明确水源地保护区的划定原则及取水口对应的一级、二级水源保护区的范围，明确工程与水源地保护区的关系；河段涉及生态敏感区的，应介绍生态敏感区的核心区、试验区等范围，并明确工程与生态敏感区的关系。

其他涉水工程一般还应包括水文监测设施，如水文站、水位站等。根据《水文站网管理办法》,在水文测站上下游各 20km(平原河网区上下游各 10km)河道管理范围内,新建、改建、扩建工程影响水文监测的,建设单位应当采取相应措施,在征得对该水文测站有管理权限的流域管理机构或者水行政主管部门同意后方可建设。因此,水文监测设施一般应涵盖工程上下游各 20km 范围内的所有水文(位)站,若工程河段评价范围内有国家基本水文测站,则需增加一项审批事项,即"国家基本水文监测站上下游建设影响水文监测工程的审批",后续章节针对此项审批的审查要点会做详细介绍;若评价范围内水文监测设施为一般测站,则可将其作为第三人合法水事权益进行评价。

### 3.3.2.2 案例分析

(1)王家滩汉江大跨越

1)堤防护岸工程

工程线路自汉江右岸沙洋县马良镇张集村跨越小江湖堤,在王家滩立塔跨越汉江及左岸汉江遥堤。

①小江湖堤:位于汉江右岸,上起马良镇(马良山下)、下止沙洋大桥(李家湾)处,全长 25.24km。堤顶高程 44.5~46.5m,堤面宽 6~10m,垂直高 6~8m,内外坡比 1:3,背水面压浸台宽 20m,高程 42.0~42.6m。基本情况资料可依据《湖北省汉江堤防加固重点工程(荆门二期段)初步设计报告》。

②汉江遥堤:位于江汉平原最上端的汉江左岸,上起钟祥市罗汉寺,下止天门市多宝湾,全长 55.265km,属国家 1 级堤防,采用 1935 年大洪水作为防御标准。汉江遥堤自 1999 年 12 月开始进行加固,主要任务是对 55.265km 的遥堤进行堤身堤基加固,并对罗汉寺闸进行整治处理等,汉江遥堤现状已全部加固并达标。堤防设计水位、工程规模等基本情况资料可依据《湖北省汉江遥堤加固工程初步设计报告》,护岸情况可依据《长江重要堤防隐蔽工程地图集》。工程跨越断面无减压井、防渗墙,堤外有混凝土块护坡及抛石护脚,可给出详细防渗护岸工程布置、汉江遥堤典型断面设计图及工程所在堤段现状图。

工程汉江跨越段左岸位于袁家洼附近,于 Z1036~Z1037 跨越汉江左岸的汉江遥堤,相应堤防桩号 284+310(图 3.3-3)。工程跨越断面现状堤顶宽 7m,水泥路面宽 4.5m,堤顶高程 45.77m,内外坡比 1:3,堤外滩地有防护林。

工程线路汉江跨越断面位于兴隆水利枢纽库区,根据《南水北调中线工程汉江兴隆水利枢纽初步设计报告》,为解决水库蓄水后引起的浸没影响,于遥堤堤内约 160m 处开挖排渗沟,Z1037 塔基边缘与排渗沟距离约 80m。

**图 3.3-3 工程跨越汉江断面汉江遥堤堤顶现状(284+310 处)**

工程于 J1012(L/R)～Z1036 跨越汉江右岸的小江湖堤,相应堤防桩号 8+270(图 3.3-4)。工程跨越断面现状堤顶宽 7m,堤顶高程 45.7m,内外坡比 1:3,堤外滩地有防护林。工程跨越处的堤防加固工程已完成,堤防现状已达标。

**图 3.3-4 工程跨越汉江断面小江湖堤堤顶现状(8+270 处)**

此外直线跨越塔 Z1036 立于汉江右岸河道内的王家滩,滩地宽约 810m,滩地稳定,塔基附近高程约 40.61m,现状滩地有土堤(王家滩子堤)保护,高程约 42.3m,塔基边缘距离该子堤约 314m。

2)水利枢纽

①兴隆水利枢纽:位于汉江下游沙洋至仙桃河段干流上,上距丹江口水库坝址

378.3km，下距河口273.7km，坝址左岸处于湖北省天门市境内，右岸在湖北省潜江市境内，下游3.5km有东荆河汇入。王家滩汉江大跨越位于兴隆水利枢纽库区，距坝址约34km。给出兴隆水利枢纽主要建筑物、工程任务、调度原则、工程特性表等基本情况。

②碾盘山水利枢纽：王家滩汉江大跨越位于碾盘山水利枢纽下游，距坝址约75km。碾盘山水利枢纽工程坝址位于钟祥市洋梓镇蒋滩村和文集镇沿山村之间的汉江干流上，上距雅口航运枢纽58km，距丹江口水利枢纽坝址261km，下距钟祥市区10km。给出碾盘山水利枢纽主要建筑物、工程任务、工程特性表等基本情况。

3）蓄滞洪区

王家滩汉江大跨越于J1012(L/R)～Z1036跨越汉江右岸的小江湖堤，穿出小江湖分蓄洪民垸后，跨越汉江进入钟祥市。小江湖分蓄洪民垸位于荆门市沙洋以北，西部和南部是丘陵，东部平原湖区占绝大部分，地面高程36～42m，面积126km²，蓄洪面积106km²，口门蓄洪水位46.60m（冻结基面，本段下同），分洪有效容积5.8亿m³，有堤防25.24km，保护荆门的4个乡镇和沙洋农场的三农场。给出工程线路穿越分蓄洪民垸示意图。

4）水文观测设施

工程跨越汉江断面距离上游大同水位站约33.1km；距上游皇庄水文站约68.3km；下游约8.8km为原沙洋（三）水文站，由于兴隆水库蓄水运行，该站于2013年下迁至兴隆水库坝下，命名为兴隆水文站，工程汉江大跨越断面距兴隆水文站约58.3km，距离下游兴隆水利枢纽坝址约34km。

5）其他设施

工程所在河段的涉水工程主要有分洪口门、闸口门、自来水厂取水口、输电线路等（图3.3-5），列表说明其与工程大跨越断面的距离。

**(2)咸宁长江大跨越**

1）堤防工程

咸宁长江大跨越依次（左岸至右岸）跨越洪湖监利长江干堤（桩号456+075）、咸宁长江干堤（桩号305+960），见图3.3-6。

①洪湖监利长江干堤：全长230km，属长江中游北岸干堤，西起监利严家门，东至东荆河口的胡家湾，横跨监利县与洪湖市，既挡长江来水，使之顺长江河道下泄，亦是洪湖蓄滞洪区围堤的组成部分。

工程跨越处左岸洪湖监利长江干堤对应堤防桩号456+075，2级堤防，现状堤顶高程32.8m，堤顶宽8m，堤顶为水泥路面，内外坡比均为1:3，堤外有50m外平台，堤内有30m内平台。堤外坡采用六边形混凝土护坡，堤内坡采用草皮护坡，现状已达标，见图3.3-7。

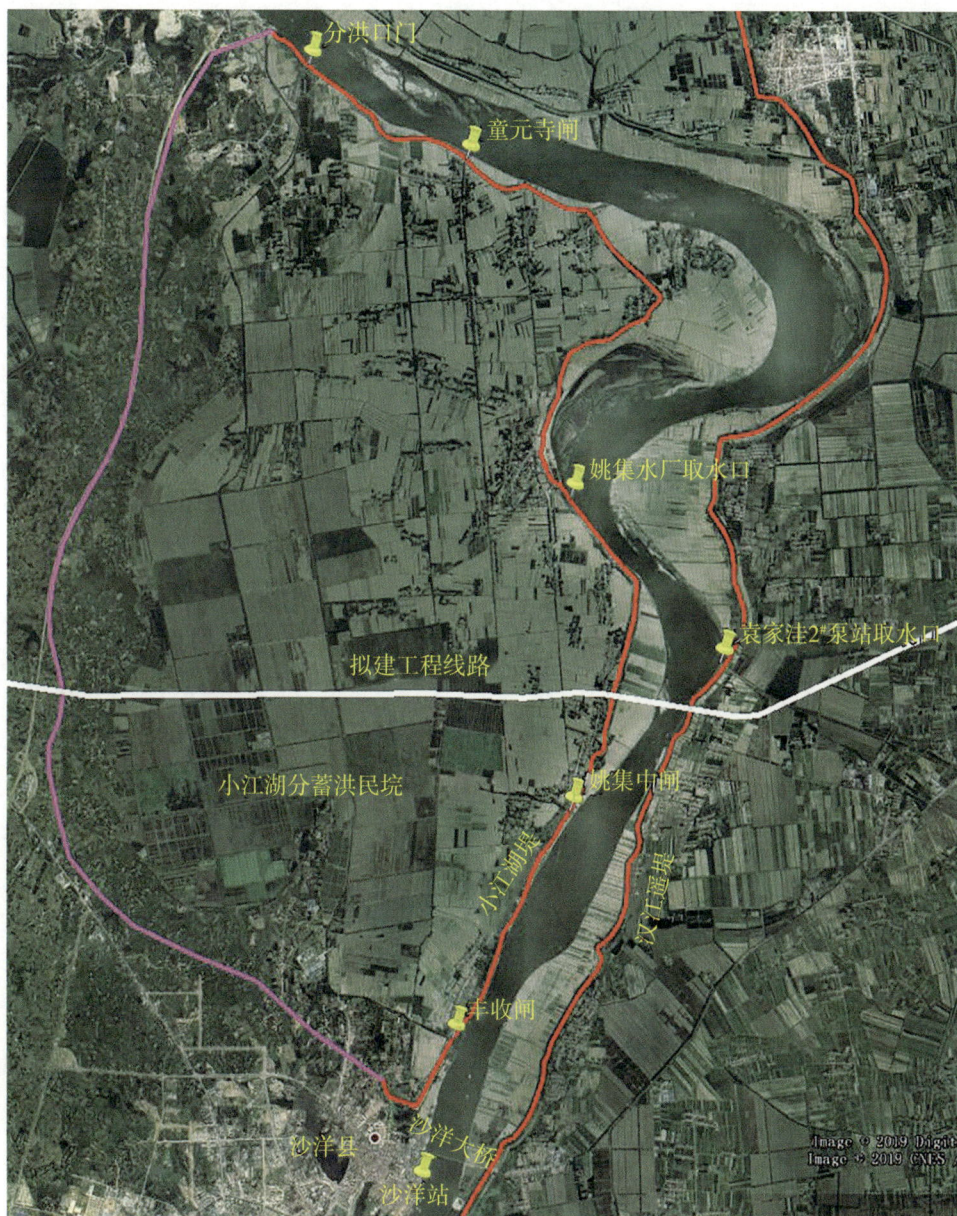

图 3.3-5 王家滩汉江大跨越所在河段上下游其他涉水工程分布图

图3.3-6 咸宁长江大跨越与两岸堤防位置关系示意图

图3.3-7 洪湖监利长江干堤堤防现状图

②咸宁长江干堤:位于长江中游右岸湖北省咸宁市境内,由四邑公堤咸宁段、赤壁长江干堤和嘉鱼长江干堤组成,全长105.79km。

工程跨越处右岸为咸宁长江干堤,为咸宁长江干堤护城堤段,对应堤防桩号305+960,为3级堤防,现状堤顶高程33.2m,堤顶宽8m,堤顶为水泥路面,内外坡比均为1:3,迎水侧堤坡上布置有锥探灌浆,堤外坡、堤内坡均采用草皮护坡,现状已达标,见图3.3-8。

图 3.3-8　咸宁长江大跨越位置及咸宁长江干堤堤防现状图

咸宁长江大跨越跨越处堤防现状统计见表 3.3-1。

表 3.3-1　　　　　　　　　　咸宁长江大跨越跨越处堤防现状统计

| 工程河段 | 堤防 | 堤防桩号 | 堤防等级 | 现状堤顶高程/m | 堤顶宽/m | 坡比 | | 达标情况 |
|---|---|---|---|---|---|---|---|---|
| | | | | | | 内 | 外 | |
| 嘉鱼河段 | 洪湖监利长江干堤 | 456+075 | 2 | 32.8 | 8 | 1:3 | 1:3 | 达标 |
| | 咸宁长江干堤 | 305+960 | 3 | 33.2 | 8 | 1:3 | 1:3 | 达标 |

2）护岸工程

工程河段左岸已有护岸工程：龙口段（洪湖监利长江干堤桩号 458+700～459+750），长 1.05km，沙湖农场段（洪湖监利长江干堤桩号 446+800～449+600、446+200～446+600），长 3.2km，防护方式为干砌石护坡和抛石护脚。

工程河段右岸已有护岸工程包括：邱家湾段（咸宁长江干堤 312+000～318+000），长 6km，下桃红段（308+700～309+700），长 1km，防护方式包括水下抛石护岸、干砌块石护坡、浸滩防护林。

工程跨越位置处左岸（456+075）及右岸（305+960）均无护岸工程（图 3.3-9）。

3）水文监测设施

工程河段位于水文测站影响评价范围（工程上游 20km 至下游 20km）的测站有石矶头水位站；工程上游约 61km 处有螺山水文站。

石矶头水位站位于工程上游约 230m（基本水尺断面）处。石矶头水位站前身为龙口站，1953 年 4 月由长江水利委员会设立为水文站，1955 年 6 月 1 日改为水位站。因观测不方便,1972 年 1 月 1 日将水尺断面上迁约 400m,改称龙口(二)站。1986 年 1 月 1日下迁 8km,在右岸的石矶头设水尺,改为石矶头水位站。

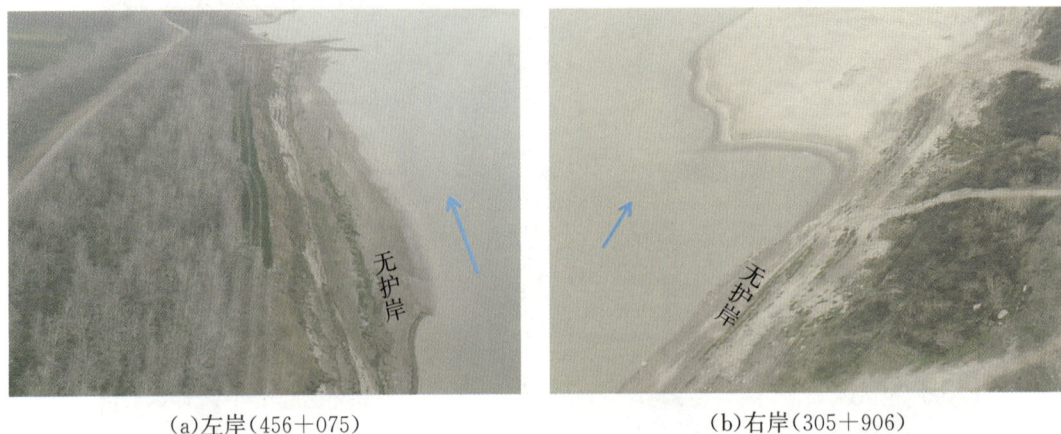

(a)左岸(456+075)　　　　　　　(b)右岸(305+906)

图 3.3-9　咸宁长江大跨越河段护岸工程现状

螺山水文站位于长江中游城陵矶至汉口河段内,上距洞庭湖出口 30.5km,是洞庭湖出流与荆江来水的控制站。

4)其他设施

工程河段附近有套口闸、杜家洲客运码头、石矶头码头、嘉通物流码头、葛洲坝水泥专用码头、护县洲锚地、石矶头取水点、嘉鱼甘泉取水泵房、潜江—咸宁 500kV 输电线路工程等设施,可列表说明其与工程线路的距离,绘图或给出现场照片说明其与工程线路的位置关系(表 3.3-2、图 3.3-10、图 3.3-11)。

表 3.3-2　　　　　　　　　工程附近涉水工程

| 岸别 | 附近涉水工程 | 与工程线路的位置关系 |
|---|---|---|
| 左岸 | 杜家洲客运码头 | 上游 810m |
| | 套口闸 | 上游 3.6km |
| 右岸 | 石矶头取水点 1 | 上游 110m |
| | 石矶头取水点 2 | 上游 180m |
| | 石矶头码头 | 上游 500m |
| | 嘉通物流码头 | 上游 1.8km |
| | 葛洲坝水泥专用码头 | 上游 2.8km |
| | 潜江—咸宁 500kV 输电线路 | 下游 250m |
| | 护县洲锚地 | 下游 2.4km |

图 3.3-10 工程附近涉水工程布置

图 3.3-11 工程附近涉水工程现状

## 3.3.3 水利规划及实施安排

### 3.3.3.1 主要内容

工程所在流域及河段涉及的水利规划主要包括以下几个方面：

（1）流域综合规划、防洪规划、水资源利用与保护规划、采砂规划等

以上规划均为流域总体规划，其内容较为丰富，在介绍时应突出重点，不能全部照搬，应将与工程河段相关联的部分规划摘录出来，如规划中的防洪标准、防洪体系、防洪

工程规划、河道治理规划等,采砂规划则应着重介绍工程附近的采砂区分布及基本情况。

(2)岸线利用规划、堤防加固规划、河道整治规划等

以上规划均是针对具体河段的规划,应根据工程所在河段实际情况搜集相关的规划资料。如长江干流河道溪洛渡坝址至长江口,长江支流及湖区,包括岷江、嘉陵江、乌江、湘江、汉江、赣江等六条重要支流的中下游河道以及洞庭湖入江水道、鄱阳湖湖区已出台了明确的岸线开发利用与保护规划,工程跨越此河段,则本节中应介绍工程两岸的岸线类别、划分依据及禁止性要求;堤防加固规划应对工程河段堤防加固范围、工程跨越位置处堤防加固设计方案进行介绍;河道整治规划应着重介绍工程河段尤其是工程位置处的河道整治工程措施。工程位置处有河道整治工程措施的,应交代整治工程的实施情况。

应注意,此节中无需罗列工程河段的航道规划和港口规划,这两项规划在通航论证中已有论述,可直接引用其结论。

### 3.3.3.2 案例分析

(1)王家滩汉江大跨越

王家滩汉江大跨越涉及的水利规划主要包括堤防工程规划、蓄滞洪区规划、河道整治规划、岸线保护和开发利用规划、河道采砂规划等。

1)堤防工程规划

汉江遥堤加固工程及隐蔽工程于 1999 年 12 月开工建设,至 2009 年 7 月全部完成。汉江遥堤 55.265km 现已全部加固达标。

小江湖堤全长 25.212km,大堤宽厚,沿途穿堤建筑物较多。《湖北省汉江堤防加固重点工程(荆门二期段)初步设计报告》对堤身隐患进行处理设计,加固范围为 0+000～25+212,可列出主要存在问题及处理措施表、主要断面参数表。工程线路跨越小江湖堤断面桩号为 8+270,工程涉及堤段现状堤顶高程 45.70m,规划堤顶高程 45.23m,规划堤顶宽度 6m,堤身加培方式为外帮,堤身内、外侧护坡均采用草皮护坡,堤顶采用 22cm 厚的 C30 混凝土路面。

2)蓄滞洪区规划

丹江口续建完成后,汉江中游遇防御标准 1935 年实际洪水的理想超额洪量从初期规模的 25 亿 m³ 减少为 7.7 亿 m³,遇该年型 200 年一遇超标准洪水的理想超额洪量约为 10 亿 m³,中游 14 个蓄洪民垸有效蓄洪容积有 35.16 亿 m³,根据经济社会发展情况对分蓄洪民垸进行合理的调整是有必要的。目前,将皇庄垸、襄西垸调整为防洪保护区,小江湖、邓家湖等 12 个分蓄洪民垸目前仍保留蓄滞洪区性质,还需根据各项防洪工程实

施后汉江中游防洪形势的变化,结合洪水防御及调度方案进一步研究。中游分蓄洪民垸规划方案包括建设蓄洪民垸围堤,新建安全区、安全台,布置干、支线转移道路,配置救生船、救生衣、通信工具等。

3)河道整治规划

汉江中下游按地理位置、控制节点、河道特性分为丹江口水库下游近坝段(丹江口至牛首)、牛首至碾盘山段等六段,六段中按地域管辖、河道演变特性等状况划分为19个河段,其中重点河段包括襄樊、沙洋、泽口、仙桃、蔡甸、舵落口、龙王庙7个河段。工程线路位于沙洋河段,沙洋河段位于汉江下游的上部,上起马良,下至多宝湾,全长约50km。该河段治理规划可依据《汉江中下游干流河道治理规划》,整治方案主要为对原有护岸工程进行加固,对新的崩岸险工进行治理。可给出沙洋河段河势控制工程示意图。根据《湖北省汉江堤防加固重点工程(荆门二期段)初步设计报告》《湖北省汉江遥堤加固工程初步设计报告》《湖北省荆门汉江堤防河道综合整治工程可行性研究报告》《汉江中下游干流河道治理规划》等成果,沙洋河段右岸小江湖堤按2级加固,左岸汉江遥堤按1级加固,可列表说明两岸护岸范围、工程类别及规模。

王家滩汉江大跨越工程跨越右岸小江湖堤断面位于袁家台护岸新护段,跨越左岸汉江遥堤断面位于袁家洼护岸加固段,两岸规划的护岸新护、护岸加固工程暂未实施。

4)岸线保护和开发利用规划

岸线保护和开发利用规划可依据《长江岸线保护和开发利用总体规划》(水利部长江水利委员会,2016年),工程跨越断面左岸位于袁家洼泵站下游500m至沙洋大桥上游330m保留区,功能区长度8.46km,右岸位于小江湖蓄滞洪区分洪口门下游500m至联兴村对开保留区,功能区长度20.82km,可给出工程河段岸线保护和开发利用总体规划图。两段保留区划分依据均为"无规划涉水工程,同时位于汉江沙洋段长吻鮠瓦氏黄颡鱼国家级水产种质资源保护区试验区",限制进入的项目类型为"汉江沙洋段长吻鮠瓦氏黄颡鱼国家级种质资源保护区内不得建设影响种质资源保护目标的项目",见图3.3-12。

工程跨越断面距汉江沙洋段长吻鮠瓦氏黄颡鱼国家级水产种质资源保护区核心区边界约8.1km,位于汉江沙洋段长吻鮠瓦氏黄颡鱼国家级水产种质资源保护区实验区,可给出位置关系图。对种质资源保护区影响可引用《荆门—武汉1000kV交流特高压输变电工程对汉江沙洋段长吻鮠瓦氏黄颡鱼国家级水产种质资源保护区影响专题论证报告》相关分析结论,可将其审查意见作为洪水影响评价报告附件。

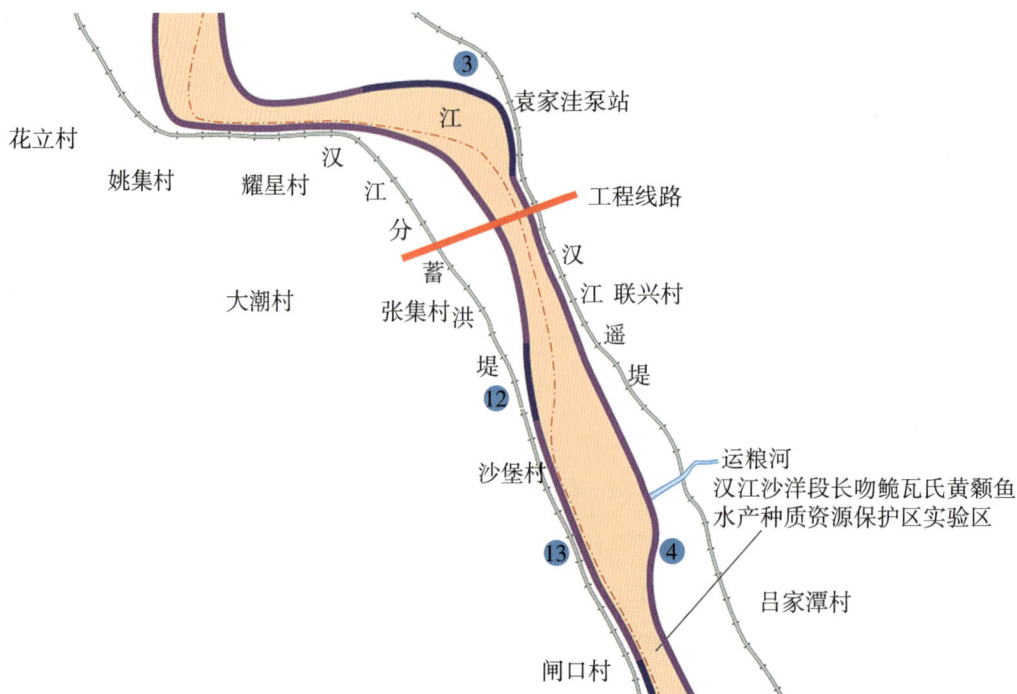

**图 3.3-12 王家滩汉江大跨越附近岸线保护和利用规划示意图**

5）河道采砂规划

河道采砂规划相关情况在王家滩汉江大跨越洪水影响评价审批阶段可依据《汉江中下游干流及东荆河采砂规划（2018—2023年）》，汉江中下游河段有 30 个可采区，其中，沙洋县采区 1 个，为蔡咀采区，是距离工程跨越断面最近的采区，位于工程跨越断面下游约 30km 处，见图 3.3-13，范围为 1000m×150m×3m，年度控制开采量为 15 万 t，控制开采高程为 29m。上述规划已过期，现可依据《汉江中下游干流及东荆河河道采砂管理规划（2024—2028年）》。

（2）咸宁长江大跨越

咸宁长江大跨越涉及的水利规划主要包括长江中下游防洪规划、岸线保护和开发利用规划、河道整治规划、河道采砂规划等。

1）长江中下游防洪规划

长江中下游防洪规划可依据《长江流域综合规划》，长江中下游防洪规划的目标是考虑三峡及其他控制性水利水电工程建成后对长江防洪的作用和影响，完善长江综合防洪体系。长江中下游采取合理加高加固堤防的方式整治河道，安排与建设平原蓄滞洪区结合兴利修建干支流水库，逐步建成以堤防为基础、三峡水库为骨干，其他干支流水库、蓄滞洪区、河道整治相配合，平垸行洪、退田还湖、水土保持等工程措施与防洪非工程措施相结合的综合防洪体系。中下游防洪规划方案中，长江中下游堤防堤顶超高一般为:1 级堤防 2.0m,2 级及 3 级堤防 1.5m,其他堤防 1.0m。

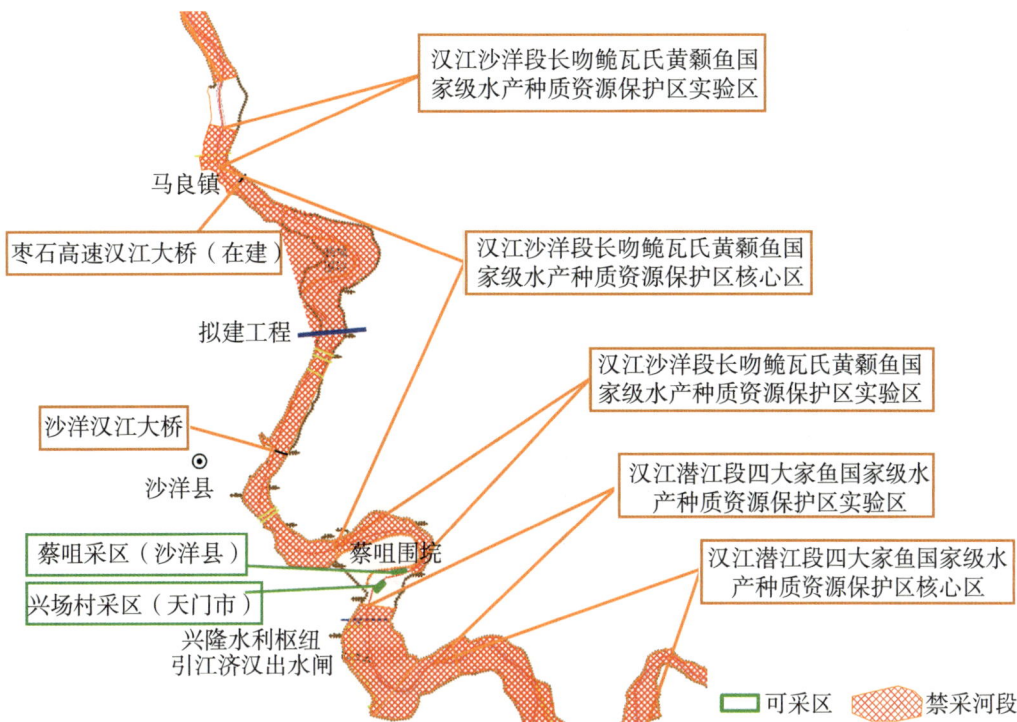

**图 3.3-13 工程河段采砂区分布图**

长江中下游河段划分为重点河段和一般河段。重点河段包括宜枝、上荆江、下荆江等 16 个河段;一般河段包括陆溪口、嘉鱼等 14 个河段。对 14 个一般河段,主要通过对新增崩岸段的守护和已有护岸段的加固,以及局部河段的河势调整工程,稳定现有河势,改善不利河势,其中包括陆溪口、嘉鱼等河段减少分汊的河势调整工程。咸宁长江大跨越位于长江嘉鱼河段,嘉鱼河段近期维持现有主流走左汊的河势,远期研究封堵护县洲和复兴洲右汊,使其逐渐转化为双分汊河道的可行性。

2)岸线保护和开发利用规划

根据《长江岸线保护和开发利用总体规划》,咸宁长江大跨越左右岸均为保护区,左岸(编号 5)上起群星村上,下止石屋村,总长 6.5km,右岸(编号 30)上起下桃红,下止新街镇,总长 20.52km,主要划分依据为"白鱀豚保护区核心区",限制进入的项目类型为"禁止与自然保护区保护方向不一致的项目",见图 3.3-14。

3)河道整治规划

河道整治规划可依据《长江中下游干流河道治理规划报告》,嘉鱼河段(石矶头—潘家湾)为河道治理一般河段,整治规划方案为:近期守护左岸岸线,巩固已有护岸工程对河势的控制作用,稳定弯道平面形态和主流位置,避免三峡工程蓄水后河势出现大的变化;远期堵塞复兴洲右汊,使本河段逐渐转化为白沙洲左右汊分流的双分汊型河道,缩短右岸护岸范围,保障堤防安全,使嘉鱼河段河势更趋稳定。

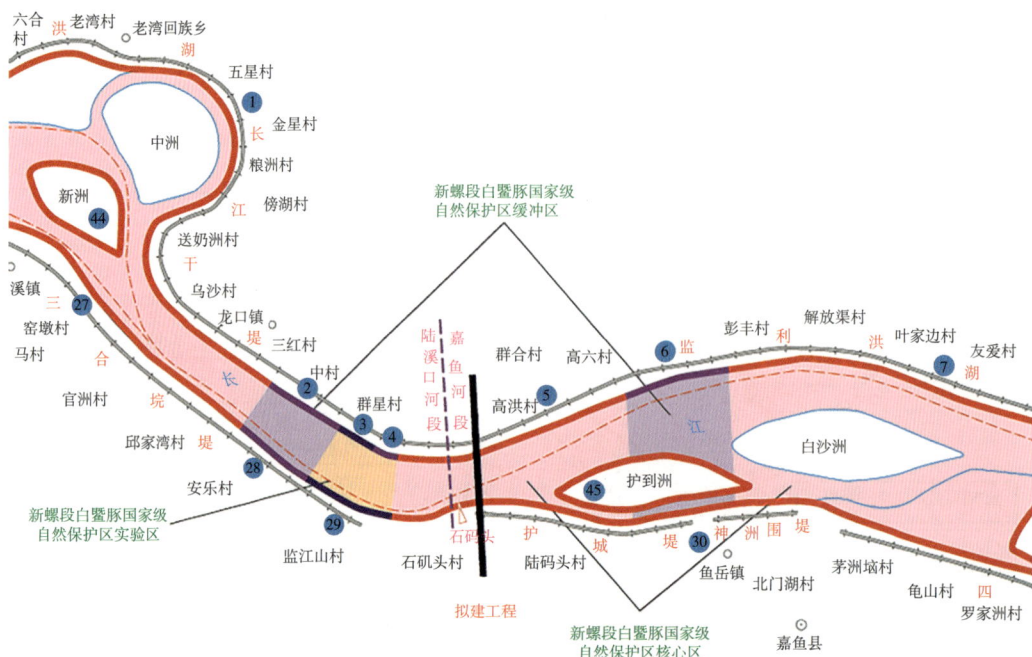

图 3.3-14 咸宁长江大跨越附近岸线保护和利用规划示意图

近期河道整治工程设计范围上起彭家码头,下至复兴洲。咸宁长江大跨越位于嘉鱼河段入口段石矶头附近,上距彭家码头约 7.7km,暂无河道整治工程措施。

4)河道采砂规划

根据《长江中下游干流河道采砂管理规划(2021—2025 年)》,城陵矶—武汉河段在城陵矶下游岳阳河段和簰洲湾河段的泥沙淤积区布置 3 个可采区,其他区域为禁采区或保留区。

咸宁长江大跨越位于嘉鱼河段,属于长江新螺江段白鱀豚国家级自然保护区,为禁采区。

## 3.4 建设项目基本情况

根据《长江水利委员会行政审批项目水影响论证报告编制大纲(试行)》,项目基本情况应包括项目前期工作情况及必要性论证、涉水建设项目基本情况、项目建设条件和项目主要设计成果。

根据《河道管理范围内建设项目防洪评价报告编制导则》,建设项目基本情况应包括:

①建设项目及涉河工程建设方案总体布置、建设规模、结构形式,与河道堤防、闸、坝、涵等水利工程交叉或连接方式,占用河道管理范围空间、土地情况及与其他设施的相对关系等。

②施工方案应主要包括施工总体布置、施工期洪水标准、施工交通(包括栈桥)布置,施工工艺、方法,施工临时建筑物布置及拆除方案,施工期安排、取土和弃土方案、施工期度汛方案等。

洪水影响评价报告中本章节的内容主要来源于设计单位提供的涉河建设方案。根据编制大纲和编制导则,涉河工程洪水影响评价报告的项目基本情况主要内容包括前期工作及必要性论证、项目建设条件、主要设计成果、施工方案和建设项目与防洪工程的关系。对河道管理范围内建设项目而言,与防洪工程的关系主要指与堤防的关系。

## 3.4.1 前期工作及必要性论证

### 3.4.1.1 主要内容

(1)工程前期工作情况

简述洪水影响评价报告审查前,建设项目的前期工作过程和主要成果审查以及批复情况,包括建设项目规划、立项、可研、初设、施工图(若已经到施工图阶段)等阶段,报告正文后应附本项目的立项文件或核准文件、各设计阶段的审查意见(批复)作为附件。还应简述洪水影响评价报告编制单位接受项目业主委托及已经开展的实地查勘、测量、资料收集、报告编制等工作。

(2)工程建设的必要性

宜从建设项目的背景、意义、相关政策规划等方面论证工程建设的必要性,一般直接引用经主管部门审定的项目的必要性论证即可。

### 3.4.1.2 案例分析

(1)王家滩汉江大跨越

1)前期工作情况

王家滩汉江大跨越工程洪水影响评价专题于2020年9月批复,在洪水影响评价报告编制工作开展时期,项目前期工作情况主要交代项目可行性研究报告进展及批复情况即可。

根据可行性研究、设计一体化总体安排,可行性研究、初设协议一次性办理,自可行性研究工作开展后,各设计单位对线路沿线进行了详细收资踏勘工作,同步办理路径协议。

本工程可行性研究报告已取得批复,初步设计报告已完成修改,与此同时,工程初步设计时,还同步开展了与项目有关的地质调查、环境影响评价、水产种质资源保护区影响专题论证、洪水影响评价等各方面专项研究工作。

2)工程建设必要性

本工程是"华中特高压交流环网"工程的重要组成部分,其建设必要性及在系统中的作用主要体现在以下几个方面:

①满足多直流馈入后华中电网安全稳定运行要求。

②构建资源优化配置平台,提高各省间互济能力。

③提高华中电网整体事故备用能力。

④优化华中主网架结构,适应远景电网发展。

⑤有利于充分发挥交流特高压输电技术优势,节约输电走廊资源。

华中特高压环网工程的建设既实现了华中地区省间的电力互供,缓解了500kV电网潮流输送压力,降低系统输电损耗,也有利于节约输电线路走廊及土地资源,是建设"资源节约型、环境友好型"电网的具体体现。

(2)咸宁长江大跨越

1)前期工作情况

咸宁长江大跨越洪水影响评价专题于2023年批复,在洪水影响评价报告编制工作开展时期,需进一步明确项目的审批情况,项目的审批情况应包括审查会时间、地点、组织单位等要素。

2021年9月29日,国网发展部在成都召开本工程可研启动会,启动可研设计工作,会议确定了工作目标、主要设计内容、工作重点、工作分工及工作进度。

2022年3月28—30日,电力规划设计总院在成都组织召开了本工程可行性研究审查会议。

2022年4月22—23日,电力规划设计总院通过视频会议和现场会议相结合的方式召开了本工程初步设计主要涉及原则评审会议。

2023年1月6日,国家发展和改革委员会对本工程进行了核准。

2)工程建设的必要性

①落实国家能源战略、推进能源转型。

②缓解四川"丰余枯缺"结构矛盾。

③支持藏区经济社会发展,解决西藏清洁能源消纳问题。

④满足华中特别是湖北电力负荷增长需求。

⑤实现更大范围清洁能源优化配置。

## 3.4.2 项目建设条件

### 3.4.2.1 主要内容

(1)气象水文条件

应与"项目所在区域基本情况"章节中的水文气象概况有所区分。水文气象概况是以项目所在行政区域或流域为对象,从面上概述,属于情况说明。而本节则侧重于与工程建设相关的内容,属于条件分析。资料条件允许时,分析范围上,应较水文气象概况更加有针对性,最好直接分析工程河段的水文气象情况;内容上,除气候特征、降水、气温、径流、洪水等概况性论述外,还应包括工程所在区域的水文测站分布及主要水文参数和成果,作为后续水文分析计算的基础。

(2)工程地质条件

工程地质条件对工程建设的影响极大,应基于工程设计单位详细的地质勘探工作。内容应包括工程区域的地形地貌、地质构造、主要地层岩性、地基土的主要物理力学指标、地震动参数、地下水条件等情况和评价结论;如有不良地质情况,应在本节中说明,并提出措施建议。工程地质条件的分析一定要紧密结合工程地质对工程建设可能造成的影响,给出评价性结论和措施建议。工程跨越河道堤防的,还应分析堤防地质条件。

### 3.4.2.2 案例分析

#### 3.4.2.2.1 气象条件

根据《长江水利委员会行政审批项目水影响论证报告编制大纲(试行)》,本节内容应包括工程所在区域的水文测站分布及主要水文参数和成果,在洪水影响评价报告第二章项目所在区域基本情况中已对河道概况及河道水文泥沙特性做了详细介绍,其中就包括工程河段的水文测站分布和水文泥沙参数和成果,因此在本小节的气象条件中简要介绍工程区域的气象特性,主要包括气温、降水、风况等要素。

(1)王家滩汉江大跨越

本线路区段属亚热带大陆性季风气候,气候温和、降水充沛、日照充足、四季分明、雨热同季、无霜期长。冬季盛行偏北风,偏冷干燥;夏季行偏南风,高温多雨,年平均气温为16.3℃,年平均降水量为 834.2mm,年日照时数 1281.0~1623.0h,极端最高气温为39.7℃,极端最低气温为-19.6℃,年平均无霜期为 245~258d。

(2)咸宁长江大跨越

本线路区段属亚热带湿润性季风气候,具有四季分明、气候温和、湿度较大、日照充足、雨热同季、无霜期长等特点。年平均气温 16.6℃,最高气温 39.7℃,最低气温

−12℃；多年平均降水量 1324.8mm，最大日降水量 212.5mm，年平均降雨天数 135d；多年平均风速 2.2m/s，瞬时极大风速 21.3m/s，夏季主导风向为东风，冬季主导风向为北风。

### 3.4.2.2.2 地质概况

地质概况是本小节的重点内容，主要包括工程地质概况和堤防地质概况。对于输电线路工程，应对评价范围内的每个杆塔基础的地层分布分别介绍。堤防地质概况应简述工程跨越位置的堤防土层分布情况，并根据堤防加固报告确定不同土层的地质参数。

#### 3.4.2.2.2.1 王家滩汉江大跨越

（1）工程地质条件

工程地质条件主要根据《荆门—武汉 1000kV 特高压交流输变电工程线路工程王家滩汉江大跨越岩土工程勘察报告》，以下仅列出了王家滩汉江大跨越滩地上的 Z1036 杆塔基础的地层岩性，在实际报告编制中，应逐一列出评价范围内杆塔岩土层构成特征及物理力学指标。

1）地形地貌

汉江右岸跨越塔 Z1036 位于汉江大堤外的高漫滩上，塔基附近滩地标高约 40.61m，现为麦田，地形地貌上属于汉江一级阶地及高漫滩，地形平坦开阔。

2）地质构造

工程沿线主要为垄岗地貌、河流一级阶地及剥蚀侵蚀残丘地貌。本段地层主要为冲洪积黏性土（$Q_2 \sim Q_4$），土层深厚。塔位段多分布水田、旱地，上部地层多为冲洪积粉质黏土（$Q_2 \sim Q_3$），黄褐、浅褐等色，以硬塑为主，局部黏性土层中夹稍密—中密的砂土层，土层厚度一般大于 20m。部分塔基位于岗地斜坡、岗间宽缓平地、沟谷中，其上部的黏性土层（$Q_4$）则以可塑为主，少量为软塑状。

3）地层岩性

右岸跨越塔 Z1036 塔位地层岩性以第四系全新统冲洪积层为主，二元结构较为明显，上部为黏性土、粉土、细砂，下部为卵砾石层，下伏基岩为泥质粉砂岩，覆盖层厚度 41.0～45.0m。

根据地层时代、成因、岩性和力学性质的不同（表 3.4-1），右岸跨越塔处的岩土层构成特征分述如下：

①耕植土：褐黄色，主要由黏性土组成，局部夹少量植物根茎，结构松散，厚度 0.70～1.70m。

②粉质黏土：褐黄色，湿，可塑；局部夹粉砂薄层，厚度 2.10～6.00m。

③淤泥质粉质黏土:深灰色,湿软可塑,含少量有机质,局部夹粉砂薄层,厚度1.70～9.80m。

④细砂:褐灰色,灰色,饱和,松散—稍密,主要成分为石英、云母,夹薄层粉质黏土、粉土等,厚度1.30～6.40m。

⑤细砂:褐灰色,饱和,中密,主要成分为石英、云母,夹薄层粉质黏土、粉土等,底部混少量卵石和圆砾,厚度10.30～16.10m。

⑥圆砾:灰褐色,饱和,中密,卵石含量约20%,充填黏性土、中粗砾砂,一般粒径为5～15mm,最大卵石粒径为60mm,成分为石英岩、石英砂岩、灰岩及片岩等变质岩;磨圆度好,分选性差,多为次圆形,厚度为9.70～10.60m,层顶标高为8.26～10.26m。

⑦泥质粉砂岩:深灰色,强风化,细砂质结构,层状构造,泥质胶结,岩芯大部分呈砂土状,局部呈碎块状,手折易断易散,局部夹细圆砾,层顶标高为－0.74～－0.96m。

表 3.4-1             右岸跨越塔处地层主要物理力学性质指标推荐值

| 编号 | 岩性名称 | 状态 | 岩土物理力学指标 | | | | | 钻孔灌注桩 | |
|---|---|---|---|---|---|---|---|---|---|
| | | | $\gamma /$ $(kN/m^3)$ | $c /$ kPa | $\varphi$ $/°$ | $Es(E_0)/$ /MPa | $f_{ak}$ /kPa | $q_{sik}$ /kPa | $q_{pk}$ /kPa |
| ① | 耕植土 | 可塑 | 17.5 | | | | | 25 | |
| ② | 粉质黏土 | 可塑 | 18.5 | 18 | 11 | 4.5 | 140 | 53 | |
| ③ | 淤泥质粉质黏土 | 软塑—可塑 | 18.0 | 10 | 7 | 3.2 | 90 | 25 | |
| ④ | 细砂 | 松散—稍密 | 18.5 | | 20 | | 140 | 30 | |
| ⑤ | 细砂 | 中密 | 18.5 | | 30 | | 200 | 50 | |
| ⑥ | 圆砾 | 中密 | 20.0 | | 38 | | 350 | 135 | 2500 |
| ⑦ | 泥质粉砂岩 | 强风化 | 19.5 | | | | 250 | 120 | 1200 |

4)地下水条件及水、土对建筑材料的腐蚀性

跨越塔地段地下水主要为埋藏于第四纪冲洪积层中的孔隙潜水,上部粉质黏土和黏土透水性较弱,而下部砂层和卵砾石层是良好的透水层。据调查走访当地居民,每逢汉江丰水期,在两岸的民用水井里的水自动溢出,且压力较大。在洪水季节,河水倒灌补给地下水。从本区地层结构分析,下部砂层、圆砾层中的地下水具备承压性含水层条件,尤其在汉江水位较高时,故应避免洪水期间进行基础施工。地下水位年变化幅度约1.0m。综合判定沿线地下水位以上地基土对混凝土结构具微腐蚀性,对钢筋混凝土结构中的钢筋具微腐蚀性。对钢结构具有弱—中等腐蚀性,其中右岸锚塔为中等腐蚀性,右岸直线跨越塔为弱腐蚀性,左岸直线跨越塔为中等腐蚀性,左岸锚塔为弱腐蚀性。

5）沿线地震烈度

根据《中国地震动参数区划图》(GB 18306—2015)，拟选线路所经地区50年超越概率10％的地震动峰值加速度为0.05g，相应的地震基本烈度为Ⅵ度，反应谱特征周期值均为0.35s。

6）特殊岩土问题

大跨越段无湿陷性黄土、盐渍土、多年冻土、污染土、填土等分布。根据《建筑地基基础设计规范》附录F，本建筑场地季节性冻土标准冻结深度小于0.6m。大跨越段浅层广泛分布软弱土，局部存在膨胀土。在施工过程中，如遇基底高岭土富集，可采取换填措施，基坑开挖后应及时封闭、浇筑，严禁长时间暴露和淋雨。

（2）堤防地质条件

堤防地质条件一般参考堤防加固设计报告中的地质勘察成果，在洪水影响评价报告中可通过堤防地质条件及参数列表或地质横剖面图表示。

1）小江湖堤

工程跨越小江湖堤断面相应桩号8＋270，根据《湖北省汉江堤防加固重点工程（荆门二期段）初步设计报告》，小江湖堤6＋400～9＋700堤段长3.3km，堤顶高程45.57m左右，堤顶宽5.4m左右，堤外滩宽300m以上，堤外滩宽阔。本堤段河岸、河床凹向左岸，呈反"V"字形，上游河段迎流顶冲，下游河段侧向冲蚀严重。堤基地层岩性为：上部为全新统冲积壤土层，层厚在10m以上；下部为粉细砂层，层厚超过10m。堤基地层结构为Ⅱ$_2$类，堤基土层承载力较高，抗渗性较强，堤基稳定性良好，河岸虽有崩岸发生，但堤外滩宽阔，不影响堤基稳定。故本堤段堤基工程地质条件较好，属B类，堤内发育有少量渊塘，无严重散浸、管涌险情发生。小江湖堤堤身物理力学参数统计见表3.4-2。

2）汉江遥堤

工程跨越汉江遥堤断面相应堤防桩号284＋310。根据《湖北省汉江遥堤加固工程初步设计报告》，汉江遥堤桩号290＋000～273＋900段长16.1km，其中桩号290＋000～284＋400、284＋400～281＋800、281＋300～275＋500、274＋800～273＋900主要以壤土、粉质壤土、砂壤土为主，夹粉砂，总长14.5km。填土呈硬可塑状态，结构稍密，为微—中等透水性，堤身汛期堤内脚以散浸为主，散浸总长度2210m，占此段长的15.2％，局部少见堤内脚管涌，以小孔状出现。此段堤身土质量较好，对散浸较严重堤段已进行防治处理及疏导反滤等综合处理。汉江遥堤堤身物理力学参数统计见表3.4-3。

表 3.4-2　小江湖堤防物理力学参数

| 土类 | 值名称 | 土粒比重 $G_s$ | 含水量 $W/\%$ | 天然密度 湿 $\rho/(g/cm^3)$ | 天然密度 干 $\rho_d/(g/cm^3)$ | 饱和度 $S_r$ | 孔隙比 $e$ | 液限 $W_l/\%$ | 塑限 $W_p/\%$ | 塑性指数 $I_p$ | 液性指数 $I_L$ | 抗剪强度 固结快剪 $C/kPa$ | 抗剪强度 固结快剪 $\varphi/°$ | 抗剪强度 快剪 $C/kPa$ | 抗剪强度 快剪 $\varphi/°$ | 压缩系数 $a_{v1-2}$ | 压缩模量 $E_{s1-2}$ | 渗透系数 (土样 $K_{20}$)/$(10^{-5}\,cm/s)$ | 样本数 |
|---|---|---|---|---|---|---|---|---|---|---|---|---|---|---|---|---|---|---|---|
| 黏性土为主 | 最大值 | 2.72 | 33.5 | 1.94 | 1.53 | 100.0 | 0.904 | 43.0 | 24.7 | 18.3 | 0.89 | 58.0 | 20.8 | 37.0 | 14.1 | 0.500 | 4.8 | | 21 |
| | 最小值 | 2.69 | 23.0 | 1.87 | 1.42 | 80.0 | 0.760 | 27.8 | 15.7 | 9.8 | 0.33 | 24.0 | 11.3 | 25.0 | 10.8 | 0.385 | 3.8 | | |
| | 平均值 | 2.71 | 28.9 | 1.90 | 1.47 | 92.3 | 0.843 | 34.8 | 21.1 | 13.7 | 0.59 | 35.2 | 16.1 | 31.3 | 12.3 | 0.435 | 4.3 | | |
| | 建议值 | 2.71 | 28.9 | 1.90 | 1.47 | 92.3 | 0.843 | 34.8 | 21.1 | 13.7 | 0.59 | 35.2 | 16.1 | 31.3 | 12.3 | 0.435 | 4.3 | 3.00 | |

表 3.4-3　汉江遥堤堤身物理力学参数

| 土类 | 统计数值及建议值 | 含水量 $W/\%$ | 湿密度 $\rho/(g/cm^3)$ | 干密度 $\rho_d/(g/cm^3)$ | 孔隙比 $e$ | 孔隙度 $n/\%$ | 饱和度 $S_r/\%$ | 饱和固结剪强度 黏聚力 $C/kPa$ | 饱和固结剪强度 内摩擦角 $\varphi/°$ | 快剪强度 黏聚力 $C/kPa$ | 快剪强度 内摩擦角 $\varphi/°$ | 渗透系数 $K/(10^{-3}\,cm/s)$ |
|---|---|---|---|---|---|---|---|---|---|---|---|---|
| 粉砂 | 组数 | 9.0 | 9.00 | 9.00 | 9.000 | 9.0 | 9.0 | | | 3 | 3.0 | 5.00 |
| | 平均值 | 27.1 | 1.85 | 1.46 | 0.865 | 46.1 | 84.7 | 5 | 30.0 | 15 | 32.3 | 47.98 |
| | 建议值 | 27.1 | 1.85 | 1.46 | 0.865 | 46.1 | 84.7 | 5 | | 5 | 28.0 | 47.98 |
| 细砂 | 组数 | 11.0 | 11.00 | 11.00 | 11.000 | 11.0 | 11.0 | | | 3 | 3.0 | 7.00 |
| | 平均值 | 30.0 | 1.87 | 1.44 | 0.885 | 46.6 | 91.3 | 0 | 32.2 | 8 | 36.2 | 388.14 |
| | 建议值 | 30.0 | 1.87 | 1.44 | 0.885 | 46.6 | 91.3 | 0 | | 4 | 30.1 | 388.14 |
| 砂壤土 | 组数 | 28.0 | 28.00 | 28.00 | 28.000 | 28.0 | 28.0 | | | 22 | 4.0 | 10.00 |
| | 平均值 | 30.5 | 1.85 | 1.41 | 0.923 | 47.9 | 89.6 | 9 | 25.5 | 22 | 22.9 | 19.13 |
| | 建议值 | 30.5 | 1.85 | 1.41 | 0.923 | 47.9 | 89.6 | 9 | | 9 | 22.9 | 19.30 |

续表

| 土类 | 统计数值及建议值 | 含水量 $W$/% | 湿密度 $\rho$/(g/cm³) | 干密度 $\rho_d$/(g/cm³) | 孔隙比 $e$ | 孔隙度 $n$/% | 饱和度 $S_r$/% | 饱和固结性剪强度 黏聚力 $C$/kPa | 饱和固结性剪强度 内摩擦角 $\varphi$/° | 快剪强度 黏聚力 $C$/kPa | 快剪强度 内摩擦角 $\varphi$/° | 渗透系数 $K$/($10^{-3}$cm/s) |
|---|---|---|---|---|---|---|---|---|---|---|---|---|
| 壤土 | 组数 | 28.0 | 28.00 | 28.00 | 28.000 | 28.0 | 28.0 | | | 14 | 14.0 | |
| | 平均值 | 27.8 | 1.88 | 1.47 | 0.856 | 45.9 | 87.6 | | | 23 | 15.5 | |
| | 建议值 | 27.8 | 1.88 | 1.47 | 0.856 | 45.9 | 87.6 | 23 | 21.4 | 19 | 15.5 | 2.06 |
| 淤泥质壤土 | 组数 | 10.0 | 10.00 | 10.00 | 10.000 | 10.0 | 10.0 | | | 7 | 7.0 | |
| | 平均值 | 39.9 | 1.80 | 1.27 | 1.124 | 52.7 | 96.4 | | | 13 | 12.9 | |
| | 建议值 | 39.9 | 1.80 | 1.29 | 1.120 | 52.7 | 96.4 | 13 | 12.9 | 13 | 10.5 | 0.64 |
| 粉质壤土 | 组数 | 27.0 | 27.00 | 27.00 | 27.000 | 27.0 | 27.0 | | | 16 | 16.0 | 8.00 |
| | 平均值 | 29.1 | 1.91 | 1.48 | 0.844 | 45.6 | 93.3 | | | 25 | 16.2 | 5.41 |
| | 建议值 | 29.1 | 1.91 | 1.48 | 0.844 | 45.6 | 93.3 | 25 | 21.5 | 20 | 21.5 | 5.41 |
| 淤泥质粉质壤土 | 组数 | 7.0 | 7.00 | 7.00 | 7.000 | 7.0 | 7.0 | | | 4 | 4.0 | 1.00 |
| | 平均值 | 42.1 | 1.82 | 1.29 | 1.128 | 52.7 | 96.8 | | | 21 | 18.0 | 0.64 |
| | 建议值 | 42.1 | 1.82 | 1.29 | 1.128 | 52.7 | 96.8 | 21 | 13.0 | 22 | 10.0 | 0.64 |
| 黏土 | 组数 | 46.0 | 46.00 | 46.00 | 46.000 | 46.0 | 46.0 | | | 37 | 37.0 | 4.00 |
| | 平均值 | 32.7 | 1.89 | 1.42 | 0.938 | 48.2 | 95.8 | | | 34 | 12.5 | 0.46 |
| | 建议值 | 32.7 | 1.89 | 1.42 | 0.938 | 48.2 | 95.8 | 34 | 17.8 | 34 | 12.5 | 0.46 |
| 淤泥质黏土 | 组数 | 7.0 | 7.00 | 7.00 | 7.000 | 7.0 | 7.0 | | | 5 | 5.0 | 2.00 |
| | 平均值 | 44.3 | 1.79 | 1.24 | 1.217 | 54.7 | 98.5 | | | 16 | 5.4 | 0.05 |
| | 建议值 | 44.3 | 1.79 | 1.24 | 1.217 | 54.7 | 98.5 | 16 | 9.9 | 11 | 5.4 | 0.05 |

3.4.2.2.2.2 咸宁长江大跨越

(1)工程地质条件

区域地质条件及结论均摘自《金上—湖北±800kV 特高压直流输电工程施工图设计阶段岩土工程勘察报告(包 15 段)(咸宁长江大跨越段)》。

咸宁长江大跨越评价范围内共布置 2 座杆塔(N8301、N8302)及其附属设施(表 3.4-4),均位于堤防背水侧。以下文字介绍仅列出了 N8032 杆塔基础的地层岩性,实际报告编制中,应逐一列出评价范围内杆塔岩土层构成特征及物理力学指标。

表 3.4-4　　　　　　　　　　　　咸宁长江大跨越杆塔地质明细表

| 杆塔号 | 地层 | 承载力特征值 $f_{ak}$/kPa | 压缩/变形模量 $E_s$/$E_0$/MPa | 内摩擦角 $\varphi$/° | 内聚力 $C$/kPa | 混凝土预制桩 | | 水下钻(冲)孔桩 | |
|---|---|---|---|---|---|---|---|---|---|
| | | | | | | 侧阻力特征值 $q_{sia}$/kPa | 桩端阻力特征值 $q_{pa}$/kPa | 侧阻力特征值 $q_{sia}$/kPa | 桩端阻力特征值 $q_{pa}$/kPa |
| N8301 | ①粉质黏土(可塑) | 150 | 5.0 | 9.0 | 16.0 | 25 | — | 26 | — |
| | ②粉砂(稍密) | 140 | 10.0 | 28.0 | — | 20 | — | 21 | — |
| | ③₁ 粉质黏土(可塑) | 140 | 3.5 | 11.0 | 19.0 | 26 | — | 27 | — |
| | ③₂ 粉砂(松散) | 110 | 9.0 | 27.0 | — | 20 | — | 18 | — |
| | ④细砂(中密) | 200 | — | 31.0 | — | 30 | 2800 | 28 | 600 |
| | ⑤₁ 泥质砂岩(强风化) | 350 | 40 | — | — | 100 | 3000 | 80 | 800 |
| | ⑤₂ 泥质砂岩(中风化) | 700 | 50 | — | — | — | — | 120 | 1800 |
| | ⑥砂砾岩(中风化) | 900 | 54 | — | — | — | — | 130 | 2000 |
| N8302 | ①素填土(松散) | — | — | — | — | — | — | — | — |
| | ②粉质黏土(硬塑) | 200 | 8.0 | 12.0 | 34.0 | 37 | — | 42 | — |
| | ③₁ 泥质砂岩(强风化) | 300 | 38 | — | — | 100 | 2800 | 70 | 800 |
| | ③₂ 泥质砂岩(中等风化) | 800 | 52 | — | — | — | — | 120 | 1700 |
| | ④砂岩(中等风化) | 1000 | 56 | — | — | — | — | 140 | 2400 |

1)地形地貌

该塔位地貌单元为剥蚀残丘,地面海拔一般在 26.00～31.00m,地势略有起伏,地形狭窄,塔位处杂树、竹林、灌木等不甚茂密,B、D 塔腿范围内现有民房、库房。

2）地层岩性

该塔位上覆地层为第四系中更新统残坡积堆积（$Q_2^{eld}$）成因的粉质黏土层，下伏基岩为白垩系—第三系东湖群砂岩、泥质砂岩等，岩土工程勘察工作揭露地层详述如下：

①素填土：系人工堆积成因，黄褐色或松散状态，主要由黏性土组成，稍湿，土质均匀性差，本层勘察揭露厚度为 0.20～0.60m。

②粉质黏土（$Q_2^{eld}$）：残坡积堆积成因，黄褐色或红褐色，硬塑状态，切面稍有光滑，无摇振反应，干强度高，韧性中等，局部相变为黏土，表现为坚硬状态，含铁锰质氧化物，网纹状灰白色、红褐色高岭土等黏土矿物，混少量风化岩碎屑物，含量 10％～15％，粒径 1～3cm。本层勘察揭露厚度为 5.90～11.20m。

③$_1$ 泥质砂岩（$(K_1-E)dn$）：白垩系—第三系沉积岩，棕红色，强风化状态，泥质—砂质结构，层状构造，主要矿物成分为石英、长石及部分黏土矿物，岩芯呈碎块—短柱状，岩体节理裂隙发育，由细砂胶结形成，颗粒呈圆形，胶结程度较差，浸水及风干后极易崩解。岩体完整程度为破碎—较破碎，属极软岩，岩体基本质量等级为Ⅴ级。本层勘察揭露风化层厚度为 3.80～6.30m。

③$_2$ 泥质砂岩（$(K_1-E)dn$）：白垩系—第三系沉积岩，棕红色，中等风化状态，泥质—砂质结构，层状构造，主要矿物成分为石英、长石及部分黏土矿物，岩芯呈柱节状，局部夹砂岩及石英砂岩，呈灰褐色，由细砂胶结形成，颗粒呈圆形，胶结程度较差，浸水及风干后易崩解。岩体完整程度为较完整—完整，整体属极软岩，局部层面相变为砂岩，岩体坚硬程度较高，表现为软岩，岩体基本质量等级为Ⅴ级，本层勘察揭露厚度为 6.00～23.00m。

④砂岩（$(K_1-E)dn$）：白垩系—第三系沉积岩，棕灰色，灰白色，中等风化状态，砂质结构，层状构造，主要矿物成分为石英、长石、方解石及少量黏土矿物，钙质胶结，岩芯呈柱节状，局部夹砂岩及石英砂岩，呈灰褐色，由细砂胶结形成，颗粒呈圆形，胶结程度较好。岩体完整程度为较完整—完整，整体属软岩，局部层面岩体坚硬程度较高，表现为较软岩，岩体基本质量等级为Ⅳ级，本层勘察揭露厚度为 14.00～26.20m，未揭穿该层底部。

3）地下水条件

该塔位处地下水的类型为第四系孔隙潜水和基岩裂隙水，地下水分布随地形起伏有所不同。勘察期间各塔腿第四系孔隙潜水埋深为 1.20～4.40m，地下水位变幅随季节变化较大。基岩裂隙水各塔腿的富水性差异很大，埋深受地形、地层岩性、构造及大气降水直接影响。

4）地震效应

大跨越段线路途经区域位于湖北省荆州市洪湖市以及咸宁市嘉鱼县，对应 II 类场地的基本地震动峰值加速度 0.05g（对应地震烈度为 VI 度），地震动反应谱特征周期为 0.35s，设计地震分组为第一组。

（2）堤防地质条件

工程跨越处堤防地层特性依据《湖北省洪湖监利长江干堤整治加固工程初步设计地质勘察报告》《湖北省咸宁市长江干堤整险加固工程初步设计地质勘察报告》。以下示例以堤防横剖面图进行说明，地质参数具体数值及信息不再赘述。

1）洪湖监利长江干堤

工程左岸跨越处对应洪湖监利长江干堤（桩号 456+075），其堤防土层分布参考工程上游约 425m 的堤防土层分布（图 3.4-1）。

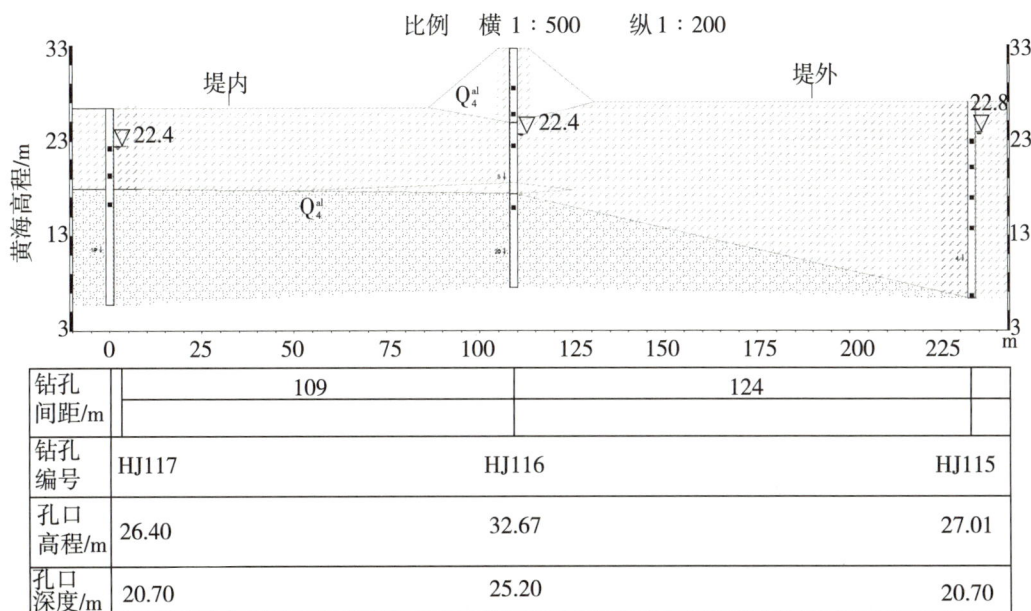

| 钻孔间距/m | 109 | 124 | |
| --- | --- | --- | --- |
| 钻孔编号 | HJ117 | HJ116 | HJ115 |
| 孔口高程/m | 26.40 | 32.67 | 27.01 |
| 孔口深度/m | 20.70 | 25.20 | 20.70 |

图 3.4-1　洪湖监利长江干堤土层分布（456+500，工程上游约 425m 处）

2）咸宁长江干堤

工程右岸跨越处对应咸宁长江干堤（桩号 305+960），其堤防土层分布参考工程下游约 410m 的 305+550 处堤防土层分布（图 3.4-2）。

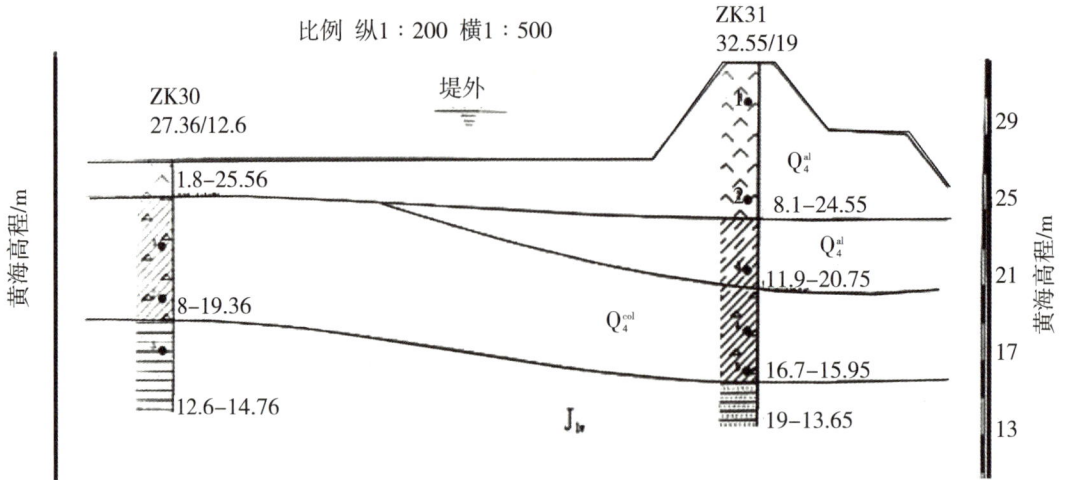

图 3.4-2　咸宁长江干堤土层分布(工程下游约 410m 处)

### 3.4.3　工程设计主要成果

#### 3.4.3.1　主要内容

（1）工程概况

工程概况包括线路走向、工程规模及设计标准等概括性介绍。应包括特高压输变电工程的起点、终点、主要途经点等线路走向，以及路径长度、曲折系数、塔杆数量等主要工程指标，并重点说明线路跨越河道及堤防的线路和工程量。应附线路走向及地理位置图。

（2）工程设计方案

应重点介绍评价范围内工程设计方案，包括工程平面布置及主要建（构）筑物结构设计。

输电线路平面布置中应主要介绍工程跨越档距，杆塔基础中心点坐标（控制点坐标表），杆塔基础与堤防的平面位置关系，平面坐标系统一般推荐采用 2000 国家大地坐标系，并需明确度带。主要建（构）筑物结构中应明确杆塔的塔型、呼高、全高，杆塔基础的基础形式、正面根开、桩径、桩数、桩深、承台尺寸、主柱直径、主柱高和露头高等基础数据。

根据《长江流域和澜沧江以西（含澜沧江）区域河湖管理范围内建设项目工程建设方案洪水影响审查技术标准》5.5 缆线工程，"5.5.1 不应在河湖管理范围内顺河顺堤布置。应采用跨越方式一跨跨越河道，确实难以满足的，阻水比应小于 1%"。

特高压输变电线路工程的跨越塔全高一般很高，为保证检修作业安全，需要在杆塔中心位置修建攀爬设施和附属用房等附属设施。对于攀爬设施,应主要介绍其基础结构尺寸,包括承台尺寸、承台顶高程、桩径、桩深等。对于附属用房,应明确其基础形式,承台顶高程和附属用房所在的平台顶高程和底高程。

根据《长江流域和澜沧江以西(含澜沧江)区域河湖管理范围内建设项目工程建设或方案洪水影响审查技术标准》,"5.5.4 河道内的攀爬设施操作平台底高程应高于设计洪水位"。

应注意,评价范围外的工程在本节中无需介绍,仅介绍评价范围内的工程。河道两岸有堤防,工程建设对堤防有影响需采取防渗补救措施的,应将其纳入主体工程设计,在本节中介绍其防渗方案;河道内布置了工程设施,需对杆塔基础采取防冲补救措施的,一般也将其纳入主体工程设计,与主体工程同步施工,同步验收。

### 3.4.3.2 案例分析

#### 3.4.3.2.1 工程概况

特高压输变电工程线路路径一般较长,线路走向在本节中应简要介绍。重点介绍跨越河道的工程规模和标准,跨越河道断面位置所在的河段及行政区划也应在本节中列出。以下案例中,咸宁长江大跨越洪水影响评价报告中的工程规模里补充介绍了河道管理范围内的建设规模,并简述了工程的设计标准,这也是近年来洪水影响评价报告编制过程中应注意及补充的事项。

(1)王家滩汉江大跨越

工程线路起点为荆门 1000kV 交流变电站,终点为武汉 1000kV 交流变电站。推荐线路路径大致走向为由西向东,途经湖北省荆门市、天门市、孝感市、武汉市、黄冈市共 5 个市。推荐路径全长约为 238km(含汉江大跨越 2.21km),曲折系数 1.12。

王家滩汉江大跨越位于汉江中下游沙洋河段,在沙洋县马良镇张集村王家滩附近跨越汉江,右岸位于沙洋县马良镇张集村王家滩附近,左岸位于钟祥市旧口镇联兴大队的李家河附近,跨越采用"耐—直—直—耐"跨越方式(J1012(L/R)、Z1036、Z1037、J1013(L/R)),档距分布为:540m—1220m—450m,耐张段长度 2210m。

(2)咸宁长江大跨越

金上—湖北±800kV 特高压直流输电线路工程起于四川省甘孜州白玉县盖玉镇的帮果换流站,止于湖北省大冶市茗山乡的湖北换流站。推荐方案线路长度约 1784.1km(2%裕度,含 3 次长江大跨越),航空直线距离 1555km,曲折系数 1.147,途经四川省、重庆市、湖北省,全线按双极架设。

咸宁长江大跨越位于长江中游嘉鱼河段,左岸为湖北省荆州市洪湖市龙口镇,跨越洪湖监利长江干堤(对应堤防桩号 456+075),右岸为湖北省咸宁市嘉鱼县鱼岳镇,跨越咸宁长江干堤(对应堤防桩号 305＋960)。

咸宁长江大跨越采用"耐—直—直—耐"跨越方式跨越长江,共布置 4 座杆塔(N8300～N8303),档距为 570m—1800m—420m,耐张段全长 2.79km。其中评价范围内布置 2 座杆塔(N8301、N8302)。跨越塔 N8301、N8302 塔基中心位置设有 1 个 4 桩承台灌注桩基础,用以支撑中央井架登塔设施,同时塔基中心位置新建一处辅助用房,基础采用桩基础。

设计标准:本工程为特高压直流输电线路工程,属大型国家重点建设项目,设计时采用的风、冰及洪水等基础资料均按 100 年一遇重现期执行,结构安全等级一级,结构安全系数 1.1。

### 3.4.3.2.2　工程设计方案

输变电工程一般应采用一跨跨越河道,如咸宁长江大跨越。工程平面布置和主要建(构)筑物设计方案可融合在一起介绍,如王家滩汉江大跨越工程的介绍方式。也可分开介绍,如咸宁长江大跨越的介绍方式,但内容要素应包括主要内容小节中提到的基础数据,可列表说明。

(1)王家滩汉江大跨越

1)主体工程

主体工程在 J1012(L/R)锚塔—Z1036 直线跨越塔跨越汉江右岸小江湖堤,塔间距540m。在 Z1036—Z1037 直线跨越塔跨越汉江左岸遥堤,主跨档距1220m(表 3.4-5 至表 3.4-7、图 3.4-3)。

表 3.4-5　　　　　　　　　王家滩汉江大跨越塔基中心点坐标

| 桩号 | 2000 国家大地坐标系,中央子午线 114° | | 地面高程/m | 备注 |
| --- | --- | --- | --- | --- |
| | $X$ | $Y$ | (85 高程) | |
| J1012L | 3406737.392 | 368628.776 | 38.018 | 右岸北侧锚塔 |
| J1012R | 3406675.311 | 368618.054 | 37.409 | 右岸南侧锚塔 |
| Z1036 | 3406614.282 | 369155.508 | 40.614 | 右岸跨越塔 |
| Z1037 | 3406406.267 | 370357.648 | 35.292 | 左岸跨越塔 |
| J1013L | 3406360.561 | 370806.412 | 36.594 | 左岸北侧锚塔 |
| J1013R | 3406298.483 | 370795.683 | 35.722 | 左岸南侧锚塔 |

注:本表坐标顺序为沙洋—钟祥方向,前缀 Z 标识直线塔、前缀 J 标识转角塔(锚塔),汉江跨越段的 L 标识左回路锚塔,R 标识右回路锚塔,除 4 基锚塔外,其他均为双回路塔。

表 3.4-6 王家滩汉江大跨越杆塔基本情况

| 桩号 | 呼高 | 与堤脚直线距离/m | 基础型号 | 根开/m |
|------|------|------------------|----------|--------|
| J1012(L/R) | 42 | 142 | CZTZ3 | 20×22 |
| Z1036 | 130 | 310 | CZTZ4 | 41.75 |
| Z1037 | 130 | 195 | CZTZ5 | 41.75 |
| J1013(L/R) | 42 | 657 | CZTZ6 | 20×22 |

表 3.4-7 王家滩汉江大跨越杆塔灌注桩基础

| 桩号 | 尺寸 | | 合计 | |
|------|------|------|------|------|
| | 桩(桩数×桩径×桩长) /m | 承台(长×宽×高) /m | 钢筋 /t | 单基混凝土 /m³ |
| 右岸锚塔 J1012(L/R) | 12×1.0×22 | 11.0×8.0×2.0 | 131 | 1543.4 |
| 右岸跨越塔 Z1036 | 20×1.0×33 | 14.0×11.0×2.0 | 477 | 3227.5 |
| 左岸跨越塔 Z1037 | 20×1.0×30 | 14.0×11.0×2.0 | 305 | 3039 |
| 左岸锚塔 J1013(L/R) | 12×1.0×21.5 | 11.0×8.0×2.0 | 128 | 1524.5 |

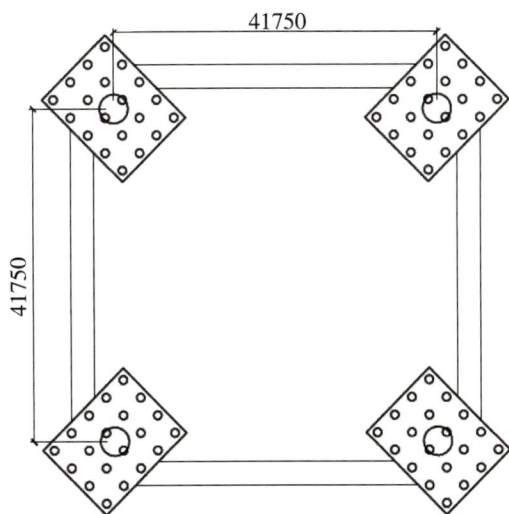

(a)直线跨越塔基础布置图　　　　(b)直线跨越塔基础平面图

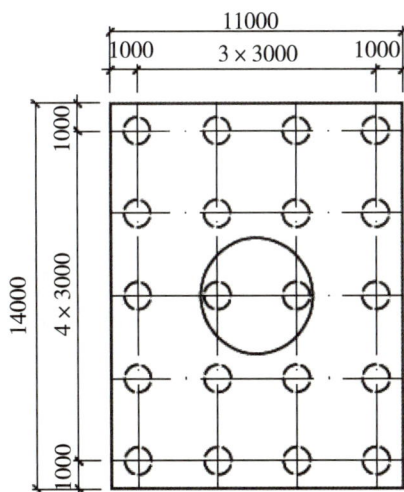

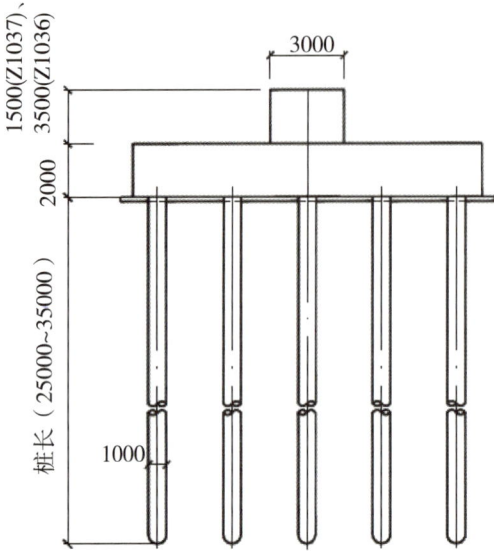

（c）直线跨越塔基础正剖面图　　　　　　（d）直线跨越塔基础侧剖面图

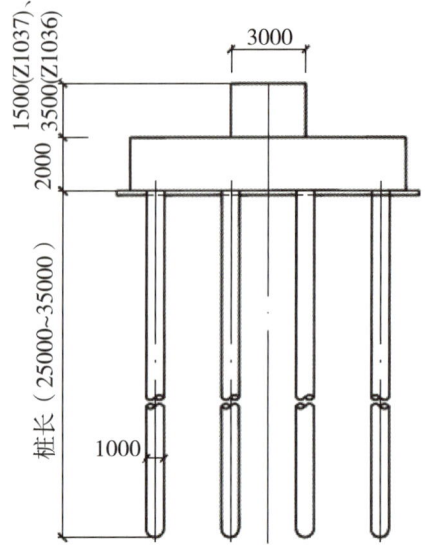

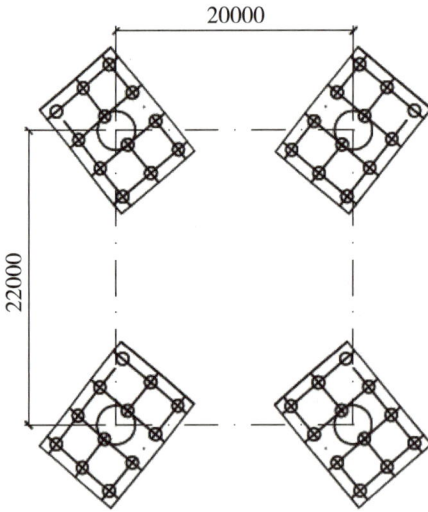

（e）锚塔基础布置图 1　　　　　　（f）锚塔基础布置图 2

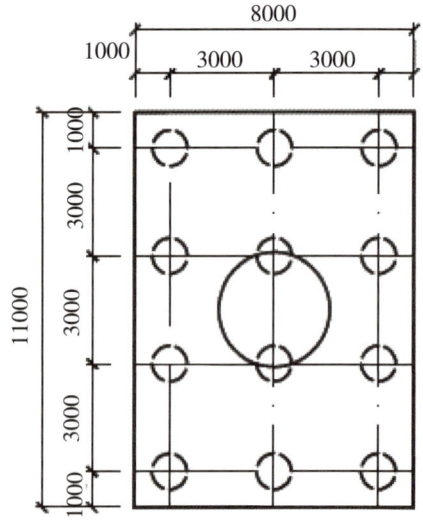

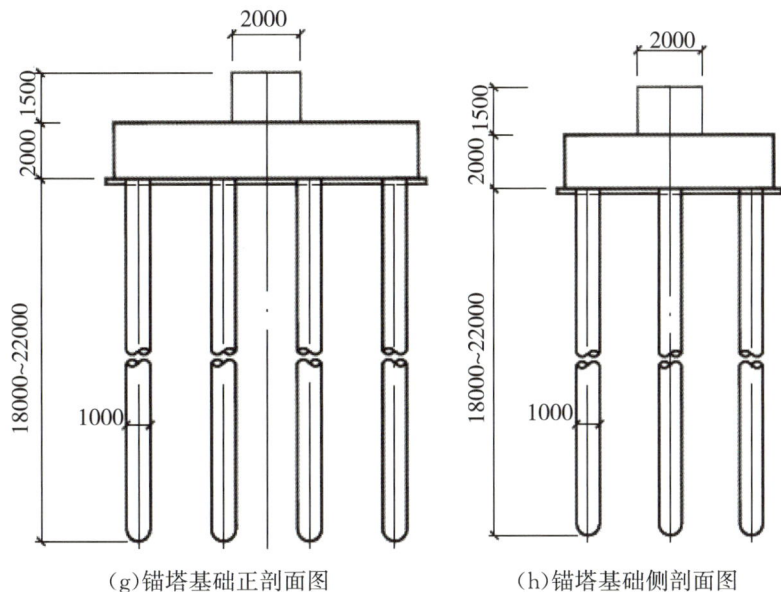

(g)锚塔基础正剖面图          (h)锚塔基础侧剖面图

图 3.4-3　基础结构一览图

J1012(L/R)锚塔位于小江湖堤内,左、右回路锚塔根开均为 20m×22m,4 块基础分别采用 11m×8m×2m 承台加 12 根灌注桩的形式,灌注桩桩径 1.0m,支座为直径 2.0m 的圆柱,露出地面 1.5m。

Z1036 直线跨越塔立于汉江滩地王家滩,塔基附近滩地高程约为 40.61m,4 边根开 41.75m,4 块基础分别采用 14m×11m×2m 承台加 20 根灌注桩的形式,灌注桩桩径 1.0m,支座为直径 3.0m 的圆柱,露出地面 3.5m。

Z1037 布置于左岸汉江遥堤堤内,Z1037 塔基设计与 Z1036 相同,仅支座露出地面高度不同,为 1.5m。左岸堤内侧 J1013(L/R)锚塔与 Z1037 直线跨越塔间距 450m,设计与 J1012(L/R)锚塔相同。

2)附属设施

附属设施应逐一列出,附属设施高程应列出绝对高程,不能仅以高度代替,且河道内的 Z1036 攀爬设施操作平台底高程应高于河段设计洪水位。

Z1036 塔位于河道内岸滩上,按照航道管理要求,杆塔周围应布置防撞桩,保证杆塔自身安全。杆塔立柱中心外沿 15.0m 逆流侧设置有防撞桩,共设置防撞桩 33 根,防撞桩之间间距为 3.0m,桩间以锚链相连,防撞桩高出地面 4.0m。

Z1036、Z1037 跨越塔分别立于汉江右岸堤外滩地及左岸堤内,塔身呼高均为 130m (全高 198.1m),为保证检修作业安全,拟在杆塔中心位置修建攀爬设施。

Z1036、Z1037 均在塔基中心位置设 1 个 4 桩承台灌注桩基础(用以支撑中心井架)和 5 个单桩承台灌注桩基础(用以支撑攀爬机维护房及操作平台)。

Z1036 塔攀爬设施处地面高程为 40.61m，4 桩承台灌注桩基础的承台为 5.0m×5.0m×1.2m(长×宽×厚，下同)，承台底部高程为 39.41m，桩径为 1.0m，桩埋深为 20.0m，承台上立柱截面为 1.0m×1.0m 矩形截面，露出地面高 3.5m(绝对标高 44.11m)。攀爬机维护房及操作平台所在处单桩灌注桩基础的承台尺寸为 2.0m×2.0m×1.0m，承台底部高程为 39.61m，桩径为 1.0m，桩埋深为 16.0m，承台上立柱截面为 0.6m×0.6m 正方形截面，露出地面高 3.5m，操作平台及井架主柱顶面高程 44.11m。Z1036 塔位处防洪设计水位为 43.73m(85 高程)。

Z1037 塔攀爬设施地面处高程 35.29m，4 桩承台灌注桩基础的承台尺寸为 5.0m×5.0m×1.2m，承台底部高程为 34.09m，桩径为 1.0m，桩埋深为 16.5m，承台上立柱截面为 1.0m×1.0m 正方形截面，露出地面高 1.5m(绝对标高 36.79m)。攀爬机维护房及操作平台所在处单桩灌注桩基础的承台尺寸为 2.0m×2.0m×1.0m，承台底部高程为 34.29m，桩径为 1.0m，桩埋深为 16.0m，承台上立柱截面为 0.6m×0.6m 正方形截面，露出地面高 1.5m，操作平台及井架主柱顶面高程 36.79m。

(2)咸宁长江大跨越

1)平面布置

评价范围内共布置 2 座杆塔(N8301、N8302)，均位于堤防背水侧，河道内未立杆塔(表 3.4-8)。其中 N8301 位于洪湖监利长江干堤背水侧(洪湖东分块蓄滞洪区内)，N8302 位于咸宁长江干堤背水侧。

左岸跨越塔 N8031 与洪湖监利长江干堤堤脚距离约 161m，右岸跨越塔 N8032 与咸宁长江干堤堤脚距离约 189m。

2)主要建(构)筑物结构

N8301、N8302 均为跨越塔，呼高 227m，全高 229.2m，均采用展翅形铁塔，杆塔基础形式为承台钻孔灌注桩基础，正面根开 42.68m，桩径 0.8m，桩数 9，桩深 18～37m，承台尺寸(长×宽×厚)为 7.0m×7.0m×1.5m，主柱直径 2m，主柱高分别为 2.3m、1.1m，露头 1.7m、0.5m(图 3.4-4、表 3.4-9 至表 3.4-10)。

3)附属设施

①中央井架。

跨越塔 N8301、N8302 塔高达到 229.2m，为保证检修作业安全，拟在杆塔中心位置修建中心井架，外设攀爬机轨道，内设旋转楼梯(图 3.4-5)。

在跨越塔 N8301、N8302 塔基中心位置设有 1 个 4 桩承台灌注桩基础，用以支撑中心井架。

跨越塔 N8301 中心井架采用承台灌注桩基础，承台尺寸 5.0m×5.0m×1.2m，桩径 0.8m，桩深 20m。

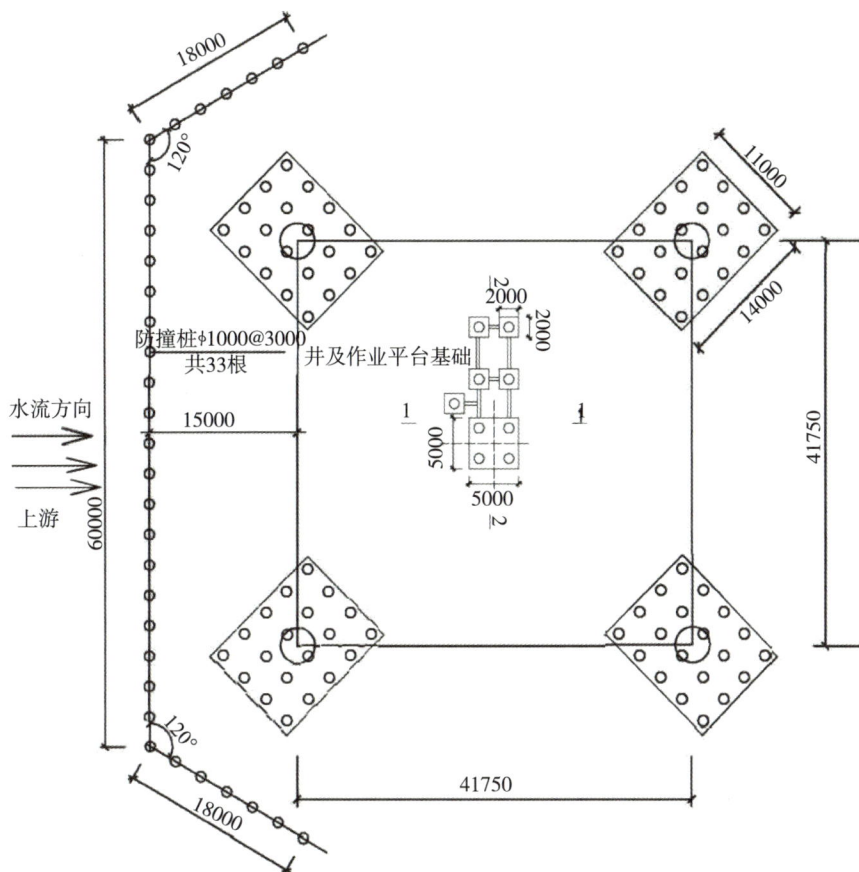

图 3.4-4 防撞桩及基础平面布置图

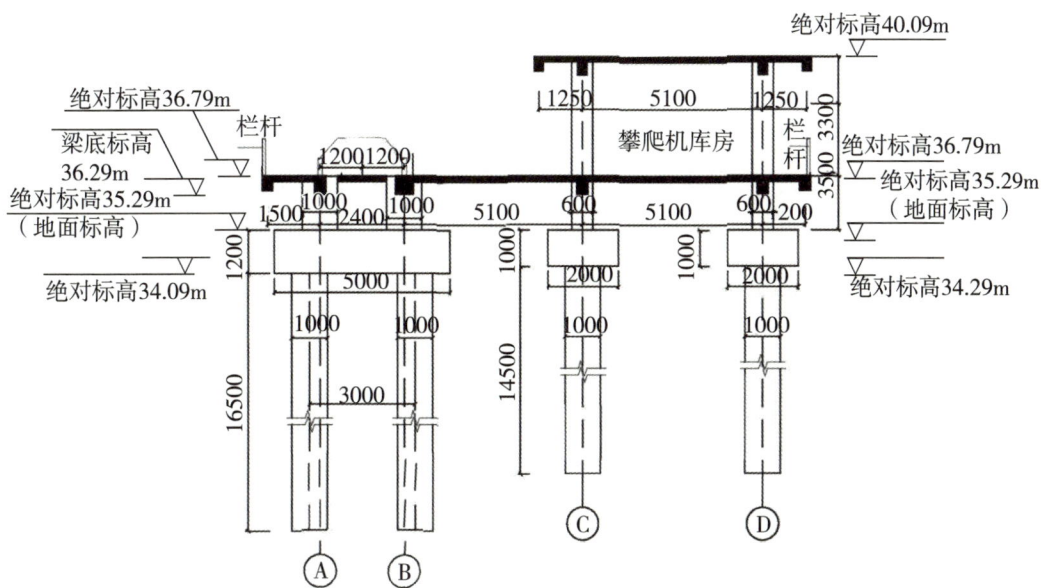

图 3.4-5 攀爬设施及操作平台立面图

表 3.4-8 塔位中心坐标(2000 国家大地坐标系,114°带,1985 高程基准)

| 杆塔号 | X | Y | 地面高程/m | 备注 |
|---|---|---|---|---|
| N8301 | 3314737.4010 | 483076.8670 | 25.10 | 左岸跨越塔 |
| N8302 | 3313383.8560 | 484263.2300 | 30.21 | 右岸跨越塔 |

表 3.4-9 杆塔形式及全高明细

| 杆塔号 | 塔型 | 呼高/m | 全高/m | 杆塔形式 |
|---|---|---|---|---|
| N8301 | ZK | 227 | 229.2 | 展翅型钢管塔 |
| N8302 | ZK | 227 | 229.2 | 展翅型钢管塔 |

表 3.4-10 杆塔基础

| 杆塔号 | 基础形式 | 正面根开/m | 桩径/m | 桩数 | 桩深/m | 承台尺寸(长×宽×高)/m | 主柱直径/m | 主柱高/m | 露头高/m |
|---|---|---|---|---|---|---|---|---|---|
| N8301 | 承台钻孔灌注桩 | 42.68 | 0.8 | 9 | 37 | 7.0×7.0×1.5 | 2.5 | 2.3 | 1.8 |
| N8302 | 承台钻孔灌注桩 | 42.68 | 0.8 | 9 | 18 | 7.0×7.0×1.5 | 2.5 | 1.1 | 0.6 |

跨越塔 N8302 中心井架采用承台灌注桩基础,承台尺寸 5.0m×5.0m×1.2m,桩径 0.8m,桩深 12m。

②附属用房。

两岸跨越塔下方各新建一处辅助用房,用以存放攀爬机等设施。平面尺寸 3.6m×3.6m,高度约 3.6m。附属用房采用混凝土框架结构,基础采用承台桩基础,桩径 0.8m,北岸桩长 20m,南岸桩长 10m。

两岸附属用房与井架平台相连,北岸受淹深的影响,井架平台与辅助用房底部需抬高 1.7m,平台上设置走道,平台顶高程 26.85m,平台尺寸为 11.2m×5.4m,附属用房顶高程 30.45m;南岸跨越塔井架平台与辅助用房可以落地,平台顶高程 30.3m,附属用房顶高程 33.9m。

### 3.4.3.2.3 防渗防冲措施

根据审查要求,河道内布置了杆塔基础,需对杆塔基础采取防渗防冲措施的,应纳入主体工程设计,如王家滩汉江大跨越工程;对两岸堤防有影响需采取导渗措施的,应纳入主体工程设计,如咸宁长江大跨越。

(1)王家滩汉江大跨越

Z1036 塔立于河道内右岸滩地,因此,既要考虑塔基对堤防抗渗的影响,又要考虑塔基自身的防冲要求。

拟对杆塔基础承台周边土体浅层开挖 2m 至承台基础面高程,开挖面底部铺设一层土工膜(土工膜规格为 $500g/m^2$),土工膜铺设完成后上覆 1m 厚黏土,再设置 1m 厚干砌石防冲,范围不少于塔基外沿范围 5m,作为塔基周围的抗冲层,保证塔基的安全。

对于防撞桩设施的灌注桩基础,在桩基周边土体浅层开挖 2m,开挖面底部铺设一层土工膜(土工膜规格为 $500g/m^2$),土工膜铺设完成后上覆 1m 厚回填黏土,再设置 1m 厚的干砌石防冲,范围不少于塔基外沿范围 5m。

对于攀爬设施的 4 桩承台灌注桩基础,在承台周边土体浅层开挖 1.2m 至承台基础面高程,开挖面底部铺设一层土工膜,土工膜铺设完成后上覆 0.6m 厚回填黏土,再设置 0.6m 厚的干砌石防冲,范围不少于塔基外沿范围 3.4m。

对于攀爬设施的 5 个单桩承台灌注桩基础,在承台周边土体浅层开挖 1.0m 至承台基础面高程,开挖面底部铺设一层土工膜,土工膜铺设完成后上覆 0.4m 厚回填黏土,再设置 0.6m 厚的干砌石防冲,范围不少于塔基外沿范围 3m。相邻的承台之间以同样的方法铺设土工膜、回填黏土、干砌石。

土工膜铺设范围为整个杆塔桩基四周外沿 1m,土工膜搭接处及承台边缘需重叠 50cm,采用工业胶水与桩基相连。

(2)咸宁长江大跨越

对杆塔 N8301 和 N8302 基础采取反滤导渗处理措施(表 3.4-11)。N8301 位于洪湖蓄滞洪区,对其增加防冲处理。

表 3.4-11　　反滤导渗处理的杆塔塔基基本情况

| 跨河名称 | 杆塔编号 | 桩基 | 桩径/m | 承台尺寸<br>(长×宽×厚,m) | 杆塔所处位置 | 处理方式 |
|---|---|---|---|---|---|---|
| 长江 | N8301 | 承台灌注桩 | 0.80 | 7.00×7.00×1.50 | 堤内 | 防冲反滤导渗 |
| | N8302 | 承台灌注桩 | 0.80 | 7.00×7.00×1.50 | 堤内 | 反滤导渗 |

反滤导渗处理方案设计与主体工程同步进行。

对于杆塔 N8301 而言,塔腿基础承台周边土体浅层开挖 1.60m,在底部铺设一层土工布,土工布规格为 $300g/m^2$,土工布铺设完成后上覆 60cm 三级反滤料,60cm 的反滤层由下往上依次为 20cm 厚细砂层、20cm 厚粗砂层和 20cm 厚碎石层,然后再回填 80cm 厚的砂性壤土,最后设置 20cm 格宾网笼石护面防冲,与原地面高程齐平;其附属结构基础承台周边土体浅层开挖 1.80m,在底部铺设一层土工布,土工布采用规格为 $300g/m^2$,土工布铺设完成后上覆 60cm 三级反滤料,然后再回填 100cm 厚的砂性壤土,最后设置 20cm 格宾网笼石护面防冲,与原地面高程齐平。N8301 杆塔塔基周边防冲反滤体顶部平面尺寸为 20.20m×20.20m,底部平面尺寸为 17.00m×17.00m,其附属结构顶部平面尺寸为 25.40m×18.60m,底部平面尺寸为 21.80m×15.00m,坡比 1∶1。

对于杆塔 N8302 而言,塔腿基础承台周边土体浅层开挖 1.50m,在底部铺设一层土工布,土工布规格为 $300g/m^2$,土工布铺设完成后上覆 60cm 三级反滤料,60cm 的反滤层由下往上依次为 20cm 厚细砂层、20cm 厚粗砂层和 20cm 厚碎石层。然后再回填 90cm 厚的砂性壤土,与原地面高程齐平;其附属结构基础承台周边土体浅层开挖 1.20m,在底部铺设一层土工布,土工布规格为 $300g/m^2$,土工布铺设完成后上覆 60cm 三级反滤料,然后再回填 60cm 厚的砂性壤土,与原地面高程齐平。N8302 杆塔塔基周边反滤体顶部平面尺寸为 20.00m×20.00m,底部平面尺寸为 17.00m×17.00m,其附属结构顶部平面尺寸为 25.10m×17.40m,底部平面尺寸为 22.70m×15.00m,坡比 1∶1。

土工布铺设范围为塔基承台底部向四周外沿 5.00m,土工布搭接处、土工布与承台边缘结合处需重叠 50cm。本施工在承台施工完成以后,土工布与承台衔接采用专用胶进行粘贴。

### 3.4.4　工程施工方案

#### 3.4.4.1　主要内容

工程施工方案主要包括施工条件、主体工程施工、主要施工临时设施、施工交通及施工总布置、施工弃土弃渣处置、施工总进度安排等。

介绍重点应集中在主体工程基础施工、组塔施工、架线施工等方面。临时设施一般指临时施工道路,线路涉水的,还应有围堰等施工临时措施。

河道内布置了杆塔基础的,且地面高程低于施工期设计水位的,则应重点介绍施工围堰的设计标准及结构设计、施工临时道路布置;对于两岸有堤防的河道,施工车辆将利用堤顶道路进入施工场地,施工方案中应明确车辆利用堤顶道路的长度及最大施工车辆荷载,是否对堤防进行防护等。

#### 3.4.4.2　案例分析

施工方案的案例主要对主体工程施工方案、施工交通、施工弃土弃渣处置和施工总进度安排等重点内容进行分析。

3.4.4.2.1　主体工程施工方案

主体工程施工包括基础施工、组塔施工、架线施工,重点应集中在基础施工上。对特高压输变电工程而言,其主体工程施工方法基本一致(图 3.4-6),本节以咸宁长江大跨越的施工方案为例进行说明。

```
施工准备
    │
施工、水电准备 ──┐          ┌── 场地平整
设备、材料准备 ──┤          ├── 建泥浆池
                 ↓          ↓
              定位分坑
护筒埋设 ─────────┤          ┌── 制备泥浆
                 ↓
               成孔
                 ↓
             抽渣清孔
钢筋笼制作 ───────┤
                 ↓
             钢筋笼安置
                 ↓
             导管安置
                 ↓
           水下混凝土浇筑
                 ↓
             承台开挖
                 ↓
          破桩头、桩检
                 ↓
             垫层浇筑
脚手架搭设 ───────┤          ┌── 预埋件安置
钢模支撑架安置 ───┤          ├── 承台模板安置
                 ↓          ↓
             钢筋绑扎
立柱钢模安置 ─────┤          ┌── 地脚螺栓定位
                 ↓
           大体积混凝土浇筑
测温 ─────────────┤          ┌── 防护设施施工
                 ↓
             拆模养护
                 ↓
             场地清理
```

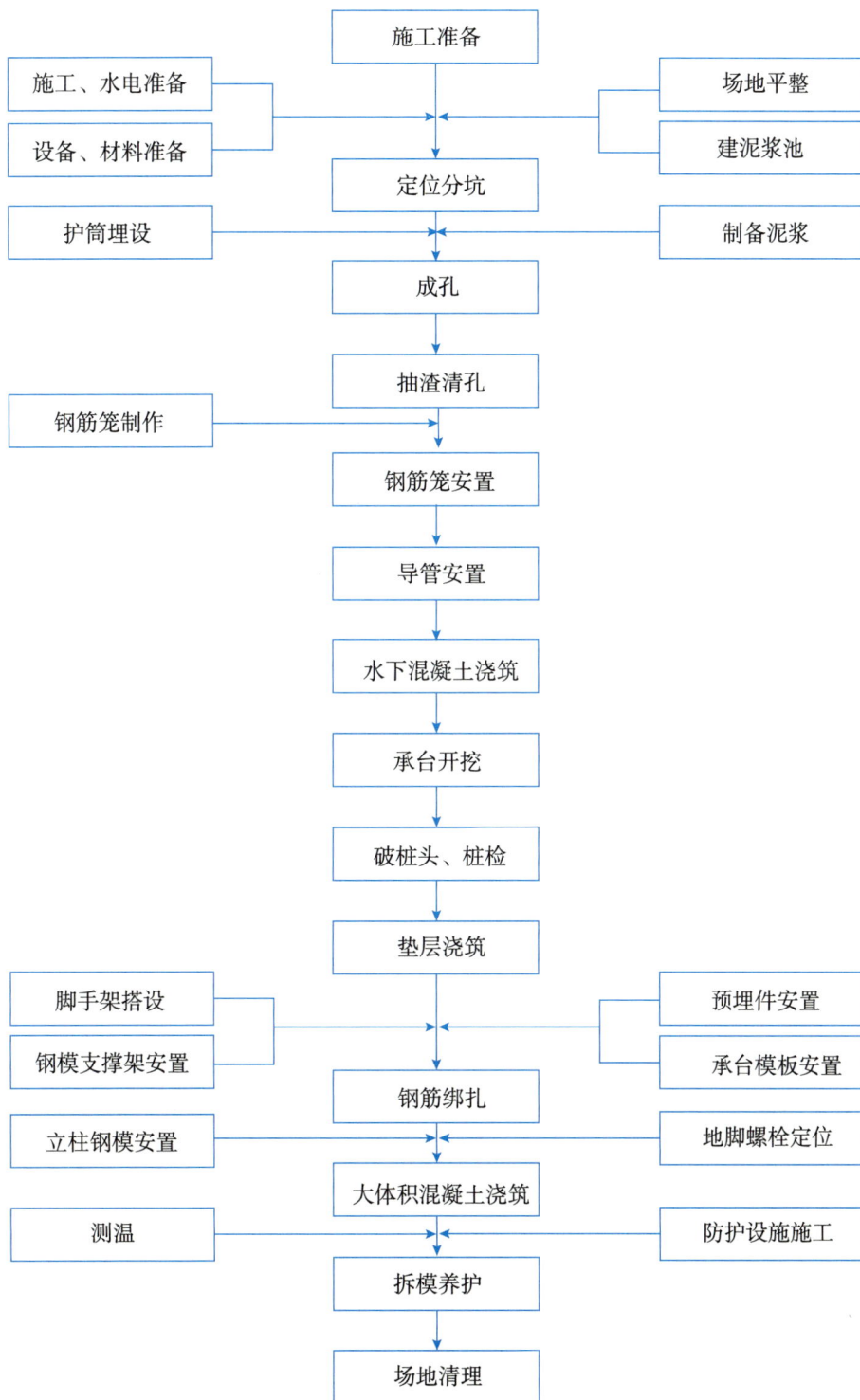

**图 3.4-6　基础施工流程**

（1）基础施工

1）施工定位分坑

根据杆塔中心桩，定出各基坑的位置，并在顺线路大小号侧、横线路左右侧、塔腿45°方向均设置方向控制辅桩及定位桩，浇筑混凝土保护，并设置明显的标志，便于中心桩校核及地脚螺栓组的定位控制。

2）灌注桩施工

根据地质条件和设计要求，采用新型旋挖钻机施工。成孔应一次性不间断完成，不得无故停钻。成孔完毕至灌注混凝土的间隔时间不应大于24h。完成后采用吊车将钢筋笼放入孔内并调整好标高，安装好钢筋笼后，放入导管进行水下混凝土浇筑施工，随着混凝土的灌注，导管埋入混凝土的深度逐渐增加，这时，逐渐提升和卸去导管。灌注桩浇筑完成后，需将泥浆沉淀池中的泥浆清理运送至蓄滞洪区外的固定地点消纳。

3）承台开挖

基坑开挖时，由施工员根据测量提供的控制点，用石灰定出基础的开挖边线。必须考虑基坑开挖及承台施工过程中的边坡保护。由上而下水平分段进行，每层0.8m左右。桩间土开挖时应避免损坏桩顶。挖土时，应与基坑边缘保持1.5m的距离。挖土接近槽底时，由现场专职测量员用水平仪将水准标高引测至槽底。在基坑土方挖好，槽底暴露后及时进行垫层混凝土浇筑施工。

4）桩头清理

基坑土方挖好后应对工程桩桩位、桩数与桩顶标高等施工质量进行验收。凿桩时，采用空压机凿桩，人工配合，凿出桩主钢筋，将桩顶标高以上的桩混凝土打掉，清除水泥薄膜、松动石子和软弱混凝土层，并加以充分湿润和清洗干净，且不得积水。桩主筋按施工图纸要求伸入承台。

5）钢模支撑架的安装

钢模及地螺组需搁置在特制支撑架上。支撑架由钢模厂家设计制作，确保架体强度以及加工精度，以保证后续支模及地螺组定位精准。

6）钢筋绑扎

基础承台底板钢筋利用基础底部桩主筋作为样架。承台面层钢筋可利用立柱钢筋做架立钢筋，侧面布置适当钢筋支撑，防止钢筋网片侧向位移。立柱钢筋绑扎遵循"由内至外"原则，先内层立柱主筋后外层立柱主筋，立柱架立筋设置为圆形。

7）模板制作安装

模板系统由模板、型钢支撑架等组成，承台部分采用双面木胶复合模板，立柱部分采用定制整体式钢模板。施工作业平台采用钢管脚手架搭设施工平台。钢模板安装完成后使用钢管在四周作斜撑固定支撑模板。

8）混凝土浇筑

①混凝土运输、浇筑方式。

本次大跨越段基础均采用商混（商品混凝土），考虑搅拌站与基础现场有一定距离，混凝土运输采用罐装运输车，从搅拌站运至基础浇筑现场下料，运输道路根据现场地形呈环形布置，采用多台罐装运输车轮流作业，运输强度能满足要求。

②大体积混凝土温控措施。

浇筑前控制：进行温差计算，确定大体积混凝土施工防裂及温控措施。

浇筑中控制：采用"内排外保"，减少混凝土内外温差。

浇筑后控制：浇筑完成后，重点做好混凝土的养护及温度测量，根据温度变化，动态采取不同的保温养护措施，保证混凝土表面温度与内部温度差不超过 25℃。

9）大体积混凝土温度监控

大体积混凝土由温度传感器、数据采集系统、数据传输系统组成。温度监测结束后，绘制各测点的温度变化曲线，编制温度监测报告。

10）场地平整及基坑回填

基础经过验收后即可进行基础的回填工作，回填前应先将地脚螺栓除灰渣涂抹黄油，外包塑料薄膜然后设置 PVC 套管做好保护，防止碰撞损坏。基础的回填宜采用未掺有石块及其他杂物的好土，每回填 300mm 厚度夯实一次，夯实程度应达到原状土密实度的 80％及以上，对不宜夯实的饱和黏性土，回填时可不夯，但应分层填实，其回填土的密实度亦应达到 80％及以上，并必须在坑面上筑防沉层，防沉层的上部不得小于坑口，高度宜为 300～500mm，经过沉降后应及时补填夯实，在工程移交时坑口回填土不应低于地面。

（2）组塔施工

跨江塔塔位地形平整，N8301 与 N8302 塔采用 60t 履带吊配合 120t 落地双平臂抱杆进行铁塔组立。

（3）架线施工

工程跨越处的长江为通航河流，现状均为Ⅰ级航道。跨河段正式架线施工前，首先与海事部门联系封航事宜。事先将张力架线的时间、地点、有关方案及封航请求通报上述海事部门，征得同意后由海事部门制定封航维护方案。

非封航时间，河面严禁任何施工作业行为。封航期间安排牵放迪尼玛绳、展放导线以及挂线施工；限制通航期间安排牵放导引绳、牵引绳、地线（光缆）以及进行导地线（光缆）紧线、附件安装等施工。

3.4.4.2.2 施工交通

施工交通包括施工交通总布置、车辆荷载、施工道路要求等，应重点介绍工程施工是否利用现有堤防道路,若利用堤顶道路作为场内施工道路,应根据施工机械荷载标准,提出对堤顶道路的防护措施,如王家滩汉江大跨越工程。

**(1)王家滩汉江大跨越**

输电线路 Z1036 塔立于汉江河道内右岸滩地,施工车辆不可避免地需要利用现状堤顶通行;Z1037 塔立于遥堤堤内,施工车辆可利用现有田间道路。

大跨越段施工便道拟采用现有乡村道路与新修临时便道结合方式。施工道路要求如下:

1)坡度要求

钢管塔材需用运输车辆装运至塔位,按运输车满载时的爬坡性能进行道路坡度设计,坡度不能大于 5 度,道路采用开挖与填筑结合的方式。

2)宽度要求

直线跨越塔立塔施工时考虑采用 500t 履带吊,按座地履带外边边缘宽度,考虑边坡稳定及附属设施修筑,路面宽度要求为 5.5m。锚塔立塔施工时采用 80t 履带吊、150t 汽车吊与 12t 座地双平臂抱杆结合的分解组立方式,进场道路需满足履带机和塔材运输车进场要求,路面宽度要求为 5m。

3)路基平整要求

新修建临时道路路基要求边填筑边夯实,夯实采用压路机或重型机械,对大块石要求破碎,保证路基填压密实,路面铺设 600mm 厚度的碎石垫层且上铺 15mm 厚钢板。路基夯实整平后,其地耐力要求不得小于 150kPa,对于部分不满足机械进场宽度要求的道路,应进行局部加扩宽(做法同新修临时道路)并上铺 15mm 厚钢板,跨越段临时道路修筑长度共计 2500m。

Z1036 跨越塔位于堤外滩地,从现场工地运输主路进入塔位时无法避免地需跨越小江湖堤堤顶道路。考虑施工道路与永久运行道路相结合,为避免重型车辆频繁往来碾压对堤防的影响,必须采取包括填土、夯实、支撑,水泥搅拌桩等加固措施对堤岸进行加固及修复处理(图 3.4-7)。

**(2)咸宁长江大跨越**

工程北岸跨越点位于龙口镇以东约 5km 处,在 500kV 潜咸Ⅰ、Ⅱ回线跨江处西侧,交通条件总体较好,需要进行修缮。北岸施工道路利用 S329 省道进行运输,到塔位附近后,利用已有村庄水泥路,结合部分临时修建道路,可到达塔位。南岸施工道路利用 S359 省道进行运输,到塔位附近后,利用已有村庄水泥路,可直接到达塔位,部分路段可能需要进行临时修缮。施工车辆未利用堤顶道路。

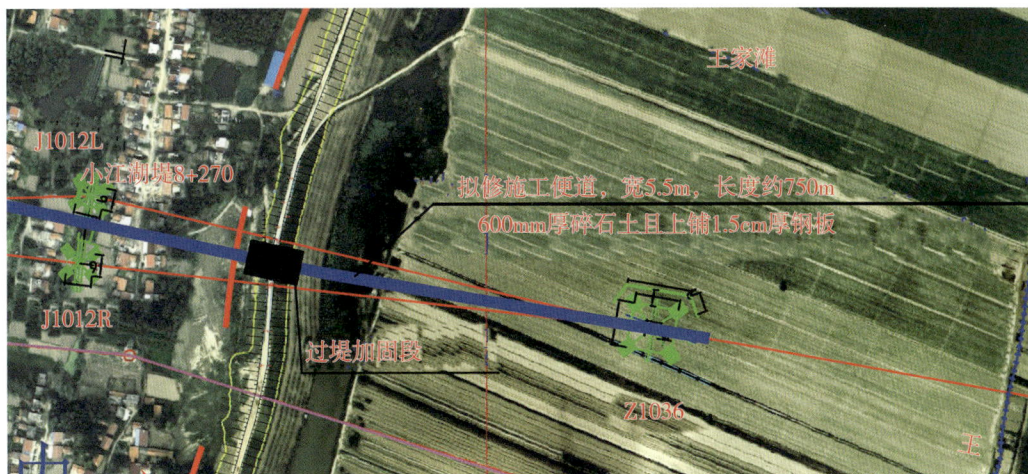

图 3.4-7　小江湖堤加固位置示意图

### 3.4.4.2.3　施工弃土弃渣处置

根据湖北省涉河建设项目洪水影响评价技术细则,临时道路施工完毕时应及时拆除,弃土弃渣堆场(包括临时堆放)不得布置在河道内。对输电线路而言,弃土弃渣量小,一般其弃土均在河道外的杆塔位置处就地平摊,如咸宁长江大跨越。

(1)王家滩汉江大跨越

施工中的土石方采用就地回填与部分外运方案,经测算,本工程 Z1036 塔外运土方量约 1700m³。弃土拟全部外运,外运弃土及弃渣地点位于河道外距离塔位处约 50km 处。

(2)咸宁长江大跨越

按照工程水土保持方案设计原则,施工前需进行表土剥离并将表土堆放在临时场地,施工结束后进行场地平整,可将弃土在塔基范围内平铺消纳,再将剥离的表土进行回覆,最后再采取播撒草籽等方式对植被进行恢复。塔位均采用灌注桩基础,设置泥浆池及沉淀池,施工结束后需对泥浆池及沉淀池进行回填,塔基位置恢复至原有的地面高程后种植草防御冲刷。

N8031 杆塔位于蓄滞洪区内,其弃土弃渣将采取外运综合利用措施,运至蓄滞洪区外堆放。

### 3.4.4.2.4　施工总进度安排

应重点介绍工程施工进度安排,尤其是河道内及近堤杆塔的施工工期。一般建议河道内和近堤杆塔基础的施工均安排在非汛期施工。

(1)王家滩汉江大跨越

暂按 11 个月施工期作出主要工序进度安排,其中基础施工(含复测)计划 5 个月完工,杆塔组立计划 3 个月完工,架线及附件计划 3 个月完工(表 3.4-12)。

①基础施工前期准备为 1 个月时间。

②大跨越滩地上的直线跨越塔 Z1036 基础施工安排在枯水季节(5—10 月以外),其他工程基础施工尽量安排在汛期前完成。

③大跨越铁塔组立在基础完工后,满足养护期后进行组立,大跨越塔组立准备工作提前完成。

④汉江大跨越段架线施工尽量提前进行,按不封航考虑,在跨越处江面两岸设置临时码头,供施工船舶停靠;在跨越点上游 2km 和下游 1km 处的水面上各布设一艘监督艇,施工水域设一艘监督艇,根据施工情况控制过往船只的安全通行。

**表 3.4-12　　　　　　　　　王家滩汉江大跨越施工进度计划表**

| 月份项目 | 11 | 12 | 1 | 2 | 3 | 4 | 5 | 6 | 7 | 8 | 9 |
|---|---|---|---|---|---|---|---|---|---|---|---|
| 复测及基坑 | | | | | | | | | | | |
| 基础施工 | | | | | | | | | | | |
| 铁塔组立 | | | | | | | | | | | |
| 架线及附件 | | | | | | | | | | | |
| 竣工验收 | | | | | | | | | | | |

(2)咸宁长江大跨越

工程评价范围内塔位均为灌注桩基础,根据规定,汛期堤防两侧保护区范围内不允许基础施工,施工过程中可以合理安排队伍进行同时作业。

咸宁长江大跨越总体工期为从 2023 年 10 月 20 日开始至 2024 年 12 月 31 日完成全部施工,基础施工安排在 2023 年 10 月 20 日至 2024 年 4 月 30 日,评价范围内 2 座杆塔的基础施工严格控制在非汛期施工(表 3.4-13)。

**表 3.4-13　　　　　　　　咸宁长江大跨越施工总进度计划表**

| 工序 | 开始时间 | 结束时间 |
|---|---|---|
| 基础施工 | 2023 年 10 月 20 日 | 2024 年 4 月 30 日 |
| 铁塔施工 | 2024 年 7 月 8 日 | 2024 年 11 月 24 日 |
| 架线施工 | 2024 年 12 月 1 日 | 2024 年 12 月 31 日 |

### 3.4.5　工程与堤防的关系

#### 3.4.5.1　主要内容

本节应主要介绍建设项目与河道现有防洪工程、涵闸工程的相互关系和连接方式。

河道管理范围内的特高压输电线路工程应重点介绍工程与堤防的关系。

主要内容包括承台(桩基)边缘与堤脚的最近距离、杆塔导线弧垂与堤顶的最小净空,弧垂与堤顶的净空除了考虑防汛抢险要求,还应考虑输电线路工程设计规范中要求的导线与交叉工程的安全距离。

根据《长江流域和澜沧江以西(含澜沧江)区域河湖管理范围内建设项目工程建设方案洪水影响审查技术标准》,"5.5.2 塔基严禁布置在堤防工程管理范围内,且塔基外缘与1、2级堤防堤脚的最小距离不应小于 100m,与 3 级及以下级别堤防堤脚的最小距离不应小于 50m。5.5.3 缆线跨越堤防处与规划堤顶间净空不应小于 5m,并应满足相关行业标准要求"。

### 3.4.5.2 案例分析

工程与堤防的关系应附图说明,一般以工程平纵断面图为底图进行绘制,注明平面距离和净空;条件允许时,应以地形图为底图绘制工程与堤防的平面关系图,如王家滩汉江大跨越工程。

(1)王家滩汉江大跨越

工程于 J1012(L/R)~Z1036 跨越小江湖堤,其中 J1012(L/R)杆塔布置于小江湖堤内,Z1036 杆塔布置于汉江河道内右岸王家滩。J1012(L/R)和 Z1036 杆塔分别距离小江湖堤堤脚约 142m 和 314m。J1012(L/R)~Z1036 导线小江湖堤堤顶道路最小垂直距离约为 49.7m(表 3.4-14)。

工程于 Z1036~Z1037 跨越汉江主河道及汉江遥堤,其中 Z1036 布置于汉江河道内右岸王家滩,Z1037 布置于左岸汉江遥堤堤内。Z1037 跨越塔距离汉江遥堤堤脚约195m,背水侧 J1013(L/R)锚塔塔基近堤边缘距离汉江遥堤堤脚约 657m(评价范围以外)。Z1036~Z1037 导线汉江遥堤堤顶道路最小垂直距离约为 54.1m。

Z1036 立于汉江河道内右岸王家滩,滩地宽约 810m,滩地稳定,塔基附近高程约40.61m,现状滩地有土堤保护,高程约 42.3m,塔基边缘距离该土堤约 314m,见图 3.4-8至图 3.4-13。

表 3.4-14　　　　　　　　　　　王家滩汉江大跨越塔基与堤防关系表

| 杆塔编号 | 档距/m | 杆塔塔基边缘与堤脚最近距离/m | 导线弧垂与堤顶净空/m | 导线弧垂最低点与河道防洪设计水位净空/m |
|---|---|---|---|---|
| J1012(L/R) | — | 142 | | |
| Z1036 | 540 | 314 | 49.7 | 32.32 |
| Z1037 | 1220 | 195 | 54.1 | |
| J1013(L/R) | 450 | 657 | — | — |

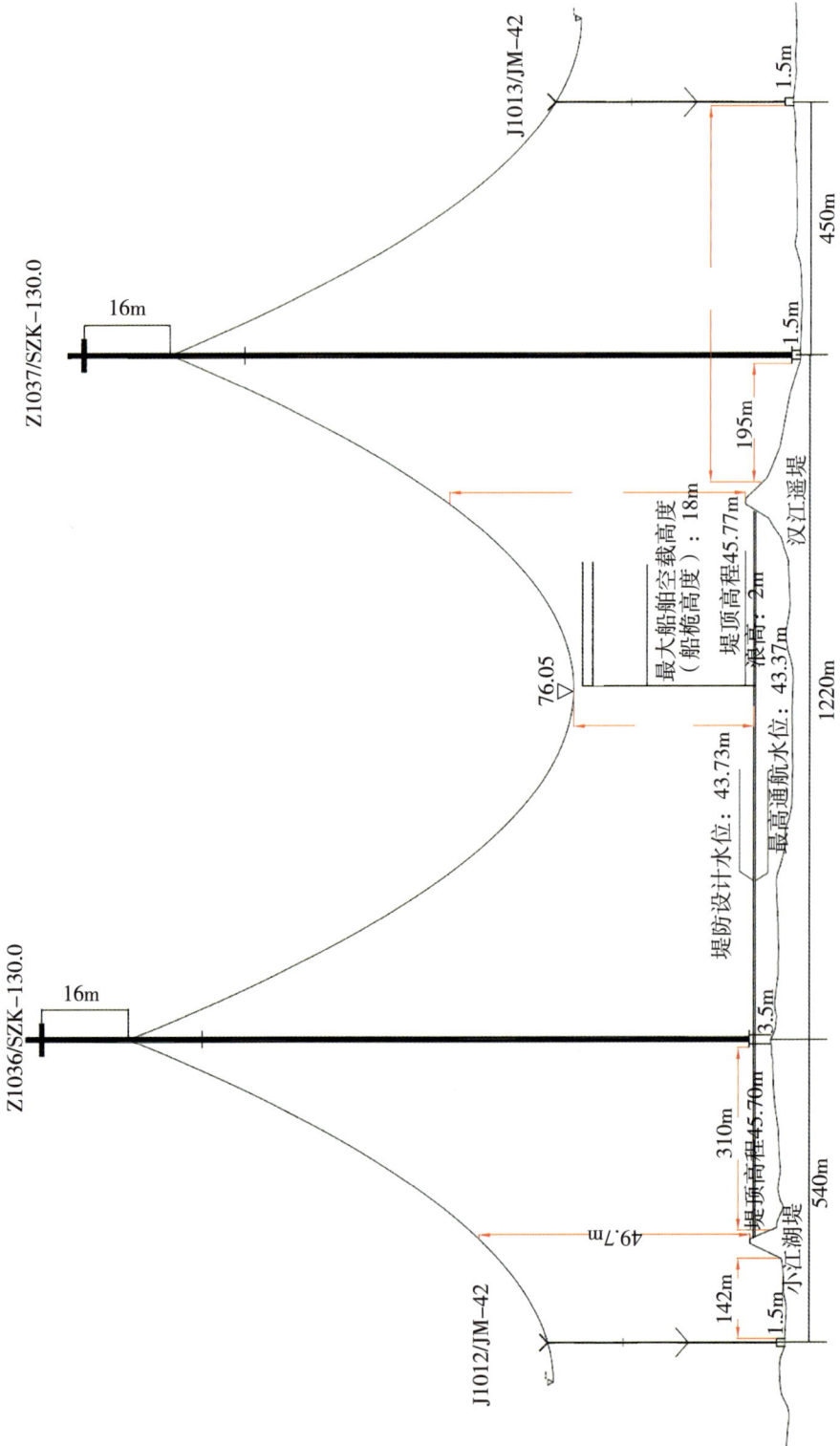

图3.4-8 线路塔基与小江湖堤、汉江遥堤总体关系

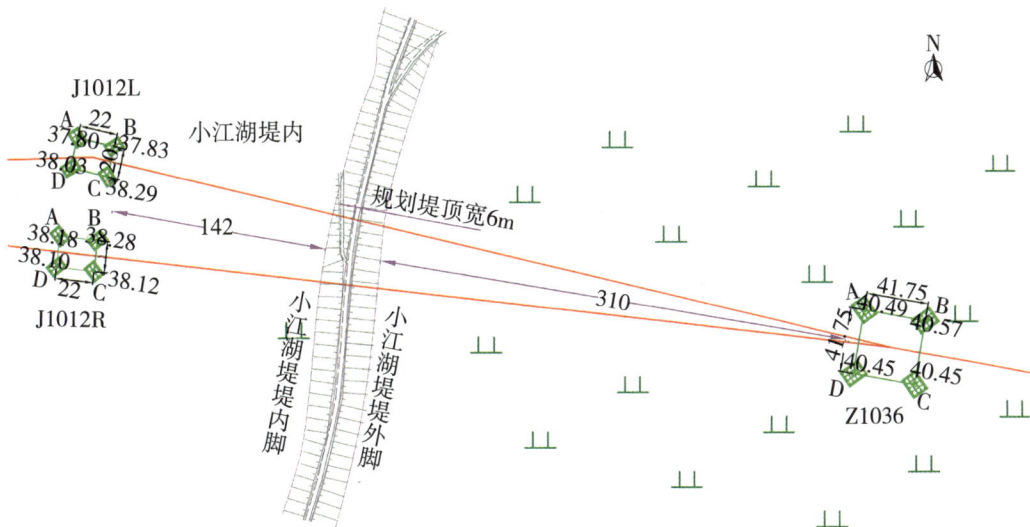

图 3.4-9　工程线路与小江湖堤平面关系

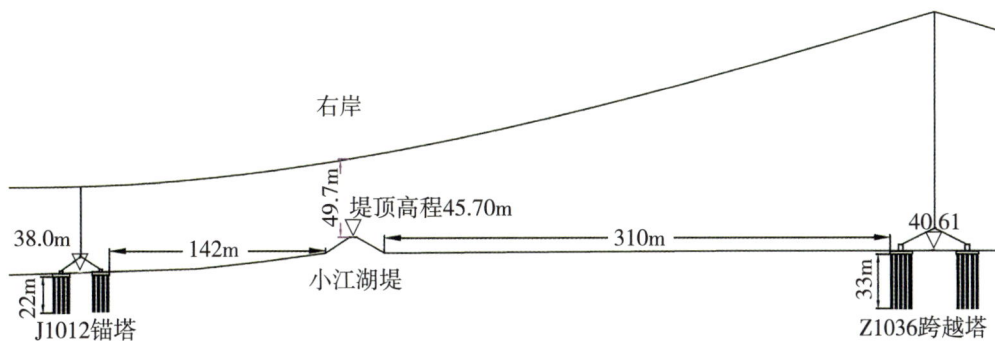

图 3.4-10　工程线路与小江湖堤立面关系

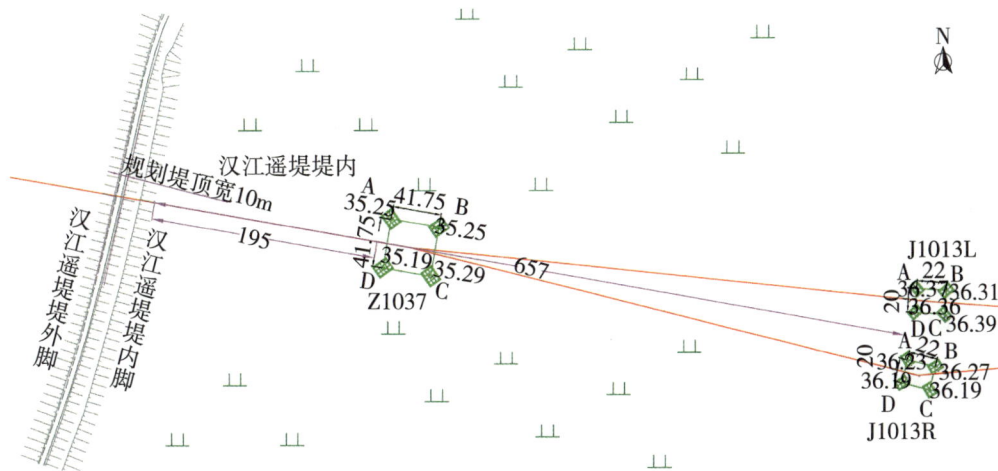

图 3.4-11　工程线路与汉江遥堤平面关系示意图

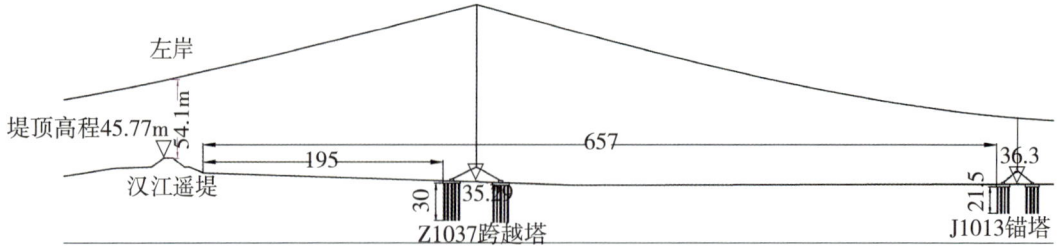

图 3.4-12　工程线路与汉江遥堤立面关系

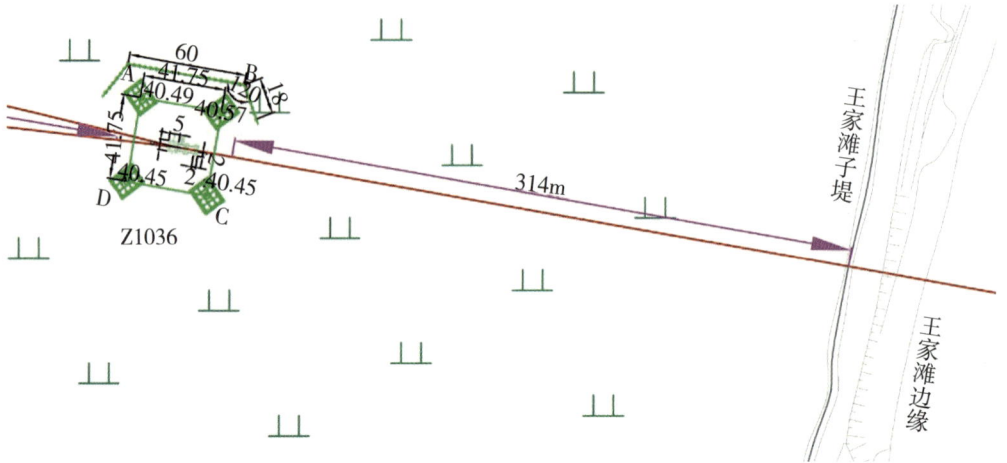

图 3.4-13　工程线路与王家滩子堤平面关系示意图

（2）咸宁大跨越

评价范围内共布置 2 座杆塔（N8301、N8302），均位于堤防背水侧，河道内未立杆塔。其中 N8301 位于洪湖监利长江干堤背水侧（洪湖东分块蓄滞洪区），N8302 位于咸宁长江干堤背水侧。本节中统计的杆塔与堤脚距离均为塔基承台边缘与堤脚的最近距离（表 3.4-15、图 3.4-14）。

左岸跨越塔 N8301 与洪湖监利长江干堤堤脚距离约 161m，右岸跨越塔 N8302 与咸宁长江干堤堤脚距离约 189m。

导线弧垂与洪湖监利长江干堤堤顶净空 131.3m，与咸宁长江干堤堤顶净空约 126m。

两岸跨越塔导线弧垂最低点高程为 74.8m，与设计洪水位净空 44.18m。

表 3.4-15　　　　　　　　　　　　咸宁长江大跨越与堤防关系

| 堤防 | 塔号 | 与堤脚距离/m | 与堤顶净空/m | 与设计水位净空/m |
|---|---|---|---|---|
| 左岸洪湖监利长江干堤 | N8301 | 161 | 131.3 | 44.18 |
| 右岸咸宁长江干堤 | N8302 | 189 | 126 | |

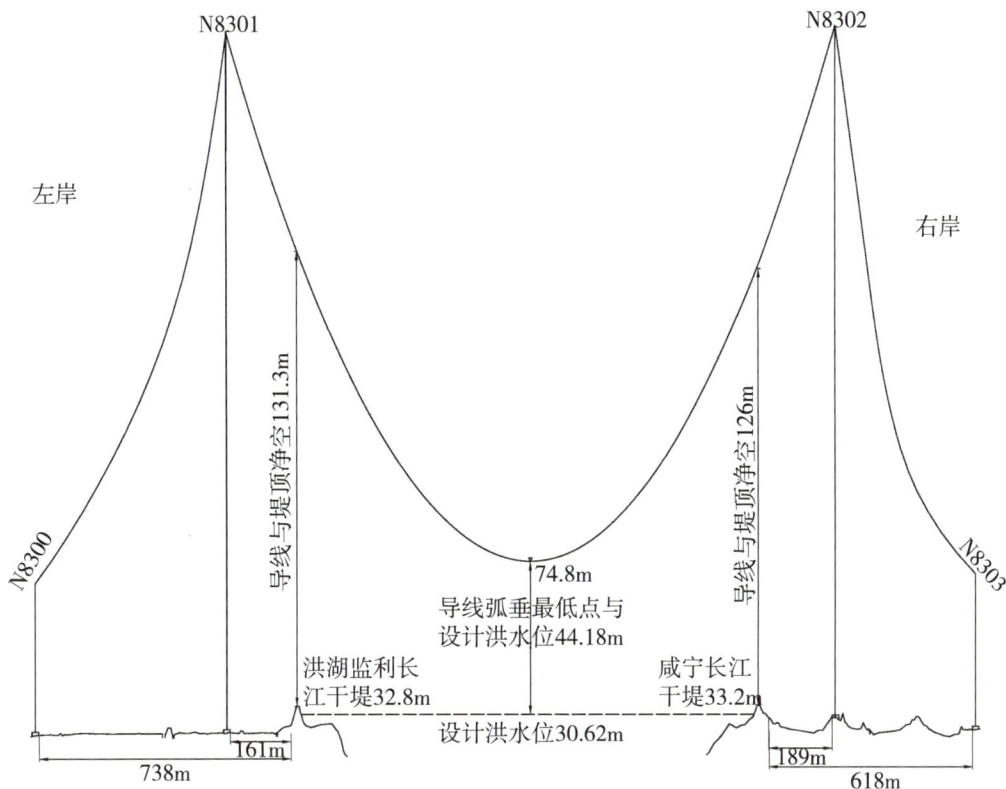

图 3.4-14 咸宁长江大跨越与堤防关系图

# 3.5 水文分析计算

## 3.5.1 分析计算方法

在洪水影响评价分析计算中,河段的设计洪水一般用洪峰流量表示,对应建设项目所在河段防洪标准的洪峰流量;设计洪水位为对应建设项目所在河段防洪标准的洪水位。

若河道两岸有堤防,设计洪水位应采用堤防设计洪水位,若河道两岸为自然岸坡,设计洪水位为河段设计防洪标准对应的水位。

当流域规划、河段规划、河道治理规划、堤防加固规划或已通过专家审查认可的水文专题中明确了工程河段设计洪水及设计洪水位,在洪水影响评价分析计算中推荐采用规划或已审查的成果,无须另行计算。一般大江大河的防洪规划或河道治理规划中各河段的水文成果较为成熟,只需收集相关资料分析采用即可。

若河段设计洪水及设计洪水位无规划或经审查的成果,则应根据工程河段水文资料条件,采用相应的计算方法推求河段设计洪水和设计洪水位。

### 3.5.1.1 设计洪水

由于洪水影响评价分析计算中设计洪水主要采用洪峰流量,故以下简要介绍洪峰流量的计算方法。

(1)直接法

根据流量资料推求设计洪水。当设计断面或其上下游具有较长期的实测洪水资料,并有历史洪水调查和考证资料时,可由流量资料推求设计洪水,其计算步骤为洪水资料审查、选样以及频率计算。

目前我国水文计算规范中选样推荐采用年最大值法,即每年选取最大的一个瞬时洪峰流量,若有 $n$ 年资料,就可选得 $n$ 个最大洪峰流量,组成洪峰流量的样本系列,该方法选样简单,独立性强。

对于连序样本中各项的经验频率,用期望公式计算:

$$p_m = \frac{m}{n+1}(m=1,2\cdots,n) \tag{3.5-1}$$

式中:$n$——洪水序列项数;

$m$——洪水连序系列中的序位;

$p_m$——第 $m$ 项洪水的经验频率。

考虑特大洪水时,经验频率的计算基本上是采用将特大洪水的经验频率与一般洪水的经验频率分别计算的方法。在调查考证期 $N$ 年中有特大洪水 $a$ 个,其中 $l$ 个发生在 $n$ 项连序系列内,这类不连序洪水系列中各项洪水的经验频率可采用下列数学期望公式计算。

$a$ 个特大洪水的经验频率为

$$P_M = \frac{M}{N+1} \qquad M=1,2\cdots,a \tag{3.5-2}$$

式中:$N$——历史洪水调查考证期;

$a$——特大洪水个数;

$M$——特大洪水序位;

$P_M$——第 $M$ 项特大洪水经验频率。

$n-l$ 个连序洪水的经验频率为

$$p_m = \frac{a}{N+1} + (1-\frac{a}{N+1})\frac{m-l}{n-l+1} \qquad m=l+1,\cdots,n \tag{3.5-3}$$

或

$$p_m = \frac{m}{n+1} \qquad m=l+1,\cdots,n \tag{3.5-4}$$

式中:$l$——从 $n$ 项连序系列中抽出的特大洪水个数。

统计参数的确定一般采用适线法,参数值的初估可用矩法估计。

通过年最大值选样原则,逐年选取当年最大洪峰流量,组成最大洪峰流量系列,然后进行频率分析,以确定对应设计标准的设计洪峰。

(2)间接法

根据暴雨资料推求设计洪水。当工程所在地及其附近洪水流量资料系列过短,不足以直接用流量资料进行频率分析,但流域内具有较长系列雨量资料时,可由暴雨资料推求设计洪水,通常假定洪水与暴雨同频率,即认为某一频率的洪水是由相同频率的暴雨产生的。按照暴雨洪水的形成过程,推求设计洪水的主要内容包括设计暴雨推求、产流和汇流计算 2 个部分。

1)设计暴雨推求

设计暴雨的计算包括推求设计暴雨量及其在时间上的分配过程。推求设计洪水所需要的设计暴雨量是指设计条件下的流域平均暴雨量,即设计面雨量。当流域各种历时面暴雨量系列较长时,设计面雨量可采用频率分析的方法计算。当流域面积较小,各种历时面暴雨量系列短缺时,可用相应历时的设计点暴雨量和暴雨点面关系间接计算。当流域面积很小时,可将设计点暴雨量作为流域设计面暴雨量。

设计点暴雨量的计算可在流域内及邻近地区选择若干个测站,对所需各种历时的暴雨量进行频率分析,并进行地区综合,根据测站位置、资料系列的代表性等情况,合理确定流域的设计点暴雨量;也可从经过审批的暴雨统计参数等值线图上查算工程所需历时的设计点暴雨量。当本地区及邻近地区近期发生大暴雨,或依据不同年代图集查算的成果差别较大时,应对查算成果进行合理性检查,必要时可进行适当调整。

2)产流和汇流计算

产流和汇流计算应根据设计流域的水文特性、流域特征和资料条件,采用与其相适应的计算方法。产流计算可采用暴雨径流相关、扣损等方法。汇流计算可采用单位线等方法,如流域面积较小可用推理公式计算。当资料条件允许时,也可采用流域水文模型进行计算。

当流域面积小于 $1000km^2$、实测资料又短缺时,可采用经审批的暴雨径流查算图表计算设计洪水。如设计流域或邻近地区近期发生过大暴雨洪水,应对产流和汇流参数进行合理性检查,必要时可对参数进行适当修正。

当流域面积较大、暴雨在面上的分布不均匀、产流和汇流条件有较大差异时,可将流域划分成若干个计算单元,分别进行产流和汇流计算,再经河道演算并与底水组合叠加后,作为设计断面的洪水过程线。

由设计暴雨计算的设计洪水或由可能最大暴雨计算的可能最大洪水成果,应分别与本流域或邻近地区实测、调查的大洪水和设计洪水、可能最大洪水成果进行对比分析,以检查其合理性。

实际应用中,可依据《湖北省暴雨洪水查算图表》中给定方法由设计暴雨推求设计洪水。

### 3.5.1.2  设计洪水位

(1)水位频率计算推求

根据实测水位资料推求设计洪水位。当实测和调查的年最高洪水位资料系列较长、基础一致,且代表性较好,可以对水位资料系列进行频率分析,根据河段的防洪标准确定设计洪水位,频率分析计算方法和设计洪水计算方法相同。当人类活动或分洪、溃口、河道冲淤有明显影响时,应将历年水位资料修正到现状或规划的工程情况,再进行频率分析后确定。

(2)曼宁公式推求

根据河道设计洪峰流量,采用曼宁公式,建立站点或卡口位置水位流量关系,进而推求河道设计水位。

$$Q = A \times C \times \sqrt{RJ} \tag{3.5-5}$$

$$C = \frac{1}{n} \times R^{1/6} \tag{3.5-6}$$

式中:$Q$——流量;

$\quad A$——过水断面面积;

$\quad C$——谢才系数;

$\quad R$——水力半径;

$\quad J$——比降;

$\quad n$——糙率。

(3)水面线推求

根据河道设计洪峰流量,采用明渠恒定非均匀渐变流能量方程,根据河道断面资料推求河道水面线,从而推求工程河段设计水位。

水面线计算采用明渠恒定非均匀渐变流能量方程,在相邻断面之间建立方程,采用逐段试算法从下游往上游进行推算。

具体如下:

$$Z_1 = Z_2 + \frac{\alpha V_2^2}{2g} + h_w - \frac{\alpha V_1^2}{2g} \tag{3.5-7}$$

$$h_w = h_f + h_j \tag{3.5-8}$$

$$h_f = \frac{\overline{v}^2}{C^2 R} l \tag{3.5-9}$$

$$hj = \zeta\left(\frac{V_1^2}{2g} - \frac{V_2^2}{2g}\right) \tag{3.5-10}$$

式中：$Z_1$、$V_1$——上游断面的水位和平均流速；

$Z_2$、$V_2$——下游断面的水位和平均流速；

$h_w = h_f + h_j$——上、下游断面之间的能量损失；

$h_f$——上、下游断面之间的沿程水头损失；

$h_j$——上、下游断面之间的局部水头损失；

$\zeta$——局部水头损失系数；

$C$——谢才系数；

$R$——水力半径；

$\alpha$——动能修正系数。

河道的粗糙系数受河床组成床面特性、平面形态及水流流态、植物、岸壁特性等影响，情况复杂。一般根据河段同步测验成果，对糙率系数进行率定，选取河段糙率。

### 3.5.1.3 施工设计洪水及水位

施工设计洪水指符合工程施工期间临时工程防洪标准的洪水特征值。施工设计洪水和工程施工期有着紧密联系，根据施工临时设施的工期安排，确定年最大洪水（一般围堰度汛，需考虑全年最大洪水）或年内不同分期的设计洪水。施工设计水位是施工期防洪标准对应的水位。

对于特高压输电线路而言，杆塔基础施工开挖不大，河道管理范围内的杆塔下部结构施工基本可在一个非汛期内完成，故施工洪水仅需计算下部结构施工工期内的分期设计洪水。若河道内未布置杆塔，且施工车辆未利用堤顶道路进出场地，则水文分析章节可不计算施工设计洪水及水位；若河道内布置杆塔，或施工车辆将利用堤顶道路，则需进行施工设计洪水及水位的计算，其计算方法和设计洪水及设计洪水位计算方法相同。

## 3.5.2 案例分析

（1）王家滩汉江大跨越

1）暴雨特性

工程局部暴雨特性可根据工程附近原沙洋（三）水文站资料统计，最大 1d 暴雨量为 211.4mm（1997 年 7 月 19 日），日降水量大于 100mm 的大暴雨多发生于 7 月，最大 3d 暴雨量为 223.6mm（1997 年 7 月 17 日至 1997 年 7 月 19 日），最大 7d 暴雨量为 308.6mm（1997 年 7 月 13 日至 1997 年 7 月 19 日）。

2）洪水特性

工程局部暴雨特性根据工程附近原沙洋（三）水文站资料统计，工程所在河段最大洪峰流量 21600m³/s（1983 年 10 月 8 日），最小洪峰流量 1310m³/s（1999 年 7 月 11 日），极值比为 16.5 倍，历年最大洪峰流量约有 75% 发生在 7、8、9 三个月，最多发生于 7 月，9 月次之，8 月又次之。

3）汉江中下游防洪标准及控制水位

根据《汉江流域综合规划报告》，汉江中下游河段的现状防洪能力大致为：在长江水位较低时，依靠水库和堤防工程，可防御 10 年一遇洪水；依靠水库、堤防工程和运用杜家台工程分洪，可防御 20 年一遇洪水；在水库、堤防、杜家台分洪工程及中游民垸分洪等设施的理想调度和运用下，可防御 1935 年实际洪水（约百年一遇）。但当遇长江高洪水位时，仙桃以下干流河道的泄流能力将明显不足，为弥补泄流能力的不足，确保重点地区的防洪安全，在杜家台分洪闸上游禹王宫附近，选择汉南民垸作为临时蓄洪场所，采取临时扒口分洪措施分泄部分洪水。

汉江中下游防洪调度预案对各控制河段规定了允许泄量和控制水位。工程所在位置的防洪控制点为新城，允许泄量为 18400～19400m³/s。原沙洋（三）水文站的设计洪水位为 42.78m（相应吴淞高程 44.50m）。

4）防洪评价洪水

①防洪设计洪水。

汉江中下游干堤设计水位（杜家台闸及以上）取 1964 年或 1983 年实测最高洪水位高值。丹江口水库建成后沙洋（三）站实测最大洪峰流量为 21600m³/s，沙洋（三）站相应水位为 42.57m（吴淞高程为 44.29m），比该站设计水位（吴淞高程为 44.50m）略低。考虑水位和流量的匹配情况，选用该实测洪峰流量作为防洪设计洪水。根据《湖北省汉江堤防加固重点工程（荆门二期段）初步设计报告》中堤防设计洪水水面比降推得工程处的水位为 43.73m（吴淞高程为 45.45m）。

②安全泄量洪水。

19400m³/s 洪水为本河段的最大安全下泄量，也是兴隆水利枢纽的设计、校核洪水，采用该级流量作为安全泄量洪水，分析工程的防洪影响。根据《南水北调中线工程汉江兴隆水利枢纽初步设计报告》回水水面计算成果，工程处相应回水水位 43.38m（表 3.5-1）。

表 3.5-1　　　　　　　　　　工程线路跨越汉江断面评价洪水

| 计算条件 | 工程位置流量/（m³/s） | 工程位置水位/m |
|---|---|---|
| 防洪设计洪水 | 21600 | 43.73 |
| 安全泄量洪水 | 19400 | 43.38 |

（2）咸宁长江大跨越

1）暴雨洪水特性

洪湖监利江段的洪水组成特点：以宜昌来水占主导地位，洞庭湖水系洪水是其重要组成部分。以下游控制站（螺山站）为代表。

洪水组成：宜昌至沙市区间洪水占螺山的 2.3％～3.5％，湘、资、沅、澧四水洪水占螺山的 21.2％～26.9％，洞庭湖区间洪水占螺山的 1.8％～2.8％，宜昌洪水占螺山的比例达 65.9％～73.8％。典型年暴雨洪水主要有 1954 年和 1998 年洪水。

2）设计洪水位

根据《长江流域防洪规划》，长江中下游防洪标准为 1954 年型洪水。

工程跨越长江右岸咸宁长江干堤（305＋960），根据《湖北省咸宁市长江干堤整险加固工程初步设计报告》，工程跨越位置处设计水位为 30.62m。

工程跨越长江左岸洪湖监利长江干堤（456＋075），根据《湖北省洪湖监利长江干堤整治加固工程初步设计报告》，工程跨越位置处设计水位为 30.51m。

# 3.6 河道演变分析

河道演变分析章节是涉水工程洪水影响评价报告中不可或缺的一部分，任何一项涉水工程都是在河势相对稳定或对河势不会产生影响的条件下才能实施；通过河道演变分析，全面客观地评价工程建设对河势稳定或河势演变对工程的可能影响，实事求是指出工程建设存在的问题和面临的风险。

河道演变分析包括历史演变分析、近期演变分析、工程局部河段演变分析、演变趋势分析 4 个部分。本节将逐一介绍各部分主要内容及洪水影响评价报告编制重点。河演分析附图较多，附图中应明确标识指北针、水流方向，说明地形的平面坐标系统和高程系统。

值得注意的是，根据《河道管理范围内建设项目防洪评价报告编制导则》（SL/T 808—2021）1.0.5，"一跨跨越河道及两岸堤防或仅占用堤防背水侧的建设项目，可不进行河道冲淤、壅水、河势稳定分析计算"。

## 3.6.1 历史演变分析

### 3.6.1.1 主要内容

历史演变一般无需过大篇幅，可从宏观的角度进行分析，可以考虑包括工程河段在内的较长河段，或上下游数个有关联的河段；两岸的范围可达河谷边界，以能描述其河道形成历史过程为原则。可通过引用"水经注""行水金鉴""江河志""地方志""水利志"

"堤防志""海塘志"等资料说明河道的演变形式和过程。

### 3.6.1.2　案例分析

（1）王家滩汉江大跨越

工程所在汉江沙洋河段历史上曾发生多次溃口，河道弯曲，弯顶向下发展，洲滩长消多变。河段处于江汉冲积平原，河床由第四纪和近代河湖相沉积物组成，河道两岸土质组成一般呈二元相结构，两岸的沙层顶板较高，抗冲力较差，致使汉江下游河道得以频繁摆动。近代河道受堤防的约束，限制了其自由发展。可依据 1936 年、1959 年和 1978 年的测图，概述河段历史演变情况。

丹江口水库建库前，河道具有堆积性，河道基本上符合"凹冲凸淤"的演变规律。丹江口水库建库以后来水条件改变，引起水流顶冲位置的改变，河势相应地调整，撇弯切滩现象常有发生，河床演变主要表现为弯道凹岸崩塌，凸岸淤长，弯顶下移。其变化受到堤防和护岸工程的约束，属于控制性很强的河段。

（2）咸宁长江大跨越

工程所在长江嘉鱼河段远在公元 280 年，在石矶头一带已有一靠岸江心洲，称蒲圻洲，当时在洲上还设立了蒲圻县（《光绪湖北舆地图记》卷二记载）。嘉鱼县城所在地六朝为江中之中洲，鱼岳山孤峙中洲之上。六朝至明代，嘉鱼一带江道逐渐北移，中洲靠向右岸，原鱼岳山在明代距江已有五里之遥。由此可见，本河段的河槽受边界条件、水流动力条件等因素综合影响，作往复摆动。

可依据公元 280 年、1959 年、1966 年、1971 年和 1981 年的河段概化图，简述河段历史演变情况。嘉鱼河道近 50 年来的历史演变还表现在由微弯单一河型逐渐转化成为三洲错位并列，略似"品"字形的微弯分汊河型。

## 3.6.2　近期演变分析

### 3.6.2.1　主要内容

河道近期演变分析、工程局部河段演变分析的基础是河道地形图，根据最新洪水影响评价报告审查要求，河演分析至少要包含最近 5 年之内的河道地形资料。

不同河段对地形的要求不一样，山区性河道因受两岸边界控制，河道变化幅度相对较小，对地形图的测次要求相对较低，近期演变分析一般采用 2～3 个测次即可；冲积平原河道两岸边界及河床可冲易动，河道地形变化较大，对地形图测次的要求相对较高。一般近 50 年前后应有地形图进行对比分析，测次间隔一般要求 5～10 年；对河道地形观测较困难的河段，但断面资料齐全的，可通过断面分析河段河势演变；对较小河流，无地形和断面资料的，则应该根据现场查勘和调查，分析河道特性，进而分析河势演变。

近期演变分析范围除工程所在河段外,还需分析可能影响本河段河势演变的上游河段,大的支流入汇段和分流段以及下游河段的影响。对影响本河段河势演变的上游河段,除分析其平面、断面、洲滩、河床冲淤变化之外,应重点分析上游河段的总体河势变化,如河道的出流方向是否稳定,汊道的分流分沙比是否稳定,以及其变化趋势对本工程河段的影响。对大支流入汇段的分析应着重于支流的来水来沙和支流口门段出流方向对本河段河道演变的影响。

河道近期演变分析的内容主要包括河道主流线(或深泓线)的变化,两岸岸线的变化,深槽的变化,洲滩平面位置、大小、高程的变化,河床冲淤变化等,河段有汊道的还需分析汊道分流、分沙比、分流点的变化,总结其演变规律与特点。

工程局部河道演变分析内容和河道近期演变分析内容基本一致,其范围应缩小至工程局部范围,重点分析工程局部河段,尤其是工程跨越位置处的岸线变化、洲滩变化、近岸深槽变化、河床冲淤变化等。

### 3.6.2.2 案例分析

(1)王家滩汉江大跨越

本河段近期演变分析主要依据 1978 年、1987 年、2005 年、2012 年、2016 年共 5 次实测河道地形图。沙洋河段(金刚口闸—兴隆闸)河势(2016 年)见图 3.6-1。

1)岸线平面变化

选取 37m 等高线分析河段岸线变化情况。从金刚口闸至兴隆闸河段 1978 年、1987 年、2005 年、2012 年、2016 年的岸线比较来看(图 3.6-2),河段中弯曲型河道岸线变化较大,表现为:弯道凹岸淤积,凸岸崩退,且凸岸的崩退幅度大于凹岸的淤积幅度,而在河段中顺直河道岸线相对稳定,变化较小。可分为金刚口闸—沙堡、沙堡—罗汉寺闸、罗汉寺闸—兴隆闸等河段对岸线变化进行描述。

工程所在金刚口闸—沙堡河段主要是弯曲河段,岸线变化主要集中在弯道内,主要变化是凸岸冲刷崩退,凹岸岸线变化不大。可分为 1978—1987 年、1987—2005 年、2005—2016 年展开描述。

2)深泓线平面变化

河道的深泓线反映了水流动力轴线对河槽的作用。在一定的边界条件下,不同的来水来沙使水流动力轴线发生变化,从而引起深泓线的平面摆动。不同的来水来沙使得河道主泓发生变化,进而引起深泓线平面位置的摆动。

从 1978 年、1985 年、2005 年、2016 年的深泓平面变化来看(图 3.6-3),河段中弯曲型河道深泓线摆动幅度较大,多年来深泓不稳定,沿程交替摆动,即上段左摆则下段右摆,再往下是左摆;河段中顺直河道深泓线相对稳定,总体变化较小,但局部摆动剧烈。

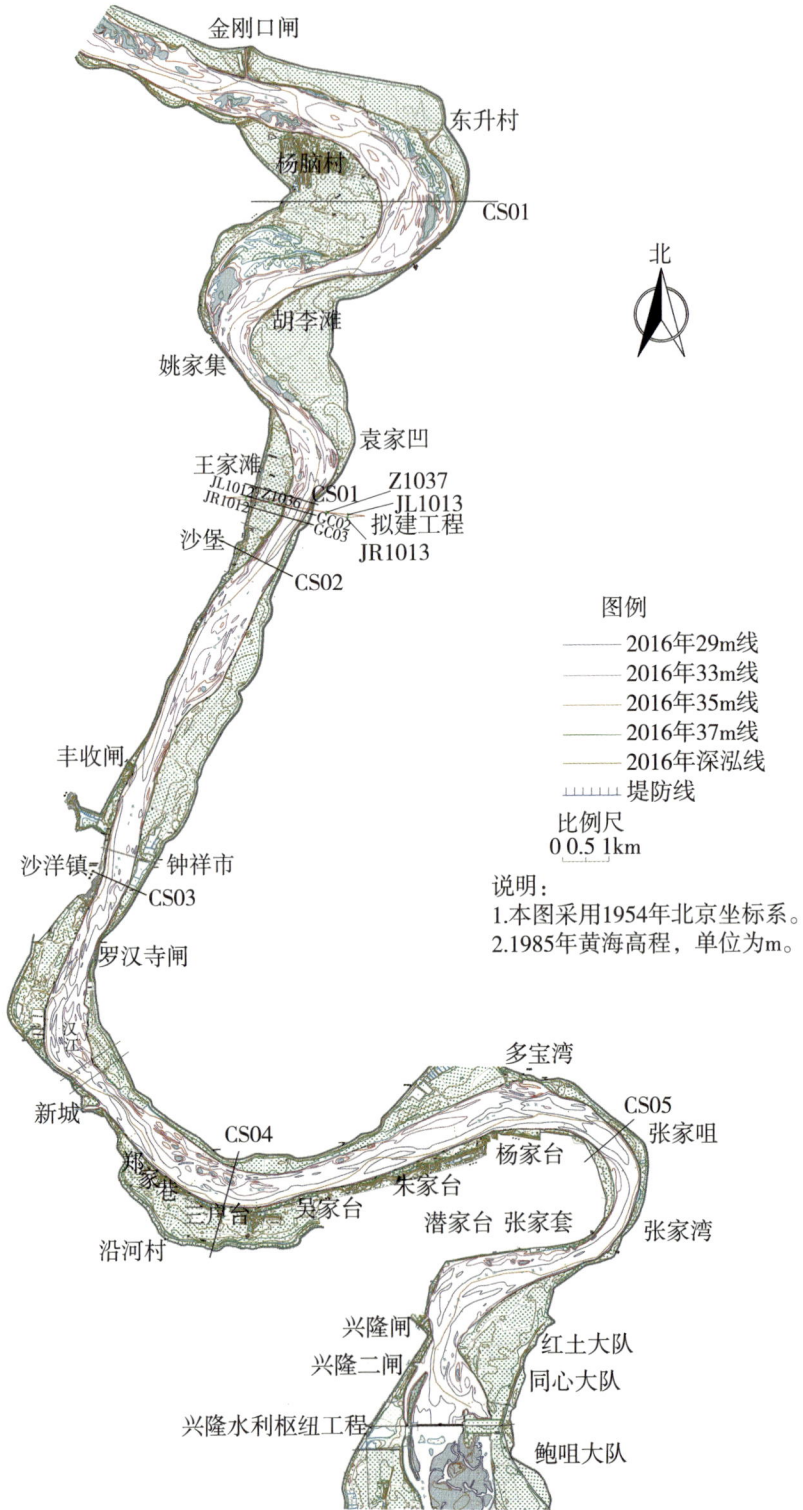

图 3.6-1　沙洋河段（金刚口闸—兴隆闸）河势（2016 年）

金刚口闸

东升村

杨脑村

胡李滩

姚家集

袁家凹

王家滩
JL1012　Z1036
JR1012　Z1037　JL1013
　　　　　JR1013
沙堡　　拟建工程

北

图例

 ———— 1978年37m线
 ———— 1987年37m线
 ———— 2005年37m线
 ———— 2012年37m线
 ———— 2016年37m线
⊥⊥⊥⊥⊥ 堤防线

比例尺
0 0.5 1km

说明：
1.本图采用1954年北京坐标系。
2.1985年黄海高程，单位：m。

丰收闸　汉江

沙洋镇　　钟祥市

罗汉寺闸

多宝湾

张家咀

新城　　　　　　　杨家台

郑家巷　　　　朱家台　　　　汉江

三户台　吴家台　潜家台　张家套　张家湾

沿河村

兴隆闸

兴隆二闸

红土大队

同心大队

鲍咀大队

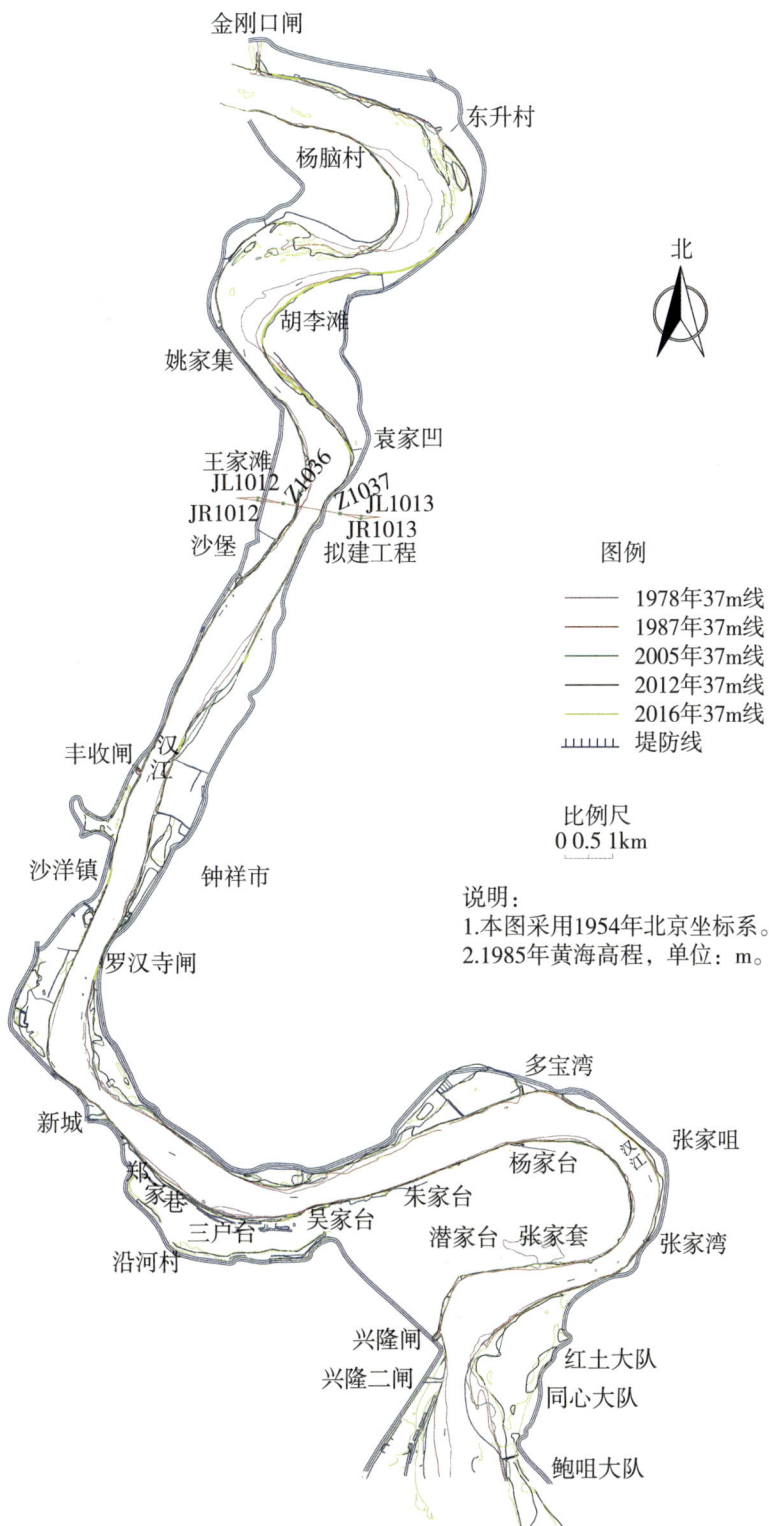

**图 3.6-2　工程河段历年岸线变化**

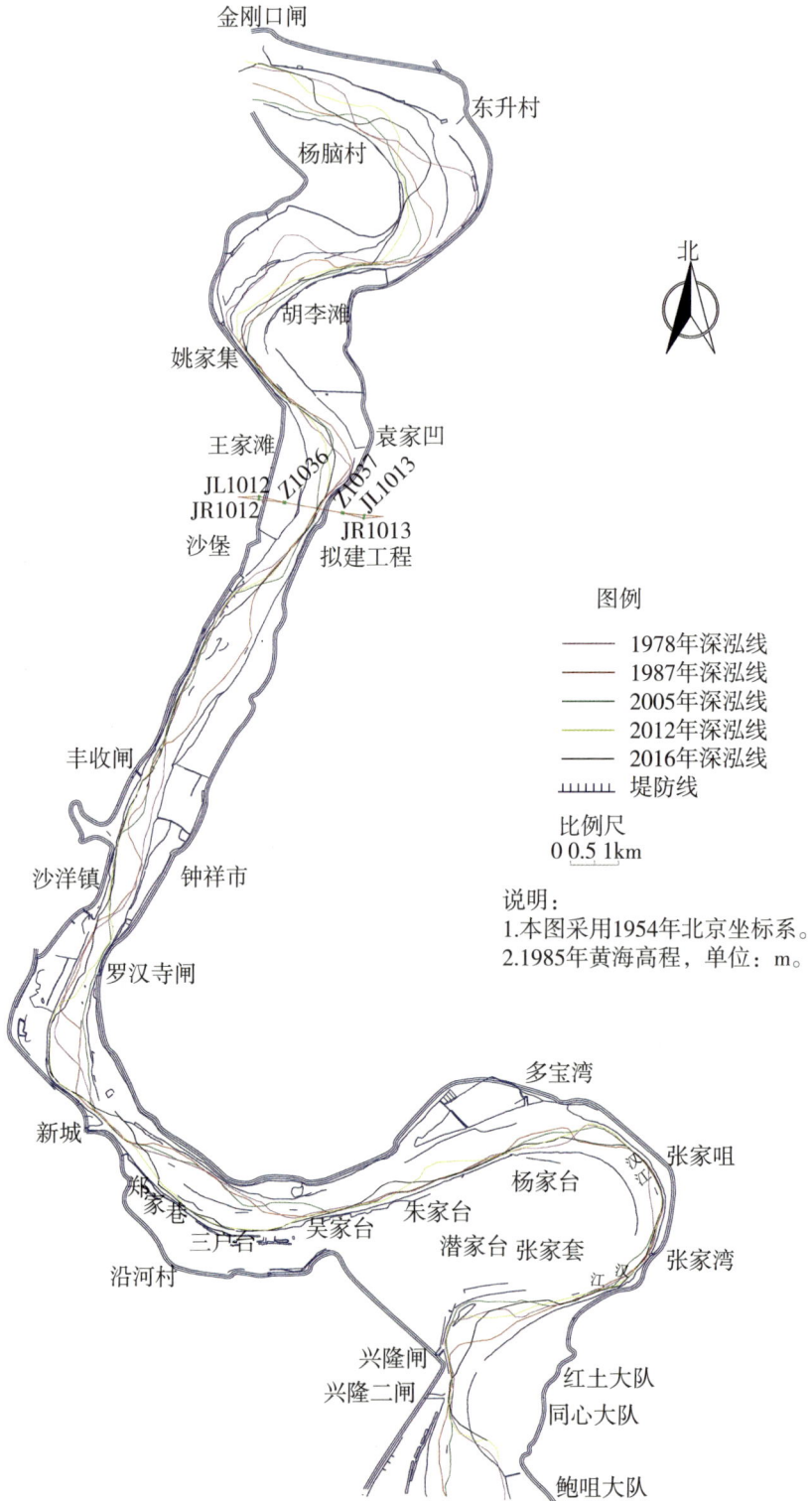

图 3.6-3　工程河段深泓平面变化

3)洲滩变化

①边滩变化。

取 33m 线分析边滩变化。金刚口闸—沙堡河段,该河段洲滩冲淤交替。1978—1987 年杨脑村附近弯道内 33m 江心洲冲刷切割,向凸岸崩退,形成边滩;姚家集弯道凸岸边滩冲刷崩退,崩退距离约 350m,弯道下部左岸边滩略有淤积,向前淤积约 50m;袁家洼弯道凸岸边滩向河中淤积,凹岸 33m 江心洲冲刷消失。1987—2005 年杨脑村附近弯道凸岸边滩冲刷崩退,凹岸边滩向河中淤积,形成部分江心洲;姚家集弯道边滩继续崩退,崩退距离大约为 100m;袁家洼边滩凸岸边滩冲刷切断,形成江心洲。2005—2016 年,杨家脑右侧形成边滩,左岸边滩后退,东升村部分边滩切割形成心滩。胡李滩左淤右冲,王家滩右淤左冲。

②江心洲变化。

总体来看,工程河段洲滩变化具有以下特点:其一,深泓线横向摆动频繁,弯曲河道易局部撇弯;其二,断面趋于单一、主泓趋于顺直,但也有开阔河段浅滩断面向宽浅方向发展的现象;其三,洲滩消长、流路多变。工程所在金刚口闸—沙堡河段,该河段江心洲变化主要表现为冲刷。

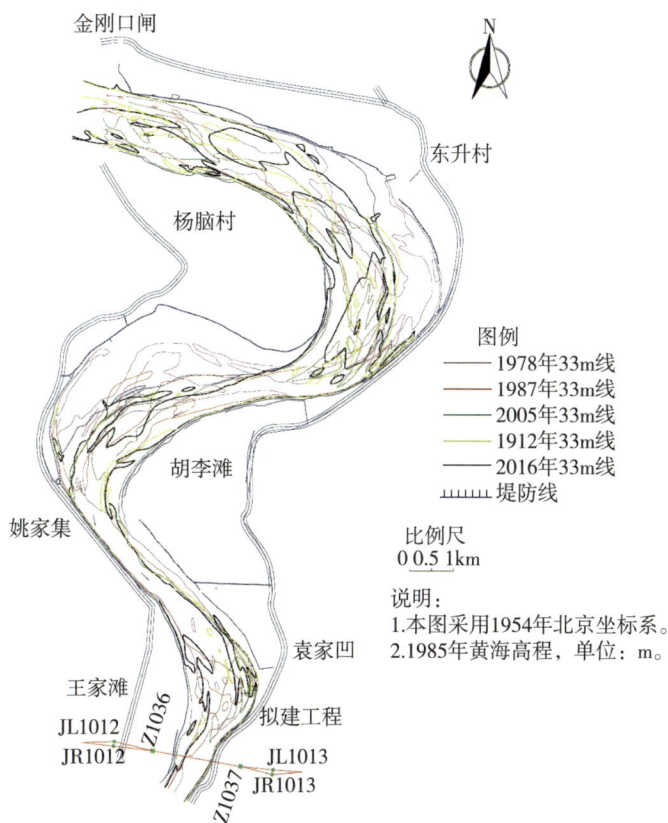

(a)金刚口闸—王家滩

图例
—— 1978年33m线
—— 1987年33m线
—— 2005年33m线
—— 1912年33m线
—— 2016年33m线
⊥⊥⊥⊥ 堤防线

比例尺
0 0.3 0.6km

说明:
1.本图采用1954年北京坐标系。
2.1985年黄海高程,单位:m。

(b)沙堡—沙洋镇

图例
—— 1978年33m线
—— 1987年33m线
—— 2005年33m线
—— 1912年33m线
—— 2016年33m线
⊥⊥⊥⊥ 堤防线

比例尺
0 0.3 0.6km

说明:
1.本图采用1954年北京坐标系。
2.1985年黄海高程,单位:m。

(c)郑家巷—同心大队

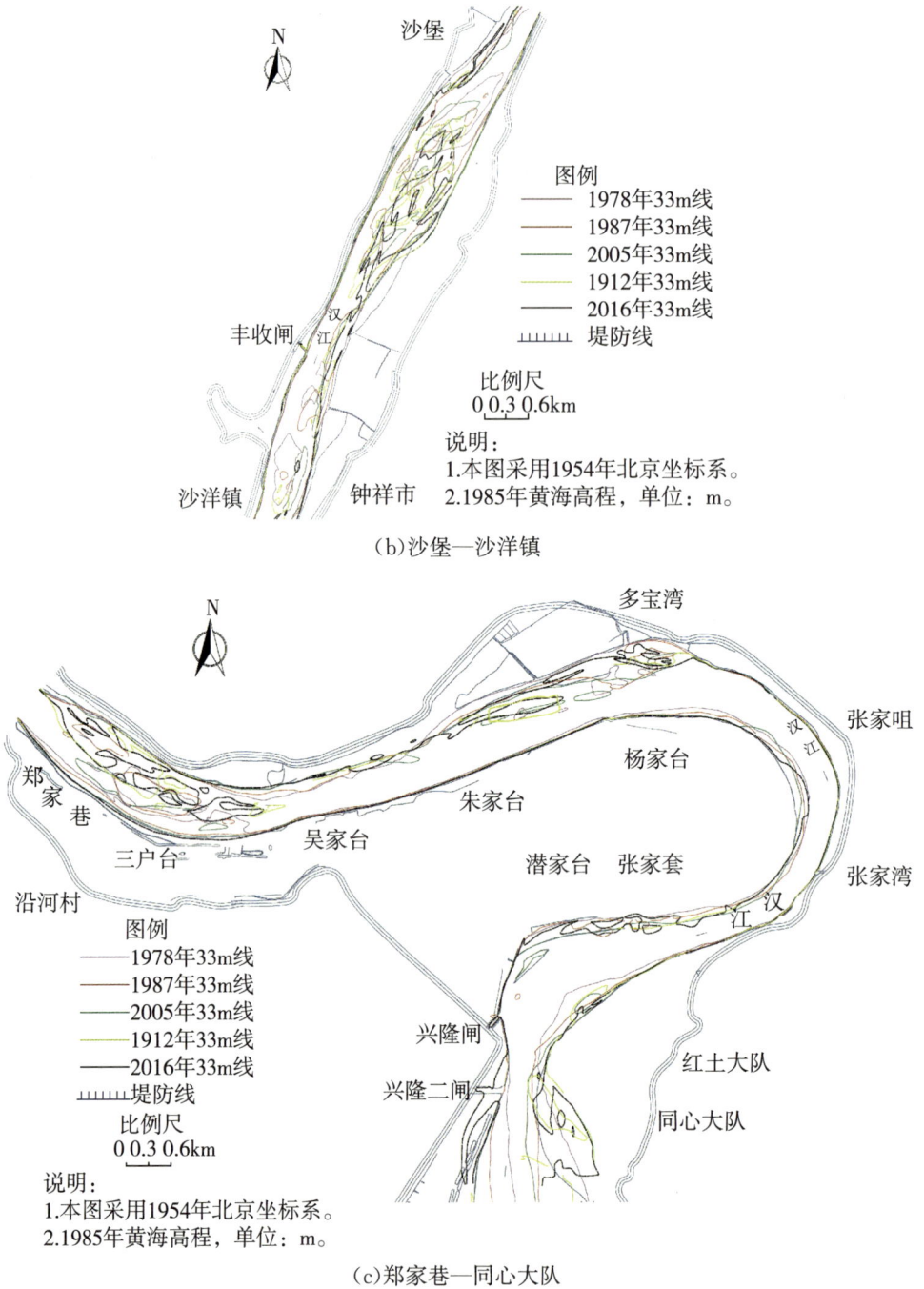

**图 3.6-4 王家滩汉江大跨越工程河段洲滩变化**

4)深槽变化

以 29m 等高线分析河段深槽变化情况,工程所在金刚闸至沙堡河段深槽表现为:胡李滩以上河段深槽摆动淤积变小,胡李滩以下河段深槽冲刷扩大。1978—2005 年,东升村附近河段深槽淤积,深槽平面位置从河道左岸向右岸移动;1978—2005 年,胡李滩—

王家滩河段深槽冲刷扩大明显,深槽平面走向无大变动。

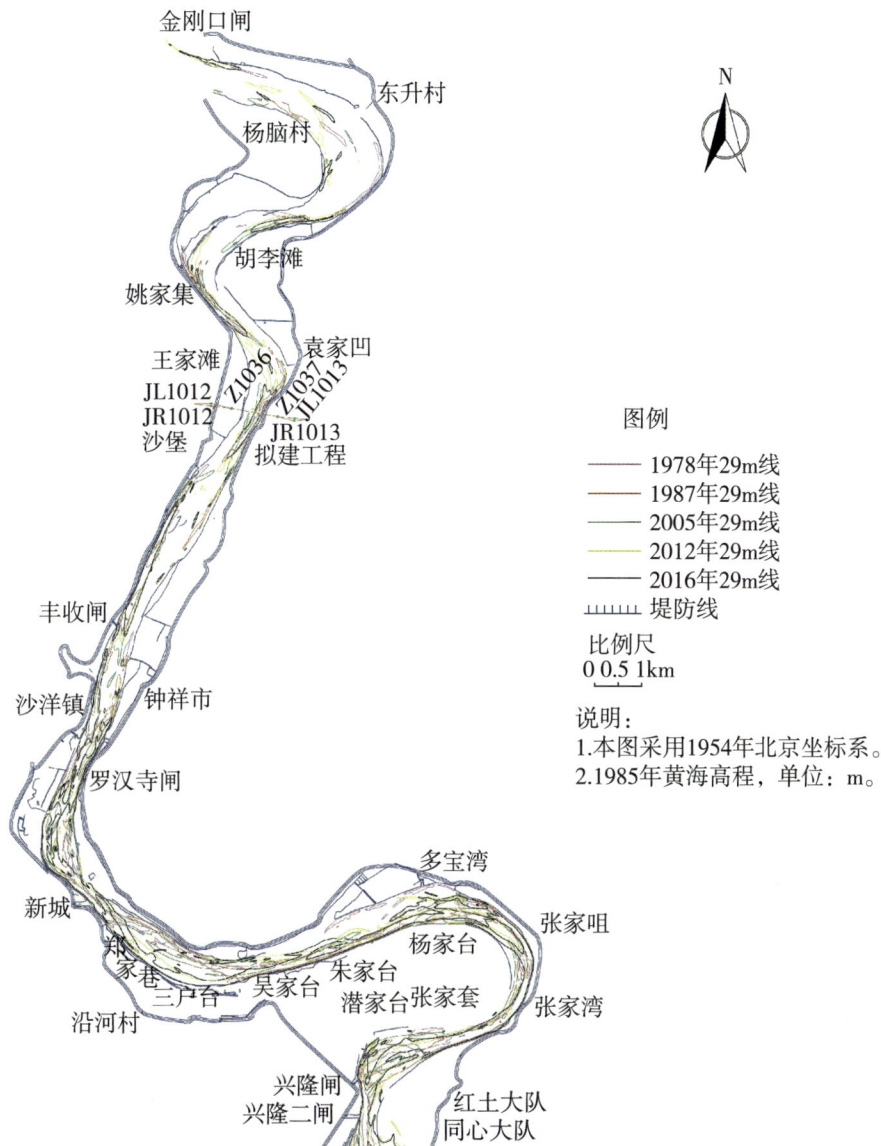

图 3.6-5　工程河段深槽历年变化

5)典型断面变化

为研究分析河段河床形态变化特征,根据河段河势特点,沿河段截取 5 个典型横断面,断面编号为 CS01～CS05(图 3.6-1)。根据 1978 年、1987 年、2005 年、2012 年、2016 年地形切割断面资料,分析河床的形态变化,计算各断面在相应计算水位 37.00m 下的断面要素,主要包括断面面积、河宽、平均水深、平均河底高程、最深点高程等。依据典型横断面图,分别描述 5 个典型断面的断面形态、历年岸线、深泓及冲淤变化等。

6)河段河床冲淤变化

计算河段在1978—2016年的河槽冲淤量,见表3.6-1。历年来,本河段河床总体冲刷,局部有所淤积。

表3.6-1　　　　　　　　　　　沙洋河段冲淤计算成果

| 断面 | 河段长度 /km | 冲淤量(计算水位37.00m)/万 m³ | | | | |
|------|------|------|------|------|------|------|
| | | 1978—1987年 | 1987—2005年 | 2005—2012年 | 2012—2016年 | 1978—2016年 |
| CS01～CS02 | 12.30 | −309.6 | 64.5 | −938.4 | 331.3 | −852.2 |
| CS02～CS03 | 7.57 | −68.0 | 61.7 | −293.0 | −138.8 | −438.0 |
| CS03～CS04 | 8.42 | −448.0 | −414.2 | −110.9 | −131.2 | −1104.3 |
| CS04～CS05 | 8.65 | −580.7 | −160.9 | −283.8 | 91.6 | −933.8 |
| CS01～CS05 | 36.94 | −1406.3 | −448.9 | −1626.0 | 152.9 | −3328.3 |

注:计算水位为85高程基面,"+"为淤积,"−"为冲刷。

(2)咸宁长江大跨越

受堤防、人工护岸制约,工程河段平面形态改变较小,河段内的护县洲、白沙洲、复兴洲位置相对稳定,仅局部岸线、主流线、洲滩历年有一定变化。工程河段近期河床演变分析主要依据1981年、1986年、1993年、1998年、2001年、2006年、2008年、2011年、2013年、2016年和2021年河道地形资料进行分析(图3.6-6)。

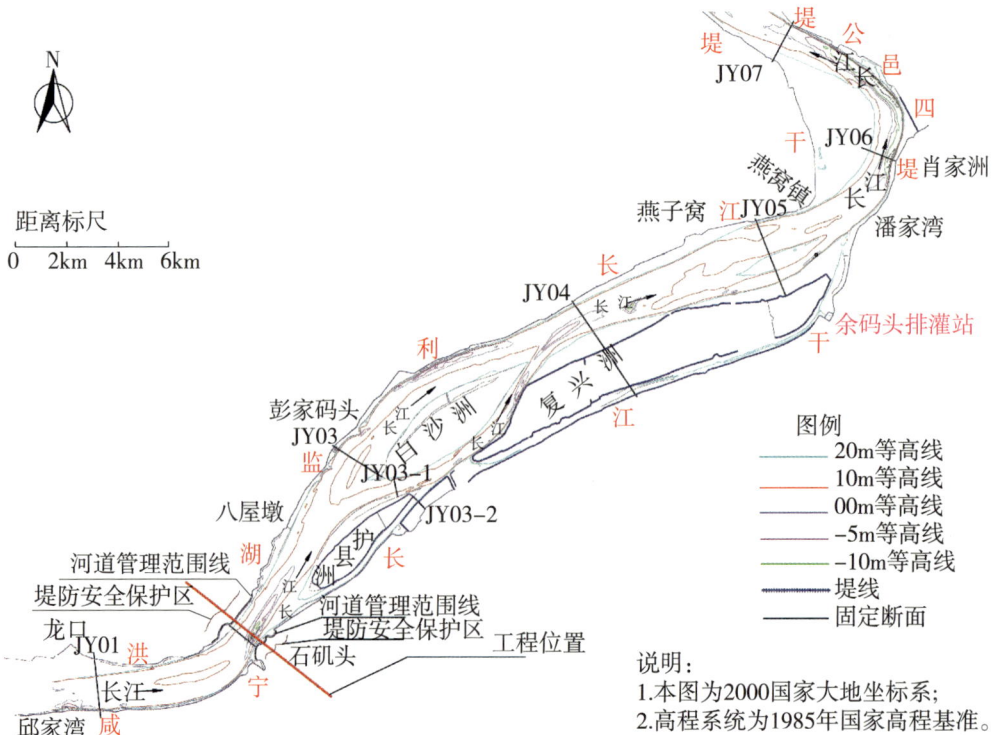

图3.6-6　咸宁长江大跨越河段河势

1）岸线平面变化

取 20m 等高线分析工程河段的岸线变化情况（图 3.6-7），嘉鱼河段河道基本顺直，受上下节点控制，平面外形呈两端窄，中间宽的藕节状。自 1934 年形成三洲并列的分汊河型以后，其平面形态变化不大。

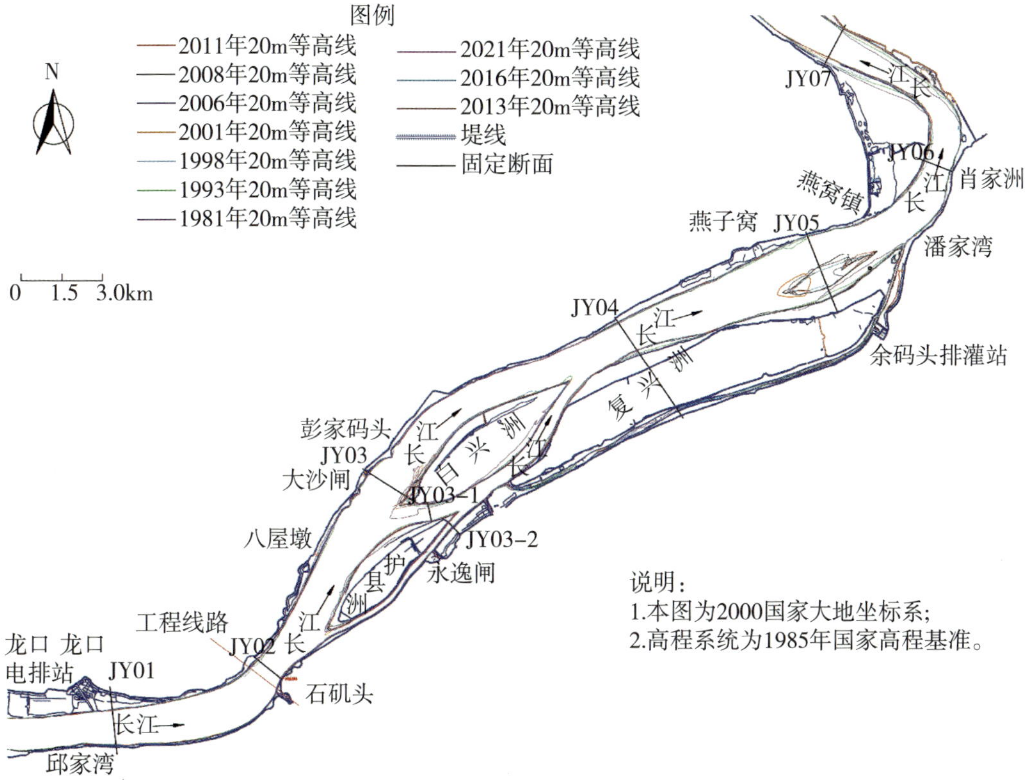

图 3.6-7　嘉鱼河段 20m 岸线变化

2）深泓平面变化

河段主流自上游陆溪口河段出石矶头后，主泓靠近右岸进入本河段。由于石矶头将水流挑向左岸，深泓由右岸石矶头逐渐向左岸过渡，到彭家码头深泓已紧靠左岸。由于护县洲与白沙洲的存在，水流分汊下行，至白沙洲尾后的两汊水流汇合处，主泓居中，以下深泓逐渐摆到燕子窝。受燕子窝下游潜洲顶托影响，水流分汊进入潜洲左右汊，到肖家洲附近汇流后沿右岸下行（图 3.6-8）。

3）洲滩变化

取工程河段 20m 岸线变化情况分析工程河段的洲滩平面变化情况（图 3.6-7）。工程河段内主要有护县洲、白沙洲、复兴洲 3 个洲体，各洲的形态在 1981—2021 年位置稳定少变，长、宽、面积随水沙条件变化，但变化不大，且主要集中在洲头与洲尾，随着来水来沙的不同而上提或下移（图 3.6-8）。

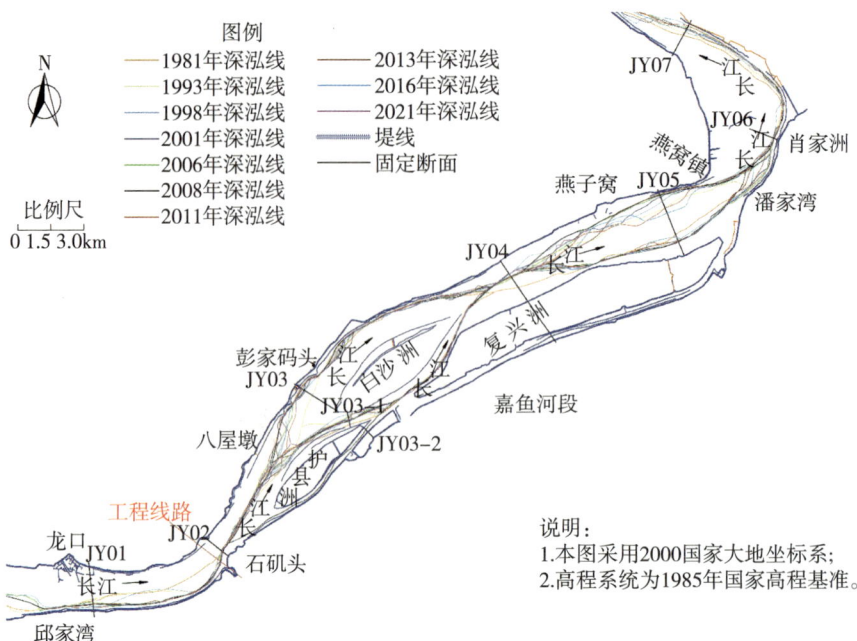

**图 3.6-8　嘉鱼河段深泓平面变化**

4)深槽变化

取工程河段−5m等高线分析工程河段深槽变化情况。本河段内沿程均形成了较多的冲刷坑,但其规模均较小。从分布来看,近年来在石矶头、肖家洲附近形成了较为稳定的深槽(图3.6-9)。

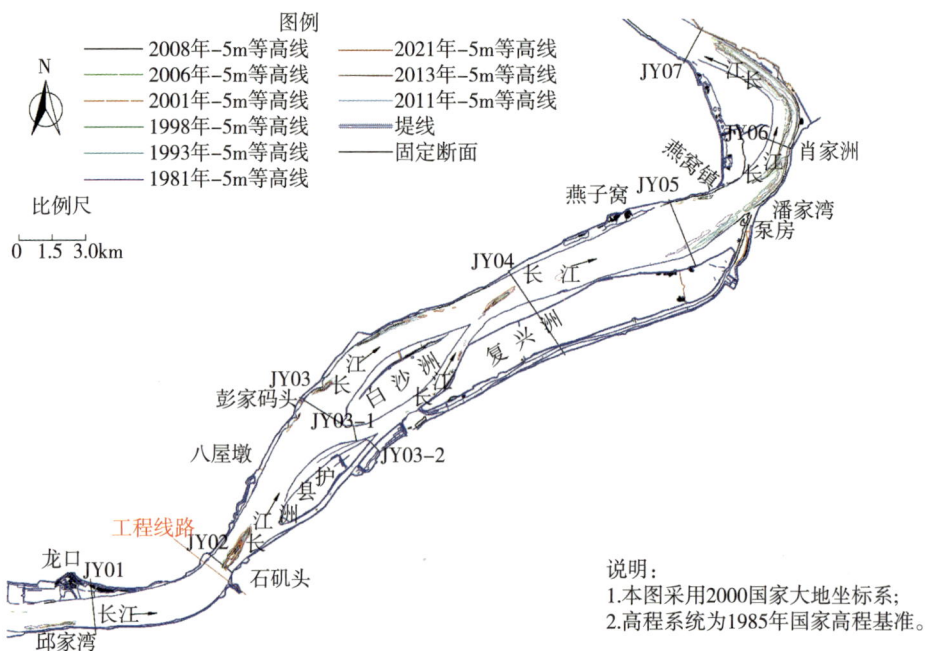

**图 3.6-9　嘉鱼河段深槽变化**

5）典型横断面变化

为分析工程河段横断面变化，从工程河段选取 6 个横断面进行典型横断面历年变化比较分析，各断面位置见图 3.6-6。分别描述各断面历年变化情况，计算各断面在相应计算水位 20.00m 下的断面要素，主要包括断面面积、河宽、平均水深、平均河底高程、最深点高程等，列表表示。

6）河床冲淤变化

为定量分析工程河段冲淤变化，选用 1981—2021 年实测断面资料（JY01～JY04），分别计算河段枯水河槽及平滩河槽的冲淤量，计算结果见表 3.6-2。

表 3.6-2　　　　　　　　　　　　　工程河段河床冲淤计算成果

| 时段 | 冲淤量/万 m³ | |
| --- | --- | --- |
| | 枯水河槽（15m） | 平滩河槽（20m） |
| 1981—1993 年 | 6503 | 5944 |
| 1993—1998 年 | −4028 | −2983 |
| 1998—2001 年 | −2799 | −3547 |
| 2001—2006 年 | −918 | −470 |
| 2006—2008 年 | −1432 | −2164 |
| 2008—2011 年 | −79 | 57 |
| 2011—2013 年 | 2186 | 1409 |
| 2013—2016 年 | −4507 | −4770 |
| 2016—2021 年 | −196 | 759 |
| 1981—2021 年 | −5270 | −5766 |

注："＋"表示淤积，"－"表示冲刷。

## 3.6.3　工程局部河段演变分析

### 3.6.3.1　主要内容

工程局部河道演变分析内容和河道近期演变分析内容基本一致，分析范围应选取工程局部范围，在河段较为顺直的情况下，范围可缩小至工程上下游各 1km 范围内。重点分析工程局部河段岸线变化、深泓变化、洲滩变化、近岸深槽变化、横断面变化、河床冲淤变化等。

### 3.6.3.2　案例分析

（1）王家滩汉江大跨越

1）岸线变化

总体来看，1978 年以来，工程局部河段左岸岸线稳定，右岸岸线历年来有一定的变化，但由于堤防的守护，变化限制在一定范围内（图 3.6-10）。

2)深泓变化

工程局部河段深泓摆动不大，工程上游 2005 年以前深泓摆动较明显，2005 年以后摆动不大；工程断面及下游摆动较小，最大摆动幅度约 60m（图 3.6-11）。

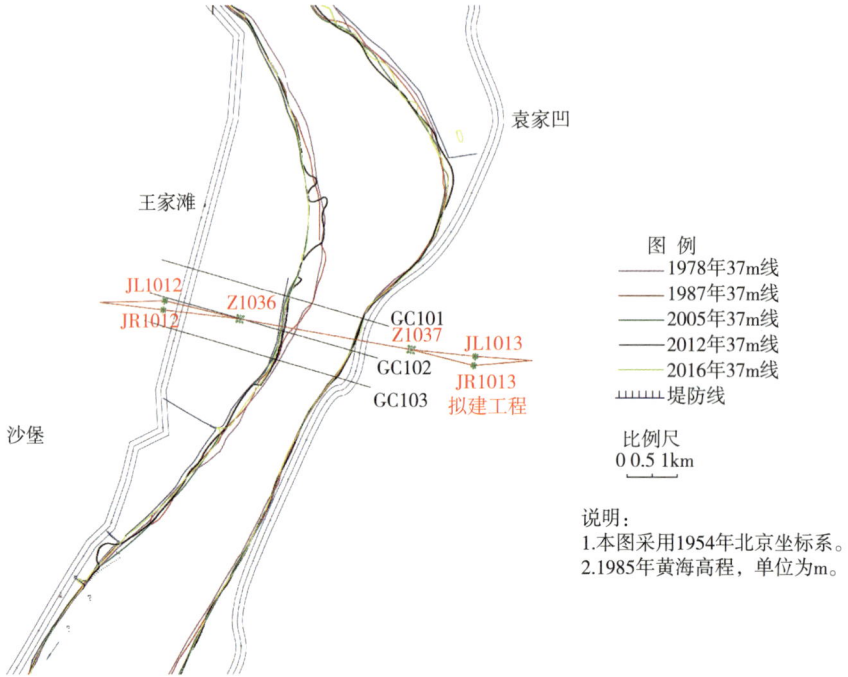

图 3.6-10　工程局部河段岸线历年变化

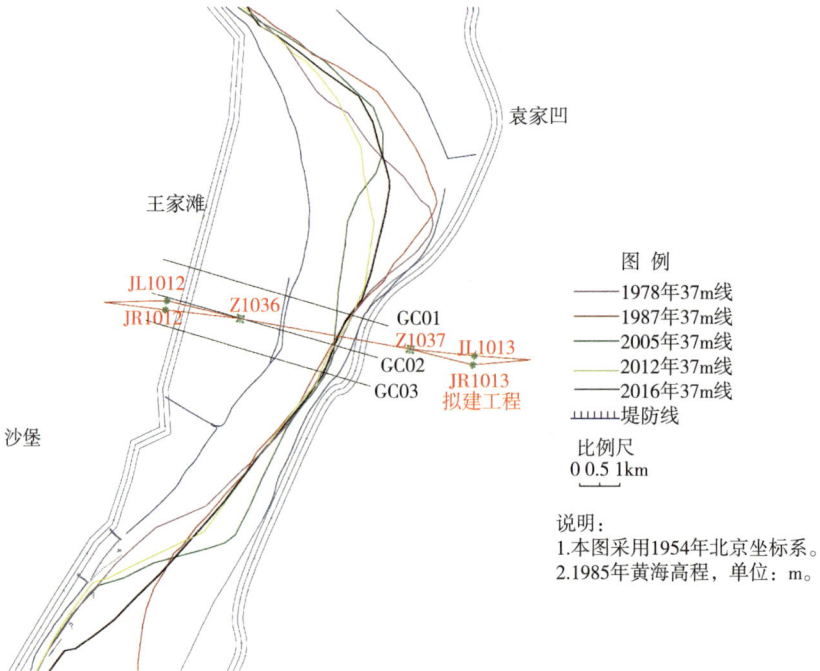

图 3.6-11　工程局部河段深泓线历年变化

3)洲滩变化

选取工程局部河段 33m 线、35m 线分析(图 3.6-12、图 3.6-13)。工程局部河段左岸边滩较稳定,变化不大。1978—2005 年,右岸冲刷崩退,距离约为 110m,2005—2016 年,右岸稍有淤积。1978—2012 年,工程附近无江心洲,2016 年工程上游 200m 左右有一面积约为 2.4 万 m² 的江心洲出现。

4)近岸深槽变化

分析工程局部河段 29m 深槽变化。总体上看,工程局部河段深槽变化明显。1978—1987 年,工程局部深槽向上下游延伸,横向稍有变宽;1987—2005 年,工程上游深槽稍有消退,下游变化不大,横向进一步变宽;2005—2012 年,工程上游深槽进一步向上游延伸,区间小深槽贯通,下游稍有变宽,且有个别新的小深槽出现;2012—2016 年,工程局部河段上下游深槽又恢复到 2005 年状况。

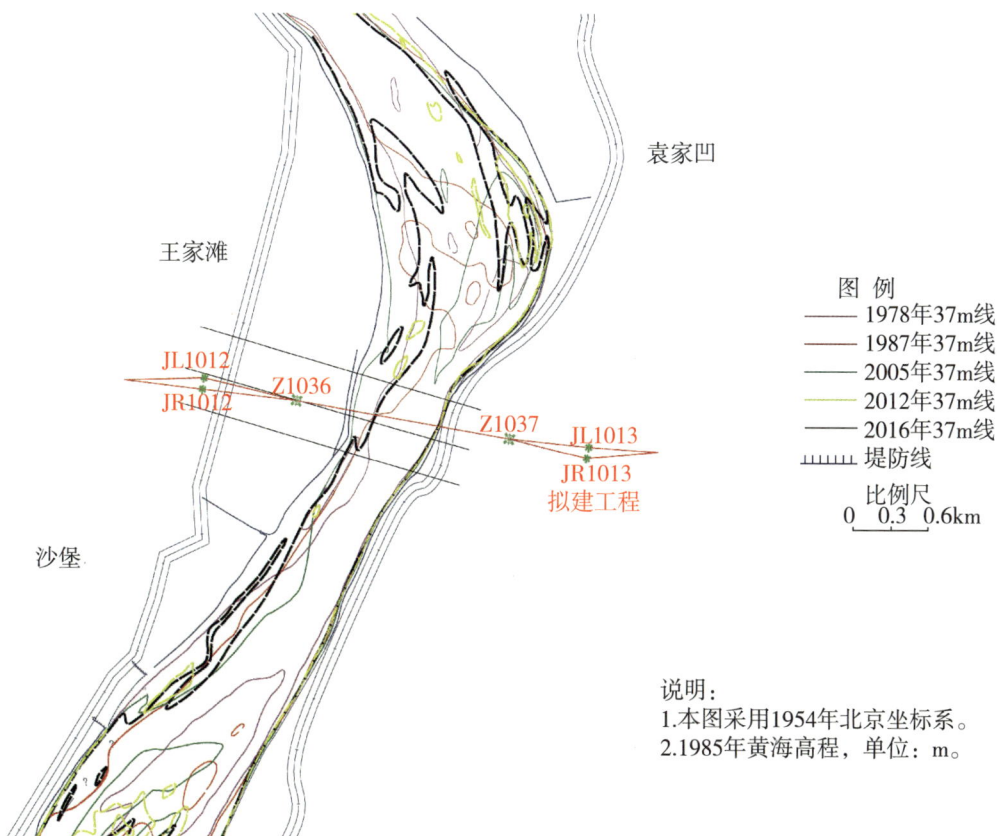

图　例
—— 1978年37m线
—— 1987年37m线
—— 2005年37m线
—— 2012年37m线
—— 2016年37m线
⊥⊥⊥ 堤防线

比例尺
0　0.3　0.6km

袁家凹

王家滩

JL1012
JR1012
Z1036
Z1037
JL1013
JR1013
拟建工程

沙堡

说明:
1.本图采用1954年北京坐标系。
2.1985年黄海高程,单位:m。

(a)33m线

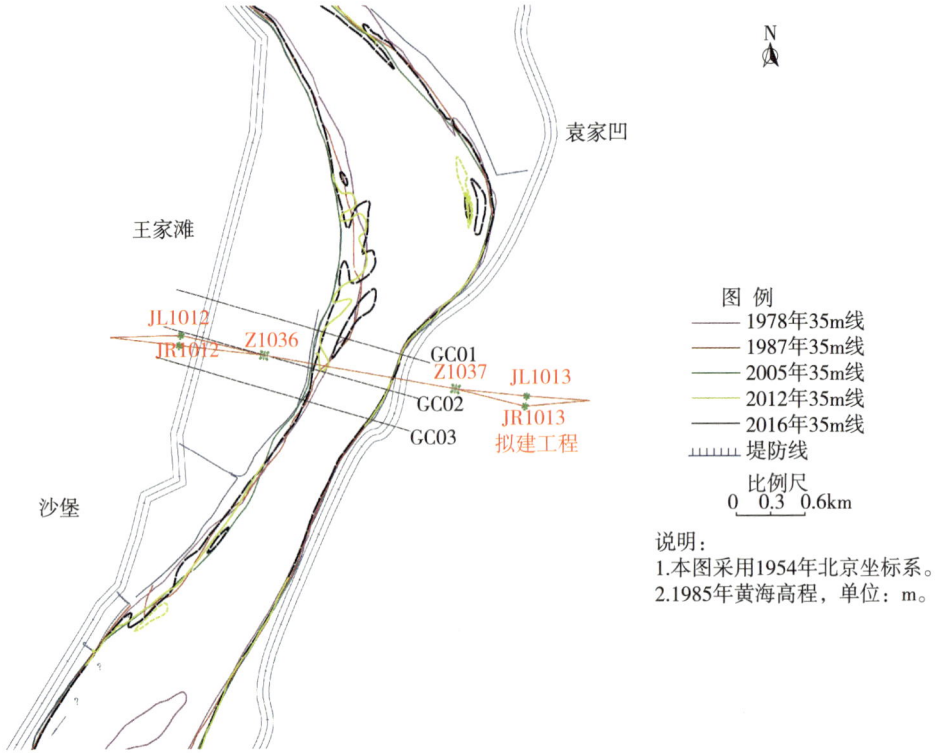

（b）35m线

**图 3.6-12　工程局部河段洲滩历年变化**

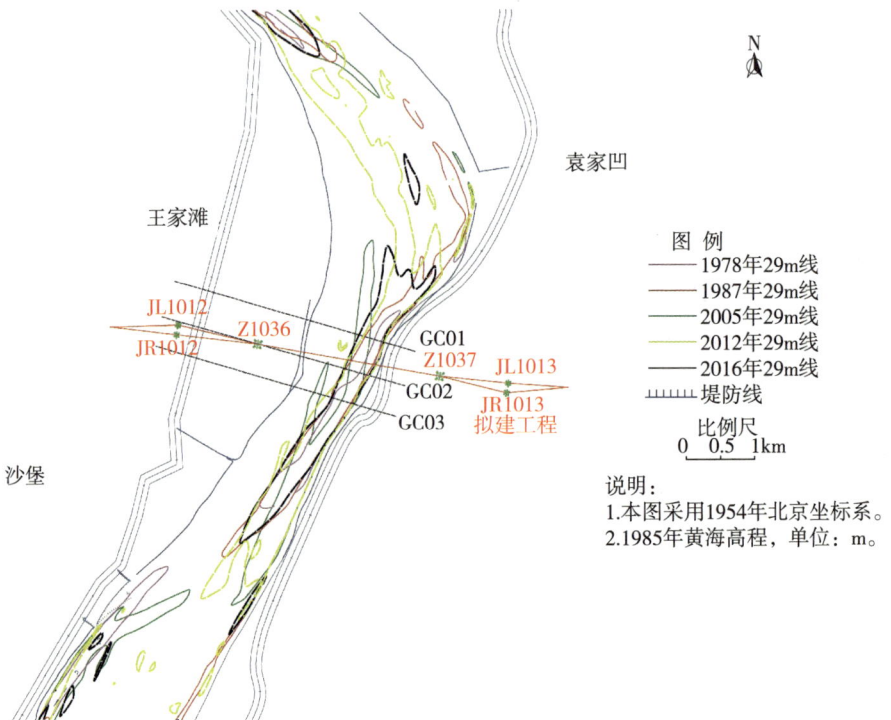

**图 3.6-13　工程局部河段深槽历年变化**

5）横断面变化

在工程附近河段截取 3 个典型横断面，断面编号为 GC01～GC03（图 3.6-1）。根据 1978 年、1987 年、2005 年、2012 年、2016 年地形资料，分析河床的形态变化，计算各断面在相应计算水位下的断面要素。

6）河床冲淤变化

计算工程河段在 1978—2016 年的河槽冲淤量见表 3.6-3，计算水位取 37.00m。历年来，工程局部河段河床以冲刷为主，但冲刷幅度不大。

表 3.6-3 工程局部河段冲淤计算成果

| 断面 | 河段长度/km | 冲淤量（计算水位：37.00m）/万 m³ | | | | |
|------|------|------|------|------|------|------|
| | | 1978—1987 年 | 1987—2005 年 | 2005—2012 年 | 2012—2016 年 | 1978—2016 年 |
| GC01～GC02 | 0.23 | −3.53 | −15.31 | 2.43 | −0.07 | −16.49 |
| GC02～GC03 | 0.20 | −7.64 | −6.77 | −0.23 | 2.64 | −12.00 |
| GC01～GC03 | 0.43 | −11.17 | −22.08 | 2.20 | 2.57 | −28.49 |

注：计算水位为 85 高程基面，"＋"为淤积，"－"为冲刷。

（2）咸宁长江大跨越

1）岸线变化

多年来工程局部河段两岸岸线变化不大，1981—1998 年左岸岸线向河道内移动，1998—2001 年又冲刷后退，2001 年后两岸岸线基本无变化。工程跨越位置处岸线基本稳定（图 3.6-14）。

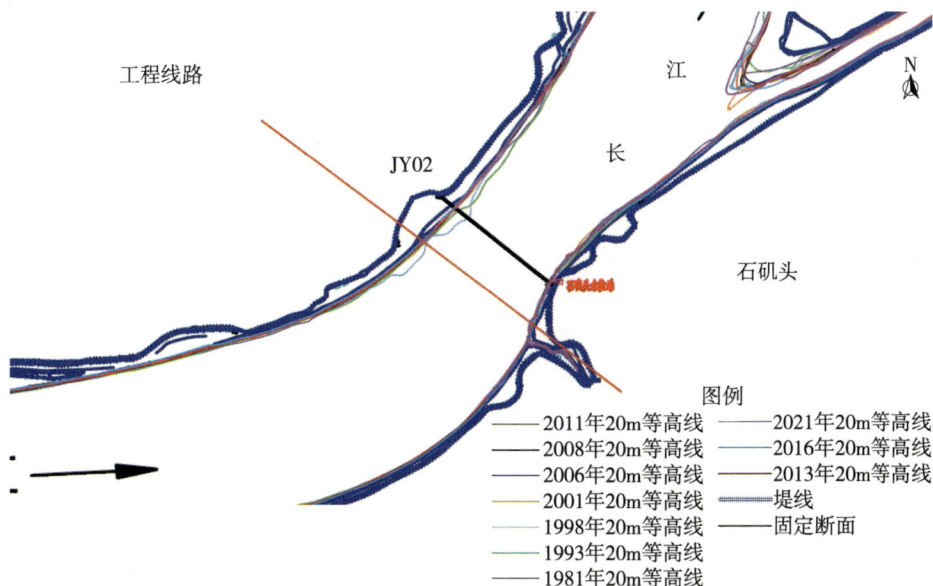

图 3.6-14　咸宁长江大跨越局部河段岸线变化

2)深泓变化

1981年工程河段深泓沿河道中泓线下行,至1993年深泓向右摆动,贴右岸下行,由于石矶头将水流挑至左岸,石矶头附近深泓由右岸逐渐向左岸过渡,1993年后工程局部河段深泓摆动幅度不大(图3.6-15)。

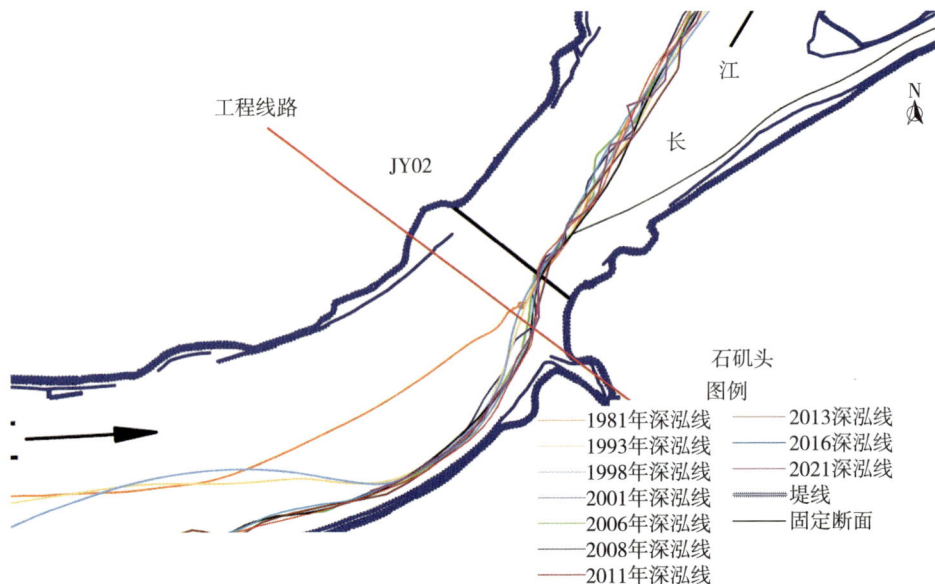

图 3.6-15　工程局部河段深泓平面变化

3)工程跨越位置处横断面变化

工程跨越位置断面偏"V"形,深泓靠右侧。断面年际间冲淤交替,两岸由于堤防的控制,断面宽基本不变,河槽整体表现为冲刷,断面面积有所增加(图3.6-16)。

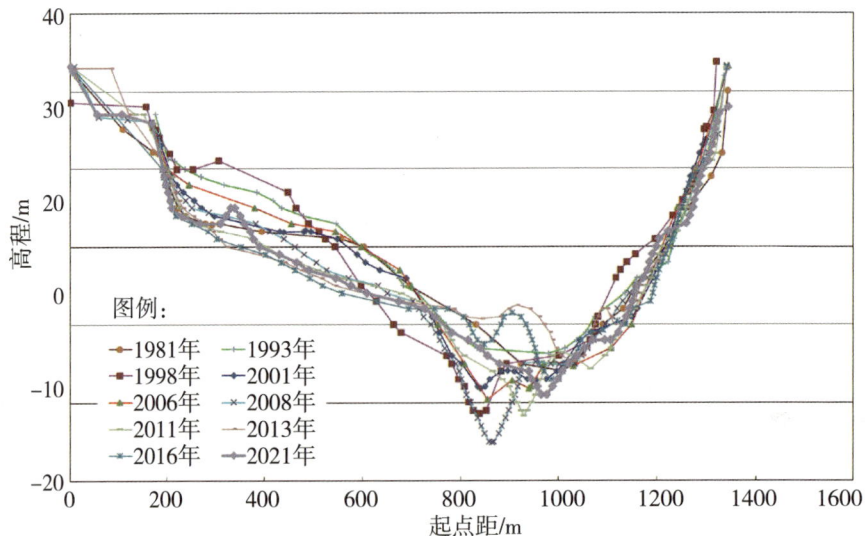

图 3.6-16　工程跨越位置处断面变化

## 3.6.4 演变趋势分析

### 3.6.4.1 主要内容

河道演变趋势分析应对河段总体河势演变趋势进行预测,应包含 2 个部分内容:

①预测自然状态下本河段的总体河势是否稳定,主要包括滩岸的变化、河床的冲淤变化、深槽的变化以及险工段的发展趋势,河段为分汊河道时,还应分析分汊河道的分流口、分流比变化趋势等。如果上游来水来沙条件变化较大或者本河段规划有河道整治工程,还需要预测在上述条件下河道的总体演变趋势。

②预测工程建设后工程总体河势的变化,尤其是工程局部河段的变化,包括滩岸、深槽的变化、岸坡的稳定性以及近岸河床冲淤的变化趋势等。

河道演变趋势分析一般可参考河段防洪规划、河道治理规划、水利枢纽工程设计或崩岸治理等报告中的河势变化趋势来写。

### 3.6.4.2 案例分析

(1)王家滩汉江大跨越

工程河段上游已建枢纽改变了本河段上游来水来沙条件,王甫洲和崔家营枢纽为日调节、低水头径流式电站,与丹江口水库相比,对本河段上游水沙条件的影响相对较小。

丹江口大坝加高后,洪峰流量削减,流量年内变化趋于均衡,比降变小,河道趋向单一、稳定、窄深、微弯形。水库清水下泄引起汉江下游输沙不平衡,丹江口水库加高及南水北调工程导致冲刷时间延长,河床单向冲刷变形,由微堆积型转变为侵蚀型。

碾盘山枢纽位于本工程河段上游端,可研成果推荐正常蓄水位 50.72m,相应库容约 7.9 亿 $m^3$。由于碾盘山枢纽属于低水头径流式水利工程,水库基本无调蓄性能,拦蓄的泥沙量很少,基本不改变河道的来水来沙条件,因此,工程建成后对下游河势产生的影响很小。

工程局部河段两岸受堤防守护,左岸岸线继续维持稳定态势,右岸岸线由于堤防的守护,变化也将维持在一定范围内,工程局部河段深泓、深槽及断面形态将进一步维持稳定格局。

(2)咸宁长江大跨越

河床演变分析表明,1981—2021 年,本河段岸线保持稳定态势,主流线横向移动较小,洲滩发育较为缓慢,其中护县洲与复兴洲已演变成边滩式江心洲,冲刷坑相对变化较小,下游新洲冲刷萎缩。从断面形态看,多年来河道断面冲淤交替进行,河床主河槽冲淤变化较为明显,2006 年以后主要表现为冲刷态势,而两岸则相对稳定。

工程河段堤防工程完整,同时,在重点河段有稳固的护岸工程,近年来河道岸线、深泓较稳定,深槽、洲滩位置也相对稳定,变化不大。三峡工程建成运行后,由于泥沙拦截在库内,下泄清水,受控导工程限制,河段将发生冲刷下切,但总体河势保持稳定。

# 3.7 洪水影响分析计算

特高压输变电工程洪水影响分析计算主要包括阻水分析计算、壅水分析计算(经验公式或数学模型计算)、冲刷分析计算、堤防渗流稳定计算。

若工程一跨跨越河道,则无须进行河道阻水及壅水分析计算、冲刷分析计算。

## 3.7.1 阻水分析计算

### 3.7.1.1 计算方法

阻水比是体现工程对河道行洪能力影响的重要参数。根据《长江流域和澜沧江以西(含澜沧江)区域河湖管理范围内建设项目工程建设方案洪水影响审查技术标准》,阻水比是指设计洪水位下建设项目占用的过水断面面积(垂直于水流方向上的投影面积)与所在断面总面积的比值,以百分比表示。技术标准提出,对于缆线工程,不应在河湖管理范围内顺河堤布置,应采用跨越方式一跨跨越河道,确实难以满足的,阻水比应小于1%。

工程一跨跨越河道,则无需开展阻水分析计算,如咸宁长江大跨越;河道内布置有杆塔基础的,则需按照河道管理范围内洪水影响评价要求,进行阻水面积和阻水比计算,如王家滩汉江大跨越工程。

阻水计算工况一般选择河道设计标准对应的洪峰流量和设计洪水位。如工程上游有大型水利枢纽工程,对下游河道行洪有控制作用时,应根据河段情况增加计算工况,如王家滩汉江大跨越工程。

### 3.7.1.2 案例分析

(1)王家滩汉江大跨越

王家滩汉江大跨越工程位于丹江口水库下游,丹江口水库对汉江中下游的防洪调度采取补偿调度方式,各控制河段均有允许安全泄量和控制水位,故本次计算工况增加工程河段的安全泄量洪水。

本次分析防洪设计洪水位、河道安全泄量洪水位条件下的工程阻水情况。

工程修建后,布置于河道内的Z1036塔基及防撞桩、攀爬设施将占据一定的河道过水断面。塔基附近滩地高程约为40.61m,4边根开41.75m,4个基础分别采用14m×11m×2m承台加20根灌注桩的形式,灌注桩桩径1.0m,支座为直径3.0m的圆柱,支座高出地面 3.5m;在 Z1036 塔基前缘 15m 处为一排直径 1.0m 的防撞桩(33 根),防撞桩高出地面 4.0m;杆塔的攀爬设施设置在塔中心位置,4 桩承台灌注桩基础承台上立柱截面为 1.0m×1.0m 正方形,5 个单桩承台灌注桩基础承台上立柱截面为 0.6m×0.6m 正方形,露出地面 3.5m。

工程建设占用的河道行洪面积及相应的阻水比见表 3.7-1,Z1036 塔基平面布置及工程断面阻水示意图见图 3.7-1、图 3.7-2。

在防洪设计洪水条件下,工程阻水面积为 127m² ,阻水比为 1.33%;安全泄量洪水条件下,工程阻水面积为 113m² ,阻水比为 1.24%。

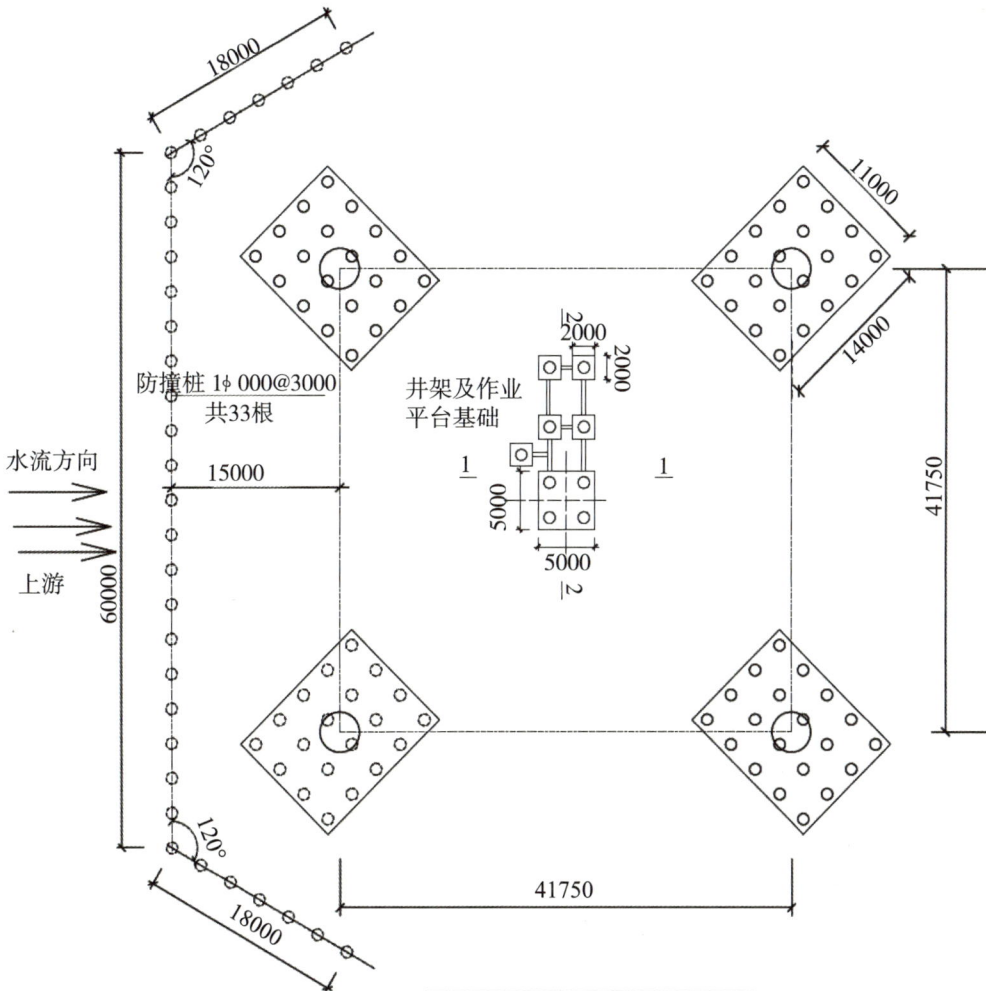

图 3.7-1　Z1036 塔基平面布置

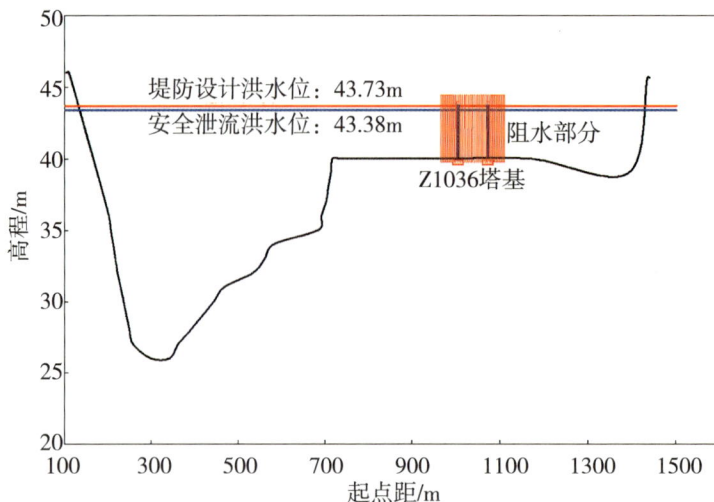

图 3.7-2　工程断面阻水示意图

表 3.7-1　　　　　　　　　　　　工程阻水面积统计

| 计算条件 | 工程前面积/m² | 工程后面积/m² | 阻水面积/m² | 百分比/% |
|---|---|---|---|---|
| 防洪设计洪水 | 9539 | 9412 | 127 | 1.33 |
| 安全泄量洪水 | 9088 | 8975 | 113 | 1.24 |

　　王家滩汉江大跨越工程洪水影响评价报告于 2020 年 9 月批复,报告编制期间,河道内工程建(构)筑物阻水比的审批要求为不超过 5%。2022 年 12 月 7 日,长江技术经济学会发布了《长江流域和澜沧江以西(含澜沧江)区域河湖管理范围内建设项目工程建设方案洪水影响审查技术标准》,将河道内不同项目类型的审查要点进行区分,对于缆线工程,提出应采用跨越方式一跨跨越河道,确实难以满足的,阻水比应小于 1%。2023 年以后审批的项目,工程布置及阻水比计算成果均应满足审查技术标准。

　　(2)咸宁长江大跨越

　　咸宁长江大跨越于 2023 年批复,工程采用一跨跨越河道及两岸堤防,两岸跨越塔均位于河道堤防背水侧,未在河道内立塔,工程建设对河道行洪面积无影响。

## 3.7.2　壅水分析计算

### 3.7.2.1　计算方法

　　输电线路工程阻水主要为塔基及防撞桩、攀爬设施出露地面部分,其阻水原理与桥墩较相似,故其壅水高度及壅水范围计算一般采用公路和铁路桥梁设计有关规范中的桥前壅水经验公式进行计算,可采用多个公式计算,选取偏安全的成果。

（1）墩前最大壅水高度计算

1）公式1

桥梁上游壅水是水流动能转化为势能的结果，比较建桥前后断面比能的变化，导出壅水简化公式：

$$\Delta z = \frac{K}{2g}(\overline{V}_M{}^2 - \overline{V}_{0M}{}^2), \overline{V}_{0M} = \frac{Q_{0M}}{\omega_{0M}}, \overline{V}_M = K_p \frac{Q_p}{\omega_j} \tag{3.7-1}$$

$$K_p = \frac{1}{1+A(P+1)}, A = 0.5 d_{50}{}^{0.25}, P = \frac{\omega}{\omega_j}, \omega = \frac{Q_p}{V_p \cos\alpha} \tag{3.7-2}$$

$$K = K_N K_V, K_N = \frac{2}{\sqrt{\dfrac{\overline{V}_M}{\overline{V}_{0M}} - 1.0}}, K_V = \frac{0.5}{\dfrac{\overline{V}_M}{\sqrt{gH_1}} - 0.1} \tag{3.7-3}$$

式中：$\Delta z$——桥前最大壅水高度，m；

$\overline{V}_{0M}$——天然状态下桥下平均流速，m/s；

$Q_{0M}$——天然状态下桥下通过的设计流量，$m^3/s$；

$\omega_{0M}$——桥下过水面积，$m^2$；

$\overline{V}_M$——桥下平均流速，m/s；

$Q_p$——设计流量，$m^3/s$；

$\omega_j$——桥下净过水面积，$m^2$；

$K_p$——考虑冲刷引入的流速折减系数；

$A$——河床粒径系数，

$d_{50}$——河床中值粒径，mm，对于黏土河床，$d_{50}$ 可用换算粒径，见表3.7-2；

$e$——黏性土的天然孔隙比；

$P$——冲刷系数；

$\omega$——桥下需要的过水断面面积，$m^2$；

$V_p$——设计流速，可用河槽平均流速，m/s；

$\alpha$——水流方向与桥轴法线间的夹角；

$K$——壅水系数；

$K_N$——定床壅水系数，当 $\dfrac{\overline{V}_M}{\overline{V}_{0M}} > 2.78$ 时，$K_N = 1.50$；

$K_V$——修正系数，与建桥后桥下水流态（当桥下水深 $H_1 = 1.0m$ 时的弗汝德数）有关，当桥下为整孔铺砌或岩石等不冲刷河床时，修正系数 $K_V = 1$，流速折减系数 $K_p = 1.0$，壅水系数 $K = K_N$。

**表 3.7-2** 黏性土换算粒径 $d_{50}$

| 黏土和黏性土 $e$ | >1.2 | 1.2~0.6 | 0.6~0.3 | 0.3~0.2 |
|---|---|---|---|---|
| 换算粒径 $d_{50}$/mm | 0.15 | 3 | 10 | 50 |

注:范围取值含上限不含下限。

2)公式 2

$$\Delta z = \eta(\overline{V}_M^2 - \overline{V}_0^2) \tag{3.7-4}$$

式中:$\eta$——系数,由表 3.7-3 查取,根据工程阻挡流量和设计流量的比值确定;

$\overline{V}_0$——断面平均流速,m/s;

$\overline{V}_M$——桥下平均流速,m/s,按表 3.7-4 计算。

**表 3.7-3** $\eta$ 取值

| 河滩路堤阻挡流量和设计流量的比值/% | <10 | 11~30 | 31~50 | >50 |
|---|---|---|---|---|
| $\eta$ | 0.05 | 0.07 | 0.10 | 0.15 |

**表 3.7-4** 桥下平均流速 $\overline{V}_M$

| 土质 | 土壤类别 | 桥下平均流速 |
|---|---|---|
| 松软土 | 淤泥、细砂、中砂、淤泥质亚黏土 | $\overline{V}_M = \overline{V}_{0M}$ |
| 中等土 | 粗砂、砾石、小卵石、亚黏土和黏土 | $\overline{V}_M = \dfrac{1}{2}\left(\dfrac{Q_p}{w_j} + \overline{V}_{0M}\right)$ |
| 密实土 | 大卵石、大漂石、黏土 | $\overline{V}_M = \dfrac{Q_p}{w_j}$ |

3)公式 3(适用于宽滩河段)

$$\Delta z = K_1 K \left(\frac{Q_{ga}}{Q_p}\right)^m \frac{\alpha \overline{V}_0^2}{2g} \tag{3.7-5}$$

$$K_1 = \left(\frac{Q_{gx}}{Q_{0M}}\right)^{8.5} \tag{3.7-6}$$

$$K = A\left(\frac{B}{L_j} - 1\right)^b \tag{3.7-7}$$

式中:$Q_{ga}$——引道及桥墩台阻断的流量,$m^3$/s;

$K_1$——系数;

$Q_{gx}$——天然情况下桥孔净长范围内通过的流量,$m^3$/s;

$K$——与桥孔压缩程度有关的系数;

$L_j$——最小桥孔净长,m;

$B$——河床宽度,m;

$m$——指数,$m=3\dfrac{L_{ga}}{B}$,其中 $L_{ga}$ 为引道及桥墩台阻断的宽度,m。

当 $\dfrac{B}{L_j}\leqslant 3.5$ 时,$A=11.97$,$b=0.94$;

当 $\dfrac{B}{L_j}>3.5$ 时,$A=17.38$,$b=0.54$。

(2)壅水最大影响距离

桥前壅水最大影响距离 $L$ 可通过式(3.7-8)求得:

$$L=\frac{2\Delta z}{I} \tag{3.7-8}$$

式中:$\Delta z$——桥前最大壅水高度,m;

$I$——水面比降。

### 3.7.2.2 案例分析

(1)王家滩汉江大跨越

王家滩汉江大跨越工程 Z1036 杆塔立于河道内右岸滩地,根据河道断面以及河道内的杆塔基础、防撞桩、攀爬设施设计尺寸,利用壅水计算经验公式,计算出评价洪水条件下,杆塔基础桩前的最大壅水高度和影响距离。

结果表明,防洪设计洪水条件下,工程建设会引起塔基上游局部水位壅高,壅高最大值约为 0.70cm,最远至工程上游约 255m,流速增加最大约 0.031m/s(表 3.7-5)。

表 3.7-5　　　　　　　　工程修建后河道内最大壅水高度及范围计算结果

| 编号 | 评价洪水条件 | 设计流量/(m³/s) | 设计水位/m | 最大壅水高度/cm | 壅水最大影响距离/m | 流速增加值/(m/s) |
|---|---|---|---|---|---|---|
| 1 | 防洪设计洪水 | 21600 | 43.73 | 0.70 | 255 | 0.031 |
| 2 | 安全泄量洪水 | 19400 | 43.38 | 0.58 | 211 | 0.027 |

(2)咸宁长江大跨越

工程采用一跨跨越河道及两岸堤防,两岸跨越塔均位于河道堤防背水侧,未在河道内立塔,工程建设对河道水位变化无影响。

## 3.7.3　数学模型计算

河道内布置了杆塔基础,则需分析工程对河道行洪的影响。若工程跨越河道为长江干流或长江一级支流或重要二级支流,或工程对河道行洪影响较大时,需开展河道二维水流数学模型计算,分析工程建设对河道水位、流速、流场及其他水利工程及设施的影响。

二维数学模型计算工况一般选择河道设计洪水条件。如工程所在河段实际发生的洪水中，存在来水流量大、下游水位低的水流条件，则需补充进口流量大、出口水位低的计算工况，作为工程冲刷影响最不利的评价工况。

### 3.7.3.1 计算方法

河道管理范围内建设项目工程建设方案洪水影响评价报告中，一般采用 MIKE 21、Delft 3D 等二维水流数学模型分析计算河道水位、流速、流场的变化。实际构建模型时，对模型边界和工程阻水作用采用以下方式处理：

（1）陆地边界处理

1）边界条件

在模型计算中存在三类边界条件：

固体边界条件：包括河道两岸堤防形成的边界以及其他地势较高部分形成的边界，这一类边界采用无滑移边界处理，即边界处的流速全部设定为 0。

进口边界条件：给定实测的断面流量，一般为河道设计洪峰流量。

出口边界条件：给定实测的水位，一般为河道设计洪峰流量对应的出口位置处设计洪水位。

2）干湿边界处理

模型采用"冻结法"进行动边界处理，即根据控制单元中心河底高程来判断该网格单元是否露出水面，若不露出，糙率取正常值，反之，糙率取一个接近于无穷大的正数。同时为了不影响水流控制方程的求解，在露出水面的结点处需给定一个薄水层，模型中一般设为 0.5cm。

（2）阻水处理

为使数学模型计算反映工程对河道水流的实际影响，一方面在网格划分时尽可能对工程局部进行网格加密处理；另一方面则采用概化处理方法来反映工程对河道的影响。工程概化的基本原则是使计算结果偏于安全，主要方法有局部地形修正和局部糙率修正。

1）局部地形修正

当工程建筑物尺寸大于或与网格尺寸相当时，可直接根据工程建筑物高度来修改相应网格节点的河底高程。当建筑物尺寸相对网格尺寸较小时，可假定建筑物的阻水面积与河底高程增加值所产生的阻水面积相等，根据换算得到的河底高程增加值来修正工程局部附近网格节点的河底高程。

对桥墩、丁坝、潜坝、抛石、缆线基础等工程而言，可根据式（3.7-9）在原始地形高程上附加高程值：

$$\Delta Z_b = h\left(\frac{b_1}{b_2}\right)^{\frac{1}{m+1}} \qquad (3.7\text{-}9)$$

式中：$h$——水深，m；

$\quad b_1$——桥墩墩台宽度；

$\quad b_2$——网格宽度；

$\quad m$——流速分布指数，一般可取$\frac{1}{6}$。

2）局部糙率修正

工程的存在导致其附近局部阻力增加，模型对局部糙率进行了修正。可将工程作为断面突然缩小的阻水建筑物考虑，其局部水头系数$\zeta$计算公式为

$$\zeta = 0.5(A_2/A_1) \qquad (3.7\text{-}10)$$

式中：$A_1$、$A_2$——工程前后过水断面面积。

为便于计算，将局部水头损失系数$\zeta$转化为糙率的形式，得到工程位置的局部糙率为

$$n_* = h^{\frac{1}{6}}\sqrt{\frac{\zeta}{8g}} \qquad (3.7\text{-}11)$$

设工程前附近河床的糙率为$n_0$，则工程后桥墩附近河床的综合糙率$n_1$为

$$n_1 = \sqrt{n_0^2 + n_*^2} \qquad (3.7\text{-}12)$$

由于工程涉水部分主要为微地形变化，一般报告采用的是局部地形修正概化工程。

### 3.7.3.2 案例分析

王家滩汉江大跨越工程洪水影响评价报告编制期间，审批部门对河道内布置杆塔的输变电工程未提出数学模型计算要求，以壅水经验公式计算即可；咸宁长江大跨越一跨跨越河道，也无需开展数学模型计算。本节以白鹤滩—浙江±800kV特高压直流输电线路汉江大跨越工程的数学模型计算进行案例分析。

白鹤滩—浙江±800kV特高压直流输电线路汉江大跨越工程位于汉江中下游，选取汉江中下游堤防的设计标准（1964年实际发生洪水）作为数模计算工况。

（1）计算区域与计算网格布置

综合考虑工程可能影响范围、河段河势及水文站点等因素，计算河段范围确定为：进口断面位于南泉堤起点位置处，进口流量为29100 m³/s，出口断面位于碾盘山水位站，对应联合堤堤防桩号4+200处，出口断面水位50.35m，河段共长13km。

河道地形资料采用2021年5月实测的1：10000地形。计算区域采用非结构化网格进行划分，三角形网格平均长度50m，工程区域局部加密网格长度为1～10m。

工程河段二维模型计算网格布置见图 3.7-3。

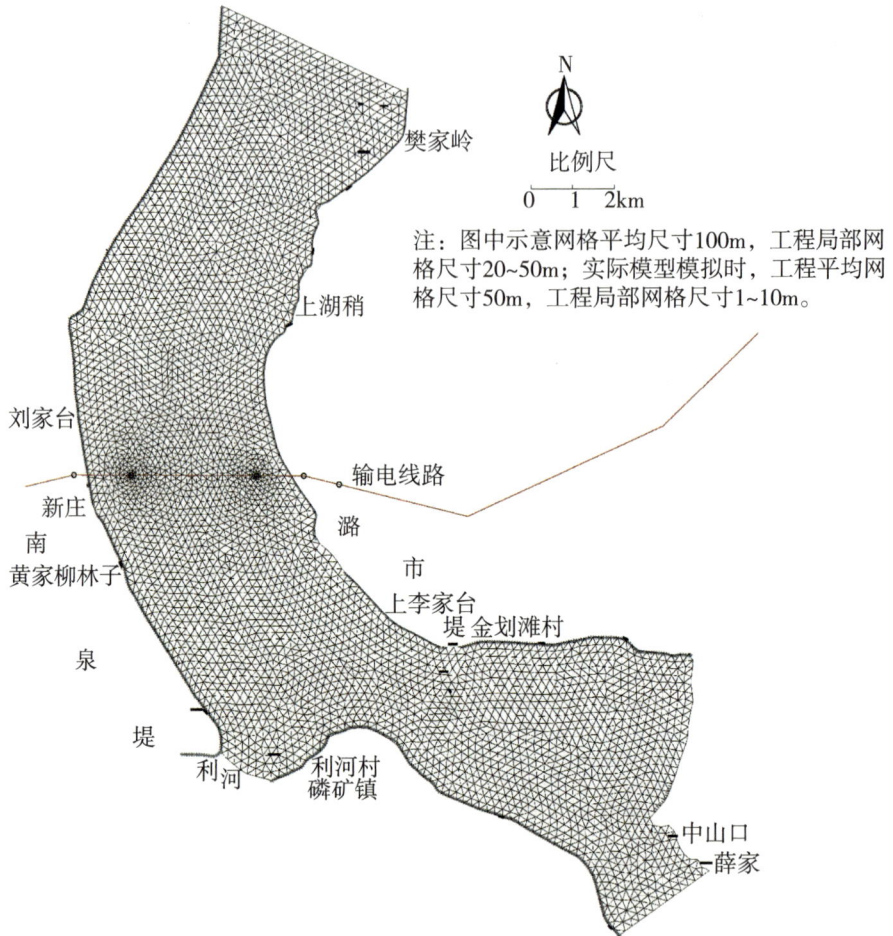

图 3.7-3　工程河段二维模型计算网格布置

（2）数学模型率定与验证

根据长江水利委员会洪水影响评价审批要求，数学模型计算应进行参数率定和验证，且率定和验证测次应不少于 2 次。本次模型率定采用碾盘山枢纽初步设计报告中的洪水场次进行率定，并于 2021 年 5 月对工程河段的水位、流速分布和流量进行了一次同步测验，用于模型参数的验证。

1）模型率定

根据《湖北碾盘山水利水电枢纽工程初步设计报告》，工程河段糙率根据沿山头坝址、碾盘山坝址、雅口坝址三条水位流量关系曲线综合确定，为 0.023～0.027。同时，选取了 1983 年、1984 年、2003 年、2005 年、2010 年及 2011 年 6 场洪水，根据河段内皇庄水文站、转斗湾水位站及宜城水位站实测水面线对糙率进行了率定，推求得糙率范围为 0.0195～0.0270（表 3.7-6）。

表 3.7-6 碾盘山水利水电枢纽库区水位糙率率定成果

| 流量级/(m³/s) | 分段糙率 | |
|---|---|---|
| | 皇庄—转斗湾 | 转斗湾—宜城 |
| 26100 | 0.0210 | 0.0205 |
| 16900 | 0.0195 | 0.0235 |
| 16200 | 0.0220 | 0.0220 |
| 14600 | 0.0260 | 0.0222 |
| 13900 | 0.0225 | 0.0250 |
| 13500 | 0.0240 | 0.0270 |

2)模型验证

选取 2021 年 5 月 27 日实测资料进行模型参数验证计算,进口流量为 1710m³/s,出口水位为 41.58m。验证计算中实测断面位置分布见图 3.7-4。

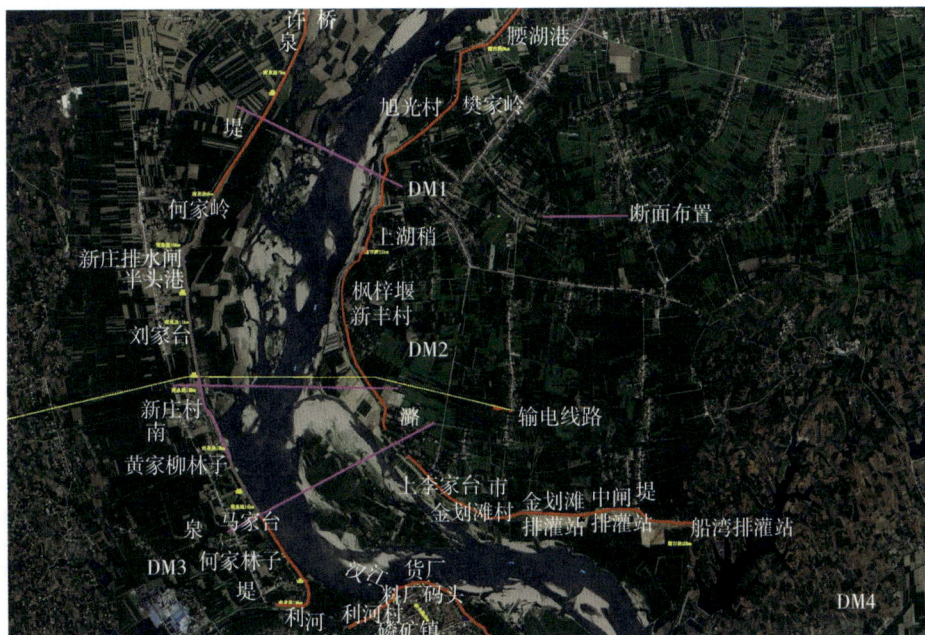

图 3.7-4 模型验证计算中实测断面位置分布

表 3.7-7 为水文测验断面实测水位与计算水位的对比情况,图 3.7-5 为断面流速验证计算结果。由表 3.7-7、图 3.7-5 可知,各断面计算水位与实测水位之间的差值不超过3.0cm,各断面流速分布与实测断面流速分布的偏差在 0.2m/s 以内,计算结果与实测结果基本吻合。

本报告所采用的平面二维数学模型经验证后能较好地模拟本河段的水流运动特性,计算结果和实测成果吻合较好,可用于分析计算工程建设前后对河道水位、流速的影响。

**表 3.7-7** 水文测验断面实测水位与计算水位的对比情况 (单位:m)

| 断面编号 | 计算水位 | 实测水位 | 水位差 |
|---|---|---|---|
| DM1 | 42.63 | 42.61 | 0.02 |
| DM2 | 42.39 | 42.38 | 0.01 |
| DM3 | 42.32 | 42.29 | 0.03 |
| DM4 | 41.58 | 41.58 | 0.00 |

(3)计算结果分析

1)对河道水位影响分析

图 3.7-6 为设计洪水条件下,工程建设前后河道水位变化等值线图。由图可以看出,当发生 1964 年同大洪水时,工程建设后,河道水位变化最大值为 0.01m,主要集中在工程局部范围内,N5047 塔位处影响距离约 61m,N5048 塔位处影响距离约 147m。

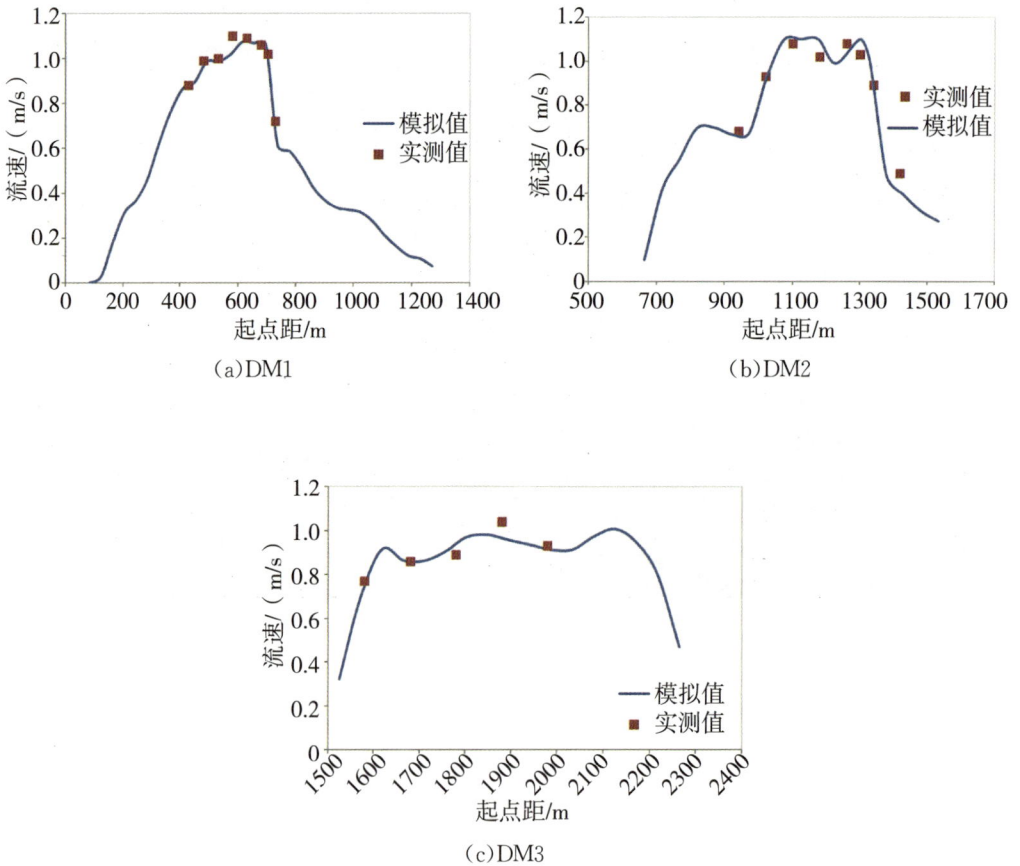

(a)DM1

(b)DM2

(c)DM3

**图 3.7-5 断面流速验证计算结果**

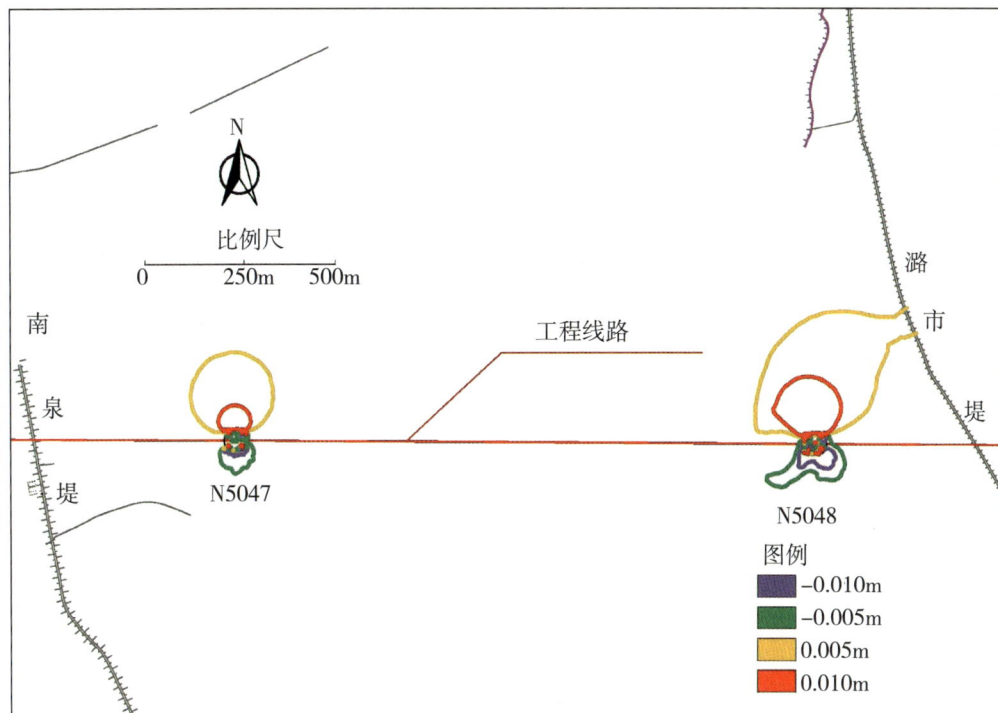

**图 3.7-6　工程建设前后河道水位变化等值线图**

表 3.7-8                                                                水位变化统计

| 流量/(m³/s) | 水位壅高<br>最大值/m | 水位降低<br>最大值/m | 影响大于 5mm 的范围(长×宽)/m | |
|---|---|---|---|---|
| | | | 壅高范围 | 降低范围 |
| $Q_{64洪水}=29100$ | 0.01 | 0.01 | N5047:215×200<br>N5048:316×325 | N5047:85×62<br>N5048:151×92 |

2)对水流流速影响分析

图 3.7-7 为河道设计洪水条件下,工程建设前后河道流速变化等值线图,图 3.7-8 为工程建设前后流场变化等值线图。由图可以看出,设计洪水条件下,工程河段主流基本无变化,工程建设前后,河道流速增加值最大为 0.05m/s(表 3.7-9),主要集中在工程下游河段,影响距离最远为 957m。

表 3.7-9                                                                流速变化统计

| 流量/(m³/s) | 流速增加<br>最大值/(m/s) | 流速减小<br>最大值/(m/s) | 影响大于 0.01m/s 的范围(长×宽) |
|---|---|---|---|
| $Q_{64洪水}=29100$ | 0.05 | 0.1 | 影响主要集中在工程下游,影响范围长宽尺寸为<br>2340m×2550m |

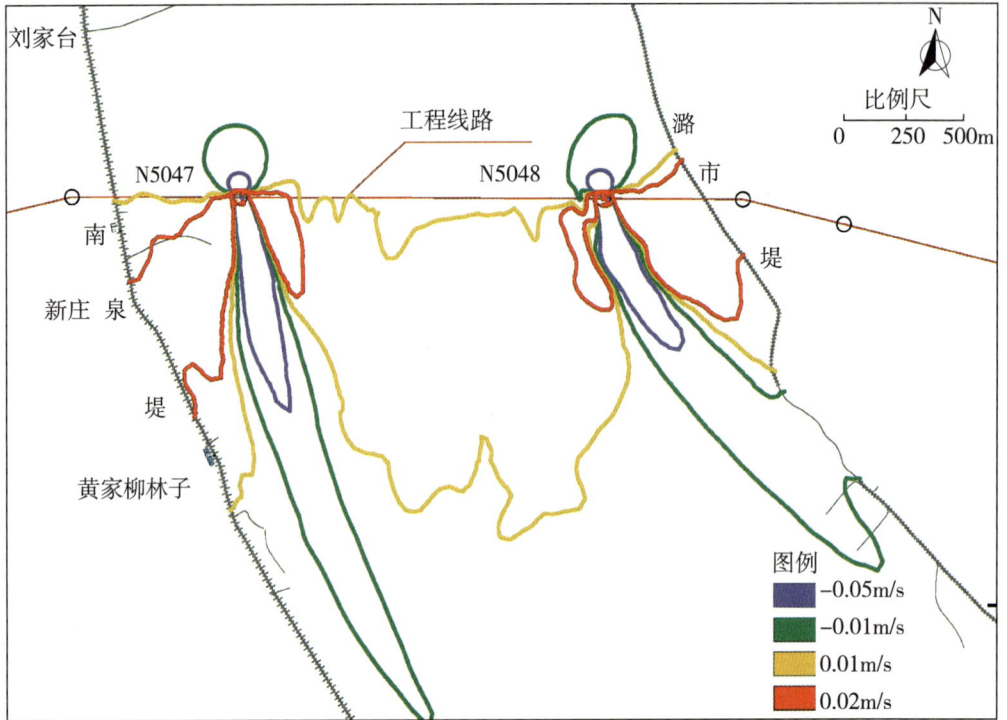

图 3.7-7　工程建设前后河道流速变化等值线图

3）近岸流速变化

工程建设后，工程附近近岸流速发生了一定的变化，选取典型位置进行统计分析。设计洪水条件下，工程附近近岸流速增加最大值为 0.02m/s（表 3.7-10）。

表 3.7-10　　　　　　　　　　工程建设前后近岸流速变化统计

| 计算条件 | $Q=29100\mathrm{m}^3/\mathrm{s}$ | |
| --- | --- | --- |
| 断面位置 | 左岸 | 右岸 |
| 工程断面上游 1km 处 | 0.0002 | −0.0006 |
| 工程断面上游 0.5km 处 | −0.0056 | −0.0007 |
| 工程断面 | 0.0200 | 0.0076 |
| 工程断面下游 0.5km 处 | 0.0057 | 0.0178 |
| 工程断面下游 1km 处 | −0.0092 | 0.0154 |

注：表中工程前后近岸流速为堤外约 10m 处的流速。"＋"表示增加，"－"表示减少。

4）重要水利设施附近水流变化

工程下游约 4.4km 处有潞市闸、下游约 5.0km 处有洲河闸、上游约 1.6km 处有新庄闸。

根据数学模型计算分析可知，工程实施后，潞市闸、洲河闸、新庄闸附近主流位置、水位、流速等均无变化，不会影响其正常运行（图 3.7-8）。

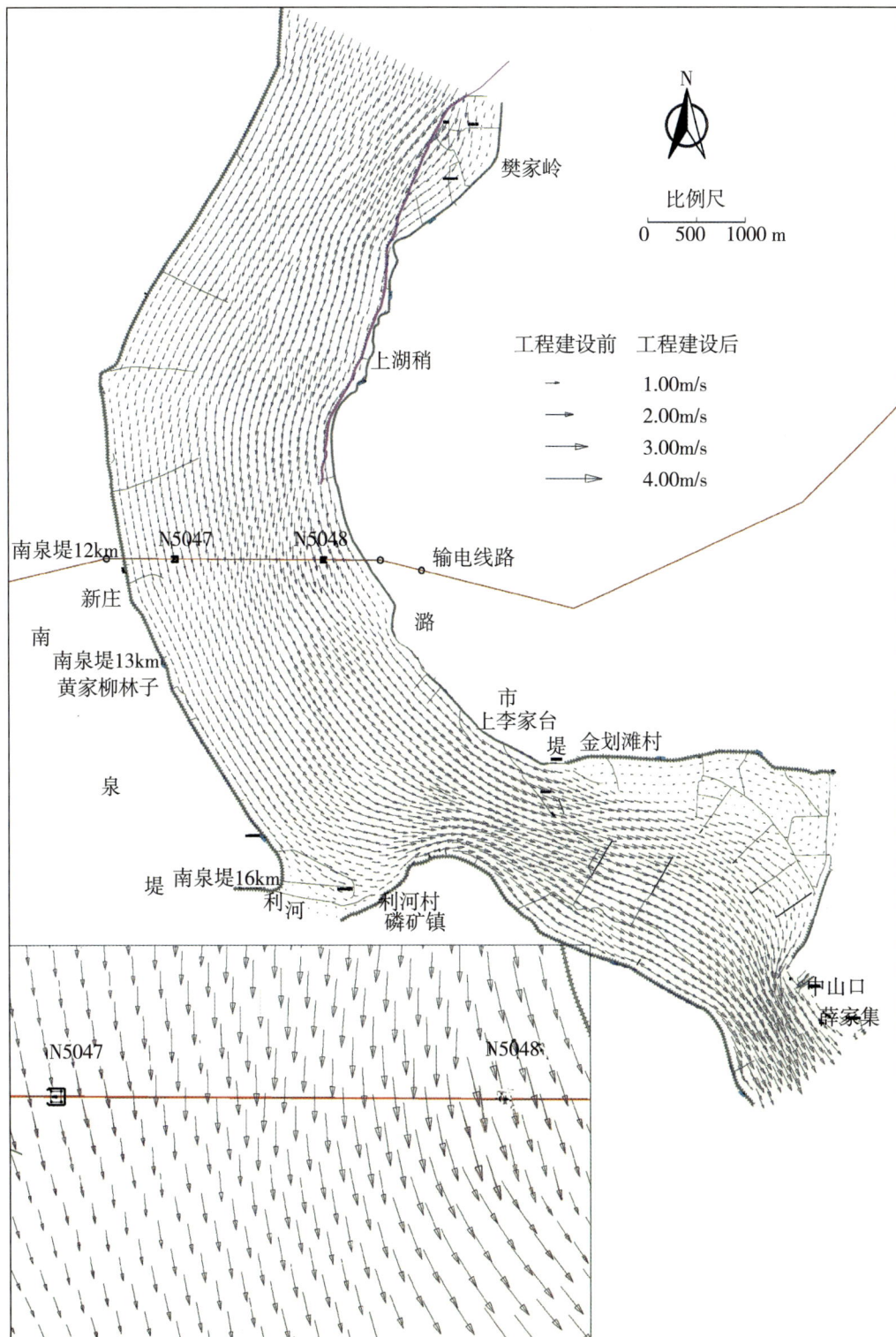

图 3.7-8　工程建设前后河道流速变化等值线图

### 3.7.4 冲刷分析计算

#### 3.7.4.1 计算方法

特高压输变电工程在河道内布置有杆塔,应进行冲刷分析计算。

计算工况选择原则为最不利的冲刷情况,一般选择河道设计洪水条件,若工程所在河段实际发生洪水中存在工程河段来水流量大、下游水位低的水流条件,应补充该工况条件下的冲刷计算。

冲刷计算包括主体工程和附属设施基础的冲刷分析计算,附属设施包括防撞桩、攀爬设施及附属用房。

塔基处的冲刷深度可采用《公路工程水文勘测设计规范》(JTG C30—2015)中推荐的桥墩冲刷公式计算。根据《公路工程水文勘测设计规范》,墩台冲刷包括河床自然演变冲刷、一般冲刷和局部冲刷 3 个部分。冲刷深度应根据地区特点、河段特性、水文与泥沙特征、河床地质等情况采用相应的方法和公式,必要时可采用其他公式或利用实测、调查资料验证,分析论证后选用合理的计算成果。

①河床自然演变冲刷。

河床自然演变冲刷由河道输沙不平衡造成,当上游来沙量小于本河段的水流挟沙能力时,便产生冲刷,河床下切。可通过调查或利用各年河床断面、河段地形图等资料,分析河段逐年自然下切程度,估算工程运行期内自然河床下切的深度。河槽横向变动引起的自然演变冲刷,宜在工程河段内选用对计算冲刷不利的断面作为计算断面。在一定条件下,河床发生淤积时,淤积速度逐渐减小,直至淤积停止,河床发生冲刷时,冲刷速度逐渐减低,直至冲刷停止。此项一般在河道演变分析的工程断面冲淤变化分析中确定。

②一般冲刷。

一般冲刷是指工程建设后,河道内立塔导致断面过水面积因压缩而减小,为通过工程前同样大小的流量,流速势必增大,水流挟沙能力也会相应增加,这样就要在工程位置处产生新的冲刷。随着冲刷的发展,工程位置处河床下切,过水面积加大,流速逐渐下降,待达到新的输沙平衡状态,或流速降低到泥沙容许不冲刷流速时,冲刷即停止。这种由于建塔压缩水流而在工程位置处河床全断面内发生的普遍冲刷,通称为一般冲刷。

③局部冲刷。

局部冲刷是指工程建设后,工程上游水流受到阻挡与干扰,其上层水面基本上保持平行于原水面,但受杆塔的阻水影响水面向上弯曲;杆塔前下层水流,流线大都倾斜向下,在床面处形成横轴环状漩涡带;绕桩的水流在桩前后端部左右侧都形成了立轴漩涡;下游水流扩散折向桩后。水流的变化引起了河床的变形,桩前横轴环状漩涡将泥沙卷起,由桩侧水流带走,在通过桩侧立轴漩涡时,泥沙先被上举,后斜落在桩后,形成纵向泥沙小丘。由于泥沙运动,桩周产生了局部冲刷坑,通称为局部冲刷。

根据《公路工程水文勘测设计规范》(JTG C30—2015),一般冲刷和局部冲刷计算公式分黏性土或非黏性土两种情况,具体采用何种公式需根据工程附近的地质钻探资料具体分析。

### 3.7.4.1.1 一般冲刷计算公式

(1)非黏性土河床

非黏性土河床的一般冲刷,应分为河槽、河滩部分,按下列公式计算:

1)河槽部分

①公式一(64-2简化式):

$$h_p = 1.04\left(A_d \frac{Q_2}{Q_c}\right)^{0.9}\left[\frac{B_c}{(1-\lambda)\mu B_{cg}}\right]^{0.66} h_{cm} \qquad (3.7\text{-}13)$$

$$Q_2 = \frac{Q_c}{Q_c + Q_{t_1}} Q_p \qquad (3.7\text{-}14)$$

$$A_d = \left(\frac{\sqrt{B_z}}{H_z}\right)^{0.15} \qquad (3.7\text{-}15)$$

式中:$h_p$——桥下一般冲刷后的最大水深,m;

$\quad Q_p$——设计流量,$m^3/s$;

$\quad Q_2$——桥下河槽部分通过的设计流量,当河槽能扩宽至全桥时取用$Q_p$;

$\quad Q_c$——天然状态下河槽部分设计流量;

$\quad Q_{t_1}$——天然状态下桥下河滩部分设计流量;

$\quad B_c$——天然状态下河槽宽度,m;

$\quad B_{cg}$——桥长范围内河槽宽度,m,当河槽能扩宽至全桥时取用桥孔总长度;

$\quad B_z$——造床流量下的河槽宽度,m,对复式河床可去平摊水位时河槽宽度;

$\quad \lambda$——设计水位下,在$B_{cg}$宽度范围内,桥墩阻水总面积与过水面积的比值;

$\quad \mu$——桥墩水流侧向压缩系数,可根据规范取值;

$\quad h_{cm}$——河槽最大水深,m;

$\quad A_d$——单宽流量集中系数,山前变迁、游荡、宽滩河段当$A_d>1.8$时,$A_d$值可采用1.8;

$\quad H_z$——造床流量下的河槽平均水深,m,对复式河床可取平滩水位时河槽平均水深。

②公式二(64-1修正式):

$$h_p = \left[ \frac{A_d \dfrac{Q_2}{\mu B_{cj}} \left( \dfrac{h_{cm}}{h_{cq}} \right)^{5/3}}{E d^{-\frac{1}{6}}} \right]^{3/5} \tag{3.7-16}$$

式中：$B_{cj}$——河槽部分桥孔过水净宽，m，当桥下河槽扩宽至全桥时，即为全桥桥孔过水净宽；

$h_{cq}$——桥下河槽平均水深，m；

$\overline{d}$——河槽泥沙平均粒径，mm；

$E$——与汛期含沙量有关的系数，当含沙量小于 $1\text{kg/m}^3$ 时，取值 0.46；当含沙量在 $1\sim10\text{kg/m}^3$ 时，取值 0.66；当含沙量大于 $10\text{kg/m}^3$ 时，取值 0.86。

2）河滩部分

$$h_p = \left[ \frac{\dfrac{Q_1}{\mu B_{tj}} \left( \dfrac{h_{tm}}{h_{tq}} \right)^{5/3}}{v_{H_1}} \right]^{5/6} \tag{3.7-17}$$

$$Q_1 = \frac{Q_{t_1}}{Q_c + Q_{t_1}} Q_p \tag{3.7-18}$$

式中：$Q_1$——桥下河滩部分通过的设计流量，$\text{m}^3/\text{s}$；

$h_{tm}$——桥下河滩最大水深，m；

$h_{tq}$——桥下河滩平均水深，m；

$v_{H_1}$——河滩水深 1m 时非黏性土不冲刷流速，m/s，可根据规范取经验值；

$B_{tj}$——河滩部分桥孔净长，m。

（2）黏性土河床

黏性土河床的一般冲刷，应分为河槽、河滩部分，按下列公式计算：

1）河槽部分

$$h_p = \left[ \frac{A_d \dfrac{Q_2}{\mu B_{cj}} \left( \dfrac{h_{cm}}{h_{cq}} \right)^{5/3}}{0.33 \left( \dfrac{1}{I_L} \right)} \right]^{5/8} \tag{3.7-19}$$

式中：$A_d$——单宽流量集中系数，取 $1.0\sim1.2$；

$I_L$——冲刷坑范围内黏性土液性指数，适用范围为 $0.16\sim1.19$。

2）河滩部分

$$h_p = \left[ \frac{A_d \dfrac{Q_2}{\mu B_{tj}} \left( \dfrac{h_{tm}}{h_{tq}} \right)^{5/3}}{0.33 \left( \dfrac{1}{I_L} \right)} \right]^{6/7} \tag{3.7-20}$$

式中符号意义同前。

### 3.7.4.1.2 局部冲刷计算公式

（1）非黏性土河床

非黏性土河床桥墩局部冲刷，可按下列公式计算：

1）65-2 式

$$当 V \leqslant V_0, h_b = K_\xi K_{\eta_2} B_1^{0.60} h_p^{0.15} \left( \frac{V - V'_0}{V_0} \right) \tag{3.7-21}$$

$$当 V > V_0, h_b = K_\xi K_{\eta_2} B_1^{0.60} h_p^{0.15} \left( \frac{V - V'_0}{V_0} \right)^{n_2} \tag{3.7-22}$$

$$K_{\eta_2} = \frac{0.0023}{\overline{d}^{2.2}} + 0.375 \overline{d}^{0.24} \tag{3.7-23}$$

$$V_0 = 0.28(\overline{d} + 0.7)^{0.5} \tag{3.7-24}$$

$$V_0' = 0.12(\overline{d} + 0.5)^{0.55} \tag{3.7-25}$$

$$n_2 = \left( \frac{V_0}{V} \right)^{0.23 + 0.19 \lg \overline{d}} \tag{3.7-26}$$

式中：$h_b$——桥墩局部冲刷深度，m；

$\quad K_\xi$——墩形系数，可按规范附录选用；

$\quad B_1$——桥墩计算宽度，m；

$\quad \overline{d}$——河床泥沙平均粒径，mm；

$\quad K_{\eta_2}$——河床颗粒影响系数；

$\quad V$——一般冲刷后墩前行进流速，m/s；

$\quad V_0$——河床泥沙起动流速，m/s；

$\quad V'_0$——墩前泥沙起冲流速，m/s；

$\quad n_2$——指数。

2）65-1 修正式

$$当 V \leqslant V_0, h_b = K_\xi K_{\eta_2} B_1^{0.6} (V - V'_0) \tag{3.7-27}$$

$$当 V > V_0, h_b = K_\xi K_{\eta_1} B_1^{0.6} (V - V'_0) \left( \frac{V - V'_0}{V_0 - V'_0} \right)^{n_1} \tag{3.7-28}$$

$$V_0 = 0.0246 \left( \frac{h_p}{\overline{d}} \right)^{0.14} \sqrt{332 \overline{d} + \frac{10 + h_p}{\overline{d}^{0.72}}} \tag{3.7-29}$$

$$K_{\eta_1} = 0.8 \left( \frac{1}{\overline{d}^{0.45}} + \frac{1}{\overline{d}^{0.15}} \right) \tag{3.7-30}$$

$$V'_0 = 0.462(B_1)^{0.06} V_0 \tag{3.7-31}$$

$$n_1=\left(\frac{V_0}{V}\right)^{0.25\overline{d}^{0.19}} \tag{3.7-32}$$

式中：$K_{\eta_1}$——河床颗粒影响系数；

     $n_1$——指数；

     $\overline{d}$——河床泥沙平均粒径，mm，适用范围为 0.1～500mm；

     $h_p$——桥下一般冲刷后的最大水深，m，适用范围 0.2～30m；

     $V$——一般冲刷后墩前行进流速，适用范围为 0.1～6m/s；

     $B_1$——桥墩计算宽度，适用范围为 0～11m。

其余符号意义同前。

（2）黏性土河床

黏性土河床桥墩局部冲刷可按下列公式计算：

$$当\frac{h_p}{B_1}\geqslant 2.5\ 时，h_b=0.83K_\xi B_1^{0.6}I_L^{1.25}V \tag{3.7-33}$$

$$当\frac{h_p}{B_1}< 2.5\ 时 h_b=0.55K_\xi B_1^{0.6}h_p^{0.1}I_L^{1.0}V \tag{3.7-34}$$

式中：$I_L$——冲刷坑范围内黏性土液性指数，适用范围为 0.16～1.48。

### 3.7.4.2 案例分析

工程一跨跨越河道，无须进行冲刷分析计算，如咸宁长江大跨越；河道内布置了杆塔工程的，则应进行杆塔基础冲刷分析计算，如王家滩汉江大跨越工程。

王家滩汉江大跨越 Z1036 直线跨越塔立于汉江滩地上，根据工程河段附近 1978—2016 年实测地形资料分析，工程塔基所在王家滩滩地未发生明显自然冲刷。

根据地勘资料分析，杆塔基础所在位置土层主要为黏性土。采用黏性土冲刷计算公式进行计算。$I_L$ 根据工程地勘成果确定，取表层黏性土的液性指数上限值 0.89。

防洪设计洪水条件下，Z1036 塔基一般冲刷深度为 0.29m，局部冲刷深度为 1.39m，工程建设后塔基处最大冲刷深度约为 1.68m（表 3.7-11）。

防撞桩一般冲刷深度为 0.41m，局部冲刷深度为 1.99m，工程建设后防撞桩处最大冲刷深度约为 2.40m（表 3.7-11）。

攀爬设施基础一般冲刷深度为 0.34m，局部冲刷深度为 1.66m，工程建设后攀爬设施基础最大冲刷深度约为 2.00m（表 3.7-11）。

表 3.7-11                                    Z1036 塔基冲刷计算成果表

| 塔基编号 | 评价洪水条件 | 一般冲刷深度/m | 局部冲刷深度/m | 最大冲刷深度/m |
|---|---|---|---|---|
| Z1036 塔基 | 防洪设计洪水 | 0.29 | 1.39 | 1.68 |
| | 安全泄量洪水 | 0.23 | 1.27 | 1.50 |
| 防撞桩 | 防洪设计洪水 | 0.41 | 1.99 | 2.40 |
| | 安全泄量洪水 | 0.32 | 1.82 | 2.14 |
| 攀爬设施 | 防洪设计洪水 | 0.34 | 1.66 | 2.00 |
| | 安全泄量洪水 | 0.27 | 1.52 | 1.79 |

## 3.7.5 堤防渗流稳定计算

### 3.7.5.1 计算方法

《堤防工程设计规范》规定,跨堤建(构)筑物的支墩不应布置在堤身设计断面以内,当需要布置在堤身背水坡时,必须满足堤身设计抗滑和渗流稳定的要求。渗流稳定计算应计算设计洪水持续时间内浸润线的位置,当在背水侧堤坡逸出时,应计算出逸点的位置、逸出段与背水侧堤基表面的出逸比降。

目前堤防渗流和抗滑稳定计算使用较为广泛的软件主要有以下 3 种:

①Auto Bank 软件:可进行渗流分析、稳定分析和结构计算等。它可以用于分析堤防、土石坝、尾矿坝、水闸等水工建筑物的渗流场问题,支持各向同性、各向异性、多层地基和复杂断面情况下的渗流场分析,并可以处理垂直铺塑、水平防渗等复杂边界条件。

②理正岩土工程分析计算软件:集渗流分析、稳定分析、固结分析以及水工建筑物整体稳定分析功能于一体,可对土坝、堤防、涵洞、水闸等水工建筑物进行详细的分析计算,并且可以直接应用 Auto CAD 图形,全部图形化界面,操作简便。

③GeoStudio 地质工程设计分析软件:其中 SLOPE/W(边坡稳定性分析软件)是全球岩土工程界首选的稳定性分析软件,SEEP/W(地下水渗流分析软件)是全面处理非饱和土体渗流问题的商业化软件,Seep3D(三维渗流分析软件)将强大的交互式三维设计引入饱和、非饱和地下水的建模中,可以迅速分析各种各样的地下水渗流问题。

特高压输变电工程档距一般较大,与堤脚距离相对较远,根据洪水影响评价审批要求,一般仅需开展堤防渗流稳定分析计算,分析杆塔塔基的建设对堤防渗透稳定的影响,为工程抗渗或防渗设计提供依据。

渗流分析中堤基渗流场计算按平面稳定渗流考虑,用有限元法求解渗流水头并计算渗漏流量。对于稳定渗流,符合达西定律的非均质各向异性二维渗流场,水头势函数满足微分方程:

$$\frac{\partial}{\partial x}\left(k_x\frac{\partial \varphi}{\partial x}\right)+\frac{\partial}{\partial y}\left(k_y\frac{\partial \varphi}{\partial y}\right)+Q=0 \tag{3.7-35}$$

式中：$\varphi$——待求水头势函数，$\varphi=\varphi(x,y)$；

$x,y$——平面坐标；

$K_x,K_y$——$x,y$ 轴方向的渗透系数。

水头 $\varphi$ 还必须满足一定的边界条件，一般包括以下几种边界条件：

①上游边界上水头已知：

$$\varphi=\varphi_n \tag{3.7-36}$$

②逸出边界水头和位置高程相等：

$$\varphi=z \tag{3.7-37}$$

③某边界上渗流量 $q$ 已知：

$$k_x\frac{\partial \varphi}{\partial x}l_x+k_y\frac{\partial \varphi}{\partial y}l_y=-q \tag{3.7-38}$$

式中：$l_x,l_y$——边界表面向外法线在 $x,y$ 方向的余弦。

将渗流场用有限元离散，假定单元渗流场的水头函数势 $\varphi$ 为多项式，由微分方程及边界条件确定问题的变分形式，可得出线性方程组：

$$[H]\{\varphi\}=\{F\} \tag{3.7-39}$$

式中：$[H]$——渗透矩阵；

$\{\varphi\}$——渗流场水头；

$\{F\}$——节点渗流量。

求解以上方程组可以得到节点水头，据此求得单元的水力坡降、流速等物理量。

### 3.7.5.2 案例分析

特高压输变电工程档距一般较大，与堤脚距离较远，根据洪水影响评价审批要求，一般仅需开展堤防渗流稳定分析计算，本次王家滩汉江大跨越工程采用理正渗流分析软件计算，咸宁长江大跨越渗流稳定计算采用 Auto Bank 软件。

（1）王家滩汉江大跨越

1）计算工况

王家滩汉江大跨越工程洪水影响评价报告编制及审批时，反滤导渗措施作为补救措施放入防洪影响补救措施中，并未纳入主体工程，因此，在本案例中，计算工况为工程建设前和工程建设后。

工程建设前：小江湖堤防洪设计水位 43.73m 条件下堤防现状断面渗流计算，下游水位取 36.90m；遥堤防洪设计水位 43.73m 条件下堤防现状断面渗流计算，下游水位取 35.89m，遥堤堤后排渗沟在模型计算中作为溢出边界考虑。

工程建设后:小江湖堤设计水位 43.73m 条件下工程后堤防断面渗流计算,下游水位取 36.90m;遥堤设计水位 43.73m 条件下工程建设后堤防断面渗流计算,下游水位取 35.89m,遥堤堤后排渗沟在模型计算中作为溢出边界考虑。考虑线塔桩基与土体之间产生缝隙而使部分土体不参加抗渗作用。

2)计算参数

计算采用的各土层物理力学参数参考《湖北省汉江堤防加固重点工程(荆门二期段)初步设计报告》《湖北省汉江遥堤加固工程初步设计报告》的地质勘查结果,并根据荆门—武汉 1000kV 特高压交流输变电工程岩土工程勘测报告书,结合工程经验综合确定,小江湖堤各土层计算参数见表 3.7-12。

表 3.7-12　　　　　　　　　　　小江湖堤各土层计算参数表

| 岩土名称 | 渗透系数/(cm/s) | 允许溢出坡降 |
|---|---|---|
| 人工填土 | $3.0 \times 10^{-5}$ | 0.35 |
| 粉土 | $8.0 \times 10^{-5}$ | 0.45 |
| 粉质黏土 | $5.0 \times 10^{-5}$ | 0.45 |
| 细砂 | $1.0 \times 10^{-3}$ | 0.15 |
| 圆砾 | $5.0 \times 10^{-2}$ | —— |
| 粉土夹粉砂 | $1.0 \times 10^{-4}$ | 0.40 |

3)计算结果与分析

工程建设前后小江湖堤堤内渗流等势线见图 3.7-9、遥堤堤内渗流等势线见图 3.7-10,堤防计算剖面渗流溢出点水力坡降见表 3.7-13。

表 3.7-13　　　　　　　　　　　堤防计算剖面渗流溢出点水力坡降

| 堤防 | 工况 | 防洪设计水位 /m | 溢出点高程 /m | 出溢点位置 | 溢出点渗透坡降 | |
|---|---|---|---|---|---|---|
| | | | | | 最大值 | 允许值 |
| 小江湖堤 (塔号 J1012(L/R)) | 工程建设前 | 43.73 | 41.01 | 堤脚处 | 0.09 | 0.35 |
| | 工程建设后 | 43.73 | 41.01 | 堤脚处 | 0.10 | 0.35 |
| 汉江遥堤 (塔号 Z1037) | 工程建设前 | 43.73 | 41.09 | 堤脚处 | 0.06 | 0.35 |
| | 工程建设后 | 43.73 | 41.09 | 堤脚处 | 0.07 | 0.35 |

由渗流稳定计算结果可见,现状条件下,小江湖堤堤脚处土体渗透坡降值为 0.09,工程建设后,堤脚处土体渗透坡降值为 0.10。两种工况下土体渗透坡降均小于允许值。

现状条件下,遥堤堤脚处土体渗透坡降值为 0.06,工程建设后,堤脚处土体渗透坡降值为 0.07。两种工况下土体渗透坡降均小于允许值。

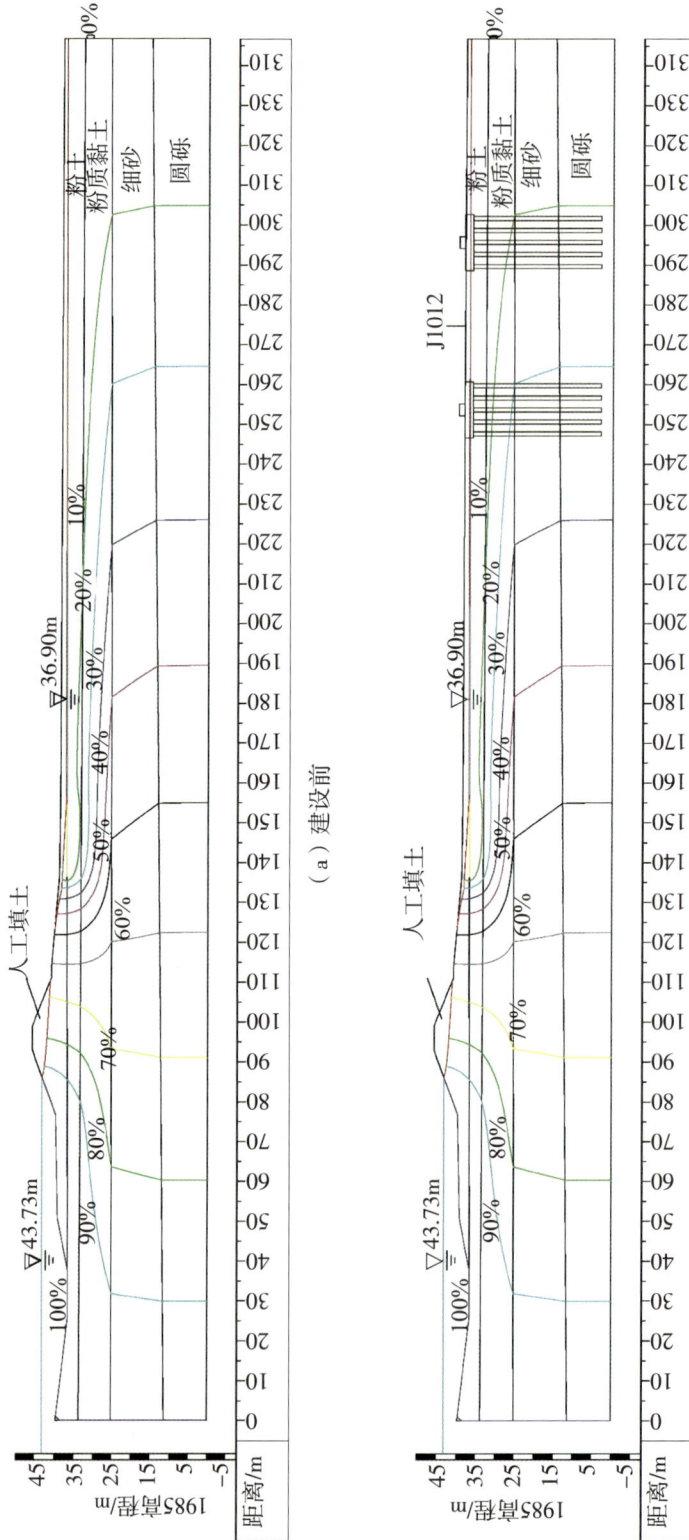

（a）建设前

（a）建设后

图3.7-9　工程建设前后小江湖堤堤内渗流等势线图

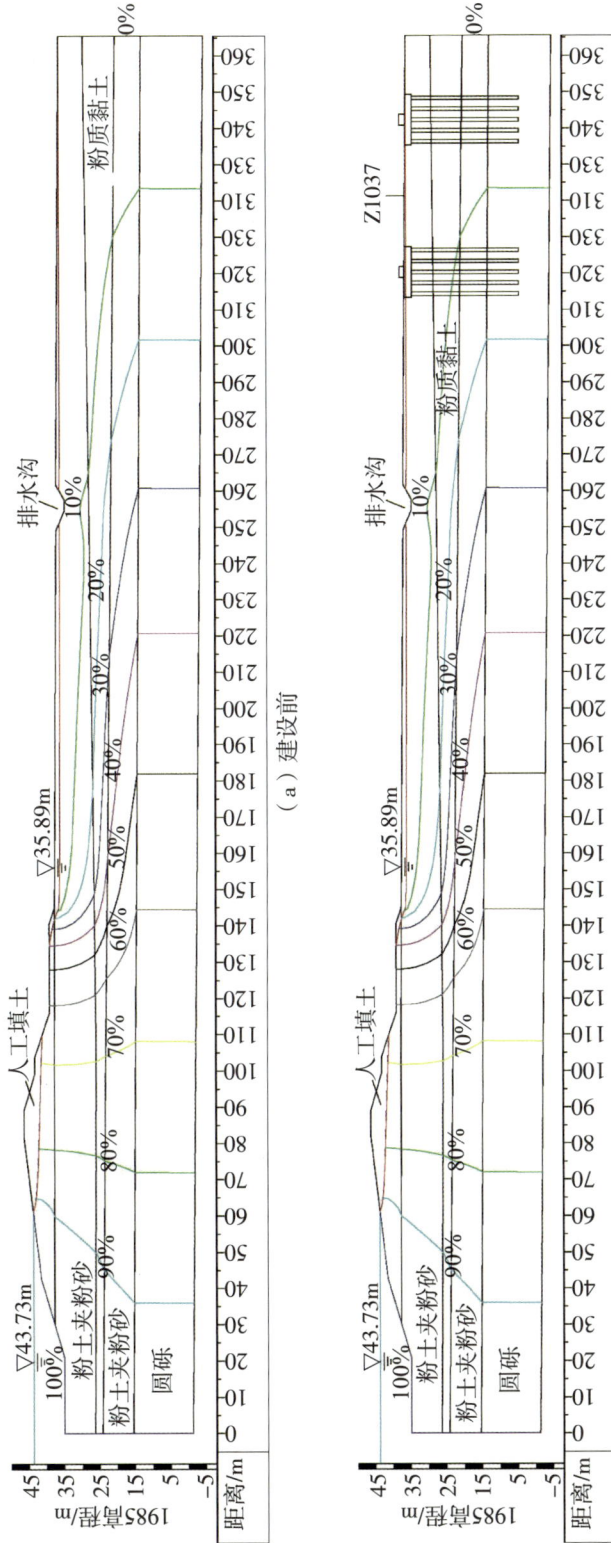

图3.7-10 工程建设前后遥堤堤内渗流等势线图

（2）咸宁长江大跨越

1）计算断面

计算选取工程跨越处长江左右岸堤防断面。

左岸洪湖长江干堤456＋075断面，参照洪湖监利长江干堤HJP144(456＋500)工程地质横剖面图及杆塔N8301地质钻孔资料进行地层划分。

右岸咸宁长江干堤305＋960断面，参照咸宁市嘉鱼干堤(305＋550)工程地质横剖面图及杆塔N8302地质钻孔资料进行地层划分。

2）计算参数

各土层的物理力学参数参考《湖北省洪湖监利长江干堤整治加固工程初步设计地质勘察报告》《湖北省咸宁市长江干堤整险加固工程初步设计地质勘察报告》《金上—湖北±800kV特高压直流输电工程施工图设计阶段岩土工程勘察报告（包15段）（咸宁长江大跨越段）》中的地质勘察结果。各土层渗透系数和允许坡降值见表3.7-14。

表 3.7-14　　　　　　　　各土层渗透系数和允许坡降值

| 土层 | 渗透系数 $k$/(cm/s) | 允许比降 $J$ |
| --- | --- | --- |
| 素填土 | $4.5×10^{-4}$ | 0.30 |
| 粉质黏土 | $5.0×10^{-5}$ | 0.35 |
| 淤泥质粉质黏土 | $5.0×10^{-6}$ | / |
| 泥质砂岩 | $5.0×10^{-6}$ | / |
| 粉细砂 | $1.0×10^{-3}$ | / |
| 砂砾岩 | $1.0×10^{-4}$ | / |
| 砂岩 | $1.0×10^{-6}$ | / |

3）计算工况

咸宁长江大跨越洪水影响评价报告编制及审批时，对特高压输变电工程采取的反滤导渗措施要求纳入主体工程，因此，在本案例中，计算工况为工程建设前和工程建设后，同时增加采取反滤导渗措施后的堤防断面渗流稳定计算工况。

根据工程设计方案和评价需求，拟定如下计算工况（表3.7-15）：

①工况一（工程建设前）：设计洪水位下现状堤防断面渗流计算，堤外水位为堤防设计洪水位，左岸洪湖监利长江干堤为30.51m，右岸咸宁长江干堤为30.62m，堤内水位取堤后地面最低点高程。

②工况二（工程建设后）：设计洪水位条件下工程建设后堤防断面渗流计算。根据工程设计方案，工程影响主要包括桩基影响，考虑杆塔桩基与土体之间存在缝隙，导致使3m深度范围内的土体不参加抗渗（即该处范围的渗透系数设置为较大数值，参照排水

体取值为 $1.0 \times 10^{-3}$ cm/s。

③工况三(措施后):设计洪水位条件下,采取工程措施后堤防断面渗流计算,下游水位取堤后地面高程。桩基周围铺设反滤层,参照类似工程,反滤层渗透系数取值为 $5.0 \times 10^{-3}$ cm/s。

表 3.7-15 渗流计算工况

| 堤防 | 计算工况 | 外江水位/m | 堤内水位/m |
|---|---|---|---|
| 洪湖监利长江干堤 | 工程建设前 | 30.51 | 25.20 |
| | 工程建设后 | 30.51 | 25.20 |
| | 采取措施后 | 30.51 | 25.20 |
| 咸宁长江干堤 | 工程建设前 | 30.62 | 25.05 |
| | 工程建设后 | 30.62 | 25.05 |
| | 采取措施后 | 30.62 | 25.05 |

4)计算结果分析

堤防计算剖面渗流溢出点水力坡降见表 3.7-16,洪湖监利长江干堤渗流稳定计算等势线见图 3.7-11、咸宁长江干堤渗流稳定计算等势线见图 3.7-12。

表 3.7-16 堤防计算剖面渗流溢出点水力坡降

| 堤防 | 工况 | 溢出点高程/m | 溢出点渗透坡降 | | 杆塔处水力坡降 | |
|---|---|---|---|---|---|---|
| | | | 最大值 | 允许值 | 最大值 | 允许值 |
| 洪湖监利长江干堤 | 工程建设前 | 27.57 | 0.163 | 0.30 | 0.016 | 0.35 |
| | 工程建设后 | 27.57 | 0.162 | 0.30 | 0.052 | 0.35 |
| | 采取措施后 | 27.59 | 0.158 | 0.30 | 0.013 | 0.35 |
| 咸宁长江干堤 | 工程建设前 | 28.33 | 0.135 | 0.30 | 0.009 | 0.35 |
| | 工程建设后 | 28.33 | 0.134 | 0.30 | 0.019 | 0.35 |
| | 采取措施后 | 28.33 | 0.132 | 0.30 | 0.002 | 0.35 |

对于左岸洪湖监利长江干堤堤防断面,工程建设前、工程建设后、采取措施后计算断面堤身逸出点水力坡降均位于素填土层,计算所得的最大渗透坡降分别为 0.163、0.162、0.158,均小于素填土层允许渗透坡降 0.30。工程建设前、工程建设后、采取措施后计算断面杆塔处水力坡降均位于粉质黏土层,计算所得的最大渗透坡降分别为 0.016、0.052、0.013,均小于粉质黏土层允许渗透坡降 0.35。

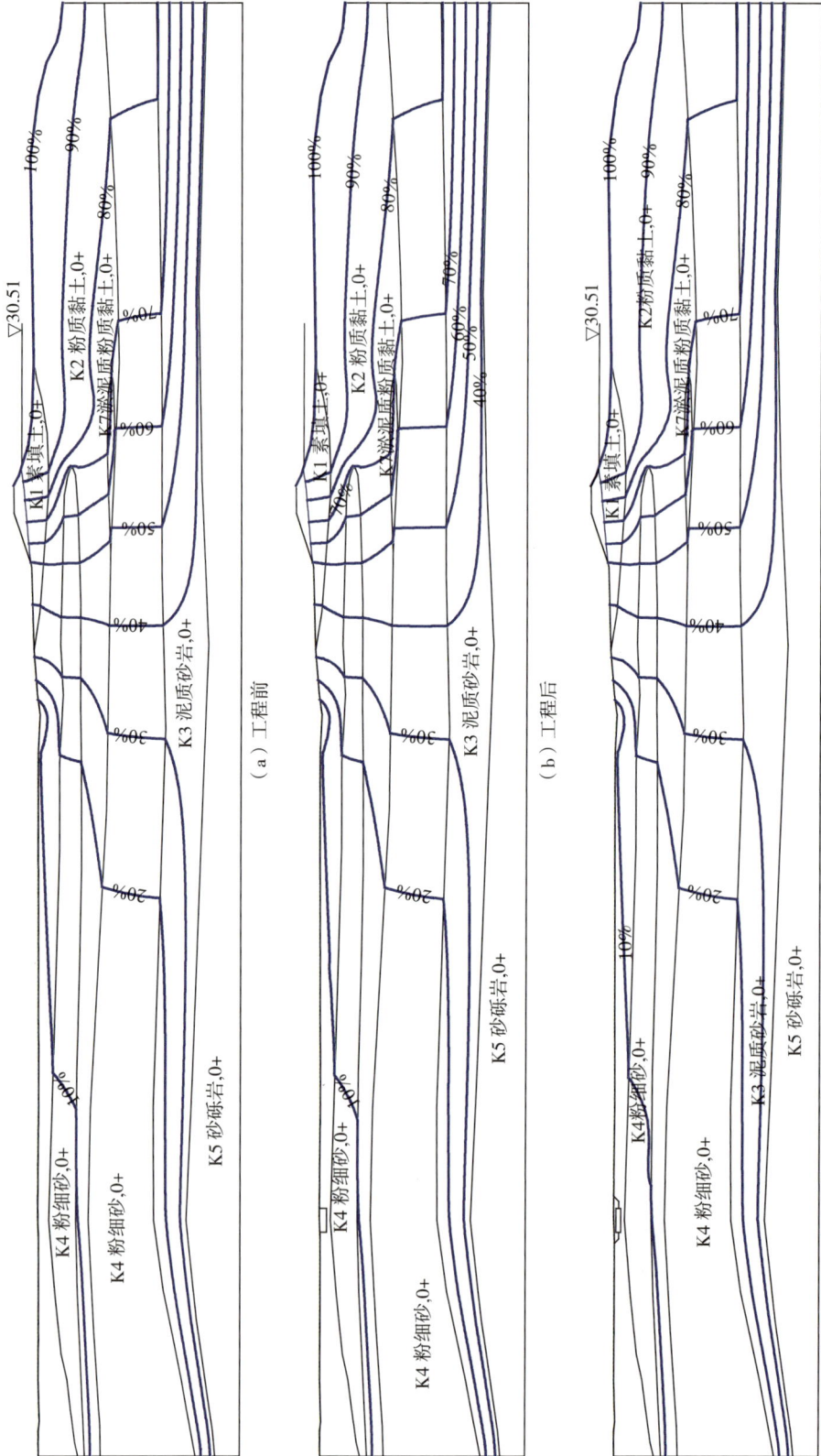

图3.7-11　洪湖监利长江干堤渗流稳定计算等势线图

（a）工程前

（b）工程后

（c）措施后

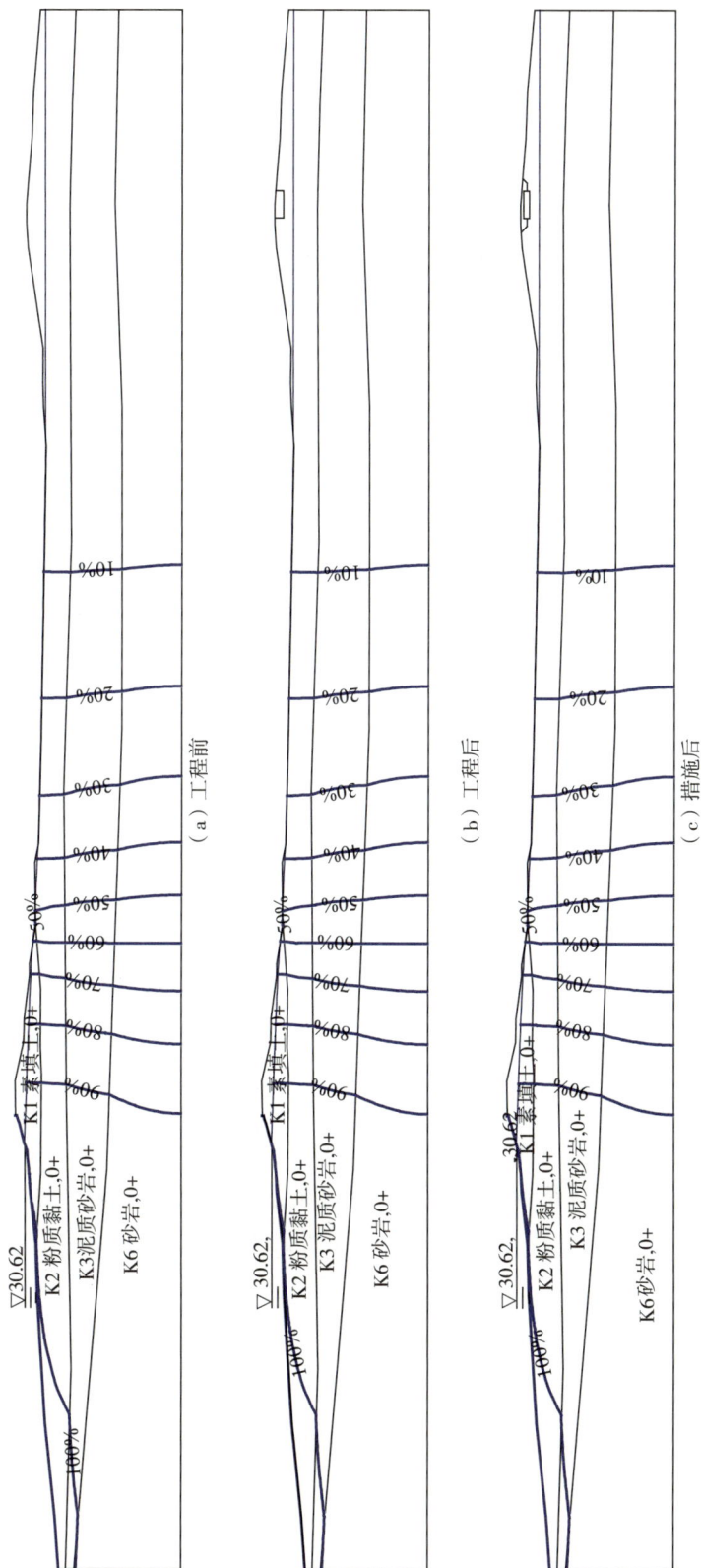

**图3.7-12 咸宁长江干堤渗流稳定计算等势线图**

(a) 工程前

(b) 工程后

(c) 措施后

对于右岸咸宁长江干堤堤防断面,工程建设前、工程建设后、采取措施后计算断面堤身逸出点水力坡降均位于素填土层,计算所得的最大渗透坡降分别为 0.135、0.134、0.132,均小于素填土层允许渗透坡降 0.30。工程建设前、工程建设后、采取措施后计算断面杆塔处水力坡降均位于粉质黏土层,计算所得的最大渗透坡降分别为 0.009、0.019、0.002,均小于粉质黏土层允许渗透坡降 0.35。

由此可知,工程对堤防渗流稳定影响较小,对杆塔处影响相对较大,但渗透坡降较小;采取防渗措施后,杆塔处渗透坡降有所减小。

# 3.8　洪水影响分析评价

## 3.8.1　项目与相关规划的关系分析

### 3.8.1.1　分析评价要点

建设项目与相关规划的关系分析评价,要重点评价以下 5 个方面内容:

①需说明工程所在流域及河段的综合规划、防洪规划、河湖岸线保护与利用规划、河湖治理规划、采砂规划等相关规划及实施情况,逐一分析工程建设与相关规划的关系,评价工程建设是否符合水利规划的要求与整治目标。

流域综合规划包括长江流域综合规划、汉江流域综合规划、洞庭湖区综合规划、鄱阳湖区综合治理规划等;防洪规划包括长江流域防洪规划、滁河流域防洪规划;河湖岸线保护和利用规划主要为长江干流及其支流的岸线保护和利用规划。

建设项目应与流域综合规划及防洪规划、河湖岸线保护与利用规划、河湖治理规划、河湖采砂管理规划、港口规划、过江通道布局规划等有关专业(专项)规划相适应,应符合河湖管理和水利工程管理的有关规定。

②要评价建设项目对流域规划、防洪规划、河道治理等相关规划实施的影响。工程所在河段若有水利规划工程措施,应分析工程建设是否对有关水利规划的实施产生不利的影响,是否会增加规划实施的难度。建设项目对水利规划实施产生影响的,应采取防洪影响补救措施。

建设项目影响堤防加高加固、河道整治等水利工程实施时,应将影响范围内的水利工程按规划标准纳入建设项目投资并同步实施。建设项目影响规划新建堤防建设的,应为规划新建堤防实施预留空间,避免影响规划堤防后期建设和堤顶防汛交通。

③要评价建设项目是否符合洪水调度安排,满足防御洪水方案、洪水调度方案等要求。防御洪水方案主要有长江防御洪水方案;洪水调度方案包括长江洪水调度方案、汉江洪水与水量调度方案、滁河洪水调度方案等;水工程联合调度运用计划主要为长江流

域水工程联合调度运用计划。

④要评价建设项目是否符合河湖空间管控、水功能区、饮用水水源保护区、自然保护区的管理要求。

建设项目选址宜选择河势及岸坡稳定、水流平顺的河段，应避开重要水利工程设施、饮用水水源一级保护区、水文监测设施周围环境保护范围等。

⑤要评价建设项目是否属于长江经济带发展负面清单指南中禁止建设项目，工程建设是否符合《长江经济带发展负面清单指南》中对建设项目的管控要求，这是与相关规划的关系分析中必不可少的一项内容。

### 3.8.1.2 案例分析

（1）与流域综合规划的关系分析

河道管理范围内的输变电工程与流域综合规划、防洪规划联系较紧密的主要为堤防加高加固和河道整治。与堤防加高加固的关系分析中，应说明跨越堤防是否达标建设，工程建设对附近未达标建设堤防的加高加固实施是否有影响；河道整治应针对具体整治实施方案分析，若在综合规划中已明确了整治方案，也可纳入本小节分析。

王家滩汉江大跨越位于汉江中下游沙洋河段。根据《汉江流域综合规划报告》，流域规划目标是建立以丹江口水库为骨干，支流水库拦蓄，堤防和各蓄滞洪区配合运用的流域防洪保安体系。工程上跨小江湖堤、汉江遥堤，堤防均已达标建设，导线与堤防净空满足堤防安全净空标准；基础与两岸堤防堤脚距离较远、基础与河道两岸岸坡较远，不会影响堤防安全、岸坡稳定、河道治理、堤防加固等规划的实施。

咸宁长江大跨越位于长江中游嘉鱼河段，长江流域防洪规划的成果已纳入长江流域综合规划，因此主要分析工程与长江流域综合规划的关系。根据《长江流域综合规划》，长江中下游采取合理地加高加固堤防的措施，整治河道，安排与建设平原蓄滞洪区，结合兴利修建干支流水库，逐步建成以堤防为基础、三峡水库为骨干，其他干支流水库、蓄滞洪区、河道整治相配合，平垸行洪、退田还湖、水土保持等工程措施与防洪非工程措施相结合的综合防洪体系。工程采用一跨跨越长江干流，两岸堤防均已达标建设，工程建设后，对长江中下游防洪规划及其实施无影响。

（2）与岸线规划的关系分析

与岸线规划的关系分析中，应明确河道两岸岸线类型、划分依据以及限制进入的项目类型。

1）王家滩汉江大跨越

根据《长江岸线保护和开发利用总体规划》，工程位于汉江马良至多宝湾段，工程跨越断面位于汉江沙洋段长吻鮠瓦氏黄颡鱼国家级水产种质资源保护区实验区。左岸位于袁家洼泵站下游 500m—沙洋大桥上游 330m 保留区,右岸位于小江湖蓄滞洪区分洪口门下游 500m—联兴村对开保留区,两段保留区划分依据均为"无规划涉水工程,同时位于汉江沙洋段长吻鮠瓦氏黄颡鱼国家级水产种质资源保护区试验区",限制进入的项目类型为"汉江沙洋段长吻鮠瓦氏黄颡鱼国家级种质资源保护区内不得建设影响种质资源保护目标的项目"。

对生态环境有影响的工程,应收集工程环境影响评价专题报告,洪评报告中直接引用其结论。本案例中分析如下:根据《荆门—武汉 1000kV 交流特高压输变电工程对汉江沙洋段长吻鮠瓦氏黄颡鱼国家级水产种质资源保护区影响专题论证报告》分析结论,"施工期,由于施工区距离评价区水体较远,且未对保护区鱼类资源繁殖洄游有明显阻碍作用,在采取一系列保护措施的前提下,保护区受影响鱼类生物资源量不大,施工结束后影响消失;运行期,确保工频电场强度控制在安全限值内,且工程线路设计的垂弧远离水面,对鱼类资源影响非常有限。综合来看,切实落实各项环保措施后,荆门—武汉 1000kV 特高压交流输变电工程项目从环境保护的角度考虑具有可行性"。2020 年 1 月 15 日,该报告通过湖北省水产局组织的专家审查会。

河道内布置了一基杆塔,应增加施工期对河段保护鱼类目标的影响分析评价。评价如下:工程塔基施工安排在 12 月至次年 3 月,长吻鮠产卵季节在 5 月,瓦氏黄颡鱼 4—6 月为繁殖期,因此,大跨越塔基础施工工期安排与长吻鮠瓦氏黄颡鱼产卵期不冲突,与岸线利用规划是相适应的。

2)咸宁长江大跨越

工程左右岸均为保护区,主要划分依据为"白鱀豚保护区核心区",限制进入的项目类型为"禁止与自然保护区保护方向不一致的项目"。

工程一跨跨越河道,对河道生态保护目标基本无影响,因此可简要分析。评价如下:工程采用一跨跨越长江干流,两岸跨越塔均位于堤防背水侧,与堤脚最近距离约 161m,对河道行洪安全及河道水质无影响,对岸线规划的保护目标无影响,工程建设符合岸线保护和开发利用的总体要求。

(3)与河道整治规划的关系分析

1)王家滩汉江大跨越

沙洋河段河道整治规划方案为:拟将进口段整治为顺直单一河道;对王家营弯道段进行洲滩整治,促使洲滩合并,同时对王家营对岸凸岸边滩进行守护,防止切滩。根据《汉江中下游干流河道治理规划》,工程跨越小江湖堤断面桩号 8+270,位于袁家台护岸新护段;工程跨越汉江遥堤断面桩号为 284+310,位于袁家洼护岸加固段。工程两岸规划的护岸新护、护岸加固工程在大跨越工程洪水影响评价报告编制期间暂未实施。

汉江大跨越位于沙洋市王家滩顺直河段,右岸滩地布置的 Z1036 直线跨越塔距滩地边缘约 400m,距离小江湖堤堤外脚约 310m,塔基距离岸坡坡顶较远,不会影响河道整治规划的实施。

2)咸宁长江大跨越

嘉鱼河段河道整治规划方案为:近期守护左岸岸线,巩固已有护岸工程对河势的控制作用,稳定弯道平面形态和主流位置,避免三峡工程蓄水后河势出现大的变化。近期河道整治工程设计范围上起彭家码头,下至复兴洲。

工程位于嘉鱼河段入口段,暂无河道整治工程措施。工程两岸跨越塔均位于堤防背水侧,与堤脚最近距离约 161m,工程建设对工程河段河道整治规划及规划的实施无影响。

(4)与河道采砂规划的关系分析

1)王家滩汉江大跨越

根据《汉江中下游干流及东荆河河道采砂规划(2018—2023 年)》,汉江中下游河段有 30 个可采区,其中,沙洋县蔡咀采区与工程跨越断面距离最近,位于工程跨越断面下游约 30km 处。

工程未穿越采砂区,距离采砂区较远,对河段采砂规划实施无影响。

2)咸宁长江大跨越

根据《长江中下游干流河道采砂管理规划(2021—2025 年)》,城陵矶—武汉河段在城陵矶下游岳阳河段和簰洲湾河段的泥沙淤积区布置 3 个可采区,其他区域为禁采区或保留区。

工程河段为禁采区,工程采用一跨跨越长江,未占用采砂区,不会影响采砂规划的实施。

(5)与长江经济带发展负面清单的关系分析

2019 年 1 月,推动长江经济带发展领导小组办公室发布了长江经济带发展负面清单指南,但在洪水影响评价报告的审批中并未对此项分析进行明确要求,因此王家滩汉江大跨越工程未分析与长江经济带发展负面清单的关系。

2022 年 1 月,推动长江经济带发展领导小组办公室印发了《长江经济带发展负面清单指南(试行,2022 年版)》,根据审批要求,洪水影响评价报告应分析建设项目是否属于长江经济带发展负面清单指南中禁止建设项目,工程建设是否符合《长江经济带发展负面清单指南》中对建设项目的管控要求。

咸宁长江大跨越:根据《长江经济带发展负面清单指南(试行,2022 年版)》,禁止在自然保护区核心区、缓冲区的岸线和河段范围内投资建设旅游和生产经营项目,禁止在《长江岸线保护和开发利用总体规划》划定的岸线保护区和保留区内投资建设除事关公共安全及公众利益的防洪护岸、河道治理、供水、生态环境保护、航道整治、国家重要基础设施以外的项目。

工程位于白鱀豚保护区核心区,两岸岸线均为保护区。工程为输变电工程,属于国家重要基础设施,且采用一跨跨越长江,工程建设不属于长江经济带发展负面清单指南中禁止建设项目,工程建设符合《长江经济带发展负面清单指南(试行,2022年版)》《湖北长江经济带发展负面清单实施细则(试行)》中对建设项目的管控要求。

### 3.8.2 防洪标准符合性分析

#### 3.8.2.1 分析评价要点

建设项目与防洪标准符合性分析,要重点评价以下个几方面:

①分析涉水建设项目设计所采用的洪水标准、结构形式及工程布置,项目的建设是否符合所在河段的防洪标准及有关技术要求,项目建设是否符合水利部门的有关管理规定。对特高压输变电工程而言,应重点分析导线弧垂最低点高程与河道设计洪水位的关系是否符合相关管理规定。

②分析涉水建设项目的设防标准是否满足现状及规划要求,并对其所采用的防洪、排水措施是否适当进行分析评价。对河道内未布置杆塔的输变电工程,可不进行此项分析;河道内布置了杆塔,应分析河道内杆塔基础承台顶面高程、附属设施基础顶高程、操作平台顶高程等与设计洪水位间的关系,分析其淹没风险。

#### 3.8.2.2 案例分析

(1)王家滩汉江大跨越

根据《汉江流域综合规划报告》,汉江中下游防御标准采用1935年同大洪水,干流堤防防御洪水标准为1964年实际洪水,堤防设计水位为43.73m。

Z1036位于河道内,塔基支座顶高程约44.11m,工程设计标准高于河段防洪设计水位,满足防洪要求。工程设计方案所采用的设计标准高于河段防洪标准。

(2)咸宁长江大跨越

根据《防洪标准》(GB 50201—2014),±800kV特高压输电线路防护等级为一级,其防洪标准为100年一遇。

根据《长江流域防洪规划》,长江中下游防洪标准为1954年实际洪水。工程采用一跨跨越河道,河道内未立塔。工程导线弧垂最低点与设计洪水位净空约44.18m,满足《±800kV直流架空输电线路设计规范》中导线与河流交叉的最小垂直距离要求。

综上,工程防洪标准与河道防洪标准是相适应的。

### 3.8.3 防洪及河势影响分析

#### 3.8.3.1 分析评价要点

建设项目对防洪及河势影响分析评价,要重点评价以下几个方面:

①建设项目对防洪影响分析,要根据阻水计算、壅水经验公式计算或数模计算结果,分析对河道行洪的影响范围和程度。对施工方案占用河道过水断面的项目,还需根据施工设计方案及工期安排,分析施工期对河道行洪能力的影响。

②建设项目对河势影响分析,要根据数学模型计算结果,结合河道演变分析成果,综合分析项目对河势的影响,主要内容应包括分析项目实施后河段总体流态和工程影响区域局部流态的变化趋势,分析项目实施后分汊河段各汊道分流比与分沙比的变化,明确工程建设对河段总体河势和局部河势是否有影响等。

#### 3.8.3.2 案例分析

##### 3.8.3.2.1 对河道行洪影响分析

近年来,河道管理范围内建设项目审批要求越来越严格,对缆线工程的阻水比要求从 5% 降至 1%,对河道行洪的影响分析应给出明确的有影响或无影响结论,审批部门及专家不再认可"不会造成明显不利影响""影响不大"等模糊结论。王家滩汉江大跨越于 2020 年批复,彼时,其阻水比指标和影响分析评价结论可行,但新审批项目已不符合要求。

**(1)王家滩汉江大跨越**

1)施工期

Z1036 杆塔位于汉江右岸滩地上,地面高程约 40.61m,工程施工安排在枯水期 12 月至次年 3 月完成,施工期杆塔位置基本不过水。工程施工完成后剩余弃土将采取外运综合利用措施,不在河道和堤防管理范围内堆放。

工程施工不会对河道行洪安全造成不利影响,但要注意施工期工程自身的防洪安全,做好施工期防洪预案。

2)运行期

阻水分析表明,在防洪设计洪水位和安全泄量洪水位的条件下,工程建设占用河道行洪面积阻水比为 1.33% 和 1.24%,占比较小;两种工况条件下工程建设引起的最大壅水高度分别为 0.70cm 和 0.58cm。工程所在断面左、右岸堤顶高程分别为 45.77m 和 45.70m,分别超防洪设计洪水位 2.04m 和 1.97m。因此,工程运行不会对河段的行洪安全造成影响。

（2）咸宁长江大跨越

工程一跨跨越河道，河道内未立塔，工程施工期及运行期对河道行洪无影响。

### 3.8.3.2.2 对河势稳定的影响分析

首先应分析工程河段现状的河势演变规律，再分析工程建设后对河道河势是否有影响。

（1）王家滩汉江大跨越

工程所在河段总体较顺直，历年岸线变化不大，洲滩岸线相对稳定。工程局部河段深泓纵向冲淤幅度较小，Z1036 直线跨越塔所在的滩地稳定，冲淤变化不大。工程河段河势总体较为稳定。

防洪设计洪水条件下，工程建设引起工程局部流速增加最大约 0.031m/s，对河段整体流场影响较小，不会给本河段河势带来明显不利影响。

由于右岸塔基建在王家滩滩地中部，塔基附近滩地高程约 40.61m，经计算，塔基最大冲刷深度为 1.68m，防撞桩最大冲刷深度为 2.40m，攀爬设施基础最大冲刷深度为 2.00m。为防止水流对塔基冲刷，对河势、堤防及岸坡产生的不利影响，建议对汉江河道内的杆塔基础及附属设施进行防冲处理。

（2）咸宁长江大跨越

受两岸堤防、护岸工程等控制，工程河段岸线、深泓较为稳定，滩槽格局基本稳定，工程河段总体河势基本稳定，局部河床冲淤有所调整。三峡工程运行后，由于泥沙拦截在库内，下泄清水，受控导工程限制，河段将发生冲刷下切，但总体河势保持稳定。

工程一跨跨越长江，河道内未立塔，工程建设后，长江河道水位及流速均无变化，对河段河势稳定无影响。

## 3.8.4 对现有水利工程与设施影响分析

### 3.8.4.1 分析评价要点

建设项目对现有水利工程与设施影响分析评价，需对工程附近现有水利工程及其他设施的相对位置关系和基本情况进行说明，评价工程与堤防的关系是否满足有关管理规定，并根据有关计算结果，分析建设项目施工期及运行期对其影响范围内的各类水利工程与设施的安全和运行所带来的影响。要重点评价以下几个方面：

①对现有水利工程的影响分析，主要是评价工程建设对堤防、护岸和水库工程的影响。

《长江流域和澜沧江以西（含澜沧江）区域河湖管理范围内建设项目工程建设方案洪水影响审查技术标准》规定：对于缆线工程，塔基严禁布置在堤防工程管理范围内，且塔基外缘与 1、2 级堤防堤脚的最小距离应不小于 100m,与 3 级及以下级别堤防堤脚的最小距离不应小于 50m。

根据堤防渗流稳定计算成果和二维数模计算成果,主要分析内容包括最大渗透坡降是否满足规范要求,工程影响范围内堤防近岸流速、流向的变化情况,分析项目建设对堤脚或岸坡冲刷的影响;对护岸的影响主要是根据二维数模计算成果,主要分析内容包括护岸工程近岸流速、流向的变化情况,评价项目建设对已建护岸工程稳定的影响。

②对其他水利设施的影响分析,主要是评价工程建设对附近涵闸、泵站及专用水文(水位)站的影响。说明工程与其他水利设施的位置关系,分析是否在其保护区范围内。根据壅水成果或二维数模计算成果,分析其他水利设施附近的水位、流速、流场、冲淤的变化,进而评价建设项目对涵闸及泵站引排水、专用水文(水位)站正常运行的影响。

本节要注意,若工程附近的水文(水位)站是国家基本水文测站,则需增加一项审批事项,"国家基本水文监测站上下游建设影响水文监测工程的审批",可以单独对此项审批进行申报,编制对水文测站影响的评价报告,也可以和涉河建设项目工程建设方案审批事项合并编制一本洪水影响评价报告。为提高行政审批服务质量和效率,简化建设单位申报行政审批程序,同一建设项目、同一申请人需要同时申请多项行政许可事项的,按照"四个一"(一次申报,一本报告,一次审查,一件批文)的方式进行行政审批,根据《长江水利委员会行政审批项目水影响论证报告编制大纲》,对国家基本水文测站的影响评价分析可作为洪水影响分析综合评价章节的一个独立小节。

### 3.8.4.2 案例分析

#### 3.8.4.2.1 对堤防的影响分析

(1)简述工程与堤防的关系,分析是否满足审查技术要点

1)王家滩汉江大跨越

J1012~Z1036 跨越小江湖堤,Z1036 位于河道内,塔基边缘距离王家滩子堤约 314m;J1012、Z1036 杆塔塔基边缘分别距离小江湖堤堤脚约 142m 和 310m。

Z1036~Z1037 跨越汉江主河道及汉江遥堤,Z1037 塔基边缘距离汉江遥堤堤脚约 195m。

2)咸宁长江大跨越

左岸跨越塔 N8301 与洪湖监利长江干堤堤脚距离约 161m,右岸跨越塔 N8302 与咸宁长江干堤堤脚距离约 189m。

以上 2 个案例中,塔基边缘与堤脚的距离均满足《长江流域和澜沧江以西(含澜沧江)区域河湖管理范围内建设项目工程建设方案洪水影响审查技术标准》中塔基外缘与 1、2 级堤防堤脚的最小距离应不小于 100m 的要求。

（2）从施工期和运行期分析评价工程建设对堤防稳定的影响

1）施工期

施工期输变电工程基础开挖深度一般较小，一般可不开展施工期堤防渗流稳定计算。若工程区域地质或堤防地质条件差，应开展施工期渗流稳定计算。施工期对堤防的影响主要是考虑施工临时道路，若施工车辆进出施工场地需利用堤顶道路，则需考虑施工车辆荷载对堤防的影响，施工前应对堤防进行防护。

王家滩汉江大跨越：工程断面 11 月至次年 4 月 10 年一遇洪水位约 36.65m，低于两岸堤防堤内塔基开挖处最低高程，塔基施工对堤防渗流稳定影响较小。施工期间车辆过小江湖堤可能会对堤防产生扰动，施工期对施工车辆过堤断面上下游各 10m 范围采取了填土、夯实、支撑、水泥搅拌桩等加固措施对堤岸进行加固及修复处理，采取措施后，施工车辆通行对堤防稳定无影响。

咸宁长江大跨越：两岸跨越塔均位于堤防背水侧，施工期利用 S329、S359 省道，到塔位附近后，利用已有村庄水泥路，结合部分临时修建道路，施工车辆未利用堤顶道路，对堤防无影响。工程塔基与堤脚最近距离为 161m，相距较远，施工期基础开挖约 1m，因此施工期对堤防稳定无影响。

2）运行期

运行期主要根据渗流稳定计算成果和冲刷计算成果，分析工程建设对堤防的影响。

王家滩汉江大跨越：小江湖堤工程前堤脚处土体渗透坡降值为 0.09，工程后堤脚处土体渗透坡降值为 0.10。两种工况下土体渗透坡降均小于允许值；汉江遥堤工程前堤脚处土体渗透坡降值为 0.06，工程后堤脚处土体渗透坡降值为 0.07，两种工况下土体渗透坡降均小于允许值。综上所述，塔基处采取相应防渗补救措施后，堤防渗流满足规范要求。

咸宁长江大跨越：洪湖监利长江干堤工程建设前、工程建设后、采取防渗措施后堤防断面计算所得的最大渗透坡降分别为 0.163、0.162、0.158，均小于允许渗透坡降。咸宁长江干堤工程建设前、工程建设后、采取防渗措施后堤防断面计算所得的最大渗透坡降分别为 0.135、0.134、0.132，均小于允许渗透坡降。综上所述，工程对堤防渗流稳定影响较小，对杆塔处影响相对较大，但渗透坡降较小；采取防渗措施后，渗透坡降有所下降，工程建设对堤防无影响。

### 3.8.4.2.2　对其他水利设施的影响分析

（1）王家滩汉江大跨越

工程线路上游约 18.4km 河道右岸为小江湖分蓄洪民垸分洪口门，上游约 15.4km 河道右岸为童元寺闸，下游约 2.1km 河道右岸为姚集中闸，下游约 6.2km 河道右岸为丰收闸,下游约 34.0km 处为兴隆水利枢纽,下游约 58.3km 处为兴隆水文站。

根据壅水计算结果,工程建设引起塔基上游局部水位壅高最大值为 0.70cm,最远至工程上游约 255m。各水利设施均距工程线路较远,工程建设引起的水位和流速变化仅在工程局部,工程建设对附近其他水利设施无影响。

(2)咸宁长江大跨越

工程河段左岸上游约 3.6km 有套口进洪闸,距离较远,同时工程未在河道内立塔,长江河道水位及流速均无变化,对套口进洪闸的运行无影响。

咸宁长江大跨越对国家基本水文测站影响的评价范围内有石矶头水位站,对国家基本水文测站的影响评价具体技术要求和案例分析见第 5 章。

### 3.8.5 对防汛抢险的影响分析

#### 3.8.5.1 分析评价要点

《堤防工程设计规范》规定:"跨堤建筑物、构筑物与堤顶之间的净空高度应该满足堤防交通、防汛抢险、管理维修等方面的要求。"

《长江流域和澜沧江以西(含澜沧江)区域河湖管理范围内建设项目工程建设方案洪水影响审查技术标准》规定:缆线跨越堤防处与规划堤顶间净空不应小于 5m,并应满足相关行业标准要求。

建设项目对防汛抢险的影响分析重点是工程与堤顶道路的关系,评价建设项目对堤防交通、防汛抢险等影响。

#### 3.8.5.2 案例分析

(1)王家滩汉江大跨越

施工期:车辆过堤可能会占用小江湖堤堤顶道路,但不会中断堤顶交通,且施工期安排在非汛期,施工期对防汛抢险无影响。

根据《1000kV 架空输电线路设计规范》规定 1000kV 双回输电导线与道路车辆安全通行净空不小于 25m,工程对其跨越汉江遥堤和小江湖堤处分别留有 54.1m 和 49.7m 净空,均满足与堤顶净空不小于 5m 的要求,满足输电线路设计规范提出的与道路的净空要求,运行期不会对防汛车辆和机械的通行造成不利影响。

(2)咸宁长江大跨越

根据《±800kV 直流架空输电线路设计规范》,导线与公路交叉,导线弧垂至路面最小垂直距离为 21.5m,与通航河流 5 年一遇洪水位最小垂直距离为 15.0m。

工程导线弧垂与洪湖监利长江干堤堤顶净空约 131.3m,与咸宁长江干堤堤顶净空约 126m,两岸跨越塔导线弧垂最低点高程为 74.8m,与设计洪水位间净空约 44.18m,

满足防汛抢险和工程管理要求的5m净空,满足输电线路设计规范中导线弧垂与道路交叉、河流交叉的净空要求(表3.8-1)。

表3.8-1 工程与堤顶及设计水位净空

| 河道 | 堤防 | 塔号 | 与堤顶净空/m | 与设计水位净空/m | 规范要求至路面净空/m | 规范要求至水面净空/m |
|---|---|---|---|---|---|---|
| 长江(嘉鱼段) | 洪湖监利长江干堤 | N8301 | 131.3 | 44.18 | 21.5 | 15(高于5年一遇设计洪水位) |
| | 咸宁长江干堤 | N8302 | 126 | | | |

### 3.8.6 对第三者合法水事权益的影响分析

#### 3.8.6.1 分析评价要点

建设项目对第三者合法水事权益的影响分析评价,需对工程附近其他涉水工程的相对位置关系和基本情况进行说明,评价工程与其他涉水工程的关系是否满足有关管理规定,并根据有关计算结果,分析建设项目施工期及运行期对其他涉水工程的影响。注意事项主要包括以下几个方面:

①其他涉水工程主要包括桥梁、码头、管线、渡槽、取(排)水设施、航道工程等。根据壅水经验公式计算成果或二维数模计算成果,分析工程附近涉水工程处的水位、流速、流场的变化,进而分析工程建设对第三者合法水事权益的影响。

②工程建设对码头和港口、航道整治工程的影响一般可参考本工程的通航论证报告,直接引用其结论。

#### 3.8.6.2 案例分析

(1)王家滩汉江大跨越

工程上游约900m河道左岸为袁家洼2#泵站取水口,上游约4.1km处的河道右岸为姚集水厂取水口,下游约8.1km处为沙洋大桥,下游约135m处为±500kV龙政输电线路,下游约690m处为110kV沙洋—五七输电线路。计算结果表明,工程建设引起的局部水位和流速变化甚微,对附近的取水口、桥梁、输电线路塔基无影响。

分析输变电工程导线对河道中通行船舶的通航影响。工程跨越汉江导线最低点高程76.05m,与最高通航水位43.37m净空为32.68m,满足《1000kV架空输电线路设计规范》规定的与最高通航水位保留23m净空的要求。

(2)咸宁长江大跨越

1)对码头的影响

根据《内河通航标准》(GB 50139—2014),水上过河建筑物与码头的间距,水上过河建筑物在下游时不得小于码头设计船型长度的 4 倍,水上过河建筑物在上游时不得小于码头设计船型长度的 2 倍。

根据《金上—湖北±800kV 特高压直流输电工程跨越长江(嘉鱼跨越点)航道通航条件影响评价报告》,工程与附近码头工程的规范要求最小安全距离为 64m,见表 3.8-2,工程附近码头与工程的最近距离约 500m,满足规范要求的安全距离,工程建设满足相关通航标准中有关水上过河建筑物与码头的间距要求;对于通航河流,在最大计算弧垂情况下,±800kV 输电线路弧垂最低点至最高通航水位的最高船桅顶距离应不小于 10.5m,工程弧垂最低点至最高通航水位净空为 44.17m,满足规范计算的 39.1m 的要求。

表 3.8-2　　　　　　　　　工程与附近码头工程的相关关系

| 编号 | 码头工程 | 与工程距离 | 停靠船型 | 规范要求安全间距/m | 是否满足 |
|---|---|---|---|---|---|
| 1 | 杜家洲客运码头 | 上游 810m | 16m 客运船 | 64 | 是 |
| 2 | 石矶头码头 | 上游 500m | 500 吨级散(44m) | 176 | 是 |
| 3 | 嘉通物流码头 | 上游 1.8km | 3000 吨级散货(90m) | 360 | 是 |
| 4 | 葛洲坝水泥专用码头 | 上游 2.8km | 3000 吨级散货(90m) | 360 | 是 |

2)对取水口的影响

根据《国家饮用水水源保护区划分技术规范》,一级保护区水域长度为取水口上游不小于 1000m,下游不小于 100m 的河道水域,二级保护区水域长度为在一级保护区的上游侧边界向上游延伸不小于 2000m,下游侧外边界应大于一级保护区的下游边界且距取水口不小于 200m。

工程上游约 110m 和 180m 处有石矶头取水点,下游约 1.4km 处有嘉鱼甘泉取水泵房。

工程跨越位置为石矶头饮用水水源二级保护区,距下游一级保护区约 150m,工程为一跨跨越河道,河道内未立塔,工程建设后对河道水位及流速无影响,对取水口取水无影响;工程同时一跨跨越了石矶头水源地水域及陆域二级保护区,工程建设对附近取水口无影响。

## 3.8.7　洪水影响综合评价

### 3.8.7.1　分析评价要点

洪水影响综合评价是对建设项目与相关规划的关系、防洪标准的符合性、防洪及河势的影响、现有水利工程与设施的影响、防汛抢险及水上救生的影响、第三者合法水事权益的影响、施工期影响等评价的总结,要明确有无影响的结论,有影响的要说明影响程度,尽量不出现影响较小的结论。

### 3.8.7.2 案例分析

(1)王家滩汉江大跨越

工程建设与堤防加固规划、河道整治规划、岸线利用规划、采砂规划、航道航运规划、流域综合规划等是相适应的;对汉江河道行洪无明显不利影响;采取防护措施后,工程建设对汉江两岸堤防基本无影响;不会对汉江河势稳定带来明显不利影响;对附近水利工程及其他水利设施运行无影响;施工期安排在非汛期,对防汛抢险无影响,拟对临时道路过堤处堤防进行加固处理,运行期无影响;对第三者合法水事权益无影响。

本案例中,出现了多次"无明显不利影响""基本无影响",该报告编制及审批期间,审批部门及专家对综合评价结论并未明确要求。近年来,随着审批要求越来越严格,分析评价和综合评价中必须给出明确的有无影响的结论。

(2)咸宁长江大跨越

工程建设对长江中下游防洪规划、岸线规划、河道整治规划、采砂规划等无影响;对河道行洪无影响;对河道河势稳定无影响;对工程河段现有水利工程与设施运行无影响;对防汛抢险无影响;对第三者合法水事权益无影响;对国家基本水文测站石矶头水位站有影响,需采取相应的补救措施。

## 3.9 防洪影响补救措施

①特高压输变电工程对河道河势、防洪水位、行洪能力、行洪安全、现有堤防、护岸工程安全、防汛抢险、工程管理、其他水利工程有较大影响的建设项目,应对其布置、结构形式与尺寸、施工组织设计等提出调整意见,并提出有关的补救措施。

②特高压输变电工程近堤的塔基一般需要进行防渗防冲等补救措施专项设计,补救措施设计方案一般可纳入涉河建设方案报告作为主体工程设计的一部分,无须到省级水行政主管部门单独审查。

防洪影响补救措施设计工作内容和深度要满足《长江流域和澜沧江以西(含澜沧江)区域河湖管理范围内建设项目防洪影响补救措施专项设计报告编制导则》有关要求,报告编制应满足水利工程初步设计深度要求,设计图纸绘制应达到水利工程施工图设计深度要求。防洪影响补救措施专项设计具体技术要求和案例分析见第6章。

③防洪影响非工程措施主要包括工期优化调整、监测、管理、监督、防汛抢险预案编制、防洪保安措施等,具体技术要求和案例分析见第6章。

# 第4章 蓄滞洪区内工程洪水影响评价

## 4.1 主要评价内容

### 4.1.1 主要评价依据

洪水影响评价的主要依据包括国家有关法律法规及有关规定,地方有关法规,行政许可有关规定,有关技术规范和技术标准,综合规划、水利专项规划和防御洪水方案、洪水调度方案、防洪预案等相关规划文件,主要技术文件及其审查意见、批复文件,其他相关文件、规定等。洪水影响评价依据的法律法规、技术标准及有关规划主要有:

①《中华人民共和国防洪法》。

②《水利部关于加强非防洪建设项目洪水影响评价工作的通知》(水汛〔2017〕359号)。

③《水利部关于加强蓄滞洪区内非防洪建设项目洪水影响评价管理的意见》(水防〔2024〕300号)。

④《长江经济带发展负面清单指南(试行,2022年版)》。

⑤《关于印发湖北长江经济带发展负面清单实施细则(试行)的通知》(2019年)。

⑥《洪水影响评价报告编制导则》(SL 520—2014)。

⑦《长江水利委员会行政审批项目水影响论证报告编制大纲(试行)》(长总工〔2018〕275号)。

⑧《长江流域蓄滞洪区内非防洪建设项目洪水影响评价审查技术标准》(T/CT-ESGS 01—2023)。

⑨《非防洪建设项目洪水影响评价报告专家评分表》(防御〔2024〕2号)。

⑩《湖北省涉河建设项目洪水影响评价技术细则》(鄂水利函〔2022〕506号)。

⑪《防洪标准》(GB 50201—2014)。

⑫《堤防工程设计规范》(GB 50286—2013)。

⑬《1000kV架空输电线路设计规范》(GB 50665—2011)。

⑭《±800kV 直流架空输电线路设计规范》(GB 50790—2013)。

⑮《堤防工程管理设计规范》(SL 171—2020)。

⑯《电力工程水文技术规程》(DL/T 5084—2021)。

⑰《水利水电工程设计洪水计算规范》(SL 44—2006)。

⑱《长江流域综合规划(2012—2030 年)》(国函〔2012〕220 号)。

⑲《长江流域防洪规划》(国函〔2008〕62 号)。

⑳《长江防御洪水方案》(国函〔2015〕124 号)。

㉑《长江流域蓄滞洪区建设与管理规划》(水利部长江水利委员会,2010 年 3 月)。

### 4.1.2 评价范围及评价对象

#### 4.1.2.1 主要内容

(1)评价范围

蓄滞洪区内输变电工程洪水影响评价范围一般与蓄滞洪区范围一致。《防洪法》第二十九条规定:洪泛区、蓄滞洪区和防洪保护区的范围,在防洪规划或者防御洪水方案中划定,并报请省级以上人民政府按照国务院规定的权限批准后予以公告。

对于有堤防的蓄滞洪区,其范围以堤防为界;对于没有堤防的,按照设计蓄洪水位,结合实测地形框定。

(2)评价对象

洪水影响评价的对象包括评价范围内的工程建设内容、现有水利工程及其他设施等。对于输变电工程,评价范围内主要涉及杆塔等及其附属设施。在这一节应简述评价范围内工程的总体布设情况、线路走向,与蓄滞洪区及其水利工程、其他设施的位置关系、交叉或跨越情况等。

#### 4.1.2.2 案例分析

以南阳—荆门—长沙 1000kV 特高压交流输变电工程穿越洪湖蓄滞洪区及江南陆城垸为例,其评价范围及对象包括穿越蓄滞洪区和跨越河流两个部分。

(1)穿越蓄滞洪区

本报告评价对象主要包括两段:其一为南阳—荆门—长沙 1000kV 特高压交流输变电工程穿越洪湖蓄滞洪区段,评价范围包括穿越洪湖蓄滞洪区中分块和西分块内的 N4076～N4151L/R 杆塔;其二为南阳—荆门—长沙 1000kV 特高压交流输变电工程穿越江南陆城垸段,评价范围包括线路穿越江南陆城垸的 N4154L/R、N5001～N5010 杆塔。

（2）跨越河流

洪湖蓄滞洪区内线路跨越螺山干渠、朱河改道河、新汴河 3 条排涝河流。根据《湖北省河道管理实施办法》：河道管理范围为两岸堤防之间的水域、沙洲、滩地（包括可耕地），以及堤身、禁脚地、工程留用地和安全保护区。无堤防的河道，其管理范围根据历史最高洪水水位或者设计洪水水位确定。

根据《湖北省监利县何王庙灌区续建配套与节水改造第二期项目可行性研究报告》《湖北省监利县螺山电排渠宦子口至张家湖段治理工程初步设计报告》，螺山干渠、朱河改道河、新汴河 3 条排涝河流防洪标准为 10 年一遇。

根据《洪湖市河流保护范围划定》《湖北省监利市灌区工程划界成果》，螺山干渠为荆州市管河流，管理范围为渠道及其禁脚线（背水面堤脚 10～30m）；朱河改道河、新汴河为何王庙灌区河流，管理范围为渠道及其禁脚线（背水面堤脚 10m）。

1）螺山干渠

线路工程在湖北省荆州市监利县螺山镇螺山村附近跨越螺山干渠。左岸有堤防，堤防等级为 3 级。N4145～N4146 号杆塔档距 640m。N4145 杆塔塔基外缘距离右岸背水侧岸坡约 190m，N4146 号杆塔塔基外缘距离左岸堤防背水侧堤脚约 100m，两个杆塔均在河道管理范围以外。

2）朱河改道河

线路工程在湖北省荆州市监利县棋盘乡附近跨越朱河改道河。左岸堤顶高程为 27.40m，右岸堤顶高程为 25.90m。N4114～N4115 杆塔档距 453m，N4114 杆塔塔基外缘距离左岸背水侧岸坡约 177m，N4115 杆塔塔基外缘距离右岸堤防背水侧堤脚约 110m，两个杆塔均在河道管理范围以外。

3）新汴河

线路工程在湖北省荆州市监利县汴河镇猫渡村附近跨越新汴河。左右两岸无堤防。N4096～N4097 杆塔档距 437m，N4096 杆塔塔基外缘距离左岸背水侧岸坡 314m，N4097 杆塔塔基外缘距离右岸背水侧岸坡 80m，两个杆塔均在河道管理范围以外。

本工程自北向南跨越洪排河左堤和洪湖主隔堤，上跨洪湖主隔堤（堤防桩号 50＋258）进入洪湖蓄滞洪区，跨越洪排河杆塔编号为 N4075～N4076，其中 N4076 在洪湖蓄滞洪区内，N4075 在洪排河左堤堤内，塔基外缘距离洪排河左堤堤脚最近距离 37m。洪排河左堤堤内河道管理范围为堤脚背水面 20～30m，N4075 在洪排河河道管理范围以外，洪排河左堤堤防安全保护区范围内。

### 4.1.3 研究内容及技术路线

#### 4.1.3.1 主要研究内容

蓄滞洪区内非防洪建设项目洪水影响评价报告,要根据《长江水利委员会行政审批项目水影响论证报告编制大纲(试行)》《洪水影响评价报告编制导则》中相关要求和规定进行编制,主要研究内容如下:

(1)基础资料收集与现场查勘

收集项目所在区域及蓄滞洪区的自然地理、河道与渠系、气象水文、经济社会、现有水利工程及其他设施、水利规划及实施安排、洪水调度方案、蓄滞洪区运用等基础资料;收集建设项目设计方案、施工方案、地勘资料、有关批复文件。对建设项目区域进行现场查勘与视频拍摄。

(2)项目所在区域基本情况

简述项目所在区域的自然地理概况、资源与环境概况、经济社会概况、现有水利工程及其他设施、水利规划及实施安排、蓄滞洪区基本情况。

(3)项目基本情况

说明前期工作情况及必要性论证、建设项目基本情况、主要设计成果、地勘成果、施工方案。

(4)洪水影响分析计算

建设项目对防洪的影响计算主要包括:建设项目涉及的蓄滞洪区内主要河道渠系的水文分析计算、阻水与壅水分析计算,建设项目占用蓄滞洪区的面积和容积分析计算,建设项目对分洪和退洪影响的数学模型计算,对防洪工程影响分析计算;洪水对建设项目的影响分析计算主要包括洪水对建设项目的淹没、冲刷与淤积等影响计算。

(5)洪水影响分析评价

根据洪水影响分析计算结果,评价建设项目与相关规划的关系、防洪标准的符合性、防洪及河势的影响、蓄滞洪区及运用的影响、现有水利工程与设施的影响、防汛抢险和水上救生的影响、第三者合法水事权益的影响、施工期影响等。

(6)工程建设影响防治补救措施

针对对水利规划的实施有较大影响的建设项目提出调整意见及有关补救措施。对蓄滞洪区运用,防洪工程安全和安全建设设施运行,蓄滞洪区内河道与渠系的防洪、河势、排水、灌溉以及防汛抢险与水上救生,水利工程管理等有较大影响的建设项目,提出优化调整意见及有关补救措施。针对对占用行洪断面或蓄滞洪容积的建设项目提出补偿措施。对第三者的合法水事权益有影响的建设项目,提出消除影响的补救措施。蓄滞洪区分洪运用将造成冲刷,可能危及建设项目安全的,应提出防冲刷处理措施。提出工程建设影响防治补救非工程措施。

(7)结论与建议

总结建设项目与有关水利规划的关系及对规划实施产生的影响,采用的洪水标准是否满足国家规定的防洪标准,对河道行洪、河势稳定、蓄滞洪区运用、防洪工程及其他水利设施、防汛抢险等的影响,洪水对建设项目的影响;提出消除或减轻洪水影响的措施及有关建议。

## 4.1.3.2 技术路线

蓄滞洪区内的特高压输变电工程洪水影响评价技术路线见图 4.1-1。

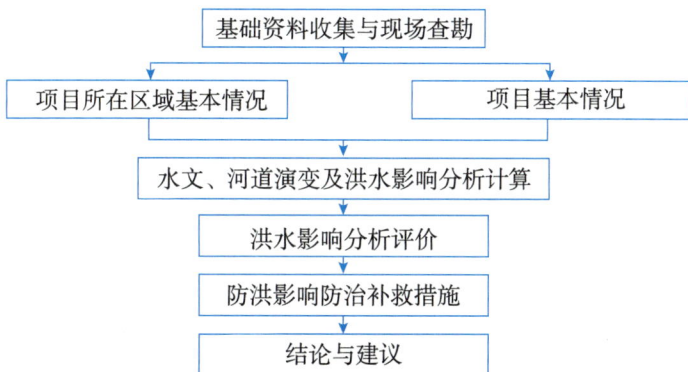

**图 4.1-1 洪水影响评价技术路线**

①收集蓄滞洪区水文、地质、地形及其他资料,结合蓄滞洪区的分洪运用情况,分析计算蓄滞洪区的设计蓄洪水位、有效蓄洪容积、设计分洪流量及外江设计洪水位等水文特性。

②当工程与蓄滞洪区内的河道(沟渠)交叉,并布置有阻水构筑物时,进行阻水面积和阻水比计算,阻水比应控制在 1% 以内且不应影响防洪安全。采用公路和铁路桥梁设计有关规范中的桥前壅水经验公式计算壅水高度和壅水范围,可采用多个公式计算并选取偏安全的成果。

③依据规划确定的设计蓄洪水位和经过计算复核的蓄滞洪区水位容积曲线,计算建设项目占用蓄滞洪区的面积和容积。

④建立平面二维水流数学模型,计算工程建设前后进(退)洪流量过程、分洪历时和特征点水位、流速等变化,进而分析工程建设对进(退)洪的影响。

⑤工程在蓄滞洪区内跨越堤防的,采用二维有限元软件进行堤防渗流稳定分析计算。根据设计蓄洪水位和塔杆所在地面高程,计算淹没水深。采用经验公式计算蓄滞洪

区分洪时对塔基的冲刷深度。

⑥根据工程设计情况及以上分析计算结果,从工程可能对防洪产生的影响和洪水对建设项目可能产生的影响两个方面进行总体分析评价。

⑦根据计算成果和综合评价分析,提出减轻或消除洪水影响的工程与非工程措施。最后,提出洪水影响评价结论与建议。

## 4.2 基础资料收集与现场查勘

基础资料收集与外业工作是蓄滞洪区内特高压输变电工程洪水影响评价报告编制必不可少的基础工作,需要收集的基础资料主要包括工程设计资料和区域基础资料,必要的外业工作主要包括现场查勘、视频拍摄和测验测量等。

### 4.2.1 工程设计资料

（1）工程设计方案

根据《长江水利委员会行政审批项目水影响论证报告编制大纲（试行）》和《长江流域蓄滞洪区内非防洪建设项目洪水影响评价审查技术标准》,设计方案应收集工程可行性研究阶段或初步设计阶段的成果报告,以及相应的附图,设计方案应为当前设计阶段的最新成果报告。

收集的设计资料中应能体现本工程项目背景、目前项目实际开展工作的进度情况、项目建设地点、工程建设规模、工程平面布置及结构形式。

设计图纸应包括工程平面布置图、平纵断面图,工程与所涉河道、堤防、闸、坝的平面及剖面关系,工程与其他第三人合法水事权益相对位置关系图,建（构）筑物基础结构图。

对输电线路而言,主要应收集杆塔的平面布置、基础的结构形式,图文中应包含杆塔平面坐标、基础桩径、桩数、桩深、承台尺寸、承台顶高程、主柱尺寸、高度及露头高等基础数据,当蓄滞洪区内有附属设施时,应同时收集附属设施的设计图纸及基础数据。

（2）工程施工方案

工程施工方案应收集施工交通及施工总布置、蓄滞洪区内主要建筑物的施工方法、施工产生的弃土弃渣处理方案、施工进度安排等。

施工总平面布置图是施工组织设计章节最重要的一张附图,应包含施工进场道路,明确施工进场道路是否利用堤顶道路,若利用堤顶道路,应提供局部平面图,并详细说明利用堤顶道路长度、施工车辆荷载、利用前后是否有补救措施等。

建（构）筑物的施工方法应主要收集下部结构施工方案,蓄滞洪区内基础施工利用围堰的,应收集围堰的设计图纸;近堤基础施工采取支护措施的,应收集基坑支护的设计方案及图纸。

应收集工程运行期和施工期的度汛预案。

弃土弃渣处理方案应明确弃土弃渣量及弃渣场位置。

施工进度安排应明确蓄滞洪区内的工程施工工期,尤其是下部结构的施工工期。

(3)工程地质勘察报告

工程地质勘察报告是堤防稳定计算和冲刷计算的基础,应收集工程地质勘察报告及相应的附图及附件。根据审查要求,需同时收集工程地质钻孔的封孔记录表。

(4)相关支撑文件

相关支撑文件主要包括国家发改委或省级发改委或行政审批局核准的立项文件,项目不同设计阶段的批复,与工程相关的审批部门的回复意见、会议纪要、批复等。

对于输变电线路工程洪水影响评价报告而言,必要的政府批复文件为发改委核准的立项文件或工程可行性研究报告、初步设计报告审查意见;可作为补充的政府文件为征求地方政府和相关水行政主管部门、生态环境主管部门、航道主管部门的意见或批复。若工程对附近其他水利工程或涉水工程有明显占用或影响,应同时收集相关第三人合法水事权益管理单位出具本工程的同意建设的函。

(5)相关专题报告

相关专题报告主要包括环境影响评价报告和航道影响评价报告。

当工程涉及生态敏感区或水源保护区时,应向建设单位收集工程建设环境影响评价报告及相应的附图、附件,并及时跟踪环评进度,环评报告审查或批复后应及时收集其审查意见或批复。

## 4.2.2 区域基础资料

蓄滞洪区内特高压输变电工程洪水影响评价需要收集的区域基础资料主要包括建设项目所在区域基本情况、现有水利工程及其他设施情况、相关水利规划及实施安排等。

(1)区域基本情况

1)区域基本情况

自然地理、地形地貌、河流水系、水文气象、资源环境、经济社会等。

2)蓄滞洪区基本情况

蓄滞洪区位置、围堤长度及设计标准、蓄洪水位、蓄洪面积、有效蓄洪容积、进退洪设施、蓄滞洪区在流域防洪体系中的地位和作用、调度方案、蓄滞洪区运用几率。

3)河道渠系情况

蓄滞洪区内的河道渠系现状及历史演变资料、地形资料、防洪标准、设计流量及水位。

（2）现有水利工程及其他设施情况

1）现有水利工程

蓄滞洪区内的堤防护岸工程、安全区（台）、避水楼、转移道路、涵闸、泵站等工程的位置、规模、设计标准、设计水位、功能特点及运用要求等。

2）其他设施

桥梁、取水口、排水口等设施的位置、规模、设计标准、设计水位、功能特点及运用要求等。

（3）相关水利规划及实施安排

1）流域综合规划、防洪规划

工程所在流域的流域综合规划、防洪规划，尤其是其中关于工程所在区域防洪体系情况和有关蓄滞洪区规划、建设与运用的内容。

2）蓄滞洪区规划及设计报告

蓄滞洪区建设与管理规划、蓄滞洪区安全建设规划、蓄滞洪区蓄滞洪及安全设施设计资料。

### 4.2.3 现场查勘与现场视频

蓄滞洪区内建设项目现场查勘的重点是蓄滞洪区（洪泛区）现状，尤其是特高压输变电工程跨越的河道、渠系、堤防和附近水利工程及其他设施情况，分退洪口门、安全区、转移道路等。现场查勘的情况，需经过整理并与其他收集的资料一同梳理后体现在洪评报告、洪评审查汇报 PPT 中，以便让水行政主管部门及审查专家对工程所涉蓄滞洪区的基本情况、河道渠系、水利工程及其他设施有更为深入的了解。

洪水影响评价审查会上需提供工程现场一个月内的现场视频，需要用无人机拍摄工程区域及附近水利工程与设施情况，并需要对视频进行后处理，标注工程位置、与附近河道渠系和水利工程与设施的位置关系、附近水利工程与设施的基本情况数据等。

### 4.2.4 测量与测验

蓄滞洪区洪水影响评价专题的测量与测验主要包括地形测量、大断面测量、涉水工程测量和水文测验。

（1）地形测量

根据蓄滞洪区数学模型构建的需要，在蓄滞洪区工程区开展地形测量，一般采用 1∶10000 比例尺。

（2）大断面测量

在测区河段内开展大断面测量，一般采用 1∶2000 比例尺。重点对工程跨越河渠位置处的断面进行测量。

工程跨越位置处断面测量横向范围两岸应测至大堤内（背水侧）500m，其余断面两岸均测至大堤堤内脚；没有堤防的河段，断面两岸均应测至河道管理范围线。

（3）涉水工程测量

地形测量范围内临河、跨河建筑物，包括水文（水位）站、地名、堤防公里碑、水闸、取排水口、泵站、丁坝、顺坝、港口码头、渡口、跨河桥梁、电缆及管道、护坡、过河灯塔、航标、已建护岸、护坡、堤段的桩号、跨河桥梁、排水沟等，应进行重点测量并在图中标出；另在图中还需准确标注出各种水利、码头设施，跨河建筑物等相关涉水建筑物的位置、尺度、高程等，并提供上述涉水工程实物照片，包括具体位置，码头面高程，闸底板高程，桥墩具体坐标及桥底、桥面高程，跨河线缆杆塔位置及净高，护坡、丁坝、顺坝等形式，起止点以及坡脚、坡顶、坝顶位置及高程。

（4）水文测验

在测区河段内开展水位观测和流量、流速分布测验。测验河段长度根据数学模型计算的需要确定。

水位、流量、流速分布测验应同步开展。流量测验一般至少布置 2 个测次，包括中水、高水测验；根据工程河段情况，在工程位置及其上下游布设水位和流速分布测验断面；测验时段根据工程河段实际来水确定，为保证能够测到高水，应提前布置水文测验任务，汛期至少开展一次水文测验。

## 4.3 项目所在区域基本情况

项目所在区域基本情况主要介绍建设项目所在行政区和蓄滞洪区的自然地理、资源与环境、经济社会、河道渠系、现有水利工程及其他设施、水利规划及实施安排等区域和蓄滞洪区的基本情况。本节以南阳—荆门—长沙 1000kV 特高压交流输变电工程穿越洪湖蓄滞洪区及江南陆城垸和荆门—武汉 1000kV 特高压交流输变电工程穿越邓家湖及小江湖分蓄洪民垸为例进行项目所在区域基本情况进行案例分析。

### 4.3.1 区域基本情况

#### 4.3.1.1 主要内容

项目所在区域基本情况需简述建设项目所在的流域或行政区的自然概况、资源与环境概况、经济社会概况等。

（1）自然概况

主要包括自然地理、水文气象、河流水系、区域地质等内容。

（2）资源与环境概况

主要包括水土资源、能源资源、生物资源、矿产资源等内容，自然与人文景观，自然保护区、重要湿地等环境敏感因素的分布情况，饮用水源保护区、水功能区分布情况。

（3）经济社会概况

主要包括行政区划、土地利用、人口与主要经济指标、交通运输条件等内容。

### 4.3.1.2　案例分析

对于特高压输变电工程穿越的邓家湖及小江湖分蓄洪民垸，重点描述区域自然概况、资源与环境概况、经济社会概况等。

（1）自然地理

1）地形地貌

邓家湖、小江湖分蓄洪民垸位于沙洋县境内。沙洋县地处鄂中腹地，江汉平原北端，属鄂北岗地向江汉平原过渡地带，途经地段地势变化较大，地势呈现中间低两侧高。区域地形特征是岗丘、洼地，高低起伏，错落有致，地形切割总体不强烈。区域地貌类型为低丘垄岗地貌，地面高程一般为 36.53~48.12m，相对高差多在 0~11.59m 起伏；地表多为耕土，岗丘山林植被较发育，低洼地带多为种植旱地、水田，局部为人工水塘。

工程穿越区域主要为岗地地貌及河流一级阶地地貌，总体交通条件较好。工程穿越邓家湖分蓄洪民垸段主要为岗地地貌，地形起伏不大，多呈缓坡状波状起伏，岗顶平缓，其间分布有经剥蚀及冲刷作用形成的宽缓冲沟，沿线主要为旱地、水田和树木，局部分布有较多水塘、养虾池；工程穿越小江湖分蓄洪民垸段的地段主要为一级阶地地貌，地形平坦开阔，局部分布有零星岗地，主要为旱地和水田，旱地内目前主要种植冬小麦，其间多有水塘、养虾池分布。

2）水文气象

工程线路区段属亚热带大陆性季风气候，气候温和，降水充沛，日照充足，四季分明，雨热同季，无霜期长。冬季盛行偏北风，偏冷干燥；夏季盛行偏南风，高温多雨，年平均气温 16.3℃，年平均降水量 834.2mm，年日照时数 1281~1623h，极端最高气温 39.7℃，极端最低气温为 −19.6℃，年平均无霜期 245~258d。

3）防洪标准

汉江中下游总体防御标准采用 1935 年实际洪水（约百年一遇），中下游干流堤防洪设计标准为 1964 年实际洪水（相当于 20 年一遇）。

（2）资源与环境

沙洋地处鄂中腹地，汉江中下游，江汉平原北端，现辖13个镇，1个省级开发区，1个新区，1个港区，面积2044km²，总人口65万。沙洋县产业独具特色，农业综合优势明显，水稻、棉花、油料、畜禽、鲜鱼等农产品量大质优，是全国著名的商品粮、优质棉、双低油和优质水产品基地。

（3）经济社会

2017年沙洋县地区生产总值272.7亿元，同比增长8%；规模工业增加值增长10%；社会消费品零售总额92.9亿元，同比增长13%；财政总收入11.13亿元，同比增长9.6%。

### 4.3.2 蓄滞洪区基本情况

#### 4.3.2.1 主要内容

蓄滞洪区基本情况主要包括蓄滞洪区位置、堤防长度及设计标准、蓄洪水位、蓄洪面积、有效蓄洪容积（含蓄洪水位与蓄洪面积、有效蓄洪容积的水位—容积曲线）、进退洪设施、蓄滞洪区在流域防洪体系中的地位和作用、实际分洪运用情况、地形地貌、河道与渠系等基本情况。

#### 4.3.2.2 案例分析

特高压输变电工程穿越邓家湖及小江湖分蓄洪民垸，应重点描述蓄滞洪区概况、工程设施、分洪运用等情况。

（1）邓家湖分蓄洪民垸概况

1）现状

邓家湖分蓄洪民垸位于荆门市马良镇西北侧，南部和西部是丘陵岗地，中部和北部是平原湖区，地面高程一般为37～43m，面积391km²，蓄洪面积86.3km²，分洪口门位于杨林闸下游的槐露口，相应堤防桩号为5＋905，分洪口门宽250m，口门蓄洪水位45.08m（85高程，相应冻结基面46.80m），分洪设计流量为2000m³/s，分洪有效容积2.97亿m³，采用扒口方式分洪。邓家湖分蓄洪民垸由北部的邓家湖堤和东、西、南部的自然高地圈围，邓家湖堤长13.6km。民垸内耕地面积7.8万亩，居住人口2.49万。

邓家湖分蓄洪民垸内人员转移以公路为主，群众使用简易交通工具和非机动车辆，机关单位以汽车为主。转移路线主要有：

①后靠高地居民点居住，马良监狱由沙洋监狱管理局安排。

②烟垢镇吕集村1～11组转移至新贺、贺集，马良镇水闸村2～4组就近后靠高地。

③向阳家湖堤面转移马良镇3个村，杨堤1～3组安置于堤段9＋000以上，艾店1～

6 组安置于堤段 5＋000～9＋000，邓集 1～5 组安置于堤段 2＋500～5＋000。

2）运用情况

1983 年 10 月的洪水是 1935 年以来汉江流域最大的一次洪水，原沙洋（三）水文站 10 月 10 日最高水位 42.78m（85 高程，相应冻结基面 44.50m），10 月 8 日最大流量为 21600m$^3$/s。

10 月 7 日 6 时，邓家湖分蓄洪民垸在槐路口炸堤蓄洪，分洪时原沙洋（三）水文站水位为 41.64m（85 高程），流量 17400m$^3$/s，分洪口门宽度由 250m 扩大到 348m，最大进洪流量约 4000m$^3$/s，实测最高水位 45.08m（85 高程），蓄洪总量 3.85 亿 m$^3$。

（2）小江湖分蓄洪民垸概况

1）现状

小江湖分蓄洪民垸位于荆门市沙洋市以北，西部和南部是丘陵，东部平原湖区占绝大部分，地面高程在为 36～42m，面积 126km$^2$，蓄洪面积 105.8km$^2$，分洪口门位于黄堤坝闸下游，相应堤防桩号为 23＋675，分洪口门宽 150m，口门蓄洪水位 44.88m（85 高程，相应冻结基面 46.60m），分洪设计流量为 3000m$^3$/s，分洪有效容积 5.86 亿 m$^3$，采用扒口方式分洪。小江湖分蓄洪民垸由北部和东部的小江湖堤以及西、南部的自然高地圈围，小江湖堤长 25.212km。

转移路线主要有：

①就近后靠安置，包括外滩、沿山边农户、小江湖监狱，分别后靠或就近转移。

②向山区转移姚集乡 5 个村 20 个组居民，分 5 路转移。

③向沙洋转移姚集乡、汉津办 3 个村居民，分 3 路转移。

④向堤上转移姚集乡 8 个村居民，分 9 路转移。

2）运用情况

1983 年 10 月的洪水是 1935 年以来汉江流域最大的一次洪水，10 月 8 日 13 时，小江湖在黄堤坝炸堤分洪，分洪时原沙洋（三）水文站水位 42.57m（85 高程，相应冻结基面 44.29m），流量 21600m$^3$/s，口门由 112m 扩大至 386m，最大进洪流量约 6000m$^3$/s，进洪总量 5.80 亿 m$^3$，平均削峰 3500m$^3$/s。

### 4.3.3　现有水利工程及其他设施情况

#### 4.3.3.1　主要内容

蓄滞洪区内的现有水利工程及其他设施主要包括堤防护岸工程、分退洪口门、安全区（台）、避水楼、转移道路、涵闸、泵站、桥梁、取水口、排水口等，要说明其位置、规模、设计标准、设计水位、功能特点及运用要求等。

（1）堤防工程

堤防工程包括蓄滞洪区围堤、蓄滞洪区内河流或渠道的堤防。围堤通常由几段堤防组成。如洪湖蓄滞洪区围堤由监利洪湖干堤、洪湖主隔堤和东荆河堤组成。应简要介绍堤防的基本情况、历年险情、堤防加固工程实施情况，并着重介绍围堤和工程跨越区内渠道、河流处的堤防等级、对应堤防桩号、堤顶高程、堤顶宽度、内外坡比、堤内外坡的防护形式，附工程位置处的堤防设计横断面图和堤防现状照片，以进一步确认现状是否已达标。

（2）分退洪口门

蓄滞洪区分洪口、退洪口的位置一般根据地形、地质、水流条件综合选定，湖北省内蓄滞洪区分退洪口门常以分洪闸、泄洪闸的形式分退洪，也有蓄滞洪区采用扒口分洪的形式。应交代清楚分退洪工程形式、口门位置（具体到桩号）、口门宽度、设计进洪流量、设计退洪流量，并附口门位置示意图及现场照片。

（3）安全建设工程

蓄滞洪区内的安全建设工程包括安全区、安全台、避水楼、转移道路、转移桥梁等，用以在分蓄洪时期临时安置或转移区内人口。应介绍蓄滞洪区内的安全建设工程现状，包括安全区（台）面积、安置人口，安全区围堤现状，区内涵闸泵站等设施分布情况和排水规模，转移道路长度、分布区域、建设达标情况等。对于工程跨越处的安全建设工程，尤其要详细介绍。

（4）涵闸泵站

蓄滞洪区内的涵闸泵站主要用于灌溉和排水，分布于分退洪口门及围堤上。对闸站工程的介绍要包括位置分布、装机规模、设计流量等。

（5）桥梁工程

蓄滞洪区内的桥梁主要是转移桥梁和其他在渠道、河流上架设的桥梁。若工程沿线附近有桥梁，要介绍桥梁形式、规模等情况。

### 4.3.3.2 案例分析

特高压输变电工程穿越洪湖蓄滞洪区、江南陆城垸、邓家湖及小江湖分蓄洪民垸，应重点描述蓄滞洪区内尤其是建设项目附近的现有水利工程及其他设施情况。

（1）洪湖蓄滞洪区内现有水利工程及其他设施情况

1）堤防工程

洪湖蓄滞洪区围堤由监利洪湖干堤、洪湖主隔堤和东荆河堤组成，围堤总长334.51km。其中，监利洪湖长江干堤长 226.85km，东荆河堤长 42.84km，主隔堤长 64.82km。

监利洪湖长江干堤属长江中游北岸干堤,西起监利严家门,东至东荆河口的胡家湾,属 2 级堤防。该干堤横跨监利县与洪湖市,既挡长江来水,使之顺长江河道下泄,亦是洪湖蓄滞洪区围堤的组成部分。堤防堤顶高程 31.97~37.64m,堤身垂直高度 8~10m,内外坡比 1:3,目前已经达标。

洪湖主隔堤是洪湖蓄滞洪区的主体工程之一,是江汉平原重要的防洪屏障,主隔堤保护区涉及洪湖、监利、江陵和潜江等县市,为 2 级堤防。主隔堤西起监利半路堤,与长江干堤相接,东止洪湖高潭口,与东荆河堤相连,设计堤顶高程 32.50m,宽 8m,内外坡比 1:3,堤身垂直高度 8~10m,目前大部分已经达标。

东荆河堤洪湖蓄滞洪区围堤长 42.84km,堤顶高程 31.8~33.5m,宽 4.5~6.0m,为 2 级堤防,东荆河右堤内外坡比 1:3。

根据《长江流域蓄滞洪区建设与管理规划报告》,洪湖中分块蓄洪区由洪湖监利长江干堤、洪湖主隔堤、西侧螺山隔堤和东侧腰口隔堤圈围,围堤总长 167.55km,其中洪湖监利长江干堤 43km、洪湖主隔堤 48.7km、螺山隔堤 49.9km、腰口隔堤 25.95km。洪湖监利长江干堤现已达标,洪湖主隔堤大部分达标,螺山隔堤和腰口隔堤(列入东分块)为新建堤防。新建围堤均为 2 级堤防,设计堤顶高程为设计水位加 1.5m,顶宽 8m,内外坡比为 1:3,并在堤防背水侧堤顶以下 4m 处设置内平台。

2)分退洪口门

洪湖监利长江干堤上已建成新堤大闸,位于洪湖监利长江干堤桩号508+500 附近,规划作为洪湖蓄滞洪区中分块进退洪口门,设计进洪流量 4500m³/s,设计退洪流量 800m³/s。

3)闸站工程

新中国成立以来,洪湖蓄滞洪区的长江干堤、东荆河堤经过整险加固,抗洪能力有所增强。区内已建一级电排站 12 处(不包括高潭口站),装机 110 台容量 5.24 万 kW,设计流量 568.7m³/s;内部建二级站 54 处,装机 162 台 1.854 万 kW,设计流量 240m³/s。除了以洪湖湖泊为调蓄区的四湖中区外,蓄洪区农田洪涝标准基本达到 10 年一遇。规划情况下,东分块蓄滞洪区内拟在套口分洪口门建进洪闸(设计流量 8000m³/s),在补元处建退洪闸(设计流量 2000m³/s);中分块蓄滞洪区内拟在新堤镇与螺山镇之间的监利洪湖长江干堤 520+000 处修建新螺进洪闸(分洪流量 12000m³/s,共 64 孔,每孔 18m),在内荆河建退洪闸(设计流量 500m³/s,共 6 孔,全长 150m),还有已建的新堤大闸(设计流量 800m³/s);西分块蓄滞洪区内拟在杨林山至螺山镇段监利洪湖干堤 533+000 处修建杨螺进退洪闸(分洪流量 12000m³/s,共 75 孔,每孔 16m)。线路跨越了洪湖主隔堤,跨越处堤防桩号约为 50+258,工程附近洪湖主隔堤已达标。线路穿越洪湖蓄滞洪区中分块和西分块,工程附近有沙螺闸、福田寺闸,工程与其距离分别约 3.5km、1.6km,线路跨越了螺山干渠后,在螺山电排河下游约 1.3km 处跨越长江干堤。

(2)江南陆城垸内现有水利工程及其他设施情况

1)堤防工程

江南陆城垸是由岳阳长江干堤、北堤拐至横河堤隔堤(江南陆城垸和黄盖湖内垸分隔的堤防)以及儒溪、乘风连绵群山和陆济间堤构成的一个封闭圈,中间由鸭栏间堤(实际为撇洪渠)分开为江南和陆城两垸。

岳阳长江干堤系多年加高培厚形成,为 2 级堤防,堤基地质条件复杂,堤身土质复杂,堤身堤基渗漏和江岸冲刷崩塌验证。1998 年以后,岳阳长江干堤在现有堤防的基础上进行了除险加固。目前堤身断面基本达标,堤身隐患也进行了处理,在长江重要堤防隐蔽工程建设中,完成了护岸工程 15.98km。现堤顶高程超历史最高水位 2.0m,堤顶宽 8～12m,内外坡比 1:3,堤内坡设有一级平台。工程线路于 110+979 处跨越长江右岸岳阳长江干堤进入江南陆城垸,跨越断面堤顶高程约为 35.50m,堤顶宽度 8m,内外坡比 1:3,已达标。

鸭栏间堤长 1.2km,面宽 8～12m,堤顶高程为 34.00m(冻结基面),坡比 1:2.5。长江大堤防洪标准为 20 年一遇,其余间堤目前防洪标准仅为 5～10 年一遇。

江南陆城垸与黄盖湖内垸由北堤拐至横河堤的横河间堤隔开,北堤拐至横河堤间堤长 11.0km,堤顶宽为 4.0～4.5m,堤顶高程为 32.00m(冻结基面)。经过岁月流逝,沧桑变迁,横河堤隔堤已严重退化,目前堤防状况较差,且设计高程只有 32.00m(冻结基面),与蓄洪高程 33.50m(冻结基面)相比,低 1.5m。

2)分退洪口门

江南陆城垸无固定的进洪控制工程,规划在岳阳长江干堤的鸭栏闸下、周家垅、北堤拐处建 3 处进洪口门,3 处进洪口门净宽分别为 170m、250m、110m,设计进洪流量分别为 2520m³/s、3500m³/s、1000m³/s。

3)安全区(台)

江南陆城垸规划为蓄滞洪区后,上级政府和业务主管部门对蓄洪安全建设十分重视,按照 33.50m(冻结基面)蓄洪水位投资兴建安全楼 63 栋,面积 1.4 万 m²,安全楼可临时安置人员 7967 人。在规划江南安全区附近现状已建顺堤安全台,面积 2.5 万 m²,台面高程为 36.5m(冻结基面),安全台可长期安置 2500 人。撤退道路共 10 条,长 82.5km,其中 44km 已用混凝土硬化。

4)闸站工程

江南陆城垸现有电排闸 6 处,分别为鸭栏电排闸(装机容量 1240kW)、新洲脑电排闸(装机容量 755kW)、谷花电排闸(装机容量 1550kW)、烟波尾电排闸(装机容量

1320kW)、土矶头电排闸(装机容量 2000kW)、新设电排闸(装机容量 1240kW),总装机容量 8105kW。现有低排闸 5 处,分别为鸭栏低排闸、新洲脑低排闸、烟波尾低排闸、新设低排闸、天螺山低排闸。

(3)邓家湖分蓄洪民垸内现有水利工程及其他设施情况

1)堤防工程

邓家湖堤是邓家湖分蓄洪民垸的重要围堤,位于汉江右岸,在小江湖堤上游,属国家 2 级堤防。

根据《湖北省汉江堤防加固重点工程(荆门二期段)初步设计报告》,邓家湖堤已于 2019—2020 年完成堤防加固工作,主要建设内容为堤防加固、堤身锥探灌浆、护坡穿堤涵闸改造、险段护岸加固等。现状堤防堤顶宽度为 6m,堤顶路面采用 C30 混凝土路面,路面厚度 22cm,下设 15cm 厚水泥稳定基层,混凝土路面宽度 4.5m,堤身垂高 3.9～5.0m,堤顶高程 46.88～46.98m,内外坡比 1∶3,草皮护坡。0＋000～1＋698 段长 1698m,堤身加培方式为内帮,1＋698～8＋887 段长 7189m,堤身加培方式为外帮,8＋887～13＋581 段长 4694m,堤身加培方式为内帮。护岸工程主要为 6＋200～8＋170 段长 1970m 的北港护坡险段。邓家湖堤现状已达标。

2)分退洪口门

邓家湖分蓄洪民垸分洪口门位于杨林闸下游的槐露口,相应堤防桩号为 5＋905,分洪口门宽 250m,分洪设计流量为 2000m³/s,采用扒口方式分洪。邓家湖分蓄洪民垸采用槐露口分洪口门退洪。

3)安全区(台)

邓家湖分蓄洪民垸内现状无安全区,邓家湖分蓄洪民垸于 3＋600 处设有一安全台,长度 100m,宽度 30m,为垸外顺堤台。

4)闸站工程

邓家湖分蓄洪民垸主要闸站工程有马良水闸、五爪湖闸、杨林闸以及大碑湾一级站。马良水闸建成于 1955 年 3 月,位于邓家湖堤 0＋060 处,闸底高程 34.45m,闸尺寸为 3×3.5m×4.5m(孔数×宽×高,本节下同),设计流量 110m³/s;五爪湖闸建成于 1969 年 5 月,位于邓家湖堤 1＋500 处,闸底高程 37.00m,闸尺寸为 2×2.7m×3m,设计流量 20.7m³/s;杨林闸建成于 1991 年 12 月,位于邓家湖堤 9＋100 处,闸底高程 38.40m,闸尺寸为 1×1.2m×1.5m,设计流量 5.3m³/s。

大碑湾电灌站建于 1976 年,是湖北省荆门市东南部引汉水灌溉农田的一大总体工程,由大碑湾一级站、大碑湾二级站、楝树店三级站组成。通过三级提水,将汉江水从海拔 37m 提高到 99m,然后分阶段利用漳河三干渠水系,输送到沙洋县所辖的高阳、曾集、官垱、沈集、五里铺、拾回桥等 6 个镇。大碑湾电灌站从马良镇边的马良水闸引进汉江水,经过人工引水河,抵达大碑湾一级泵站,大碑湾一级泵站设有 110kV 变电站一座,安装水泵机组 11 台套,装机容量 6930kW,提水流量 17.6m³/s,扬程 30m。从一级泵站人工开挖输水渠,其间还架设跨越荆潜公路的黄荡湖渡槽,穿过 1 号和 2 号隧洞进入大碑湾二级泵站,大碑湾二级泵站设有 35kV 变电站一座,安装水泵机组 8 台套,计 5040kW,提水流量 12.8m³/s,扬程 28.5m。再从二级泵站利用漳河三干渠到达棟树店三级泵站,此处设有 10kV 变电站一座,泵站安装水泵机组 6 台套,共 1290kW,提水流量 6m³/s,扬程 10.3m。

(4)小江湖分蓄洪民垸内现有水利工程及其他设施情况

1)堤防工程

小江湖堤是小江湖分蓄洪民垸的重要围堤,位于汉江右岸,属国家 2 级堤防,上起马良镇(马良山下),下止沙洋大桥(李家湾),全长 25.212km。

2012 年度实施护岸工程 4.08km,主要涉及小江湖堤曹家咀 3+800～5+700 险段、袁家台 9+640～10+520 和 10+700～12+000 险段;2013 年度实施护岸加固长度共3.82km,主要涉及小江湖堤曹家咀险段 2.626km(2+350～3+800、5+700～6+512),袁家台险段 1.6km(9+140～9+640、12+000～13+100),以及小江湖堤 2+000～4+800 范围内堤后填塘。根据《湖北省汉江堤防加固重点工程(荆门二期段)初步设计报告》,小江湖堤已于 2019—2020 年完成堤防加固工作,主要建设内容为堤防加固、堤身锥探灌浆、护坡穿堤涵闸改造、险段护岸加固等。现状堤防堤顶宽度为 6m,堤顶路面采用C30 混凝土路面,路面厚度 22cm,下设 15cm 厚水泥稳定基层,混凝土路面宽度 4.5m,堤身垂高 4.5～5.0m,堤顶高程 44.48～46.88m,内外坡比 1∶3,护坡形式主要有草皮护坡、植生块护坡、预制混凝土块护坡。0+000～17+891 段(长 17891m)堤身加培方式为外帮,17+891～25+212 段(长 7321m)堤身加培方式为内帮。护岸工程主要为 21+380～22+800 段(长 1420m)的罗家口险段。小江湖堤现状已达标。

2)分退洪口门

小江湖分蓄洪民垸分洪口门位于黄堤坝闸下游,相应堤防桩号为 23+675,分洪口门宽 150m,分洪设计流量为 3000m³/s,采用扒口方式分洪。小江湖分蓄洪民垸除采用黄堤坝闸下游分洪口门退洪外,还设有童元寺闸和中闸退洪,童元寺闸位于小江湖堤19+100 处,宽度 1.6m,退洪设计流量 5m³/s;中闸位于小江湖堤 6+100 处,宽度 2.7m,退洪设计流量 20m³/s。

3)安全区(台)

小江湖分蓄洪民垸现状无安全区,小江湖分蓄洪民垸于 12+500 处设有一处安全台,长度 150m,宽度 30m,为垸外顺堤台;在童元寺闸下游约 1.0km 处有马家庙安全台。

4）闸站工程

小江湖分蓄洪民垸主要涵闸工程有丰收闸站、中闸站、童元寺闸、黄堤坝闸站。丰收闸站建成于 1979 年,位于小江湖堤 1＋930 处,闸底高程 34.00m,闸尺寸为 3×2.7m×3.4m,闸设计流量 44m³/s,泵站设计流量 13.5m³/s;中闸建成于 1972 年 4 月,位于小江湖堤 6＋150 处,闸底高程 36.00m,闸尺寸为 1×2.7m×3.4m,闸设计流量 20m³/s,中闸于 2012 年 11 月在原址拆除重建,孔口尺寸改为 1×3.5m×4.0m;中闸泵站建成于 1981 年 9 月,位于小江湖堤 6＋300 处,泵站设计流量 3.15m³/s;童元寺闸建成于 1972 年 8 月,位于小江湖堤 20＋474 处,闸底高程 35.00m,闸尺寸为 1×1.6m×1.8m,闸设计流量 5m³/s;黄堤坝闸站建成于 1962 年 5 月,位于小江湖堤 24＋555 处,闸底高程 35.00m,闸尺寸为 1×2.4m×2.1m,闸设计流量 7m³/s,泵站设计流量 3.6m³/s。

### 4.3.4 蓄滞洪区相关规划

#### 4.3.4.1 主要内容

蓄滞洪区相关规划主要包括流域综合规划及防洪规划、蓄滞洪区建设与管理规划、防御洪水方案及洪水调度方案、蓄滞洪区运用方案及运用几率等。要简述前述规划的总体布局、规划方案和规划实施等情况。长江流域蓄滞洪区相关规划主要有《长江流域综合规划》《长江流域防洪规划》《长江流域蓄滞洪区建设与管理规划》《长江防御洪水方案》《汉江洪水与水量调度方案》等。

蓄滞洪区是长江中下游防洪体系的重要组成部分,三峡工程建成投入正常运行后,长江中游各地区防洪能力有了较大提高,但蓄滞洪区仍需运用。超过河道安全泄量需运用蓄滞洪区分蓄超额洪水,以保障重点地区和重要城市的安全,尽量减少淹没损失。

#### 4.3.4.2 案例分析

特高压输变电工程穿越洪湖蓄滞洪区、江南陆城垸、邓家湖及小江湖分蓄洪民垸,应重点描述蓄滞洪区涉及的长江流域综合规划和防洪规划、蓄滞洪区建设与管理规划、汉江流域综合规划、洪水调度及蓄洪区运用方案等。

（1）长江流域综合规划和防洪规划

在《长江流域综合规划》《长江流域防洪规划》中,对长江流域蓄滞洪区作出以下防洪规划方案:

全面加快蓄滞洪区建设,合理安排居民迁建。按照防御 1954 年洪水标准,长江中下游干流规划安排了 40 处蓄滞洪区。其中洪湖蓄滞洪区总面积 2797.4km²,面积较大,一次分洪损失大,运用不便。1998 年长江大洪水后,国务院以"国发〔1999〕12 号"文要求在城陵矶附近尽快集中力量建设蓄滞洪水约 100 亿 m³ 的蓄滞洪区,按照湖北、湖南对等的原则,洪湖蓄滞洪区划出一块约 50 亿 m³ 的蓄滞洪区先行建设。为此,对洪湖蓄滞洪区进行了分块蓄洪规划,将洪湖蓄滞洪区划分成东、中、西三块,优先建设东分块蓄滞洪区。

多年来,长江中下游蓄滞洪区建设进展较慢,建设任务繁重,为指导今后的蓄滞洪区建设,根据目前长江中下游防洪状况,考虑三峡工程及至规划水平年上游控制性水库建成后长江中下游防洪形势的变化,按照蓄滞洪区运用几率和保护对象的重要性,制定蓄滞洪区总体布局。

三峡工程建成后,荆江分洪区运用几率达到 100 年一遇,但其在长江流域防洪中的地位十分重要,是防御荆江地区遇类似 1870 年特大洪水的重要措施,由国家防汛抗旱总指挥部调度,且分洪区内的建设与管理相对完善,运用条件相对较好,确定其为重点蓄滞洪区。将除荆江分洪区以外的长江中下游蓄滞洪区分为重要蓄滞洪区、一般蓄滞洪区和蓄滞洪保留区三类。

1)重要蓄滞洪区

重要蓄滞洪区共 12 处,为运用几率较大的蓄滞洪区,分别为城陵矶附近规划分蓄 100 亿 m³ 超额洪量的蓄滞洪区(即洞庭湖区的钱粮湖、共双茶、大通湖东 3 个蓄滞洪区和洪湖东分块)和洞庭湖区的围堤湖、民主、城西、澧南、西官、建设等 6 个蓄滞洪区,武汉附近区的杜家台蓄滞洪区,湖口附近区的康山蓄滞洪区。

2)一般蓄滞洪区

一般蓄滞洪区共 13 处,为除重要蓄滞洪区外,防御 1954 年洪水还需启用的蓄滞洪区,分别为城陵矶附近区的洪湖中分块和洞庭湖区的屈原、九垸、江南陆城、建新蓄滞洪区,武汉附近区的西凉湖、武湖、涨渡湖、白潭湖蓄滞洪区,湖口附近区的珠湖、黄湖、方洲斜塘和华阳河蓄滞洪区,其中华阳河蓄滞洪区按建闸控制方案重新确定了蓄滞洪区范围,蓄滞洪区面积调整为 1307km²,有效蓄洪容积由 62 亿 m³ 调整为 25 亿 m³。

3)蓄滞洪保留区

蓄滞洪保留区共 16 处,为用于防御超标准洪水或特大洪水的蓄滞洪区,分别为荆江地区的涴市扩大分洪区、人民大垸分洪区、虎西备蓄区,城陵矶附近的君山、集成安合、南汉、安澧、安昌、北湖、义合、安化、和康、南顶、六角山等 11 个蓄滞洪区及洪湖西分块,以及武汉附近的东西湖蓄滞洪区。

对于重要蓄滞洪区和一般蓄滞洪区,在进行蓄滞洪区围堤加高加固的同时,应在区内进行安全区、安全台等安全建设,调整产业布局和结构,限制人口迁入和新增重要产业。对蓄滞洪保留区可基本不限制其发展,进行围堤加高加固及安全转移道路、通信预警系统等的建设。

（2）长江流域蓄滞洪区建设与管理规划

这是一部针对蓄滞洪区建设管理的专项规划，对长江流域内各个蓄滞洪区都作出了相应的规划，针对性和指导性都很强，是涉及蓄滞洪区（洪泛区）特高压输变电工程洪水影响评价的重要参考资料，也是本节中应重点介绍分析的规划。本节中应重点介绍蓄滞洪区的防洪工程建设、安全工程建设、堤防加固等相关规划内容，并结合蓄滞洪区设计报告中的具体建设内容，作出更加详尽的叙述。

1）洪湖蓄滞洪区

根据《长江流域蓄滞洪区建设与管理规划报告》《洪湖东分块蓄滞洪区蓄洪工程初步设计报告（修订本）》，规划修建腰口隔堤和螺山隔堤，自东向西将洪湖蓄滞洪区分为东分块、中分块和西分块，优先建设东分块蓄洪工程的建设，远期安排中分块和西分块蓄洪工程建设。洪湖东分块规划为重要蓄滞洪区，蓄滞洪区蓄洪工程主要建设内容包括腰口隔堤工程，内荆河、南套沟节制闸工程，腰口隔堤水系功能恢复工程，套口进洪闸工程，补元退洪闸工程，新滩口泵站保护工程，腰口、高潭口二站泵站工程，东荆河堤、洪湖主隔堤工程等。中分块规划为一般蓄滞洪区，规划新建螺山隔堤，规划建设螺山、瞿家、洪湖（新堤）3 处安全区，总面积 36.18km²。西分块规划为蓄滞洪保留区，由洪湖监利长江干堤、洪湖主隔堤和螺山隔堤圈围，西分块进退洪采用一闸兼用的方式，未规划安全区、安全台。

2）江南陆城垸

根据《长江流域蓄滞洪区建设与管理规划报告》，江南陆城垸规划在长江干堤的鸭栏闸下、周家坡、北堤拐处建 3 处进洪口门，净宽分别为 170m、250m、110m，设计进洪流量分别为 2520m³/s、3500m³/s、1000m³/s。规划新建江南、陆城共计 2 处安全区，安全区总面积 3.53km²，规划安置面积 2.25km²，安置人口 1.7 万。规划新建洋西村、石子岭、棋杆村、儒溪村、杨桥村、鸭栏、四合、晓洲、新洲、江南、牛湖、盛塘、长江、灯塔、丁山、柳田、新设、钢铁、泾港等 19 处安全台，总面积 129.41 万 m²，规划安置人口 25882 人。江南陆城垸规划转移道路 7 条，长 22.9km，其中新建 5 条，长 21.3km，扩建 1 条，长 1.6km，新建转移桥梁 16 座。

（3）汉江流域综合规划

根据《汉江流域综合规划》，汉江中游蓄滞洪区依据运用几率分为重要蓄滞洪区、一般蓄滞洪区和规划保留蓄滞洪区三类，其中小江湖和邓家湖分蓄洪民垸为重要蓄滞洪区。

根据《汉江流域综合规划》《汉江洪水与水量调度方案》《汉江中游分蓄洪民垸规划布局调整专题研究报告》，汉江中游 14 个分蓄洪民垸有效蓄洪容积有 35.16 亿 m³。针对规划阶段汉江中下游防洪状况,考虑丹江口续建后汉江中下游防洪形势的变化,规划中对原有分蓄洪民垸进行了调整。有关邓家湖和小江湖分蓄洪民垸的规划主要有:

1)分蓄洪民垸围堤

根据《湖北省汉江堤防加固重点工程(荆门二期段)初步设计报告》,邓家湖分蓄洪民垸围堤 13.581km 已按规划加固达标,小江湖分蓄洪民垸围堤 25.212km 已按规划加固达标。

2)转移路桥

邓家湖、小江湖分蓄洪民垸内规划建设转移道路长度分别为 53.8km、78.5km。

3)转移桥梁

根据转移道路所跨越的渠道,确定桥梁的数量和长度,桥梁的宽度与所在的道路相适应。邓家湖、小江湖分蓄洪民垸内规划建设转移桥梁长度分别为 260m、340m。

(4)洪水调度及蓄洪区运用方案

蓄滞洪区的调度运用按照国家批准的防御洪水方案或者洪水调度方案执行,要依据长江洪水调度方案、长江防御洪水方案、汉江洪水与水量调度方案等介绍蓄滞洪区的运用条件、调度运用方案和运用几率、防洪设计水位及分洪量等指标。

1)洪湖蓄滞洪区及江南陆城垸

按照《长江洪水调度方案》,城陵矶河段蓄滞洪区运用次序:首先运用钱粮湖垸、大通湖东垸、共双茶垸和洪湖东分块等城陵矶附近 100 亿 $m^3$ 蓄滞洪区,再运用澧南垸、围堤湖垸、西官垸、民主垸、城西垸等重要蓄滞洪区,然后运用建新垸、建设垸、屈原垸、江南陆城垸、九垸、洪湖中分块等一般蓄滞洪区,最后运用蓄滞洪保留区。

2)邓家湖、小江湖分蓄洪民垸

根据《汉江洪水与水量调度方案》,结合宜城—沙洋河段河道泄流能力的变化特点,以遥堤和干堤安全为前提,视洪水来量的大小,决定中游蓄洪民垸的运用次序:小江湖、邓家湖 2 个蓄洪民垸距离沙洋控制断面最近,有效蓄洪容积共 8.83 亿 $m^3$,淹没损失相对较小,对控制点沙洋的分洪效果最明显,故安排最先使用。汉江中下游防御标准为 1935 年同大洪水(约百年一遇),丹江口水库续建完成后,按照拟定的对碾盘山分级补偿调度方式,中游的超额洪量在理想运用条件下只需启用小江湖垸和邓家湖垸即可满足蓄洪要求,故此两垸的运用几率在 100 年一遇左右,其他分蓄洪民垸的运用几率在 200 年一遇以上。

## 4.4 建设项目基本情况

洪水影响评价报告中本章节的内容主要来源于设计单位提供的蓄滞洪区内工程建设方案。评价报告中项目基本情况主要包括前期工作及必要性论证、项目建设条件、项目设计主要成果、项目施工方案、工程与蓄滞洪区的关系等。

### 4.4.1 前期工作及必要性论证

#### 4.4.1.1 主要内容

（1）工程前期工作情况

简述截至洪评报告审查，建设项目的前期工作过程和主要成果审查和批复情况，包括建设项目规划、立项、可研、初设、施工图（若已经到施工图阶段）等阶段。还应简述洪评报告编制单位接受项目业主委托及已经开展的实地查勘、测量、资料收集、报告编制等工作。

（2）工程建设的必要性

宜从建设项目的背景、意义、相关政策规划等方面论证工程建设的必要性，一般直接引用经主管部门审定的项目的必要性论证即可。

#### 4.4.1.2 案例分析

（1）南阳—荆门—长沙1000kV特高压交流输变电工程

1）前期工作情况

本工程起点为南阳1000kV交流变电站，途经荆门1000kV交流变电站，终点为长沙1000kV交流变电站，线路路径全长635.5km。根据《国家能源局关于加快推进一批输变电重点工程规划建设工作的通知》（国能发电力〔2018〕70号），设计单位完成了《南阳—荆门—长沙1000kV特高压交流输变电工程可行性研究》报告及审查，并于2019年完成了项目立项评审。

2）建设必要性

本工程是华中特高压交流环网工程的重要组成部分，根据国家电网有限公司项目建设进度安排，本工程将在2020年全部建成投产，其建设必要性及在系统中的作用主要体现在以下几个方面：

①构建坚强的华中特高压交流环网，满足多直流馈入后华中电网安全稳定运行要求。

②加强华中东四省电网省间联络，提高各省交流断面受电能力，构建电力资源优化

配置平台。

③有效解决湖南—河南电网对冲模式下的动稳问题。

④改善优化主网架,适应华中东四省各地区远景电网发展需求。

⑤有利于充分发挥交流特高压输电技术优势,节约输电走廊资源。

⑥保证湖南电网的安全可靠供电。

⑦为湖南接受特高压电力开辟新的通道。

⑧满足湖南电源结构转型的需要。

(2)荆门—武汉1000kV特高压交流输变电工程

1)前期工作情况

本工程可行性研究报告已取得批复,初步设计报告已完成修改,与此同时,工程初步设计时,还同步开展了与项目有关的地质调查、环境影响评价、水产种质资源保护区影响专题论证、洪水影响评价等各方面专项研究工作。工程线路跨越汉江、汉北河及其支流的洪水影响评价已取得相应水行政主管部门批复。

2)建设必要性

本工程是"华中特高压交流环网"工程的重要组成部分,其建设必要性及在系统中的作用主要体现在以下几个方面:

①满足多直流馈入后华中电网安全稳定运行要求。

②构建资源优化配置平台,提高省间互济能力。

③提高华中电网整体事故备用能力。

④优化华中主网架结构,适应远景电网发展。

⑤有利于充分发挥交流特高压输电技术优势,节约输电走廊资源。

## 4.4.2 项目建设条件

### 4.4.2.1 主要内容

(1)气象水文条件

应与"项目所在区域基本情况"章节中的水文气象概况有所区分。水文气象概况是以项目所在行政区域或流域为对象,从面上概述,属于情况说明。而本节则侧重于与工程建设相关的内容,属于条件分析。资料条件允许时,在分析范围上,应较水文气象概况更加有针对性,最好直接分析蓄滞洪区的水文气象情况;内容上,除气候特征、降水、气温、径流、洪水等概况性论述外,还应包括工程所在区域的水文测站分布及主要水文参数和成果,作为后续水文分析计算的基础。

(2)工程地质条件

工程地质条件对工程建设的影响极大,应基于工程设计单位详细的地质勘探工作。

内容应包括工程区域的地形地貌、地质构造、主要地层岩性、地基土的主要物理力学指标、地震动参数、地下水条件等情况和评价结论;如有不良地质情况,应在本节中说明,并提出措施建议。工程地质条件的分析,一定要紧密结合工程地质对工程建设可能造成的影响,给出评价性结论和措施建议。工程跨越蓄滞洪区内堤防的,还应分析堤防地质条件。

### 4.4.2.2 案例分析

在南阳—荆门—长沙 1000kV 特高压交流输变电工程案例中,需要特别注意的是,沿线可能存在地震液化的不良地质影响,可能存在岩土问题,对施工安全造成影响。在建设条件分析中,这些不利影响的发现,对于提出针对性的措施建议具有重要意义。案例具体内容如下:

(1)气象水文条件

工程所在区域属亚热带季风湿润区,雨热同季,四季分明,雨量充沛,光照充足,气候温和,无霜期长。根据气象资料统计,包4段所在四湖流域多年平均降水量 1000～1350mm,汛期5—9月降水量占全年降水量的 70% 左右,6、7两个月是四湖流域降水量最多的月份;包5段所在区域年平均降水量 1250～1550mm,呈春夏多、秋冬少的格局,春夏雨量占全年的 70% 左右,降雨年际分布不均,最多达 2300mm 以上,降雨少的年份只有约 750mm。

(2)工程地质条件

1)工程地质

线路穿越洪湖蓄滞洪区段位于江汉平原,浅部地层主要为第四系冲湖积成因,以粉土黏性土、粉细砂、卵砾石等为主。下部基岩埋深较大,本工程主要揭露于长江北岸附近地段,以白垩系砂岩、寒武系灰岩为主,基岩面埋深在 32～35m。普通线路沿线浅部地层以第四系冲湖积地层为主,主要为粉质黏土、淤泥质土、粉土、中细砂层、卵砾石等。其中淤泥质土部分地段分布,层厚不均,一般在 3～8m。

线路穿越江南陆城垸段 N5001～N5003 主要为冲积平原,地貌类型为平地、微倾斜平地,海拔 23.16～27.32m,勘测期间塔位处主要为水塘、水稻田及竹林等,土层分布主要为黏土、粉质黏土、碎石、石灰岩;N5004～N5006、N5008～N5010 主要为剥蚀丘陵段,海拔 34.89～47.62m,勘测期间塔位处主要为竹林、松树林、杉树林及荒地等,土层分布主要为黏土、粉质黏土、砂岩、板岩;N5007 主要为山间凹地,海拔 31.22m,土层分布主要为粉质黏土、板岩。

2)地层岩性

①洪湖蓄滞洪区:线路穿越洪湖蓄滞洪区段沿线岩土层主要分布有第四系全新统

（$Q_4^{ml}$）耕植土,全新统冲洪积（$Q_4^{al+pl}$）粉质黏土、淤泥质土、黏土、粉细砂以及白垩系上统跑马岗组（$K_2p$）砂岩、粉砂岩、寒武系灰岩。各个地层具体描述略。

②江南陆城坑:N5001~N5003 段沿线上覆地层主要为第四系全新统冲积（$Q_4^{al}$）形成的黏土、粉质黏土、碎石,下伏基岩为寒武系（∈）石灰岩;N5004~N5006、N5008~N5010 段沿线上覆地层主要为第四系上更新统残坡积（$Q_3^{el+dl}$）粉质黏土、黏土,下伏基岩主要为中元古界（$Pt_2$）冷家溪群板岩,局部为白垩系（K）砂岩等;N5007 段沿线上覆地层主要为第四系全新统坡洪积（$Q_4^{dl+pl}$）粉质黏土、碎石,下伏基岩主要为中元古界（$Pt_2$）冷家溪群板岩。各个地层具体描述略。

3）地下水条件

①洪湖蓄滞洪区:沿线地下水主要为孔隙潜水,局部地段存在承压水。孔隙潜水主要赋存于粉细砂和卵砾石层中,水量较多,水位埋深一般 0.5~2.0m,变幅 0.5~1.0m。承压水主要赋存于砂土、卵石层中,具承压性,地下水水量丰富,与周边河流或水塘有密切的水力联系。

沿线地下水主要为孔隙潜水,局部地段存在承压水。孔隙潜水主要赋存于粉细砂和卵砾石层中,主要接受地表水体及大气降水补给,以径流、蒸发排泄为主,水量较多,水位埋深一般 0.5~2.0m,变幅 0.5~1.0m。承压水主要赋存于砂土、卵石层中,具承压性,地下水水量丰富,与周边河流或水塘有密切的水力联系。

本工程线路沿线对混凝土结构均为微腐蚀。对钢筋混凝土结构中的钢筋具微腐蚀性。

②江南陆城坑:沿线地下水类型为第四系孔隙潜水,主要受大气降水补给,以蒸发及人工取水为主要排泄方式。N5001~N5003 段,地下水位埋深变化幅度约为 2.50m,本段线路沿线地下水对混凝土结构及钢筋混凝土结构中的钢筋均具微腐蚀性;N5004~N5006、N5008~N5010 段沿线地下水水位埋深一般大于 20m,可不考虑地下水对基础的影响,该段线路沿线地基土对混凝土结构具有微腐蚀性,对钢筋混凝土结构中的钢筋具有微腐蚀性;N5007 附近地基土（岩）对钢结构具有微腐蚀性,B 腿处地下水稳定水位埋深为 0.0m,C 腿处地下水稳定水位埋深为 7.50m,地下水位埋深变化幅度约为 2.50m,雨季施工时 A、D 塔腿可能存在上层滞水,塔基整体稳定。

4）地震动参数

根据《中国地震动参数区划图》（GB 18306—2001）,拟选线路所经地区 50 年超越概率 10% 的地震动峰值加速度为 0.05g,相应的地震基本烈度为Ⅵ度,设计地震分组为第一组。根据相关规程规范可不考虑液化影响。

5）不良地质情况

沿线的不良地质作用主要为地震液化、岩溶及基坑开挖过程中的突涌问题。线路途经区河网密布,洪水季节对河岸岸坡有一定冲刷、掏蚀作用,进而造成岸坡的塌岸。现场调查发现少数岸坡出现塌岸现象,因此,普通河流跨越塔的位置选择应离岸坡有一定的安全距离,并应采取相应的保护措施,以确保塔位的稳定。

### 4.4.3 工程设计主要成果

#### 4.4.3.1 主要内容

（1）工程概况

工程概况包括线路走向、工程规模及设计标准等概括性介绍。应包括特高压输变电工程的起点、终点、主要途经点等线路走向,以及路径长度、曲折系数、塔杆数量等主要工程指标,并重点说明线路穿越蓄滞洪区的线路和工程量。应附线路走向及地理位置图。

（2）工程设计方案

应重点介绍评价范围内工程设计方案,包括工程平面布置及主要建构筑物结构设计。输电线路平面布置中应主要介绍工程跨越档档距、杆塔基础中心点坐标(控制点坐标表),主要建构筑物结构中应明确杆塔的塔型、呼高、全高,杆塔基础的基础形式、正面根开、桩径、桩数、桩深、承台尺寸、主柱直径、主柱高和露头高等基础数据。

特高压输电线路工程跨越塔全高一般很高,为保证检修作业安全,需要在杆塔中心位置修建攀爬设施和附属用房等附属设施。附属设施应主要介绍附属设施的基础结构尺寸,包括承台尺寸、承台顶高程、桩径、桩深等。对于附属用房,应明确其基础形式,承台顶高程和附属用房所在的平台顶高程。

#### 4.4.3.2 案例分析

（1）工程概况

工程路径全长635.5km,其中南阳—荆门段采用单回路架设,路径长度289.0km,荆门—长沙段采用双回路架设,路径长度346.5km。工程位于荆门—长沙段。

工程包4段线路途经湖北省荆州市监利县、洪湖市、湖南省岳阳市临湘市。本段线路沿线主要跨越了四湖总干渠、洪排河和长江,同时线路还穿越了洪湖蓄滞洪区。线路穿越洪湖蓄滞洪区的线路走向为:在陡湖村附近跨越洪湖主隔堤,进入长江洪湖蓄滞洪区内。经甲湖村、苏家咀、永镇垸,在朱谢垸西侧跨越在建S215省道,随后在杨祠村附近跨越新汴河,经崔家长岭、赵家新墩、邓余墩,避让棋盘乡镇中心,在陈家墩上南侧跨越朱河改道河,避让沈潘墩、王垸房屋密集区,在朝文墩北侧跨越拟建"西气东输"三线天然气管线,经梁家墩、小塔寺陈家,避让洪湖湿地国家级自然保护区,在螺山镇西北侧进入洪湖市,向东经张家坝跨越螺山干渠、S13武监高速,跨越洪湖监利长江干堤。

南阳—荆门—长沙 1000kV 交流特高压线路工程穿越洪湖蓄滞洪区线路路径见图 4.4-1,杆塔平面布置见图 4.4-2。

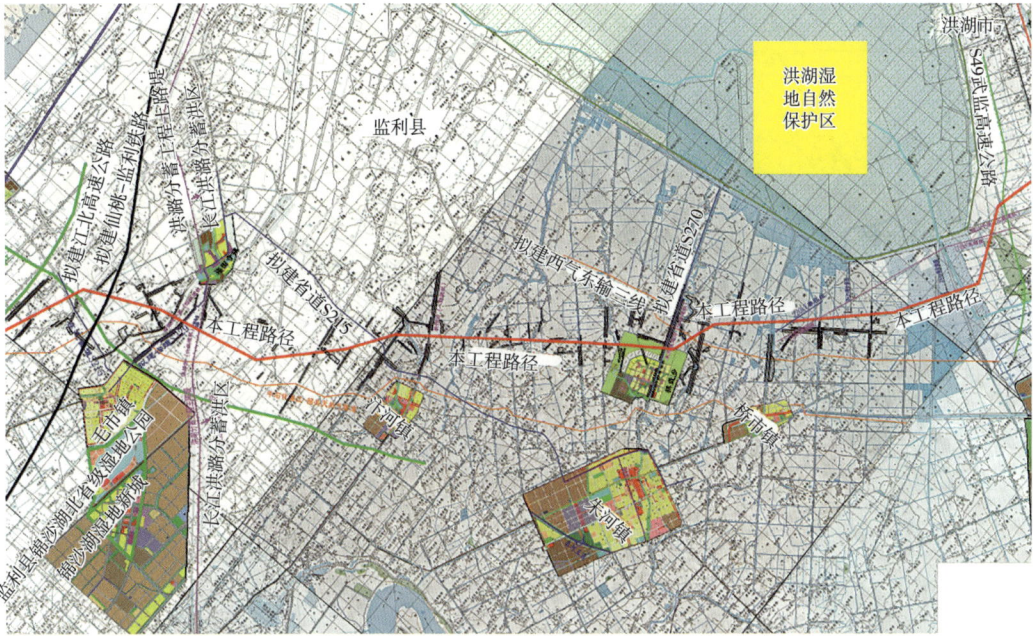

**图 4.4-1　南阳—荆门—长沙 1000kV 交流特高压线路工程穿越洪湖蓄滞洪区线路路径**

**图 4.4-2　南阳—荆门—长沙 1000kV 交流特高压线路工程杆塔平面布置(洪湖蓄滞洪区)**

　　线路跨越岳阳长江干堤后进入江南陆城垸,接长江大跨越终点后沿西北—东南走线,于 N5010～N5011 跨越江南陆城垸东南侧自然高地穿出,南阳—荆门—长沙 1000kV 交流特高压线路工程穿越江南陆城垸线路路径见图 4.4-3,杆塔平面布置见图 4.4-4。

**图 4.4-3　南阳—荆门—长沙 1000kV 交流特高压线路工程穿越江南陆城垸线路路径**

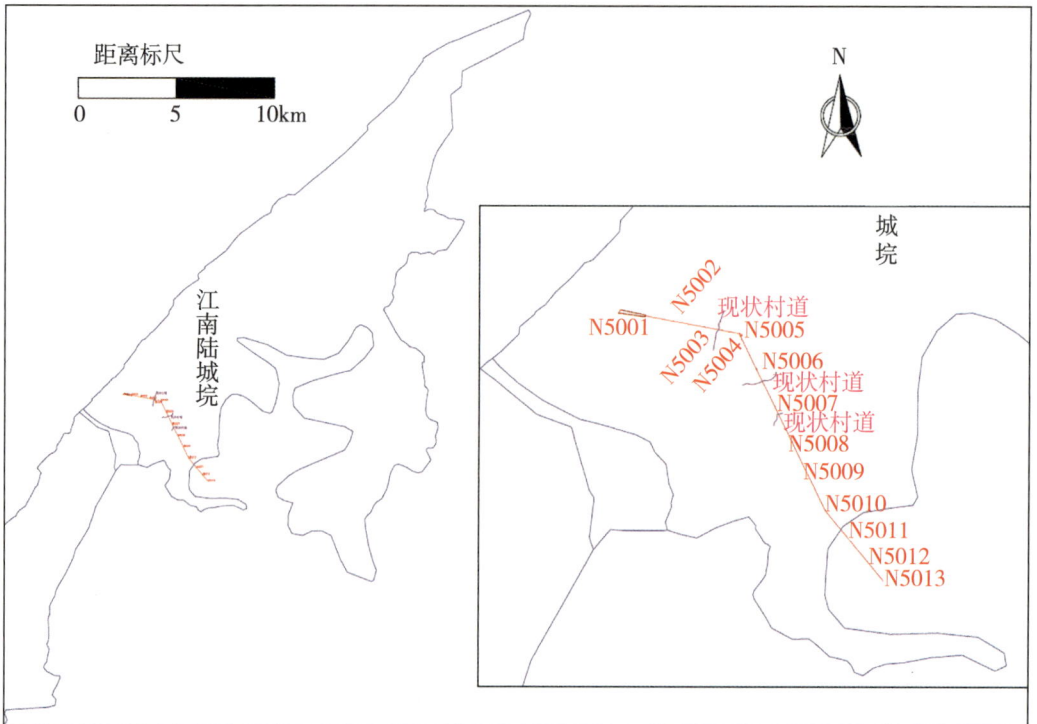

**图 4.4-4　南阳—荆门—长沙 1000kV 交流特高压线路工程杆塔平面布置(江南陆城垸)**

线路穿越洪湖蓄滞洪区内杆塔编号为 N4076～N4151L/R,档距 335～677m,跨越段杆塔形式采用直线塔和转角塔跨越方式,除 N4151L/R 外均采用双回路架设,采用Ⅰ型串伞形塔,跨越塔呼高 39～78m,洪湖蓄滞洪区内线路总长度约 37.6km。线路穿越洪湖蓄滞洪区内一般线路新建杆塔 75 基,其中直线塔 63 基、转角塔 12 基,基础均采用灌注桩基础。

线路穿越江南陆城垸内的一般线路杆塔编号为 N4154L/R、N5001～N5010,档距 289～673m,跨越段杆塔形式采用直线塔和转角塔跨越方式,除与长江大跨越锚塔接头段单回路架设,其余段均为同塔双回路。跨越塔呼高 39～87m,江南陆城垸内线路总长度约 5.1km。线路穿越江南陆城垸内一般线路新建杆塔 12 基,其中直线塔 7 基、转角塔 5 基,基础采用灌注桩基础和挖孔基础。

(2)跨越工程设计方案

洪湖蓄滞洪区内 N4076～N4151L/R 杆塔形式采用直线塔和转角塔,采用Ⅰ型串伞形塔,基础均采用灌注桩基础,立柱露出塘底或现状地面高度范围 0.5～3.5m,桩径 1.0～2.2m,桩长 18.0～37.5m。洪湖蓄滞洪区段线路平纵断面见图 4.4-5(以 N4076～N4082 为例)。

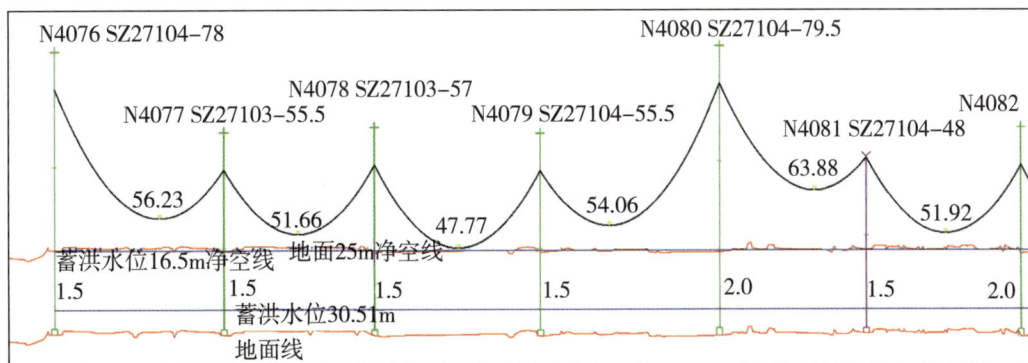

**图 4.4-5 洪湖蓄滞洪区段线路跨越平纵断面图(N4076～N4082)**

江南陆城垸内 N4154L/R、N5001～N5010 杆塔形式采用直线塔和转角塔,采用Ⅰ型串伞形塔,基础采用灌注桩基础和挖孔基础,立柱露头高度范围为 0.2～2.1m,桩径 1.0～2.2m,桩长 11.0～34.5m。江南陆城垸段线路平纵断面见图 4.4-6(以 N5001～N5006 为例)。

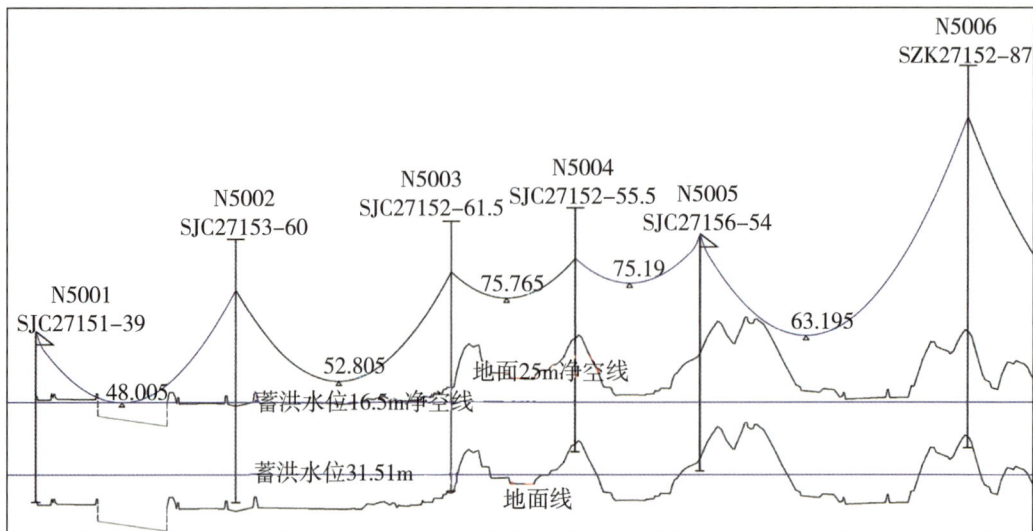

图 4.4-6　江南陆城垸段线路跨越平纵断面图（N5001～N5006）

### 4.4.4　工程施工方案

#### 4.4.4.1　主要内容

工程施工方案主要包括施工条件、主体工程施工、主要施工临时设施、施工交通及施工总布置、施工弃土弃渣处置、施工总进度安排等。介绍重点应集中在主体工程基础施工、杆塔施工、架线施工等方面。临时设施一般指临时施工道路，线路涉水的，还应有围堰施工措施。对于施工过程中可能产生的施工扬尘、施工废水、施工噪声、固体废弃物、破坏地表等影响，应简述环境保护和水土保持措施。施工进度安排应充分考虑气象水文条件，涉及蓄滞洪区分洪道内围堰施工的，应安排在非汛期。

#### 4.4.4.2　案例分析

施工方案中，主要包括基础施工、铁塔组立、架线施工 3 大部分，此外还有施工临时设施。根据本工程桩基的地质条件，采用正反循环回旋钻机进行施工；铁塔组立施工采用吊机配合落地抱杆组立；放线施工采用牵张机带张力展放，先用无人机或动力伞展放引绳，然后展放导地线。施工过程中的主要临时设施有落地抱杆等。具体如下：

（1）基础施工

桩基采用正循环钻方法施工，其主要施工流程见图 4.4-7。

洪湖蓄滞洪区内工程施工产生的余土量 1914m³，江南陆城垸内无余土产生，弃土将装入土方车经过现状村道运至分蓄洪民垸以外的网市镇弃渣处理厂处理。

```
                         测量定位
            ┌───────────────┼───────────────┐
         埋设护筒         设备到位         校核桩位
    ┌─────────┼─────────┐
 钻孔前机具检查      开始钻孔        泥浆循环系统准备
    ┌─────────┼─────────┐
 调整钻进参数      钻孔完成         调整泥浆

                         第一次清孔
            ┌───────────────┼───────────────┐
         制作钢筋笼       检查成孔质量       水泥、砂石进场

                         钢筋笼下放
            ┌───────────────┼───────────────┐
         检查下笼质量       安装导管         校正钢筋笼位

            ┌───────────────┼───────────────┐
         检查灌注设备       二次清孔         检查导管质量

            ┌───────────────┼───────────────┐
         测量孔底沉渣       灌注混凝土        检查泥浆指标

            ┌───────────────┼───────────────┐
      检查混凝土搅拌质量      终结成桩       检查混凝土灌注高度
```

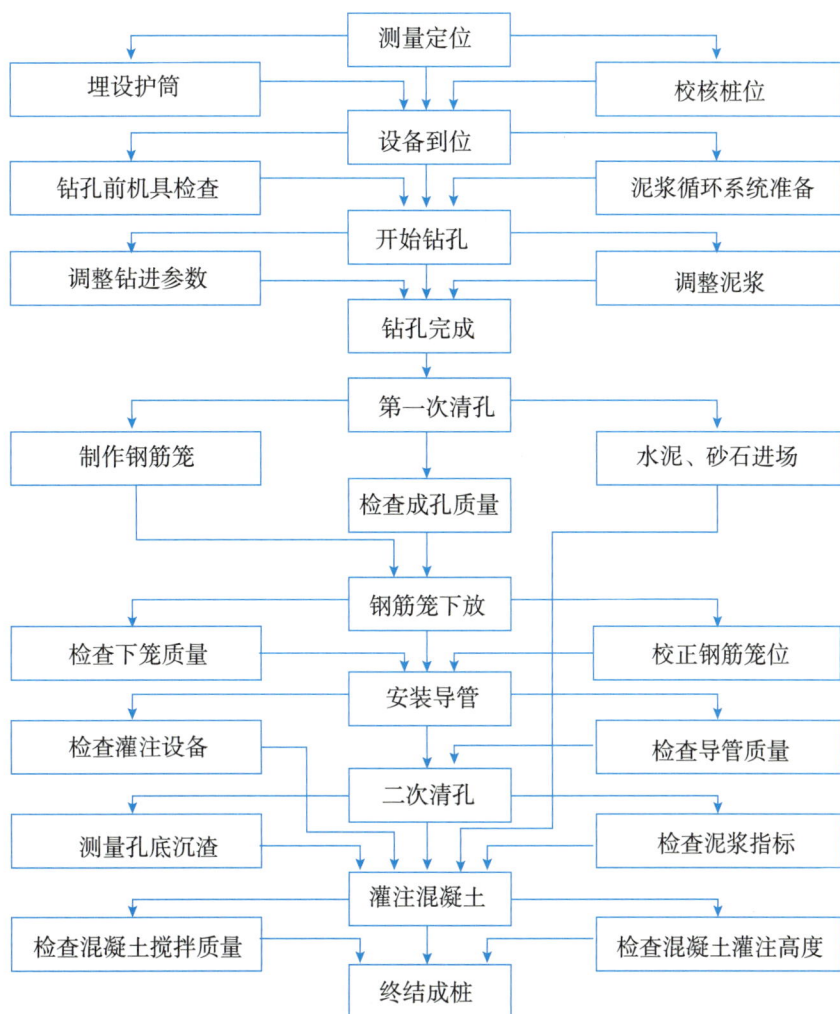

**图 4.4-7　钻孔灌注施工流程图**

（2）铁塔组立

根据杆塔参数及现场地形条件,选择座地双平臂抱杆以及流动式起重机组立铁塔。

抱杆立于铁塔中心的地面上,抱杆高度随铁塔组立高度的增加而逐渐增高。在距抱杆顶部以下安装 2 副平臂,平臂下部设置起重小车,小车上起升滑车组可用于吊装塔片,又可用来做平衡拉线。

（3）架线施工

牵张场选取,架线施工前结合图纸及现场情况进行优选。张力架线应考虑导线过滑车次数不宜过多,否则会影响导线的放线质量,放线段长度一般应控制在 8km 以内,过滑车次数控制在 20 次以内。

架线施工,本工程八分裂导线架设拟采用 2×(一牵四)张力展放方式进行。即分别

在牵引场和张力场布置2台牵引机和2台四线张力机,采用两套一牵四方式,同步展放同相8根子导线。地线、OPGW光缆一牵一张力展放。导引绳采用飞行器悬空展放初级引绳,再逐级带张力牵放后续引绳的方式进行展放。

（4）施工临时设施

本工程杆塔基础为灌注桩单桩、承台灌注桩、挖孔基础。

临时施工设施主要有临时施工道路。塔位均有可人行到达的机耕土路,施工临时道路从村道尽头开始,对机耕土路进行拓宽,从下至上结构为20cm厚灰土或炉渣垫层、20cm厚石灰土碎石基层、10cm厚泥结碎石面层,路面宽度不小于3m,局部设置会车道。

（5）施工进度安排

施工准备:第1年9月至第1年10月。

基础施工时间:第1年11月至第2年4月。

组塔时间:第2年2月至第2年9月。

架线时间:第2年6月至第2年11月。

竣工验收:第2年12月。

### 4.4.5 工程与蓄滞洪区关系

#### 4.4.5.1 主要内容

工程与蓄滞洪区关系要定量描述特高压输变电工程沿线与蓄滞洪区分退洪口门、分蓄洪水位、安全区、河流水系、转移道路、闸站、堤防及其他设施的关系,距离关系一般应明确最小距离,应附位置关系图,塔杆与分蓄洪水位净空应列表说明。此外应当注意,根据《1000kV架空输电线路设计规范》规定,双回路1000kV架空输电线路至通航河流最高航行水位桅顶最小垂直距离不小于10m,至不通航河流百年一遇洪水位最小垂直距离不小于10m。

#### 4.4.5.2 案例分析

（1）工程与洪湖蓄滞洪区的关系

工程杆塔N4076～N4085、N4146～N4151L/R位于洪湖蓄滞洪区中分块内,共17个杆塔,一般线路杆塔N4086～N4145位于洪湖蓄滞洪区西分块内,共58个杆塔。南阳—荆门—长沙1000kV特高压交流输变电工程与洪湖蓄滞洪区关系示意图见图4.4-8。

1）与分退洪口门关系

工程与新堤大闸进退洪口门的最近距离约15km,与新螺闸退洪口门的最近距离约4.3km,与杨螺进退洪口门的最近距离约5.0km。

图 4.4-8　南阳—荆门—长沙 1000kV 特高压交流输变电工程与洪湖蓄滞洪区关系示意图

2）与安全区关系

工程与洪湖蓄滞洪区中分块内螺山安全区距离最近，约 882m，距离瞿家安全区、洪湖安全区的距离分别约 14.2km、15.5km。

3）与转移道路关系

本次分析蓄滞洪区内所有杆塔导线弧垂线与地面线抬高 25m 后（净空 25m）的净空线相交情况，经分析，所有上跨转移道路位置均满足 25m 以上的净空。工程 N4092～N4093 塔在朱谢垸西侧跨越在建 S215 省道，垂线与道路之间净空约为 26.3m；N4147～N4148 塔在螺山镇附近跨越 S13 武监高速，垂线与道路之间净空约为 29.9m；于 N4075～N4076、N4085～N4086、N4145～N4146 分别跨越现状洪湖主隔堤及两处规划螺山隔堤，跨越处净空分别约为 37.5m、28.0m、33.7m。南阳—荆门—长沙 1000kV 特高压交流输变电工程与洪湖蓄滞洪区沿线主要道路交叉情况见表 4.4-1。

表 4.4-1　　　　　　　　工程与洪湖蓄滞洪区沿线主要道路交叉情况

| 跨越档塔号 | 跨越物名称 | 净空高/m |
|---|---|---|
| N4092～N4093 | 在建 S215 省道 | 26.3 |
| N4147～N4148 | S13 武监高速 | 29.9 |
| N4075～N4076 | 洪湖主隔堤 | 37.5 |

| 跨越档塔号 | 跨越物名称 | 净空高/m |
|---|---|---|
| N4085~N4086 | 规划螺山隔堤 | 28.0 |
| N4145~N4146 | 规划螺山隔堤 | 33.7 |

4）与涵闸、泵站等其他设施关系

工程附近有沙螺闸、福田寺闸，工程与其距离分别约 3.5km、1.6km。

5）与堤防关系

工程一般线路在堤防桩号 50+258 附近跨越洪湖主隔堤，跨越处堤宽 8.0m，主隔堤现状堤顶高程 32.68m，堤内外坡比均为 1∶3，堤坡均采用草皮护坡。其中，N4076 塔杆位于洪湖蓄滞洪区中分块内，杆塔塔基地面高程约为 23.7m，杆塔距离洪湖主隔堤堤内堤脚距离为 148m（塔基础外缘距堤脚的最近距离，下同）。工程采用架空方式过堤，与洪湖主隔堤堤顶净空高度为 37.5m。

N4085~N4086 和 N4145~N4146 跨越规划螺山隔堤，规划螺山隔堤堤顶高程 32.01m，堤顶宽 8.0m，内外坡比 1∶3，并在堤防背水侧堤顶以下 4m 处设置内平台。N4085 杆塔距离规划螺山隔堤堤脚距离约 150m，N4086 杆塔距离规划螺山隔堤堤脚距离约 360m；N4146 距离螺山隔堤堤脚距离约 100m。工程跨越采用架空方式过堤，N4085~N4086 与规划螺山隔堤堤顶净空高度为 28.0m，N4145~N4146 与规划螺山隔堤堤顶净空高度为 33.7m。

左岸跨越塔位于洪湖监利长江干堤堤内，跨越处堤防桩号为 525+954，堤顶高程约为 34.4m。左岸 N4152 直线塔距离堤脚 102m。工程跨越处与左岸堤顶净空为 192m。

6）与设计蓄洪水位的关系

工程线路穿越洪湖蓄滞洪区内杆塔编号为 N4076~N4152，在蓄洪水位 30.51m 下，杆塔基础全部淹没，淹没水深 5.57~8.95m；导线弧垂最低点高程高于蓄洪水位 30.51m，导线弧垂最低点与设计蓄洪水位净空 17.14~45.52m。

根据《1000kV 架空输电线路设计规范》规定，双回路 1000kV 架空输电线路至通航河流最高航行水位桅顶最小垂直距离不小于 10m，至不通航河流百年一遇洪水位最小垂直距离不小于 10m，考虑汛期防汛抢险的需要，救生船高度按 4.5m 考虑，风浪高按 2.0m 考虑，工程线路需与设计蓄洪水位之间需预留出不小于 16.5m 净空，本工程在洪湖蓄滞洪区内导线最低点与设计蓄洪水位间净空为 17.14~45.52m，满足规范及汛期防汛抢险的要求。

（2）工程与江南陆城垸的关系

工程杆塔 N4154L/R、N5001~N5010 位于江南陆城垸内，共计 12 座杆塔。线路

N4153 直线跨越塔为工程跨越长江段右岸跨越塔,位于江南陆城垸内。南阳—荆门—长沙 1000kV 特高压交流输变电工程与江南陆城垸关系示意图见图 4.4-9。

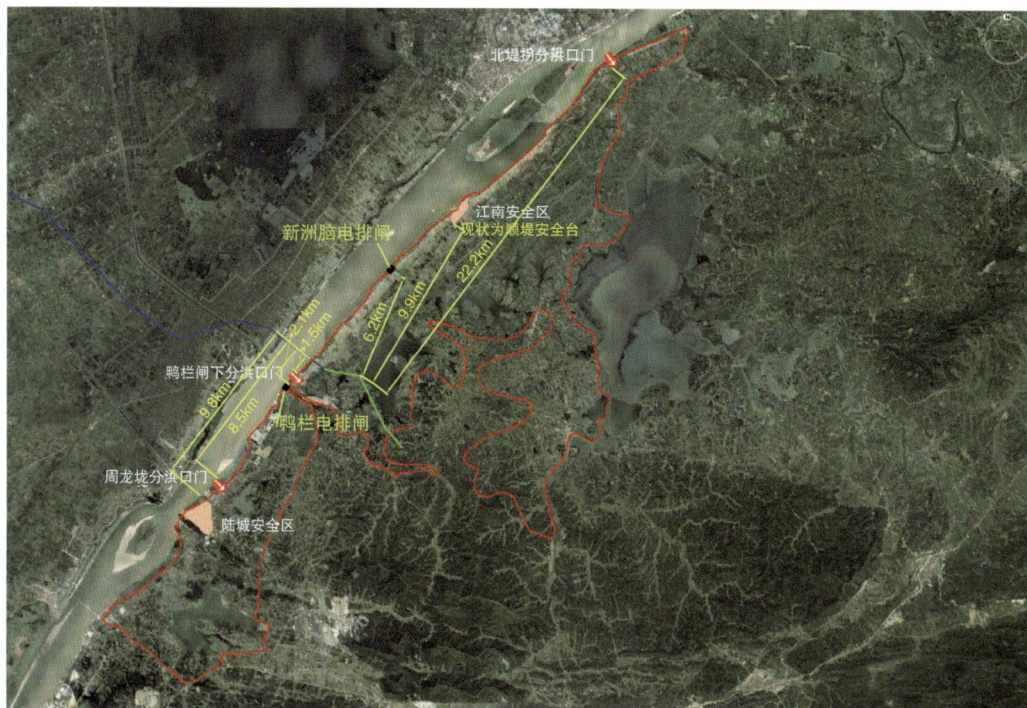

图 4.4-9　南阳—荆门—长沙 1000kV 特高压交流输变电工程与江南陆城垸关系示意图

1)与分退洪口门关系

工程与最近的鸭栏闸下分洪口门距离约 1.5km,与周家垅分洪口门距离约 8.5km,与北堤拐分洪口门距离约 22.2km。

2)与安全区/台关系

工程与规划的陆城安全区距离约 9.8km,与规划的江南安全区(现状为顺堤安全台)直线距离约 9.9km。工程距离规划的鸭栏安全台约 50m,距离规划的新洲安全台约 970m。

3)与转移道路关系

本次分析蓄滞洪区内所有杆塔导线弧垂线与地面线抬高 25m 后(净空 25m)的净空线相交情况,经分析,所有杆塔跨越转移道路位置均满足 25m 以上的净空。

工程 N5003～N5004 杆塔跨越现状村道,导线与道路之间净空约 43.2m,N5004 塔基外缘距离村道直线距离约 45m;N5006～N5007 杆塔跨越现状村道,导线与道路之间净空约 43.6m,N5006 塔基外缘距离村道直线距离约 204m;N5007～N5008 杆塔跨越现状村道,导线与道路之间净空约 48.3m,N5007 塔基外缘距离村道直线距离约 97m。南阳—荆门—长沙 1000kV 特高压交流输变电工程与江南陆城垸内沿线主要道路交叉情况见表 4.4-2。

表 4.4-2　　　　　　　　　工程与江南陆城垸内沿线主要道路交叉情况

| 跨越档塔号 | 跨越物名称 | 净空高/m |
|---|---|---|
| N5003～N5004 | 现状村道 | 43.2 |
| N5006～N5007 | 现状村道 | 43.6 |
| N5007～N5008 | 现状村道 | 48.3 |

根据《1000kV 架空输电线路设计规范》规定,双回路 1000kV 架空输电线路至现状公路路面最小垂直距离不小于 25m,工程线路与江南陆城垸内沿线主要道路交叉预留净空高满足规范要求。

4)与设计蓄洪水位关系

工程一般线路 N5001～N5010 塔基位于江南陆城垸内,杆塔间导线最低点高程范围为 48.01～75.19m,江南陆城垸设计蓄洪水位 31.51m,导线最低点与设计蓄洪水位间净空为 16.50～43.68m。工程线路与江南陆城垸设计蓄洪水位净空见表 4.4-3。

根据《1000kV 架空输电线路设计规范》规定,双回路 1000kV 架空输电线路至通航河流最高航行水位桅顶最小垂直距离不小于 10m,至不通航河流百年一遇洪水位最小垂直距离不小于 10m,考虑汛期防汛抢险的需要,救生船高度按 4.5m 考虑,风浪高按 2.0m 考虑,工程线路需与设计蓄洪水位之间需预留不小于 16.5m 的净空,本工程在江南陆城垸内导线最低点与设计蓄洪水位间的净空为 16.50～43.68m,满足规范及汛期防汛抢险的要求。

表 4.4-3　　　　　　　　　工程与江南陆城垸设计蓄洪水位净空

| 塔基 | 导线最低点高程/m | 与设计蓄洪水位净空高/m |
|---|---|---|
| N4154L/R～N5001 | 51.90 | 20.39 |
| N5001～N5002 | 48.01 | 16.50 |
| N5002～N5003 | 52.81 | 21.30 |
| N5003～N5004 | 71.77 | 40.26 |
| N5004～N5005 | 75.19 | 43.68 |
| N5005～N5006 | 63.20 | 31.69 |
| N5006～N5007 | 65.28 | 33.77 |
| N5007～N5008 | 70.28 | 38.77 |
| N5008～N5009 | 64.15 | 32.64 |
| N5009～N5010 | 51.29 | 19.78 |

5）与涵闸等其他设施关系

工程附近有鸭栏电排闸和新洲脑电排闸，与工程线路直线距离分别约为 2.1km 和 6.2km。

6）与堤防关系

螺山大跨越右岸跨越塔位于岳阳长江干堤堤内，跨越处堤防桩号为 110＋979，堤顶高程约为 35.5m。右岸 N4153 直线塔距离堤脚 102m（塔基础外缘距堤防背水侧堤脚的最近距离），工程跨越处与右岸堤顶净空为 209m。

## 4.5　洪水影响分析计算

洪水影响分析计算是洪水影响评价报告的核心内容之一，为洪水影响综合评价提供了重要的数据支撑。洪水影响分析计算的内容主要包括水文分析计算、阻水和壅水分析计算、占用蓄洪容积分析计算、蓄滞洪区影响数学模型计算、防洪工程影响计算、淹没分析计算、冲刷分析计算等。

### 4.5.1　水文分析计算

#### 4.5.1.1　分析计算方法

蓄滞洪区内建设项目水文分析计算，可根据工程设计和评价需要，分析计算蓄滞洪区的设计蓄洪水位、有效蓄洪容积、设计分洪流量、蓄洪水位—面积—容积曲线、设计内涝水位、外江设计洪水位、河道渠系设计洪水等内容，工程穿越蓄滞洪区内河道渠系时，还需计算设计流量、洪水位等水文成果。

（1）设计蓄洪水位

设计蓄洪水位可采用经审批的防洪规划、蓄滞洪区建设与管理规划、蓄滞洪区设计报告等有关规划设计文件所确定的蓄滞洪区设计蓄洪水位。

（2）有效蓄洪容积

有效蓄洪容积可采用经审批的蓄滞洪区建设与管理规划、蓄滞洪区设计报告等有关规划设计文件确定的蓄滞洪区在设计蓄洪水位以下、蓄洪底水位以上所贮存洪水的容积。

（3）设计分洪流量

设计分洪流量可采用规划确定的设计分洪流量成果，或根据分洪口门宽度和分洪溃口变化计算确定。

（4）蓄洪水位—面积—容积曲线

蓄洪水位—面积—容积曲线可采用 DEM 数据用 ARCGIS 量算确定。

（5）设计内涝水位

设计内涝水位分析计算可采用《电力工程水文技术规程》《水利水电工程设计洪水计算规范》中的方法，要充分利用已有的实测暴雨、洪水资料和历史暴雨、洪水调查资料，对所依据的暴雨、洪水资料和流域特征资料要进行复核，确保资料可靠。

蓄滞洪区设计内涝水位可采用蓄排演算法计算，根据蓄洪容积和工程排涝能力，对蓄滞洪区设计流量过程进行排涝调蓄演算后，确定设计内涝水位。也可采用常用的简化公式计算，建立圩区内各种水位下的蓄水面积和蓄水体积关系曲线，可根据调查历史最高内涝水位、相应年份一定时段实测雨量及相应时段设计降水量，按式（4.5-1）和式（4.5-2）计算内涝积水位：

$$H_p = H_1 + \Delta H \tag{4.5-1}$$

$$\Delta H = \frac{A \Delta h}{\Omega} \tag{4.5-2}$$

式中：$H_p$——设计内涝水位，m；

$H_1$——调查历史最高内涝水位，m；

$\Delta H$——设计降雨增加的积水深，m；

$A$——圩区流域面积，$km^2$；

$\Omega$——调查历史最高内涝水位相应的蓄水面积，$km^2$；

$\Delta h$——一定时段设计降水量与调查历史最高内涝水位相应时段降水量的差值，mm。

（6）外江设计洪水位

外江设计洪水位主要是分析确定蓄滞洪区分洪和退洪时的外江水位过程，可由控制站的设计水位过程按洪水比降推算至分洪口门处，也可采用分洪口门处的外江设计流量过程由水位流量关系推算设计水位，一般采用典型年法确定设计洪水过程。

（7）河道渠系设计洪水

对于有防洪、排涝设计标准的河道渠系，阻水计算水位应选择防洪、排涝设计标准对应的水位，对于没有防洪、排涝标准的河道渠系，阻水计算水位可选择河道（沟渠）两侧地面高程相对较低处高程作为计算水位。蓄滞洪区内的河道渠系设计流量、水位可直接采用经审批的规划成果和河道治理工程设计成果，将设计断面水位由洪水比降推算至跨越工程断面处。没有相关成果的则要根据工程性质和水文资料条件，采用《电力工程水文技术规程》《水利水电工程水文计算规范》中的方法计算河道渠系设计洪水，具体的计算方法详见 3.5.1 节。

### 4.5.1.2　案例分析

一般情况下，蓄滞洪区设计蓄滞洪水位、围堤外江设计洪水位等可直接采用《长江流域防洪规划》中的成果。本节以洪湖蓄滞洪区及江南陆城垸为例,介绍《长江流域防洪规划》中的水文设计成果。此外,以武汉附近的杜家台、西凉湖、武湖、涨渡湖、白潭湖、东西湖等蓄滞洪区为例,分别介绍蓄洪水位—面积—容积曲线、蓄排演算法的主要计算内容、内涝水位相关研究成果等。

(1)水文设计成果

1)洪湖蓄滞洪区

根据《长江流域防洪规划》,长江中下游将 1954 年洪水作为总体防洪标准,相应设计洪水位为:沙市 45.00m(冻结基面,本节下同)、城陵矶 34.40m、汉口 29.73m,据此插补计算螺山站防洪设计水位为 33.17m,套口分洪口门处防洪设计水位为 32.50m。洪湖蓄滞洪区蓄洪水位 32.50m,蓄洪条件为:

①荆江防洪需要荆江分洪区、人民大垸和洪湖分洪区联合运用时。

②城陵矶(莲花塘)水位 34.40m。

进洪口门包括两处,一处为新堤大闸,设计进洪流量 4500m³/s,另一处从腰口隔堤进洪,设计进洪流量 10000m³/s。

2)江南陆城垸

根据江南陆城垸的现状,其蓄洪水位为 33.5m,江南陆城垸现状启用标准为 15 年一遇,规划启用标准为 20～30 年一遇。蓄洪条件:城陵矶水位 34.40m,在城陵矶附近重要蓄滞洪区运用后,预报城陵矶水位继续上涨;或洞庭湖局部地区发生大洪水,危及重点垸和城市安全时,启用江南陆城垸分洪。

在长江干堤的周家墩、周家垅、北堤拐处建 3 处进洪口门,净宽分别为 170m、250m、110m,设计进洪流量分别为 2520m³/s、3500m³/s、1000m³/s。

(2)武汉附近蓄滞洪区蓄洪水位—面积—容积曲线

武汉附近安排了杜家台、西凉湖、武湖、涨渡湖、白潭湖、东西湖等 6 处蓄滞洪区,是输变电工程经常需要穿越的蓄滞洪区。目前的流域综合规划中,杜家台为重要蓄滞洪区,东西湖为蓄滞洪保留区,其余 4 处为一般蓄滞洪区。武汉附近 6 个蓄滞洪区的水位—面积—容积曲线见图 4.5-1。

(3)武汉附近蓄滞洪区内涝水位分析计算

内涝水位分析以武汉附近的杜家台、西凉湖、武湖、涨渡湖、白潭湖、东西湖等蓄滞洪区为例,介绍蓄排演算法的主要计算内容,内涝水位相关研究成果可供参考,在具体应用中还需收集最新的气象水文地形资料进行复核。

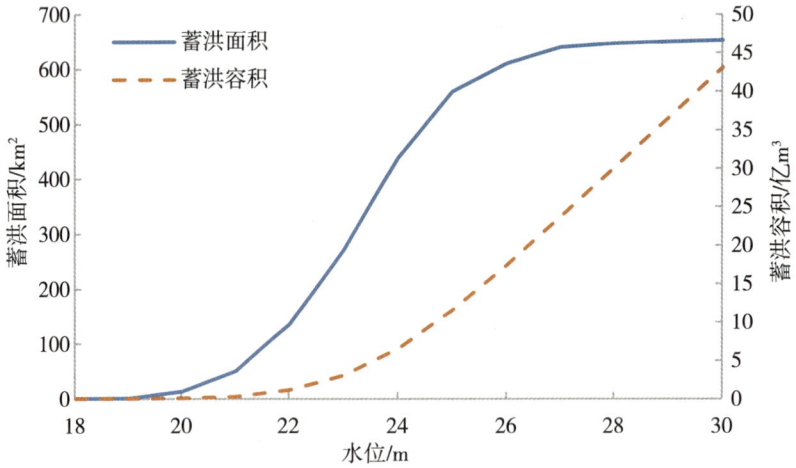

（a）杜家台

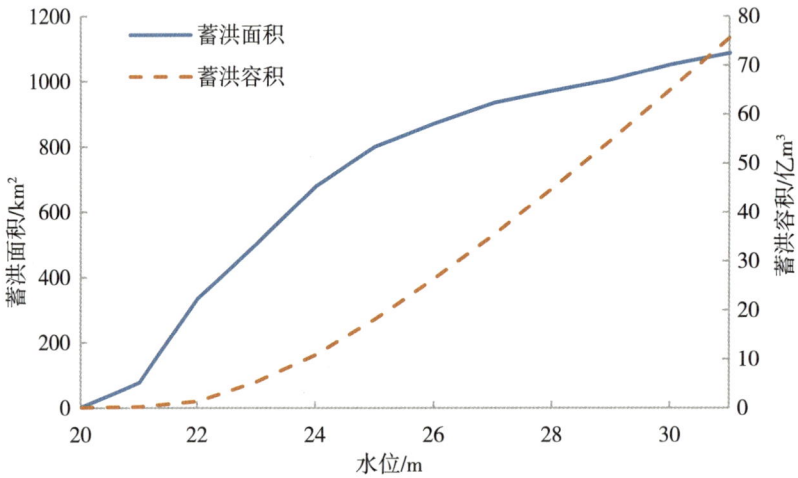

（b）西凉湖

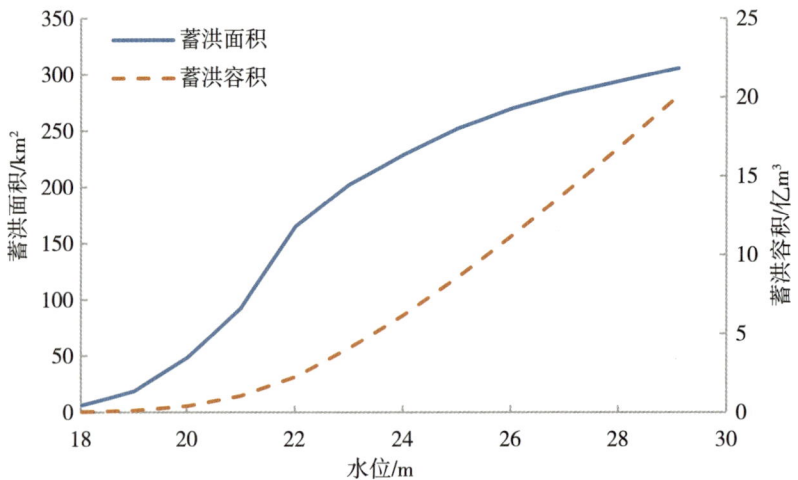

（c）武湖

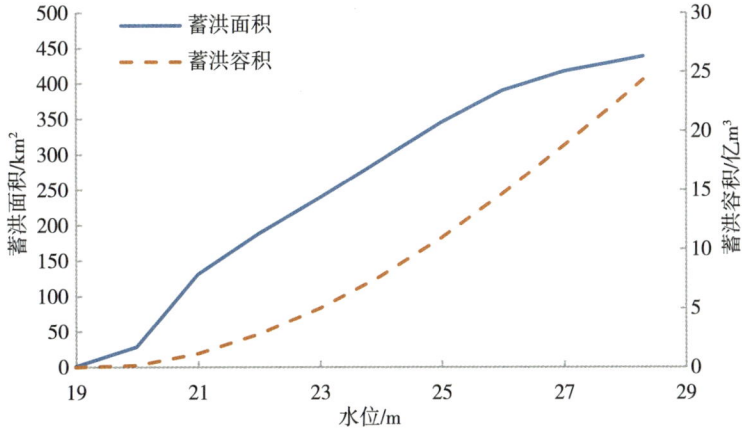

（d）涨渡湖

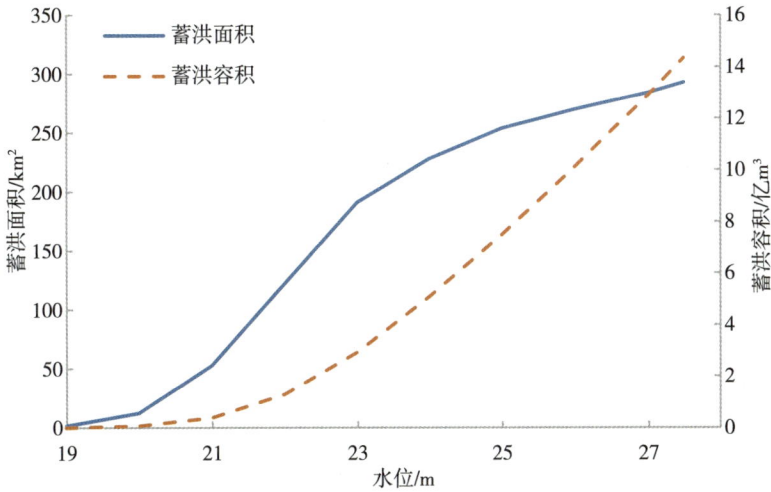

（e）白潭湖

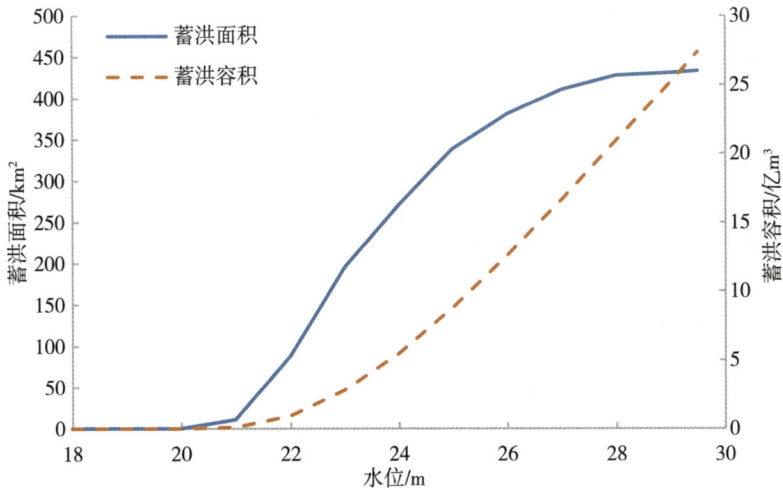

（f）东西湖

图 4.5-1 蓄滞洪区水位—面积—容积关系

1）水文基本资料

武汉附近蓄滞洪区内涝水文分析计算采用的测站主要有金口、十好桥、李家集等水文站；法泗洲、新街、王家庄、挖沟等水位站；咸宁、邓家口、彭家场、西流河、汉口（吴家山）、黄陂（二）、汪家集、罗家沟、长孙堤等雨量站。各蓄滞洪区的主要闸、泵站的水文资料。上述各站设站时间较长，资料翔实可靠，能满足蓄滞洪区水文分析计算要求。

2）设计暴雨分析计算

杜家台、西凉湖、涨渡湖、白潭湖蓄滞洪区采用区内或蓄滞洪区附近的雨量站资料用算术平均法求得蓄滞洪区的面雨量，插补系列用单站资料由点雨量折算面雨量，长时段雨量不进行折算。东西湖、武湖蓄滞洪区及各蓄滞洪区安全区排涝面雨量用单站点雨量计算，然后由点面折算系数计算设计面雨量。

①设计点暴雨。

汉口（吴家山）站计算样本系列采用1963—2002年共40年实测雨量资料，将1954年武昌站时段暴雨量加入系列进行计算，计算成果见表4.5-1；黄陂（二）站计算样本系列采用1960—2003年共44年实测雨量资料，将1954年黄陂站时段暴雨量加入系列进行计算，计算成果见表4.5-2。

表4.5-1　　　　　　　　汉口（吴家山）站不同时段雨量频率计算成果

| 时段 | 均值/mm | $C_V$ | $C_S/C_V$ | 设计频率/% | | | |
|---|---|---|---|---|---|---|---|
| | | | | 2 | 3.33 | 5 | 10 |
| 最大1d | 101.2 | 0.48 | 3.5 | 237.6 | 215.1 | 196.9 | 165.6 |
| 最大7d | 197.2 | 0.58 | 3.5 | 531.3 | 472.5 | 425.7 | 345.9 |
| 最大15d | 263.2 | 0.60 | 3.5 | 727.8 | 645.1 | 579.2 | 467.5 |
| 最大30d | 357.0 | 0.50 | 3.5 | 862.5 | 777.8 | 709.8 | 592.8 |
| 最大60d | 510.4 | 0.45 | 3.5 | 1146.8 | 1043.6 | 960.4 | 815.9 |

表4.5-2　　　　　　　　黄陂（二）站不同时段雨量频率计算成果

| 时段 | 均值/mm | $C_V$ | $C_S/C_V$ | 设计频率/% | | | |
|---|---|---|---|---|---|---|---|
| | | | | 2 | 3.33 | 5 | 10 |
| 最大1d | 106.2 | 0.55 | 3.5 | 274.9 | 245.8 | 222.5 | 182.7 |
| 最大7d | 195.1 | 0.60 | 3.5 | 539.5 | 478.2 | 429.3 | 346.6 |
| 最大15d | 263.2 | 0.67 | 3.5 | 793.9 | 695.4 | 617.7 | 487.0 |
| 最大30d | 359.4 | 0.54 | 3.5 | 917.9 | 821.9 | 745.3 | 614.0 |
| 最大60d | 504.8 | 0.50 | 3.5 | 1219.5 | 1099.9 | 1003.7 | 838.3 |

金口、十好桥两站计算样本系列采用1954—1987年实测暴雨资料，挖沟站计算样本

系列采用 1962—2003 年共 42 年实测雨量资料,罗家沟站计算样本系列采用 1963—1987 年共 25 年实测雨量资料,计算成果见表 4.5-3。

表 4.5-3　　　　　　　　　　不同雨量站 1d 设计点暴雨频率计算成果

| 站名 | 均值/mm | $C_V$ | $C_S/C_V$ | $P=5\%$ | $P=10\%$ |
|---|---|---|---|---|---|
| 金口站 1d | 104.3 | 0.40 | 3.5 | 185.15 | 160.1 |
| 十好桥站 1d | 112.7 | 0.40 | 3.5 | 200.07 | 173.0 |
| 挖沟站 1d | 100.1 | 0.42 | 3.5 | 181.97 | 156.2 |
| 罗家沟站 1d | 97.44 | 0.52 | 3.5 | 197.90 | 164.2 |

②设计面暴雨。

杜家台蓄滞洪区计算样本系列采用 1964—2002 年共 39 年实测资料,同时将 1954 年资料加入构成 40 年的系列。由邓家口、彭家场、西流河、汉口(吴家山)四站算术平均值求得,其中 1988—2002 年采用汉口(吴家山)站系列,1954 年采用彭家场站资料,计算成果见表 4.5-4。

表 4.5-4　　　　　　　　杜家台蓄滞洪区不同时段面雨量频率计算成果

| 时段 | 均值/mm | $C_V$ | $C_S/C_V$ | 设计频率/% | | | |
|---|---|---|---|---|---|---|---|
| | | | | 2 | 3.33 | 5 | 10 |
| 最大 1d | 96.0 | 0.39 | 3.5 | 196.9 | 181.2 | 168.5 | 146.2 |
| 最大 7d | 200.5 | 0.61 | 3.5 | 561.5 | 496.9 | 445.4 | 358.3 |
| 最大 15d | 267.5 | 0.62 | 3.5 | 758.7 | 670.2 | 600.0 | 480.9 |
| 最大 30d | 365.0 | 0.53 | 3.5 | 919.5 | 824.8 | 749.1 | 619.2 |
| 最大 60d | 522.2 | 0.50 | 3.5 | 1261.6 | 1137.8 | 1038.3 | 867.1 |

西凉湖蓄滞洪区计算样本系列采用 1954—1987 年共 34 年实测资料,设计面暴雨由十好桥站、新街站、金口站三站的算术平均值求得,其中十好桥站中 1954、1955 年资料由咸宁站资料代替,新街站 1973 年以后资料由王家庄站相应年份资料代替,金口站 1956—1960 年资料由法泗洲站相应年份资料代替,计算成果见表 4.5-5。

表 4.5-5　　　　　　　　西凉湖蓄滞洪区不同时段面雨量频率计算成果

| 时段 | 均值/mm | $C_V$ | $C_S/C_V$ | 设计频率/% | | | |
|---|---|---|---|---|---|---|---|
| | | | | 2 | 3.33 | 5 | 10 |
| 最大 1d | 90.2 | 0.32 | 3.5 | 165.1 | 154.0 | 144.9 | 128.9 |
| 最大 7d | 182.9 | 0.55 | 3.5 | 473.5 | 423.3 | 383.2 | 314.6 |
| 最大 15d | 258.8 | 0.46 | 3.5 | 590.2 | 536.1 | 492.5 | 416.9 |

| 时段 | 均值/mm | $C_V$ | $C_S/C_V$ | 设计频率/% | | | |
|------|---------|-------|-----------|------|------|------|------|
| | | | | 2 | 3.33 | 5 | 10 |
| 最大 30d | 359.3 | 0.45 | 3.5 | 807.3 | 734.7 | 676.1 | 574.4 |
| 最大 60d | 528.7 | 0.44 | 3.5 | 1170.2 | 1066.9 | 983.6 | 838.4 |

涨渡湖蓄滞洪区计算样本系列采用 1954—2003 年共 50 年实测资料,其中 1963—1987 年为李家集、汪家集、挖沟三站的算术平均值,1954—1962 年为李家集站的资料,1988—2003 年为挖沟站的资料。涨渡湖蓄滞洪区不同时段面雨量频率计算成果见表 4.5-6。

**表 4.5-6** 涨渡湖蓄滞洪区不同时段面雨量频率计算成果

| 时段 | 均值/mm | $C_V$ | $C_S/C_V$ | 设计频率/% | | | |
|------|---------|-------|-----------|------|------|------|------|
| | | | | 2 | 3.33 | 5 | 10 |
| 最大 1d | 96.8 | 0.40 | 3.5 | 201.6 | 185.2 | 171.8 | 148.6 |
| 最大 7d | 200.4 | 0.58 | 3.5 | 539.9 | 480.2 | 432.6 | 351.5 |
| 最大 15d | 264.0 | 0.60 | 3.5 | 730.0 | 647.0 | 581.0 | 469.0 |
| 最大 30d | 360.2 | 0.55 | 3.5 | 932.5 | 833.5 | 754.6 | 619.5 |
| 最大 60d | 511.7 | 0.50 | 3.5 | 1236.2 | 1114.9 | 1017.4 | 849.7 |

白潭湖蓄滞洪区计算样本系列采用 1963—2003 年共 41 年实测资料。面雨量由罗家沟和长孙堤两站的算术平均值求得,1988—2003 年系列为邻近挖沟站资料。白潭湖蓄滞洪区不同时段面雨量频率计算成果见表 4.5-7。

**表 4.5-7** 白潭湖蓄滞洪区不同时段面雨量频率计算成果

| 时段 | 均值/mm | $C_V$ | $C_S/C_V$ | 设计频率/% | | | |
|------|---------|-------|-----------|------|------|------|------|
| | | | | 2 | 3.33 | 5 | 10 |
| 最大 1d | 95.1 | 0.45 | 3.5 | 213.6 | 194.4 | 178.9 | 152.0 |
| 最大 7d | 206.6 | 0.68 | 3.5 | 630.6 | 551.6 | 489.1 | 384.2 |
| 最大 15d | 274.3 | 0.64 | 3.5 | 797.7 | 702.2 | 626.7 | 499.0 |
| 最大 30d | 361.2 | 0.57 | 3.5 | 960.4 | 855.6 | 772.1 | 629.6 |
| 最大 60d | 514.8 | 0.48 | 3.5 | 1208.7 | 1094.0 | 1001.6 | 842.2 |

武湖、东西湖蓄滞洪区分别采用黄陂(二)、汉口(吴家山)站雨量资料进行排频计算,通过点面折算后得到蓄滞洪区内的设计面雨量,长时段设计点雨量不进行折算,计算成果分别见表 4.5-8 和表 4.5-9。

表 4.5-8　　　　　　　　武湖蓄滞洪区不同时段设计面雨量频率计算成果　　　　　（单位:mm）

| 时段 | 设计频率/% | | | |
| --- | --- | --- | --- | --- |
| | 2 | 3.33 | 5 | 10 |
| 最大 1d | 224.6 | 200.7 | 181.7 | 149.2 |
| 最大 7d | 539.5 | 478.2 | 429.3 | 346.6 |
| 最大 15d | 793.9 | 695.4 | 617.7 | 487.0 |
| 最大 30d | 917.9 | 821.9 | 745.3 | 614.0 |
| 最大 60d | 1219.5 | 1099.9 | 1003.7 | 838.3 |

表 4.5-9　　　　　　　东西湖蓄滞洪区不同时段设计面雨量频率计算成果　　　　（单位:mm）

| 时段 | 设计频率/% | | | |
| --- | --- | --- | --- | --- |
| | 2 | 3.33 | 5 | 10 |
| 最大 1d | 195.5 | 177.0 | 162.0 | 136.2 |
| 最大 7d | 531.3 | 472.5 | 425.7 | 345.9 |
| 最大 15d | 727.8 | 645.1 | 579.2 | 467.5 |
| 最大 30d | 862.5 | 777.8 | 709.8 | 592.8 |
| 最大 60d | 1146.8 | 1043.6 | 960.4 | 815.9 |

③设计净雨。

各蓄滞洪区设计净雨采用入渗扣损法进行计算。初损 $I_0$ 根据湖北省暴雨图集中提出的设计情况下为 22.5mm。平均下渗率 $f_c$ 值根据《水利动能设计手册》(治涝分册)，一般为 0.5～4mm/h,由于所计算的设计净雨为分析各区内涝水位提供依据,偏安全考虑, $f_c$ 取 0.5mm/h。据实测,1954 年实际洪水武汉关超警戒水位达 55d,所以设计净雨计算时段按 60d 计。从设计净雨过程统计时段的净雨得到时段设计净雨量,成果统计见表 4.5-10。

表 4.5-10　　　　　蓄滞洪区年最大 60d 及 1954 典型设计净雨成果统计　　　　（单位:mm）

| 蓄滞洪区 | 1954 年 | | $P=3.33\%$ | | $P=5\%$ | |
| --- | --- | --- | --- | --- | --- | --- |
| | 设计暴雨 | 设计净雨 | 设计暴雨 | 设计净雨 | 设计暴雨 | 设计净雨 |
| 杜家台 | 1073.7 | 838.8 | 1137.8 | 732.9 | 1038.3 | 659.1 |
| 西凉湖 | 1209.3 | 853.5 | 1066.9 | 810.2 | 983.6 | 731.1 |
| 东西湖 | 1056.0 | 848.7 | 1043.6 | 758.7 | 960.4 | 679.8 |
| 武湖 | 1162.5 | 831.1 | 1099.9 | 825.2 | 1003.7 | 733.0 |
| 涨渡湖 | 1222.5 | 984.5 | 1114.9 | 975.2 | 1017.4 | 863.5 |
| 白潭湖 | 1222.5 | 1007.1 | 1094.0 | 826.5 | 1001.6 | 736.9 |

3)内涝水位分析计算

蓄滞洪区内涝水位主要与本流域降雨、涝区暴雨与外江洪水遭遇情况、泵站抽排能力等因素有关。

调查各蓄滞洪区主要泵站有：杜家台蓄滞洪区有军山泵站；西凉湖蓄滞洪区有余码、金口泵站；东西湖蓄滞洪区有塔尔头、李家墩、常青等泵站；武湖蓄滞洪区有黄陂武湖，新洲武湖一、二泵站；涨渡湖蓄滞洪区有沐家泾第一、第二泵站，篊扎湖泵站；白潭湖蓄滞洪区有黄草湖、白潭湖、白潭湖(二)、金锣港、冯家墩和黄州泵站。依据各蓄滞洪区规划及运行调度预案，各蓄滞洪区排涝控制运用水位及抽排能力见表 4.5-11。

表 4.5-11　　　　各蓄滞洪区排涝控制运用水位及抽排能力

| 蓄滞洪区 | 泵站 | 起排水位/m | 抽排能力/(m³/s) |
|---|---|---|---|
| 杜家台 | 军山泵站 | 22.5 | 89 |
| 西凉湖 | 余码泵站 | 20.0 | 64 |
| | 金口泵站 | 20.5 | 150 |
| 东西湖 | 塔尔头、李家墩、常青泵站 | 19.5 | 272.9 |
| 武湖 | 黄陂武湖泵站 | 18.5 | 68 |
| | 新洲武湖一、二泵站 | 18.5 | 64 |
| 涨渡湖 | 沐家泾第一泵站 | 18.7 | 48 |
| | 沐家泾第二泵站 | 18.7 | 48 |
| | 篊扎湖泵站 | 18.7 | 48 |
| 白潭湖 | 白潭湖泵站 | 17.5 | 32 |
| | 白潭湖二泵站 | 17.5 | 40 |
| | 黄草湖泵站 | 18.0 | 48 |
| | 金锣港泵站 | 18.0 | 7.2 |
| | 黄州泵站 | 19.0 | 6 |
| | 冯家墩泵站 | 20.0 | 4.8 |

采用时段雨量和净雨过程线两种方法分析计算内涝水位，并考虑泵站两种极端情况，按泵站设计排水能力及不考虑排水(由于外江水位过高，泵站出现"超扬程"而失效)两种方案进行计算。时段雨量法采用 60d 时段设计径流量，起排水位开始起排，由蓄水量查水位容积曲线得设计内涝水位(考虑泵排和不排两种情况)。净雨过程线法用设计净雨过程乘以相应蓄滞洪区的集雨面积得设计径流过程，起排水位开始起排，扣除排涝量(当产流量小于排涝量，则排涝量等于产流量)，综合调度得区内的蓄水量过程(考虑了起排水位以下的底水)，由蓄水量查水位容积曲线得设计内涝水位(考虑泵排和不排两种情况)。

对西凉湖蓄滞洪区,考虑湖面及陆地分开计算,结果是将湖面与陆面分开计算得出的内涝水位成果比不考虑下垫面因素的计算成果略大,但相差甚小。由于西凉湖蓄滞洪区自身湖面占整个蓄滞洪区面积的比例比其他蓄滞洪区大,分开计算对结果会产生影响,而其他蓄滞洪区湖面所占比例较小,分开计算对结果影响不大,因此,分析计算其他蓄滞洪区不考虑下垫面因素的影响。东西湖蓄滞洪区考虑了武汉市汉口地区 $56km^2$ 的雨污水通过该区排放,流域集雨面积按 $501km^2$ 计算。根据上述计算方法,采用时段雨量法和净雨过程线法计算的内涝水位成果分别见表 4.5-12 和表 4.5-13。

表 4.5-12　　　　　　　　各蓄滞洪区设计内涝水位成果表(60d 时段雨量法)

| 蓄滞洪区名称 | 频率 | 设计内涝水位<br>(考虑泵排)/m | 设计内涝水位<br>(不考虑泵排)/m |
|---|---|---|---|
| 杜家台 | 5% | 23.31 | 24.05 |
| | 3.33% | 23.48 | 24.16 |
| | 2% | 23.64 | 24.30 |
| | 1954 年 | 22.99 | 24.32 |
| 西凉湖<br>(湖面与陆面分开计算) | 5% | 22.47 | 24.24 |
| | 3.33% | 22.64 | 24.50 |
| | 2% | 23.07 | 24.82 |
| | 1954 年 | 22.83 | 24.68 |
| 东西湖 | 5% | 20.72 | 22.44 |
| | 3.33% | 20.83 | 22.60 |
| | 2% | 20.97 | 22.80 |
| | 1954 年 | 20.61 | 22.79 |
| 武湖 | 5% | 19.51 | 21.71 |
| | 3.33% | 19.87 | 22.00 |
| | 2% | 20.32 | 22.33 |
| | 1954 年 | 18.81 | 22.02 |
| 涨渡湖 | 5% | 19.71 | 21.35 |
| | 3.33% | 19.89 | 21.60 |
| | 2% | 20.07 | 21.88 |
| | 1954 年 | 19.16 | 21.63 |
| 白潭湖 | 5% | 20.08 | 22.23 |
| | 3.33% | 20.41 | 22.53 |
| | 2% | 20.78 | 22.90 |
| | 1954 年 | 19.00 | 23.13 |

表 4.5-13 　　　　　　　　　　各蓄滞洪区设计内涝水位成果表(净雨过程线法)

| 蓄滞洪区名称 | 频率 | 设计内涝水位<br>(考虑泵排)/m | 设计内涝水位<br>(不考虑泵排)/m |
|---|---|---|---|
| 杜家台 | 5% | 23.45 | 24.05 |
| | 3.33% | 23.58 | 24.16 |
| | 2% | 23.77 | 24.30 |
| | 1954 年 | 23.06 | 24.32 |
| 西凉湖<br>(湖面与陆面分开计算) | 5% | 22.66 | 24.24 |
| | 3.33% | 22.98 | 24.50 |
| | 2% | 23.33 | 24.82 |
| | 1954 年 | 23.12 | 24.68 |
| 东西湖 | 5% | 21.02 | 22.44 |
| | 3.33% | 21.12 | 22.60 |
| | 2% | 21.90 | 22.80 |
| | 1954 年 | 20.64 | 22.79 |
| 武湖 | 5% | 20.02 | 21.71 |
| | 3.33% | 20.32 | 22.00 |
| | 2% | 21.09 | 22.33 |
| | 1954 年 | 19.02 | 22.02 |
| 涨渡湖 | 5% | 20.05 | 21.35 |
| | 3.33% | 20.20 | 21.60 |
| | 2% | 20.39 | 21.88 |
| | 1954 年 | 19.59 | 21.63 |
| 白潭湖 | 5% | 20.36 | 22.23 |
| | 3.33% | 20.65 | 22.53 |
| | 2% | 21.10 | 22.90 |
| | 1954 年 | 19.55 | 23.13 |

　　通过上述两种方法和两种极端情况(泵排和不泵排)计算得出各蓄滞洪区不同频率内涝水位有 4 个成果,比较两种计算方法的合理性,同时考虑内涝水位对有效蓄洪容积的不利影响进行取用。利用时段雨量计算得出设计内涝水位的方法没有考虑排涝量随来流过程的变化而变化,只是将来流总量与排涝总量相减得出蓄水量(相当于每天都满排),因此计算得出的成果可能无法代表区内出现的最高内涝水位;利用设计径流过程计算内涝水位的方法,考虑不同流域现有的调度预案或规划进行调度,且充分考虑了区内的排涝能力,在该方法中,内涝水位随着来流过程的不同与排涝量的不同出现波动,其计算得出的水位可以代表区内出现的设计内涝水位。不考虑泵排时两种计算方法成果一致。

　　由于现状武汉河段防洪依靠堤防其防洪标准为 20～30 年一遇,长江中下游防御标准为 1954 年型洪水,内涝水位选取各蓄滞洪区按过程线方法计算的 1954 年典型值。考虑防洪安全,选取对有效蓄洪容积最不利的、不考虑泵排情况下的内涝水位。

### 4.5.2 阻水、壅水分析计算

#### 4.5.2.1 分析计算方法

当输变电工程跨越蓄滞洪区内的河道、沟渠时,若在河道、沟渠内布置有塔杆,则需按照河道管理范围内洪水影响评价的要求,进行阻水壅水分析计算。阻水比是指设计洪水位下建设项目占用的过水断面面积(垂直于水流方向上的投影面积)与所在断面总面积的比值,以百分比表示。

根据《长江流域蓄滞洪区内非防洪建设项目洪水影响评价审查技术标准》(T/CT-ESGS 01—2023),建设项目与河道(沟渠)交叉的,不应占用河道(沟渠)行洪断面。确实无法避让的,应采取补救措施恢复行洪断面,阻水比应控制在 5% 以内,且不应影响防洪安全。

对于壅水高度及壅水范围,一般参照公路和铁路桥梁设计有关规范中的桥前壅水经验公式进行计算,可采用多个公式计算选取偏安全的成果,具体的计算方法详见 3.7.2 节。

#### 4.5.2.2 案例分析

特高压输变电工程跨越蓄滞洪区内河渠均采用一跨跨越,未在河渠内布置杆塔基础。本节以葛洲坝至军山 500kV 线路改造工程跨越杜家台蓄滞洪区为例,工程跨越了杜家台蓄滞洪区分洪道,有 2 个塔杆位于分洪道内(图 4.5-2),阻水比分析计算如下:

工程线路走向与水流方向不垂直,夹角约 60°,分洪道内为杆塔 GN609、G610(图 4.5-3)。其中,杆塔 GN609 为重建杆塔,原 G609 主柱直径为 1.00m,将其拆除,后退 30m 建设 GN609,主柱直径为 1.10m,G610 基础维持现状主柱直径 1.00m。

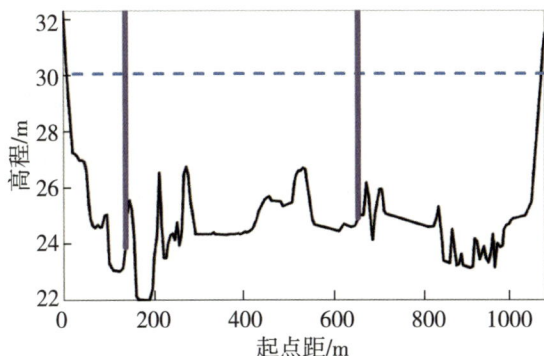

图 4.5-2　分洪道跨越断面工程阻水　　　图 4.5-3　杆塔投影平面示意图

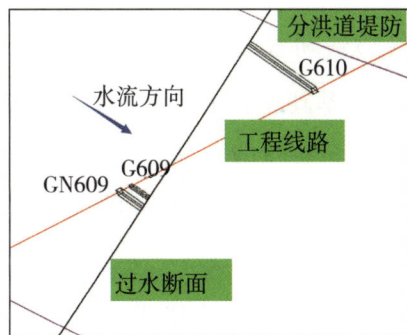

将杆塔塔基迎水部分投影至过水断面,计算在杜家台分洪道设计分洪流量 4000m³/s 条件下,现状工程和改建工程完成后,工程占用河道的行洪面积及工程阻水

比。设计分洪流量条件下,现状工程占用河道行洪面积 21.0m²,阻水比 0.4%;改建工程完成后,杆塔 GN609、G610 产生阻水,阻水面积为 22.1m²,占比约为 0.4%,具体计算成果见表 4.5-14。

表 4.5-14 工程阻水面积计算成果

| 工况 | 洪水位/m | 初始面积/m² | 工程后面积/m² | 阻水面积/m² | 阻水比/% |
|------|---------|------------|--------------|------------|---------|
| 原 G609 | 30.05 | 4858.7 | 4837.7 | 21.0 | 0.4 |
| 重建 GN609 | 30.05 | 4858.7 | 4836.6 | 22.1 | 0.4 |

### 4.5.3 占用蓄洪容积分析计算

#### 4.5.3.1 分析计算方法

建设项目占用蓄滞洪区的面积和容积计算应以蓄滞洪区规划确定的设计蓄洪水位为依据,根据蓄滞洪区规划和建设项目实施后实际地形变化进行分析计算。

蓄滞洪区的有效蓄洪容积可采用经审批的蓄滞洪区建设与管理规划、蓄滞洪区设计报告等有关规划设计文件确定的蓄滞洪区在设计蓄洪水位以下、蓄洪底水位以上所贮存洪水的容积。蓄滞洪区的蓄洪水位容积曲线可采用 DEM 数据用 ARCGIS 量算复核。

建设项目占用蓄洪容积比例是指设计蓄洪水位以下建设项目的体积与蓄滞洪区有效蓄洪容积的比值,以百分比表示。

#### 4.5.3.2 案例分析

以南阳—荆门—长沙 1000kV 特高压交流输变电工程穿越洪湖蓄滞洪区及江南陆城垸为例,介绍工程占用蓄洪容积的计算方案及结果。

(1)洪湖蓄滞洪区

杆塔基础和立柱将侵占蓄滞洪区蓄洪容积,在蓄洪水位 30.51m 下,线路穿越洪湖蓄滞洪区内杆塔编号为 N4076～N4152,分洪时杆塔基础全部淹没,工程侵占蓄洪容积为 0.1342 万 m³,占洪湖蓄滞洪区(中西块)有效蓄洪容积(116.88 亿 m³)的 0.000011%。

(2)江南陆城垸

江南陆城垸内杆塔编号 N4153～N4154L/R、N5001～N5010,在设计蓄洪水位 31.51m 下,仅 N4153～N4154L/R、N5001～N5003、N5007 杆塔基础被淹没,其余基础均高于蓄洪水位,工程占用的有效蓄洪容积约 340m³,为有效蓄洪容积(10.41 亿 m³)的 0.000033%。

可见,工程的修建对洪湖蓄滞洪区及江南陆城垸的有效蓄洪容积均无明显影响。

### 4.5.4 蓄滞洪区影响数学模型计算

#### 4.5.4.1 分析计算方法

建设项目对进(退)洪的影响宜采用平面二维水流数学模型,要计算建设项目建设前后的进(退)洪流量过程、进(退)洪历时和特征点水位、流速等的变化。实际构建模型时,对模型边界和工程阻水作用采用以下方式处理:

(1)模型边界

在模型计算中涉及三类边界:

1)岸边界

包括河道两岸堤防形成的边界以及其他地势较高部分形成的边界,这一类边界采用无滑移边界处理,即边界处的流速设定为0。

2)进口边界

给定实测断面流量。

3)出口边界

一般给定出口断面的水位。

模型计算中,当单元水深大于干湿临界水深值时该单元标记为湿单元,否则为干单元,对界面和节点亦进行干湿标记,当界面为干时该界面不计算流速,否则依离散动量方程求解流场。本报告干湿临界水深值取为0.001m。

(2)计算边界与网格

模型计算范围为蓄滞洪区围堤或自然高地为其物理边界,水流边界条件为分洪口门处设计外江水位(可由堰流公式求得相应流量)。

计算网格可采用三角形与四边形混合网格,工程局部区域和需要提取水位流速特征的局部区域计算网格要加密。

(3)模型率定与验证

由于蓄滞洪区缺乏实测分洪资料,建立的模型难以进行率定和验证。可参考《长江上中游控制性水库建成后蓄滞洪区布局调整总体方案》及临近蓄滞洪区类似工程研究报告,在计算中采用的糙率如下:树林0.070,旱地0.065,水田0.050,水面0.025。如果某网格内含有多种地形,则按照各种地形糙率的加权平均值确定该网格的糙率。此外,经验表明,糙率随水深增加而减小,并趋于稳定,据此规律确定洪水演进计算中网格的糙率。在研究中,要考虑糙率变化对计算结果的影响。

(4)工程概化

为使数学模型计算能反映工程对水流运动的影响,要根据设计方提供的工程布置图对工程进行合理概化。工程概化目前多采用局部地形修正和局部糙率修正两种方法。

### 4.5.4.2 案例分析

以荆门—武汉 1000kV 特高压交流输变电工程穿越邓家湖分蓄洪民垸洪水影响评价为例,计算分析的主要内容如下:

(1)计算网格

工程穿越邓家湖分蓄洪民垸采用的计算网格为三角形与四边形混合网格,共划分总网格单元数为 38240 个,总网格节点数为 37285 个,平均网格尺寸 60m。

(2)计算条件

邓家湖分蓄洪民垸分洪口门爆破宽度 250m,设计蓄洪水位 45.08m(冻结基面46.80m),设计进洪流量 2000m³/s,计算底水位为 36.00m,当进洪量达到 2.97 亿 m³ 时计算终止。计算中假定外江水位长时间维持在 45.08m。

(3)蓄滞洪区影响计算结果分析

为了便于对计算结果的分析,在分蓄洪民垸内共布置了 18 个特征点,其中 TD1～TD12 位于堤防临水侧附近,P1～P6 位于工程两侧。工程建设前后,模型计算的进洪流量过程线见图 4.5-4;特征点(以 TD2 为例)的流速过程线见图 4.5-5;分洪后的流场对比(25h)见图 4.5-7;特征点(以 TD2 为例)的水位过程线见图 4.5-6。

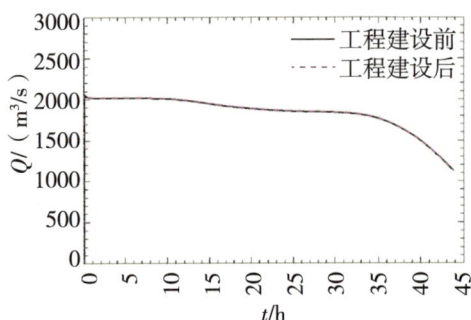

图 4.5-4 工程建设前后进洪流量过程

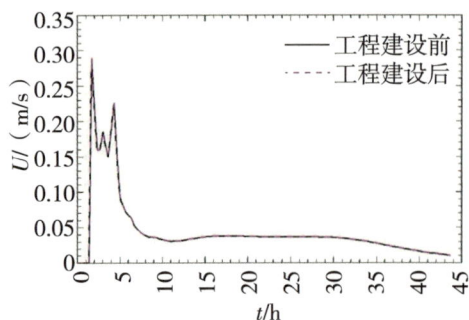

图 4.5-5 工程建设前后特征点(TD2)流速过程

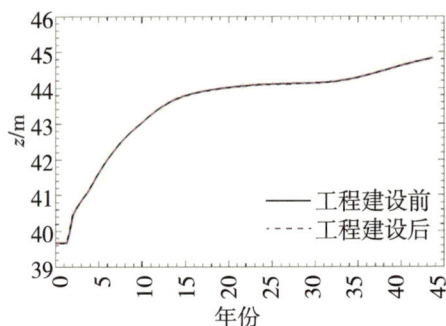

图 4.5-6 工程建设前后特征点(TD2)水位过程

1) 工程对分洪流量的影响

工程建设前后,模型计算的进洪流量过程曲线见图 4.5-4。工程建设后将引起输电线路塔基迎流面附近局部水位的壅高,进洪流量将较工程建设前有所减小,但由于输电线路穿越分蓄洪民垸段全程采用杆塔形式布置,且线路距分洪口门较远,进洪流量与工程前一致。由此可见,工程建设对邓家湖分蓄洪民垸内进洪流量过程无影响。

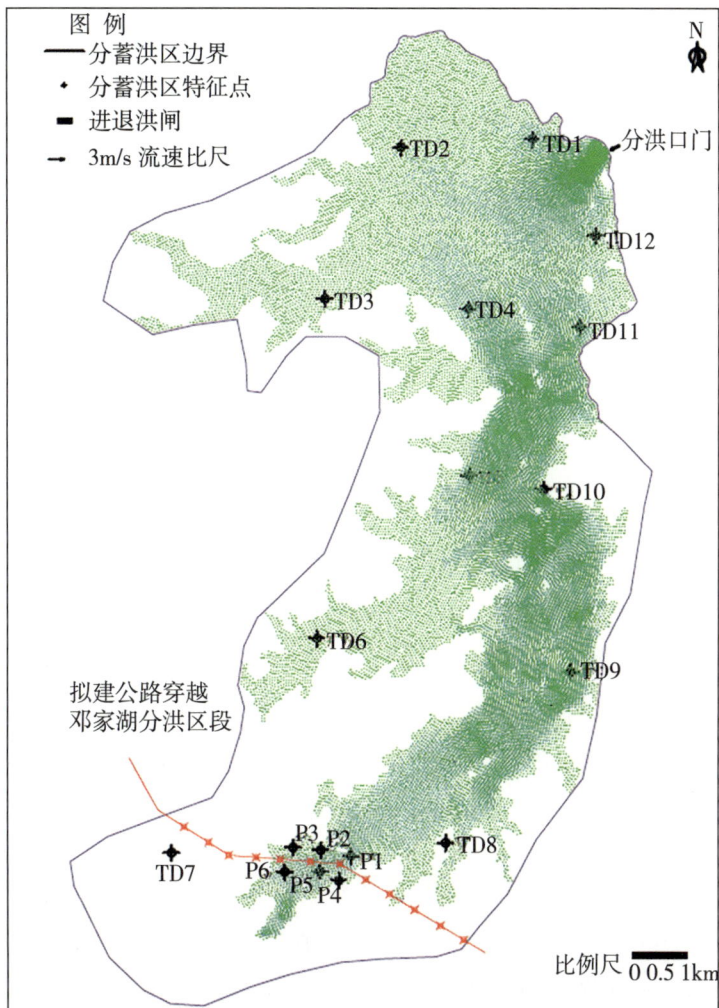

图例
—— 分蓄洪区边界
‧ 分蓄洪区特征点
▬ 进退洪闸
→ 3m/s 流速比尺

N

TD2    TD1    分洪口门

TD12

TD3    TD4    TD11

TD10

拟建公路穿越
邓家湖分洪区段

TD6

TD9

P3 P2
TD7    P6    P1    TD8
P5 P4

比例尺  ▬▬
0 0.5 1km

图 4.5-7　邓家湖分蓄洪民垸工程前后流场对比图(25h)

2) 工程建设对分洪历时的影响

工程建设后对分洪历时的影响分两个方面论述,一是工程建设后,分蓄洪民垸实施分洪时,对洪水到达分蓄洪民垸内各特征点时间的影响;二是当分蓄洪民垸内蓄洪量达到规定的容积时对分洪总历时的影响。工程建设前后洪水到达分蓄洪民垸内各特征点时间的计算结果见表 4.5-15。由计算结果表可以看出,输电线路建设前后,洪水到工程附近的特征点(P1~P6)及堤防附近的特征点(TD1~TD12)的时间均未发生明显变化。

工程建设前后分洪蓄满总历时均为 43.87h。可见,工程建设对分洪历时无影响。

表 4.5-15 工程前后洪水到达分洪区内各特征点的时间

| 特征点 | 工程前/h | 工程后/h | 变化值/h | 特征点 | 工程前/h | 工程后/h | 变化值/h |
|---|---|---|---|---|---|---|---|
| TD1 | 0.30 | 0.30 | 0.00 | P1 | 22.70 | 22.70 | 0.00 |
| TD2 | 1.52 | 1.52 | 0.00 | P2 | 22.63 | 22.63 | 0.00 |
| TD3 | 1.97 | 1.97 | 0.00 | P3 | 25.22 | 25.22 | 0.00 |
| TD4 | 1.28 | 1.28 | 0.00 | P4 | 23.25 | 23.25 | 0.00 |
| TD5 | 10.47 | 10.47 | 0.00 | P5 | 23.18 | 23.18 | 0.00 |
| TD6 | 13.42 | 13.42 | 0.00 | P6 | 23.30 | 23.31 | 0.01 |
| TD7 | 28.88 | 28.88 | 0.00 | | | | |
| TD8 | 28.37 | 28.37 | 0.00 | | | | |
| TD9 | 18.82 | 18.82 | 0.00 | | | | |
| TD10 | 17.53 | 17.53 | 0.00 | | | | |
| TD11 | 7.23 | 7.23 | 0.00 | | | | |
| TD12 | 1.08 | 1.08 | 0.00 | | | | |

3)工程对蓄滞洪区内流速过程的影响

通过对比特征点在工程建设前后的流速变化,分析工程对邓家湖分蓄洪民垸内流速过程的影响。邓家湖分蓄洪民垸内各个特征点的流速峰值及峰现时间见表 4.5-16。由表可见,工程建设后,各监测点流速峰值及峰现时间均基本不受影响。对于堤防附近的特征点(TD1~TD12),特征点的峰值流速基本不变,相应的峰现时间也基本不变。从整个分蓄洪民垸及输电线路附近在工程建设前后的流场图可以看出,工程建设后流场无明显变化,且随着分洪时间的增长,工程对蓄滞洪区内流场影响有减小趋势。

表 4.5-16 邓家湖分洪民垸内各个特征点的流速峰值及峰现时间

| 峰值 特征点 | 流速/(m/s) | | 差值 /(m/s) | 时间 特征点 | 峰现时间/h | | 差值 /h |
|---|---|---|---|---|---|---|---|
| | 工程建设前 | 工程建设后 | | | 工程建设前 | 工程建设后 | |
| TD1 | 0.213 | 0.213 | 0.000 | TD1 | 12.65 | 12.65 | 0.00 |
| TD2 | 0.341 | 0.341 | 0.000 | TD2 | 1.82 | 1.82 | 0.00 |
| TD3 | 0.926 | 0.926 | 0.000 | TD3 | 2.65 | 2.65 | 0.00 |
| TD4 | 0.216 | 0.216 | 0.000 | TD4 | 3.00 | 3.00 | 0.00 |
| TD5 | 0.819 | 0.819 | 0.000 | TD5 | 15.52 | 15.52 | 0.00 |
| TD6 | 0.285 | 0.285 | 0.000 | TD6 | 13.83 | 13.83 | 0.00 |
| TD7 | 0.117 | 0.116 | −0.001 | TD7 | 30.62 | 30.62 | 0.00 |
| TD8 | 0.004 | 0.004 | 0.000 | TD8 | 43.57 | 43.57 | 0.00 |

续表

| 峰值特征点 | 流速/(m/s) | | 差值/(m/s) | 时间特征点 | 峰现时间/h | | 差值/h |
|---|---|---|---|---|---|---|---|
| | 工程建设前 | 工程建设后 | | | 工程建设前 | 工程建设后 | |
| TD9 | 0.556 | 0.556 | 0.000 | TD9 | 21.98 | 21.98 | 0.00 |
| TD10 | 0.187 | 0.187 | 0.000 | TD10 | 30.03 | 30.03 | 0.00 |
| TD11 | 0.275 | 0.275 | 0.000 | TD11 | 26.90 | 26.90 | 0.00 |
| TD12 | 0.267 | 0.267 | 0.000 | TD12 | 12.52 | 12.52 | 0.00 |
| P1 | 0.400 | 0.400 | 0.000 | P1 | 23.52 | 23.52 | 0.00 |
| P2 | 0.444 | 0.444 | 0.000 | P2 | 22.93 | 22.93 | 0.00 |
| P3 | 0.037 | 0.037 | 0.000 | P3 | 35.12 | 35.12 | 0.00 |
| P4 | 0.069 | 0.068 | −0.001 | P4 | 24.30 | 24.30 | 0.00 |
| P5 | 0.425 | 0.422 | −0.003 | P5 | 24.17 | 24.17 | 0.00 |
| P6 | 0.421 | 0.422 | 0.001 | P6 | 24.12 | 24.12 | 0.00 |

4）工程对蓄滞洪区水位的影响

洪水演进计算结果表明，输电线路建设对工程沿线及堤防附近各特征点蓄洪水位过程基本无影响。

5）工程对蓄滞洪区堤防的影响

从前述堤防附近特征点 TD1～TD12 在工程前后流速、水位变化的对比可知，工程建设对邓家湖分蓄洪民垸内堤防附近的流速及水位过程基本无影响。

6）糙率变化对模型计算结果的敏感性分析

为分析糙率的变化对计算结果的影响，在原糙率的基础上±20%的计算条件对分蓄洪过程进行了计算和比较，各糙率下分洪历时及分洪流量的变化统计结果略。从统计结果可知，糙率越大，相应的分洪历时越长，且在各种糙率取值条件下，分洪历时变化值相对其总的分洪时间可忽略，可见工程建设对分蓄洪民垸的分洪历时影响不大。另外，由表 4.5-17 可知，糙率变化引起的工程建设前后最大分洪流量减小值变化不大（表 4.5-17）。

表 4.5-17 各糙率下分洪历时及分洪流量变化

| 糙率值 | 分洪历时/h | | 工程建设前后分洪历时差值/h | 最大分洪流量减小值/(m³/s) |
|---|---|---|---|---|
| | 工程建设前 | 工程建设后 | | |
| 原糙率 | 43.87 | 43.87 | 0.00 | 0.00 |
| −20% | 41.45 | 41.45 | 0.00 | 0.00 |
| +20% | 45.39 | 45.39 | 0.00 | 0.00 |

### 4.5.5 防洪工程影响分析计算

#### 4.5.5.1 分析计算方法

输变电线路在蓄滞洪区内可能跨越的堤防包括蓄滞洪区围堤、蓄滞洪区内河流或渠道的堤防。跨越堤防的线路、桥梁、管道等建设项目,要重点分析计算近堤工程基础施工及工程建设后对堤防渗流稳定和抗滑稳定的影响,建设项目可能影响岸坡稳定时,还要进行岸坡稳定分析计算。堤防渗流稳定及抗滑稳定计算要参照《堤防工程设计规范》(GB 50286—2013)进行。堤防渗流稳定计算方法已在 3.7.5 节详细介绍。

采用简化毕肖普法进行堤防的抗滑稳定性计算,计算公式如下:

$$F_s = \frac{\sum \{Cb\sec\beta + [(W_1 + W_2)\sec\beta - ub\sec\beta]\tan\varphi\}/(1 + \tan\beta\tan\varphi/F_s)}{\sum [(W_1 + W_2)\sin\beta]}$$

(4.5-3)

式中:$b$——条块宽度,m;

$W_1$——在堤坡外水位以上的条块重力,kN;

$W_2$——在堤坡外水位以下的条块重力,kN;

$u$——作用于土条底面的孔隙压力,kPa;

$\beta$——条块重力线与通过此条块底面中点的半径之间的夹角,°;

$C, \varphi$——土体抗剪强度指标,°。

#### 4.5.5.2 案例分析

以南阳—荆门—长沙 1000kV 特高压交流输变电工程穿越洪湖蓄滞洪区及江南陆城垸洪水影响评价为例,堤防渗流稳定计算分析的主要内容如下:

(1)渗流计算参数

通过采用试验资料分析与工程类比相结合的方法,洪湖主隔堤各土层渗流参数见表 4.5-18,规划螺山隔堤因尚未实施,本次借用洪湖主隔堤土层渗流参数计算。

表 4.5-18          洪湖主隔堤各土层渗流参数

| 岩土名称 | 渗透系数 $k/(\text{cm/s})$ | 允许溢出坡降 |
|---|---|---|
| 素填土 | $1.0 \times 10^{-4}$ | 0.35 |
| 粉质黏土 | $5.0 \times 10^{-5}$ | 0.45 |
| 粉砂 | $5.0 \times 10^{-4}$ | 0.25 |
| 细砂 | $1.0 \times 10^{-3}$ | 0.15 |

（2）堤防渗流计算工况

洪湖主隔堤的堤防渗流稳定计算工况为：

①洪水位下的稳定渗流期背水侧堤坡，迎水侧水位取设计洪水位，背水侧水位取地面最低处。

②分蓄洪水位下的稳定渗流期背水侧堤坡，迎水侧水位取地面最低处，背水侧水位取分蓄洪水位。

根据长江流域蓄滞洪区建设与管理规划安排，洪湖蓄滞洪区启用次序为东分块、中分块、西分块，其中洪湖中分块规划条件下启用的条件为三峡水库建成后还需防御1954年洪水，西分块则属于三峡工程建成后为防御超标准洪水或特大洪水设置的蓄滞洪区。故本次规划螺山隔堤渗流稳定考虑为中分块分洪、西分块不分洪的工况，规划螺山隔堤的堤防渗流稳定计算工况为：规划螺山隔堤右侧水位取分蓄洪水位，左侧水位取地面最低处。

堤防渗流有限元分析计算工况及特征水位条件见表4.5-19。

表4.5-19　　　　　　　　　计算工况及特征水位条件

| 堤防剖面 | | 工况 | 分析类型 | 堤外水位/m | 堤内水位/m |
|---|---|---|---|---|---|
| 洪湖主隔堤 | 现状 | 设计洪水位 | 稳定渗流 | 25.31 | 23.42 |
| | 工程建设后 | 设计洪水位 | 稳定渗流 | 25.31 | 23.42 |
| | 现状 | 分蓄洪水位 | 稳定渗流 | 24.59 | 30.50 |
| | 工程建设后 | 分蓄洪水位 | 稳定渗流 | 24.59 | 30.50 |
| 螺山隔堤 | 现状 | 中分块分蓄洪水位 | 稳定渗流 | 30.50 | 22.65 |
| | 工程建设后 | 中分块分蓄洪水位 | 稳定渗流 | 30.50 | 22.65 |

（3）洪湖主隔堤渗流计算结果

工程线路跨越洪湖主隔堤堤防剖面渗流溢出点水力坡降见表4.5-20，各土层最大水力坡降见表4.5-21。

表4.5-20　　　　　工程跨越洪湖主隔堤堤防计算剖面渗流溢出点水力坡降

| 时期 | 工况 | 溢出点高程/m | 溢出点水力坡降 |
|---|---|---|---|
| 现状 | 设计洪水位 | 24.18 | 0.1147 |
| 工程建设后 | 设计洪水位 | 24.18 | 0.1169 |
| 现状 | 分蓄洪水位 | 24.80 | 0.1321 |
| 工程建设后 | 分蓄洪水位 | 24.80 | 0.1340 |

由表 4.5-21 可知,工程线路跨越洪湖主隔堤堤防剖面在设计洪水位下最大水力坡降均小于其允许渗透坡降 0.35,其他各土层渗透坡降也均小于其允许渗透坡降。因此,根据《堤防工程设计规范》(GB 50286—2013),堤防满足渗透稳定性要求。

表 4.5-21　　　　　工程线路跨越洪湖主隔堤堤防剖面各土层最大水力坡降

| 堤防剖面 | 土层 | 各层土体最大水力坡降 | |
|---|---|---|---|
| | | 现状 | 工程建设后 |
| 洪湖主隔堤<br>(设计洪水位) | 素填土 | 0.1147 | 0.1169 |
| | 粉质黏土 | 0.1103 | 0.0950 |
| | 粉砂 | 0.0647 | 0.0742 |
| | 细砂 | 0.0343 | 0.0541 |
| 洪湖主隔堤<br>(分蓄洪水位) | 素填土 | 0.1321 | 0.1340 |
| | 粉质黏土 | 0.1021 | 0.1049 |
| | 粉砂 | 0.0719 | 0.0720 |
| | 细砂 | 0.0412 | 0.0413 |

工程线路跨越洪湖主隔堤堤防剖面的渗流规律见图 4.5-8。计算结果表明:工程线路跨越洪湖主隔堤堤防剖面在设计洪水位下堤防内等水头线分布均匀,等水压线分布平顺,自由面降落缓慢。

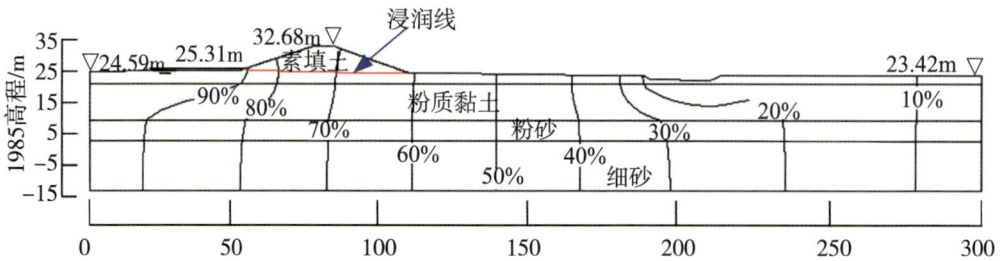

(a)工程跨越洪湖主隔堤堤防剖面工程前总水头等值线图(设计洪水位)

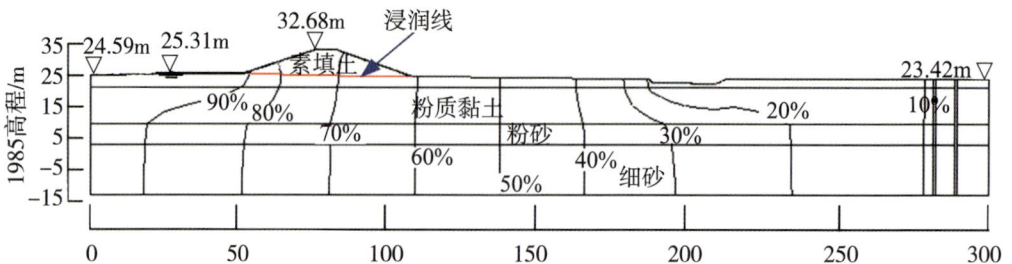

(b)工程跨越洪湖主隔堤堤防剖面工程后总水头等值线图(设计洪水位)

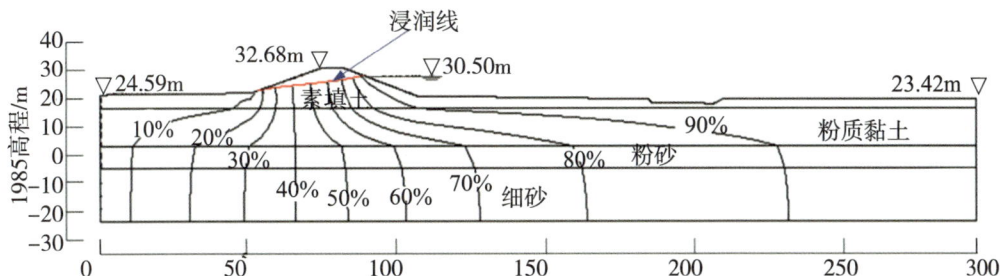

（c）工程跨越洪湖主隔堤堤防剖面工程前总水头等值线图（蓄洪水位）

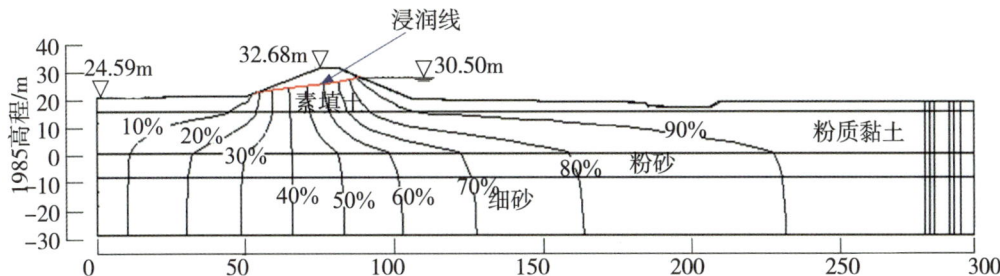

（d）工程跨越洪湖主隔堤堤防剖面工程后总水头等值线图（蓄洪水位）

**图 4.5-8　工程线路跨越洪湖主隔堤堤防剖面的渗透规律**

## 4.5.6　洪水对建设项目的影响分析计算

### 4.5.6.1　分析计算方法

（1）冲刷影响分析计算

当蓄滞洪区运用后，洪水可能引起塔基附近产生局部冲刷。为分析和预测工程附近局部冲刷，可根据二维模型计算所得的工程附近特征点流速，采用经验公式估算工程附近的最大冲刷深度。一般情况下，当输电线路杆塔塔基距分洪口门较远，且上覆盖较厚黏质土层时，不需要考虑一般冲刷。依据《电力工程高压送电线路设计手册》中的说明，塔基处的冲刷深度可参考《公路工程水文勘测设计规范》（JTG 30—2015）中推荐的桥墩冲刷公式计算。根据蓄滞洪区土层地质特点，局部冲刷采用黏性土或非黏性土冲刷计算公式。具体计算方法及公式见 3.7.4 节。当塔杆布置在蓄滞洪区内的河流、渠道中时，则按照河流冲刷分别计算一般冲刷和局部冲刷，以及可能的最大冲刷深度。

（2）淹没影响分析计算

在蓄洪水位，输电线路位于蓄滞洪区内的杆塔基础可能全部或部分被淹没，具体情况视塔杆所在地面高程及基础高度而定。这一节仅需计算淹没水深，即蓄洪水位与杆塔所在地面的间距。淹没水深也是占用蓄洪容积计算的基础。

### 4.5.6.2　案例分析

以荆门—武汉 1000kV 特高压交流输变电工程线路工程穿越邓家湖及小江湖分蓄

洪民垸洪水影响评价为例,阐述冲刷和淹没影响的计算分析方法和结果,主要内容如下:

(1)冲刷影响

各塔基处流速采用分蓄洪民垸二维数模计算的流速峰值成果,液性指数 $I_L$ 根据工程地勘成果确定,取表层黏性土的液性指数上限值,$h_p$ 取设计蓄洪水位下淹没水深,进行各塔基冲刷计算,成果见表4.5-22。邓家湖分蓄洪民垸内除个别塔基高程高于分蓄洪水位以外,其余塔基局部冲刷深度为 0.16~0.23m,小江湖分蓄洪民垸内塔基局部冲刷深度为 0.19~0.98m。冲刷计算中,行进流速取各控制点处流速峰值,实际流速过程变化较大,大部分时间流速小于黏性土的不冲流速。

(2)淹没影响

工程线路穿越邓家湖分蓄洪民垸内杆塔编号为 Z1007~Z1019,在设计蓄洪水位 45.08m 下,Z1007、J1006、Z1015、Z1017 杆塔基础所在位置较高,不会被洪水淹没,其余杆塔基础全部淹没,淹没水深2.62~7.61m。工程线路穿越小江湖分蓄洪民垸内杆塔编号为 J1008~J1012L/R,在设计蓄洪水位 44.88m 下,18 座杆塔基础均被淹没,淹没水深6.57~10.94m,统计结果见表4.5-23。

**表 4.5-22**                  分蓄洪民垸内塔基冲刷计算成果

| 分蓄洪民垸 | 塔基编号 | 设计蓄洪水位<br>(85 高程)/m | 流速峰值<br>/(m³/s) | 液性指数<br>$I_L$ | 局部冲刷深度<br>/m |
|---|---|---|---|---|---|
| 邓家湖 | Z1008 | 45.08 | 0.35 | 0.55 | 0.18 |
| | J1006-1 | 45.08 | 0.39 | 0.55 | 0.23 |
| | Z1009 | 45.08 | 0.42 | 0.55 | 0.22 |
| | Z1010 | 45.08 | 0.45 | 0.55 | 0.23 |
| | Z1011 | 45.08 | 0.45 | 0.55 | 0.23 |
| | Z1016 | 45.08 | 0.40 | 0.55 | 0.20 |
| | Z1018 | 45.08 | 0.35 | 0.51 | 0.17 |
| | Z1019 | 45.08 | 0.33 | 0.51 | 0.16 |
| 小江湖 | J1008 | 44.88 | 0.42 | 0.49 | 0.20 |
| | Z1024 | 44.88 | 0.49 | 0.43 | 0.19 |
| | Z1025 | 44.88 | 0.56 | 0.56 | 0.30 |
| | Z1026 | 44.88 | 0.64 | 0.89 | 0.65 |
| | Z1027 | 44.88 | 0.71 | 1.15 | 0.93 |
| | Z1028 | 44.88 | 0.78 | 1.03 | 0.89 |
| | Z1029 | 44.88 | 0.78 | 0.90 | 0.75 |
| | Z1030 | 44.88 | 0.75 | 1.13 | 0.96 |

续表

| 分蓄洪民垸 | 塔基编号 | 设计蓄洪水位<br>(85 高程)/m | 流速峰值<br>/(m³/s) | 液性指数<br>$I_L$ | 局部冲刷深度<br>/m |
|---|---|---|---|---|---|
| 小江湖 | Z1031 | 44.88 | 0.72 | 1.19 | 0.98 |
| | Z1032 | 44.88 | 0.69 | 1.19 | 0.94 |
| | J1009 | 44.88 | 0.66 | 1.05 | 0.77 |
| | Z1033 | 44.88 | 0.63 | 1.05 | 0.73 |
| | Z1034 | 44.88 | 0.59 | 0.98 | 0.59 |
| | J1010 | 44.88 | 0.56 | 0.60 | 0.35 |
| | Z1035 | 44.88 | 0.53 | 0.82 | 0.46 |
| | J1011 | 44.88 | 0.50 | 0.82 | 0.46 |
| | JL1012 | 44.88 | 0.47 | 0.75 | 0.41 |
| | JR1012 | 44.88 | 0.44 | 0.91 | 0.49 |

表 4.5-23　　　　　　　　　分蓄洪民垸内塔基淹没水深统计

| 分蓄洪民垸 | 杆塔号 | 塔基高程(85 高程)/m | 设计蓄洪水位/m | 淹没水深/m |
|---|---|---|---|---|
| 邓家湖 | Z1007 | 45.52 | 45.08 | — |
| | Z1008 | 39.23 | 45.08 | 5.85 |
| | J1006-1 | 40.51 | 45.08 | 4.57 |
| | Z1009 | 39.45 | 45.08 | 5.63 |
| | Z1010 | 39.15 | 45.08 | 5.93 |
| | Z1011 | 37.47 | 45.08 | 7.61 |
| | J1006 | 46.03 | 45.08 | — |
| | Z1015 | 49.96 | 45.08 | — |
| | Z1016 | 41.46 | 45.08 | 3.62 |
| | Z1017 | 55.38 | 45.08 | — |
| | Z1018 | 39.47 | 45.08 | 5.61 |
| | Z1019 | 42.46 | 45.08 | 2.62 |
| 小江湖 | J1008 | 38.31 | 44.88 | 6.57 |
| | Z1024 | 36.38 | 44.88 | 8.50 |
| | Z1025 | 36.47 | 44.88 | 8.41 |
| | Z1026 | 36.17 | 44.88 | 8.71 |
| | Z1027 | 35.95 | 44.88 | 8.93 |
| | Z1028 | 33.95 | 44.88 | 10.94 |
| | Z1029 | 35.95 | 44.88 | 8.93 |
| | Z1030 | 36.32 | 44.88 | 8.57 |

| 分蓄洪民垸 | 杆塔号 | 塔基高程(85高程)/m | 设计蓄洪水位/m | 淹没水深/m |
|---|---|---|---|---|
| 小江湖 | Z1031 | 36.99 | 44.88 | 7.89 |
| | Z1032 | 37.41 | 44.88 | 7.47 |
| | J1009 | 37.38 | 44.88 | 7.50 |
| | Z1033 | 37.59 | 44.88 | 7.29 |
| | Z1034 | 37.48 | 44.88 | 7.40 |
| | J1010 | 37.54 | 44.88 | 7.34 |
| | Z1035 | 37.89 | 44.88 | 6.99 |
| | J1011 | 37.65 | 44.88 | 7.24 |
| | J1012L | 38.02 | 44.88 | 6.86 |
| | J1012R | 37.41 | 44.88 | 7.47 |

## 4.6 洪水影响分析评价

洪水影响分析评价是在洪水影响分析计算的基础上,综合评价建设项目与相关规划的关系、防洪标准的符合性、防洪及河势的影响、蓄滞洪区及运用的影响、现有水利工程与设施的影响、防汛抢险和水上救生的影响、第三者合法水事权益的影响、施工期影响等。以南阳—荆门—长沙1000kV特高压交流输变电工程穿越洪湖蓄滞洪区及江南陆城垸、荆门—武汉1000kV特高压交流输变电工程穿越邓家湖及小江湖分蓄洪民垸为例,对洪水影响分析综合评价中各项目内容的评价要点逐一进行说明。

### 4.6.1 项目与相关规划的关系分析

#### 4.6.1.1 分析评价要点

建设项目与相关规划的关系分析评价要点如下:

①要根据建设项目所在流域或区域相关规划,评价建设项目是否符合有关水法规及蓄滞洪区管理等规划的要求。建设项目应与流域综合规划、防洪规划、蓄滞洪区建设与管理规划、河湖岸线保护与利用规划、河湖治理规划等有关规划相适应,应符合蓄滞洪区管理的有关规定。流域综合规划包括长江流域综合规划、汉江流域综合规划、洞庭湖区综合规划、鄱阳湖区综合治理规划等;防洪规划包括长江流域防洪规划、滁河流域防洪规划;蓄滞洪区建设与管理规划包括长江流域蓄滞洪区建设与管理规划,蓄滞洪区布局调整方案等;河湖岸线保护和利用规划主要为长江干流及其支流的岸线保护和利用规划。

有关管理规定如下:严禁在蓄滞洪区内建设有严重污染的工厂和仓库,严禁存储可能导致严重污染的化学物品、有毒物品及其他危险品,严禁在蓄滞洪区内建设引起人口聚集的房地产等设施;光伏项目不能布置在重要蓄滞洪区及一般蓄滞洪区内,风电项目不能布置在重要蓄滞洪区内;建设项目场区平均填高不宜超过 0.5m;当建设项目跨越蓄滞洪区围堤时,跨堤建(构)筑物底部与现状(堤防已达标)或规划(堤防未达标)堤顶间净空不应小于 5m;规划新建堤防目前无具体设计方案的,建设项目应为规划堤防实施预留足够的空间,避免影响规划堤防后期建设和堤顶防汛交通。

②要评价建设项目对蓄滞洪区安全建设、河道治理等相关规划实施的影响。建设项目对水利规划实施、蓄洪工程、安全建设工程、河道(沟渠)行洪排涝、防汛抢险及水上救生、其他水利工程设施等产生影响的,应采取防洪影响补救措施。建设项目影响堤防加高加固、河道(沟渠)整治、转移道路建设等水利工程实施时,应将影响范围内的水利工程按规划标准纳入建设项目投资并同步实施。建设项目影响规划新建堤防建设的,应为规划新建堤防实施预留空间,避免影响规划堤防后期建设和堤顶防汛交通。

③要评价建设项目是否符合洪水调度安排,满足防御洪水方案、洪水调度方案等要求。防御洪水方案主要为长江防御洪水方案;洪水调度方案包括长江洪水调度方案、汉江洪水与水量调度方案、滁河洪水调度方案等;水工程联合调度运用计划主要为长江流域水工程联合调度运用计划。

### 4.6.1.2 案例分析

以荆门—武汉 1000kV 特高压交流输变电工程穿越邓家湖及小江湖分蓄洪民垸为例。

根据《湖北省汉江堤防加固重点工程(荆门二期段)初步设计报告》,目前工程线路跨越小江湖断面堤防加固工程已完成,堤防现状已达标。工程上跨汉江右岸堤防小江湖堤,导线与堤防净空满足堤防安全净空标准;基础与右岸堤防堤脚距离较远,不会影响堤防安全、堤防加固等规划的实施。

工程线路采用架空方式穿越邓家湖和小江湖分蓄洪民垸,根据邓家湖、小江湖分蓄洪民垸现状基本情况,结合《汉江流域综合规划》《汉江中游分蓄洪民垸规划布局调整专题研究报告》等相关规划成果,工程不会对分蓄洪民垸内已建道路产生不利影响,线路对分蓄洪民垸内分洪口门、安全台及其他排涝设施无影响,不会阻碍或者影响分蓄洪民垸的建设,不会与分蓄洪民垸的建设规划相冲突,不影响分蓄洪民垸的正常使用。

## 4.6.2 防洪标准符合性分析

### 4.6.2.1 分析评价要点

建设项目与防洪标准的符合性分析评价要点如下:

①分析涉水建设项目设计所采用的洪水标准、结构形式及工程布置,评价项目的建设是否符合所在蓄滞洪区的分洪运用标准及有关技术要求,分析项目建设是否符合水利部门的有关管理规定。重点应分析导线弧垂最低点高程、杆塔基础承台顶面高程、附属设施基础顶高程、操作平台顶高程等与设计蓄洪水位的关系,由此判断净空是否满足防洪规范要求、是否影响蓄滞洪区正常运用。

②分析涉水建设项目的设防标准是否满足现状及规划要求,并对其所采用的防洪措施是否适当进行分析评价。

#### 4.6.2.2 案例分析

以荆门—武汉 1000kV 特高压交流输变电工程穿越邓家湖及小江湖分蓄洪民垸为例。

工程线路采用架空方式穿越邓家湖分蓄洪民垸,民垸内导线弧垂最低点高程范围为 71.11~90.20m,均高于邓家湖分蓄洪民垸蓄洪水位 45.08m,导线最低点与分蓄洪水位间净空为 26.03~45.12m。民垸内塔基立柱高度按 5 年一遇内涝水位标准进行设计,立柱露出地面高度 0.2~2.8m。

工程线路采用架空方式穿越小江湖分蓄洪民垸,民垸内导线弧垂最低点高程范围为 63.52~80.29m,均高于小江湖分蓄洪民垸蓄洪水位 44.88m,导线最低点与分蓄洪水位间净空为 18.64~35.41m。民垸内塔基立柱高度按 5 年一遇内涝水位标准进行设计,立柱露出地面高度范围 0.2~1.9m。

工程线路的建设不影响蓄滞洪区的正常使用,净空满足防洪规范要求。塔基立柱高度设计标准低于民垸分洪运用标准,民垸分洪时大部分塔基将被洪水淹没,建设单位需注意工程自身安全防护。

### 4.6.3 蓄滞洪区影响分析

#### 4.6.3.1 分析评价要点

蓄滞洪区影响分析主要包括建设项目对防洪的影响和洪水对建设项目的影响两部分内容,是在对水文分析计算、阻水与壅水分析计算、占用蓄滞洪区容积分析计算、蓄滞洪区影响数学模型计算、对防洪工程影响分析计算、冲刷与淹没计算结果高度凝练的基础上,进行综合性分析评价。蓄滞洪区影响分析评价要点如下:

①建设项目对防洪的影响分析,要对蓄滞洪区运用、防洪工程、安全建设设施、河道及渠系、排水与灌溉设施及蓄滞洪区管理等的影响进行分析。

②洪水对建设项目的影响分析,要对蓄滞洪区分洪运用时建设项目防御洪涝标准与措施以及洪水对建设项目可能造成的淹没、冲刷与淤积影响进行分析评价。根据《洪

水影响评价报告编制导则》,洪水对建设项目的影响分析应单列一节,与 4.6 节并列。本书案例均为水利部水防〔2024〕300 号文印发前审批项目,故列入本书。。

#### 4.6.3.2 案例分析

以南阳—荆门—长沙 1000kV 特高压交流输变电工程穿越洪湖蓄滞洪区及江南陆城垸为例。

(1)建设项目对防洪的影响分析

工程线路采用架空方式穿越洪湖蓄滞洪区及江南陆城垸,工程侵占蓄滞洪区蓄洪容积部分构筑物主要为杆塔基础和立柱。工程占用洪湖蓄滞洪区的蓄洪容积约为 0.1342 万 $m^3$,占中西块有效蓄洪容积(116.88 亿 $m^3$)的 0.000011%,占用江南陆城垸蓄洪容积约 340 $m^3$,为有效蓄洪容积(10.41 亿 $m^3$)的 0.000033%。总体来看,工程占用蓄洪容积比例非常微小,不会对蓄滞洪区有效蓄洪容积产生不利影响。

二维数学模型计算结果表明,工程建设后洪湖蓄滞洪区蓄满历时、洪水到达特征点时间、特征点流速峰值和水位过程与工程建设前基本一致。江南陆城垸内工程线路与最近的鸭栏闸下分洪口门距离约 1.5km,与周家坳分洪口门距离约 8.5km,与北堤拐分洪口门距离约 22.2km;与陆城安全区距离约 9.8km,与江南安全区(现状为顺堤安全台)直线距离约 9.9km。工程建设后江南陆城垸蓄满历时、洪水到达时间与工程建设前一致,各分洪口门及安全台附近特点流速峰值和水位过程基本无变化。

总体来看,工程建设对洪湖蓄滞洪区和江南陆城垸蓄滞洪区无不利影响。

(2)洪水对建设项目的影响分析

工程线路采用架空方式穿越洪湖蓄滞洪区及江南陆城垸,洪湖蓄滞洪区内导线弧垂最低点高程高于蓄洪水位 30.51m,净空范围值为 17.14~45.52m,江南陆城垸内导线弧垂最低点高程高于蓄洪水位 31.51m,净空范围值为 16.50~43.68m,工程不会受到蓄滞洪区正常运用的影响。

洪湖蓄滞洪区内立柱露头高度 0.5~3.5m,分洪时,线路杆塔基础附近的流速变化较小,且工程距离分退洪口门均较远,局部冲刷影响甚微,不会对建设项目产生不利影响。

江南陆城垸内立柱露头高度 0.2~2.1m,分洪时,线路杆塔基础附近的流速变化较小,工程线路距离鸭栏闸下分洪口门 1.5km,与分洪口门较近的 N4153~N4154L/R 塔基局部冲刷较大,工程设计单位要考虑塔基自身安全,做好防冲措施。

蓄滞洪区分洪运用后,将持续较长一段时间,杆塔基础将会受到洪水的冲刷及浸泡,建设单位应充分考虑该影响,制定相应的预案,并做好后期的维护措施。

### 4.6.4　河渠防洪影响分析

#### 4.6.4.1　分析评价要点

建设项目对河道渠系行洪影响要根据壅水计算或模型计算结果，分析对河道行洪的影响范围和程度。对施工方案占用河道过水断面的项目，还需根据施工设计方案及工期安排，分析施工对河道行洪能力的影响。

#### 4.6.4.2　案例分析

南阳—荆门—长沙 1000kV 特高压交流输变电工程位于洪湖蓄滞洪区内的线路，跨越螺山干渠、朱河改道河、新汴河 3 条排涝河流。因此以南阳—荆门—长沙 1000kV 特高压交流输变电工程穿越洪湖蓄滞洪区及江南陆城垸洪水影响评价为例，说明工程对河渠防洪影响分析评价内容与要点。

本工程跨越的河流发生 10 年一遇设计洪水时，洪水均在河道中行洪，塔基不在行洪断面中，工程不挤占河道，工程建设对河道防洪标准以及河道管理无影响。

（1）螺山干渠

本工程线路一跨跨越螺山干渠没有在河道内设置杆塔，两岸杆塔均布置在河道外，N4145 号杆塔位于河道右岸，距右岸背水侧岸坡约 190m；N4116 号杆塔位于河道左岸，距左岸堤防背水侧堤脚约 100m，因此工程建设不会产生壅水，不会对河道行洪造成影响，也不会对河势稳定造成影响。

（2）朱河改道河

本工程线路一跨跨越朱河改道河，两岸杆塔均布置在河道外，N4114 号杆塔位于河道左岸，地面高程为 23.44m，距河道左岸岸坡约 177m；N4115 号杆塔位于河道右岸，地面高程为 24.41m，距河道右岸岸坡约 110m，因此工程建设不会产生壅水，不会对河道行洪造成影响，也不会对河势稳定造成影响。

（3）新汴河

本工程线路一跨跨越新汴河没有在河道内设置杆塔，新汴河左右两岸无堤防，两岸杆塔均布置在河道外，N4096 号杆塔位于河道左岸，距离左岸背水侧岸坡约 314m；N4097 号杆塔位于河道右岸，距离右岸背水侧岸坡约 80m，因此工程建设不会产生壅水，不会对河道行洪造成影响，也不会对河势稳定造成影响。

### 4.6.5　对现有水利工程与设施影响分析

#### 4.6.5.1　分析评价要点

建设项目对现有水利工程与设施影响分析，要在蓄滞洪区内的水利工程及其他相关设施情况介绍的基础上,根据有关计算结果,分析项目建设(施工期及运行期)对其影响范围内的各类水利工程与设施的安全和运行所带来的影响。对现有水利工程与设施影响分析要点如下:

①分析工程与堤防的平面位置、净空关系,并结合二维数学模型计算成果,分析工程影响范围内堤防护岸近岸流速、流向的变化情况,分析项目建设对堤脚或岸坡冲刷的影响。要满足有关管理要求:塔基外缘与1、2级堤防堤脚的最小距离不应小于100m,与3级及以下级别堤防堤脚的最小距离不应小于50m。

②根据堤防渗流稳定、抗滑稳定计算成果,分析工程施工期及运行期对堤防安全的影响。

③分析工程与分洪口门、安全区(台)等平面位置、净空关系,并结合二维数学模型计算成果,分析工程对分洪口门、安全区等的影响。要满足有关管理要求:建设项目与进(退)洪设施的最近距离应大于0.5km;输电线路应避开安全台、安全楼(避水楼),确实难以避开的,输电线路与安全台上建(构)筑物、安全楼(避水楼)之间的水平距离和净空应满足相关行业标准要求,必须满足《66kV及以下架空电力线路设计规范》(GB 50061)、《110kV~750kV架空输电线路设计规范》(GB 50545)、《±800kV直流架空输电线路设计规范》(GB 50790)、《1000kV架空输电线路设计规范》(GB 50665)等相关标准中线路与建(构)筑物交叉的最小水平距离、最小净空要求。

④根据二维数学模型计算成果,分析工程施工期及运行期对现有闸站等其他水利设施的影响。

### 4.6.5.2 案例分析

以荆门—武汉1000kV特高压交流输变电工程穿越邓家湖及小江湖分蓄洪民垸为例。

(1)对堤防的影响分析

1)工程与堤防的关系

工程线路采用架空方式于J1012L/R~Z1036跨越小江湖堤,J1012L/R塔布置于小江湖堤堤内,塔基边缘与小江湖堤堤内脚距离约为142m,导线与堤顶净空49.7m。一般线路段J1011布置于小江湖堤堤内,塔基边缘距离小江湖堤堤脚约594m,位于小江湖堤堤防保护范围(堤外脚520m)外。

2)近堤流速变化影响分析

数学模型计算结果表明,在分洪过程中,工程建设后分蓄洪民垸内堤防附近特征点流速峰值无变化,不会对堤防造成不利影响。

3）堤防安全影响分析

J1012L/R 塔基建设前后小江湖堤跨越断面堤防渗流稳定计算结果表明，工程跨越小江湖堤断面现状条件下，堤脚处土体渗透坡降值为 0.09，工程建设后，堤脚处土体渗透坡降值为 0.10。两种工况下土体渗透坡降均小于允许值。J1011 塔基边缘距离小江湖堤堤脚约 594m，位于小江湖堤堤防保护范围（堤外脚 520m）外，对堤防渗流稳定无影响。

（2）对其他设施的影响分析

分蓄洪民垸内其他设施主要有分洪口门、闸站工程、安全台等，工程不跨越或穿越区内的闸站工程和安全台。邓家湖分蓄洪民垸内工程线路距离分洪口门约 14.2km，距离安全台约 12.1km，距离闸站 9.7～14.9km。小江湖分蓄洪民垸内工程线路距离分洪口门约 10.0km，距离安全台 3.6～8.2km，距离闸站 1.8～10.6km。数学模型计算结果表明，工程建设前后分洪口门、闸站、安全台等设施附近流速及水位基本无变化，不会影响其正常运用。

（3）施工期对防洪工程的影响分析

施工期工程跨越汉江断面 11 月至次年 4 月的 10 年一遇洪水位约为 36.65m，低于小江湖堤堤内塔基开挖处最低高程，因此，施工期塔基施工对堤防渗流稳定无影响。施工期间车辆过堤可能会对堤防产生扰动，需对施工车辆过堤断面附近进行堤防加固处理，同时加强施工期堤防监测。

## 4.6.6 对防汛抢险及水上救生的影响分析

### 4.6.6.1 分析评价要点

对跨堤、临堤以及需临时占用防汛抢险道路或与防汛抢险道路、转移道路交叉、阻碍蓄滞洪区分洪后水上救生的建设项目，应分别按照施工期和运行期进行防汛抢险和水上救生影响分析。要满足有关管理要求：缆线工程跨越现状或规划转移道路的，缆线与现状或规划转移道路间净空必须大于 5m，并满足《66kV 及以下架空电力线路设计规范》（GB 50061）、《110kV～750kV 架空输电线路设计规范》（GB 50545）、《±800kV 直流架空输电线路设计规范》（GB 50790）、《1000kV 架空输电线路设计规范》（GB 50665）等相关行业标准要求；缆线工程弧垂最低点与设计蓄洪水位间净空必须满足防汛抢险及水上救生和相关行业标准的安全超高要求。

### 4.6.6.2 案例分析

以荆门—武汉 1000kV 特高压交流输变电工程穿越邓家湖及小江湖分蓄洪民垸为例。

（1）对防汛抢险的影响分析

工程线路采用架空方式穿越邓家湖分蓄洪民垸，工程线路与沿线 8 条村道存在立体交叉，塔基边缘与村道边缘直线距离 9.9～258.1m，导线与所跨道路净空 32.52～63.60m。工程线路采用架空方式穿越小江湖分蓄洪民垸，工程线路与沿线 5 条道路存在立体交叉，其中等级道路 1 处（S266），村道 4 处，塔基边缘与道路边缘直线距离 83.8～317.7m，导线与所跨道路净空 30.68～39.47m，J1012L/R～Z1036 导线与小江湖堤堤顶净空 49.70m。工程线路与沿线道路关系见表 4.6-1，位置见图 4.6-1（以 J1008 和 Z1024 为例）。

表 4.6-1　　　工程线路与小江湖分蓄洪民垸道路、渠系关系　　　（单位：m）

| 杆塔号 | 与现状道路边线距离 | 与渠道边线距离 | 与道路净空 |
|---|---|---|---|
| J1008 | 171.0 | — | — |
| | 村道 9 | — | 30.68 |
| Z1024 | 303.9 | — | |
| | 村道 9 | — | — |
| Z1025 | — | 389.8 | — |
| | — | 湖西沟渠 | |
| Z1026 | — | 76.4 | — |
| | — | 湖西沟渠 | |
| Z1027 | — | 11.6 | — |
| | — | 横渠 1 | |
| Z1028 | — | 9.6/86.8 | — |
| | — | 横渠 1/黑鱼沟渠 | |
| Z1029 | — | 384.3/9.9 | — |
| | — | 黑鱼沟渠/横渠 2 | |
| Z1030 | — | 26.7/196.6 | 34.89 |
| | — | 横渠 2/王家大漕渠 | |
| Z1031 | 312.2 | — | |
| | S266 | — | — |
| Z1032 | — | — | — |
| | — | — | |
| J1009 | 111.3 | 299.2 | |
| | 村道 10 | 湖东沟渠 | 39.47 |
| Z1033 | — | 193.0 | |
| | — | 湖东沟渠 | — |

| 杆塔号 | 与现状道路边线距离 | 与渠道边线距离 | 与道路净空 |
|---|---|---|---|
| Z1034 | — | 37.6 | — |
| | — | 银河道渠 | — |
| J1010 | — | 345.8 | — |
| | — | 银河道渠 | — |
| Z1035 | 193.4 | — | 38.23 |
| | 村道 11 | — | |
| J1011 | 317.7 | 183.2 | |
| | 村道 12 | 姚集沟渠 | 31.29L/31.43R |
| J1012 | 83.8L/86.5R | — | |
| | 村道 12 | | |

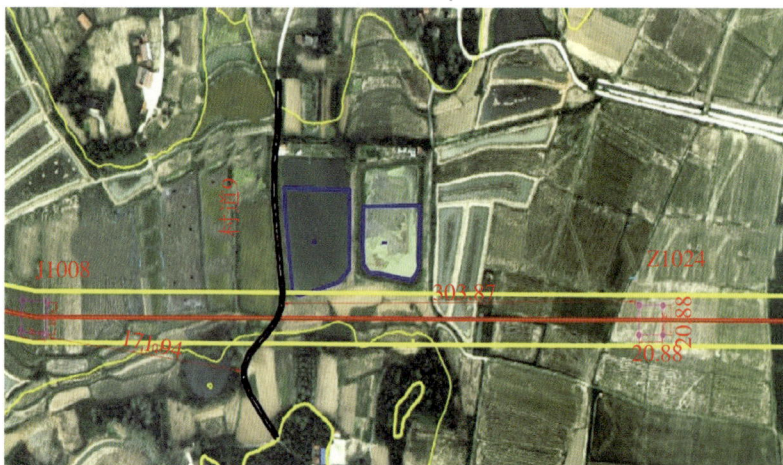

**图 4.6-1　J1008、Z1024 塔与小江湖分蓄洪民垸道路、渠系关系图**

根据《1000kV 架空输电线路设计规范》(GB 50665—2011)规定,双回路 1000kV 架空输电线路至现状公路路面最小垂直距离不小于 25m,工程线路与分蓄洪民垸内沿线主要道路交叉预留净空高满足规范要求。工程建设不会对堤防交通、防汛抢险、管理维修等方面产生不利影响。

(2)对水上救生的影响分析

邓家湖分蓄洪民垸内导线弧垂最低点高程范围为 71.11～90.20m,邓家湖分蓄洪民垸分蓄洪水位为 45.08m,导线最低点与分蓄洪水位间净空为 26.03～45.12m;小江湖分蓄洪民垸内导线弧垂最低点高程范围为 63.52～80.29m,小江湖分蓄洪民垸分蓄洪水位为 44.88m,导线最低点与分蓄洪水位间净空为 18.64～35.41m。

根据《1000kV 架空输电线路设计规范》(GB 50665—2011)规定,双回路 1000kV 架空输电线路

空输电线路至通航河流最高航行水位桅顶最小垂直距离不小于10m,至不通航河流百年一遇洪水位最小垂直距离不小于10m,考虑汛期防汛抢险的需要,救生船高度按4.5m考虑,风浪高按2.0m考虑,工程线路与分蓄洪水位之间需预留出不小于16.5m净空,工程在邓家湖、小江湖分蓄洪民垸内导线最低点与分蓄洪水位间净空分别为26.03~45.12m、18.64~35.41m,满足规范及水上救生的要求。

### 4.6.7　对第三者合法水事权益的影响分析

#### 4.6.7.1　分析评价要点

第三者合法水事权益与现有水利工程与设施有所不同,指的是蓄滞洪区内其他非防洪、水利工程等设施,如取水口、码头等,蓄滞洪区内的第三者合法水事权益相对较少。根据建设项目的布置及施工组织设计,分析工程施工期和运行期对第三者合法水事权益的影响。主要通过分析工程与第三者合法水事权益的平面位置、净空关系,并结合模型计算成果进行综合评价。

#### 4.6.7.2　案例分析

以荆门—武汉1000kV特高压交流输变电工程穿越邓家湖及小江湖分蓄洪民垸为例。

工程线路在邓家湖分蓄洪民垸内于大碑湾一级站北侧约264m处穿过,Z1011~J1006跨越大碑湾一级泵站渠,两塔基边缘与渠道边缘直线距离分别约209.8m、209.3m,导线与渠道两侧渠顶净空约47.09m、47.01m。工程线路在小江湖分蓄洪民垸内与北侧姚集水厂取水口直线距离约为3.2km。工程断面下游约135m、690m、2.0km处分别有±500kV龙政输电线路、110kV沙洋—五七输电线路、±500kV林枫直流输电线路经过。

由于工程线路与以上设施未发生接触,且留有安全距离,工程建设不会对以上设施的使用造成不利影响。数模计算结果表明,工程建设后引起的以上各设施局部水位和流速变化甚微。因此,本工程建设对第三者合法水事权益无不利影响。

### 4.6.8　洪水影响综合评价

洪水影响综合评价是对建设项目与相关规划的关系、防洪标准的符合性、防洪及河势的影响、蓄滞洪区及运用的影响、现有水利工程与设施的影响、防汛抢险及水上救生的影响、第三者合法水事权益的影响、施工期影响等评价的总结,要有明确有无影响的结论,有影响的要说明影响程度,尽量不出现影响较小的结论。

## 4.7 防洪影响补救措施

①对蓄滞洪区运用,防洪工程安全和安全建设设施运行,蓄滞洪区内河道与渠系的防洪、河势、排水、灌溉,防汛抢险与水上救生,围堤,工程管理等有较大影响的建设项目,应对项目总体布置、设计方案、建设规模、结构形式与尺寸、施工组织设计等提出优化调整措施。蓄滞洪区分洪运用将造成严重冲刷,可能危及建设项目安全的,应提出防冲刷处理措施。在蓄滞洪区内建设电厂等项目时,建设单位应对防洪避洪方案涉及的防洪工程设施进行方案设计。

②对河道河势、防洪水位、行洪能力、行洪安全、引排能力、现有堤防、护岸工程安全、防汛抢险、工程管理、其他水利工程及运用有较大影响的建设项目,应对其布置、结构形式与尺寸、施工组织设计等提出调整意见,并提出有关的补救措施。

③特高压输变电工程近堤的塔基一般需要进行防渗防冲等补救措施专项设计,补救措施设计方案一般可纳入涉河建设方案报告作为主体工程设计的一部分,不需省级水行政主管部门单独审查。防洪影响补救措施设计工作内容和深度要满足《长江流域和澜沧江以西(含澜沧江)区域河湖管理范围内建设项目防洪影响补救措施专项设计报告编制导则》(T/CTESGS 03—2022)的有关要求,报告编制应满足水利工程初步设计深度要求,设计图纸绘制应达到水利工程施工图设计深度要求。防洪影响补救措施专项设计具体技术要求和案例分析见第6章。

④防洪影响非工程措施主要包括工期优化调整、监测、管理、监督、防汛抢险预案编制、防洪保安措施等。

# 第 5 章  对国家基本水文测站影响评价

## 5.1  主要评价内容

### 5.1.1  主要评价依据

　　根据《水文监测环境和设施保护办法》第九条:在水文测站上下游各 20km(平原河网区上下游各 10km)河道管理范围内,新建、改建、扩建水工程、桥梁、码头和其他拦河、跨河、临河建筑物、构筑物,或者铺设跨河管道、电缆以及取水、排污等其他可能影响水文监测的工程,建设单位应当采取相应措施,在征得对该水文测站有管理权限的流域管理机构或者水行政主管部门同意后方可建设。依据的相关法律法规及技术规范标准如下:

　　①《中华人民共和国水法》。

　　②《中华人民共和国防洪法》。

　　③《中华人民共和国长江保护法》。

　　④《中华人民共和国河道管理条例》。

　　⑤《中华人民共和国水文条例》。

　　⑥《水文站网管理办法》。

　　⑦《水文监测环境和设施保护办法》。

　　⑧《长江水利委员会行政审批项目水影响论证报告编制大纲(试行)》(长总工〔2018〕275 号)。

　　⑨《水利水电工程设计洪水计算规范》(SL 44—2006)。

　　⑩《河道演变勘测调查规范》(SL 383—2007)。

　　⑪《声学多普勒流量测验规范》(SL 337—2006)。

　　⑫《水位观测标准》(GB/T 50138—2010)。

　　⑬《河流流量测验规范》(GB 50179—2015)。

　　⑭《河流悬移质泥沙测验规范》(GB/T 50159—2015)。

　　⑮《降水量观测规范》(SL 21—2015)。

⑯《水文测量规范》(SL 58—2014)。

⑰《水文基本术语和符号》(GB/T 50095—2014)。

⑱《水文资料整编规范》(SL/T 247—2020)。

⑲《水位观测平台技术标准》(SL 384—2007)。

⑳《水库水文泥沙观测规范》(SL 339—2006)。

㉑《水文情报预报规范》(GB/T 22482—2008)。

## 5.1.2  评价范围及评价对象

根据水行政主管部门审批要求,长江流域平原河网区主要是指江苏、上海等地的河道,因此,湖北省河道内建设影响水文测站的工程,其评价范围一般为工程上下游各20km,评价对象为评价范围内的所有国家基本水文(水位)站。值得注意的是,若评价范围内的水文测站为一般测站或专用测站,则将其作为第三人合法水事权益进行评价。评价对象要根据水文站网现状、考虑数学模型的计算范围,选定进行评价的水文测站,并对评价对象的基本情况、测验河段概况、主要测验设施设备、现有测验方案及整编方法进行描述。

对测验设施的影响包括测站生产业务用房、测验河段基础设施、水位观测设施、降水观测设施、流量测验设施、泥沙测验设施等进行影响分析;对测验项目的影响,按照受影响测站开展的测验项目逐一进行影响分析,包括测验工作环境、测验方案、资料整编方法,确定该站水位观测、流量测验、泥沙测验等受工程影响的程度等级,综合提出测站受影响等级;根据施工特点,从水位、流量、泥沙等测验项目开展施工期对测站影响分析。

## 5.1.3  研究内容

对建设项目评价范围内的国家基本水文测站影响评价,要根据《水文监测环境和设施保护办法》《长江水利委员会行政审批项目水影响论证报告编制大纲(试行)》中的相关要求和规定进行编制,主要研究内容如下:

①根据工程设计资料,进行现场查勘,实地了解工程线路沿线的地形地貌、跨越河道及周边防洪工程现状,同时收集工程河段的水文、地质、河道地形、水文站网布置情况及评价范围内所有水文测站基本情况等资料。

②根据实测地形资料,对工程河段进行河势演变分析;根据项目资料情况,利用经验公式法或数学模型分析建设工程对水文监测的影响。

③根据工程设计方案和分析计算结果,从施工期和运行期两个方面评价工程建设对水文测站测验设施、测验工作环境、测验方案、资料整编方案及水文资料系列可能产生的影响及程度。

④总体布置、方案、建设规模、施工组织设计等提出优化调整意见,调整后应能减轻或消除该影响,调整后仍有影响的,要提出水文监测补救方案。补救措施主要包括测验设施、测验方式和方法、比测率定和资料整编方法等方面。

⑤进行补偿投资估算,并提出资金筹措方案。

⑥提出工程建设对国家基本水文测站影响评价的主要结论和建议。

### 5.1.4 案例介绍

本章以金上—湖北±800kV 特高压直流输电线路工程咸宁长江大跨越和金上—湖北±800kV 特高压直流输电线路工程跨越松西河、松东河、虎渡河(以下简称荆南三河跨越工程)为例,分析咸宁长江大跨越和荆南三河跨越对国家基本水文影响评价。

(1)咸宁长江大跨越

咸宁长江大跨越位于长江中游嘉鱼河段,左岸为湖北省荆州市洪湖市龙口镇,跨越洪湖监利长江干堤,右岸为湖北省咸宁市嘉鱼县鱼岳镇,跨越咸宁长江干堤。工程上下游 20km 范围内涉及的国家基本水文测站有石矶头水位站。2023 年 11 月,长江水利委员会批复了咸宁长江大跨越洪水影响评价报告。

(2)荆南三河跨越工程

松西河跨越工程位于松西河上游河段,左岸为荆州市松滋市八宝镇,右岸为荆州市松滋市八宝镇,工程上下游 20km 范围内涉及的国家基本水文测站有新江口水位站;松东河跨越工程位于松东河上游河段,左岸为荆州市松滋市沙道观镇,右岸为荆州市松滋市八宝镇景星村水闸北侧,工程上下游 20km 范围内涉及的国家基本水文测站有沙道观(二)水文站;虎渡河跨越工程位于虎渡河上游河段,左岸为湖北省荆州市公安县埠河镇,右岸为湖北省荆州市荆州区弥市镇,工程上下游 20km 范围内涉及的国家基本水文测站有弥陀寺(二)水文站、太平口(二)水位站。

## 5.2 水文测验基本情况

水文测验基本情况部分应包括评价范围内水文测站概况、测验河段情况、测验设施设备、测验方案及资料整编方案等情况。本节以咸宁长江大跨越段工程对石矶头水位站、荆南三河跨越工程对新江口水文站、沙道观(二)水文站、弥陀寺(二)水文站和太平口(二)水位站的影响分析评价为案例阐述水文测验基本情况的要点。相关水文测站的地理位置和测验项目见表 5.2-1。

**表 5.2-1** 站点测验项目

| 站点 | 类别 | 地理位置 | 测验项目 |
|------|------|---------|---------|
| 石矶头 | 水位站 | E113°49′59.6″、N29°56′23.6″ | 水位 |
| 新江口 | 水文站 | E111°46′58.6″、N30°10′42.7″ | 水位、流量、泥沙、降水量 |
| 沙道观(二) | 水文站 | E111°55′27.2″、N30°10′14.3″ | 水位、流量、泥沙、降水量 |
| 弥陀寺(二) | 水文站 | E112°07′15.4″、N30°13′00.1″ | 水位、流量、泥沙、降水量 |
| 太平口(二) | 水位站 | E112°07′46.0″、N30°16′22.6″ | 水位 |

## 5.2.1 水文测站概况

### 5.2.1.1 主要内容

水文测站概况部分,需简要说明评价范围内的所有国家基本水文(水位)测站的设站目的、设站时间、地理位置(经纬度)、隶属关系等基本信息。

### 5.2.1.2 案例分析

(1)咸宁长江大跨越

咸宁长江大跨越评价范围示意图见图 5.2-1,其河段位于水文测站影响评价范围(工程上游 20km 至下游 20km)的测站有石矶头水位站,见图 5.2-2。

石矶头水位站测验设施位于工程上游 72~230m,始建于 1986 年 1 月,站址位于湖北省嘉鱼县六码乡石矶头,是控制长江中游干流水情的基本站,地理位置为东经 113°49′59.6″,北纬 29°56′23.6″,由龙口水位站下迁 8km 而来,是监测长江中游干流水情的基本站,隶属于长江水利委员会,由长江水利委员会水文局长江中游水文水资源勘测局管理。

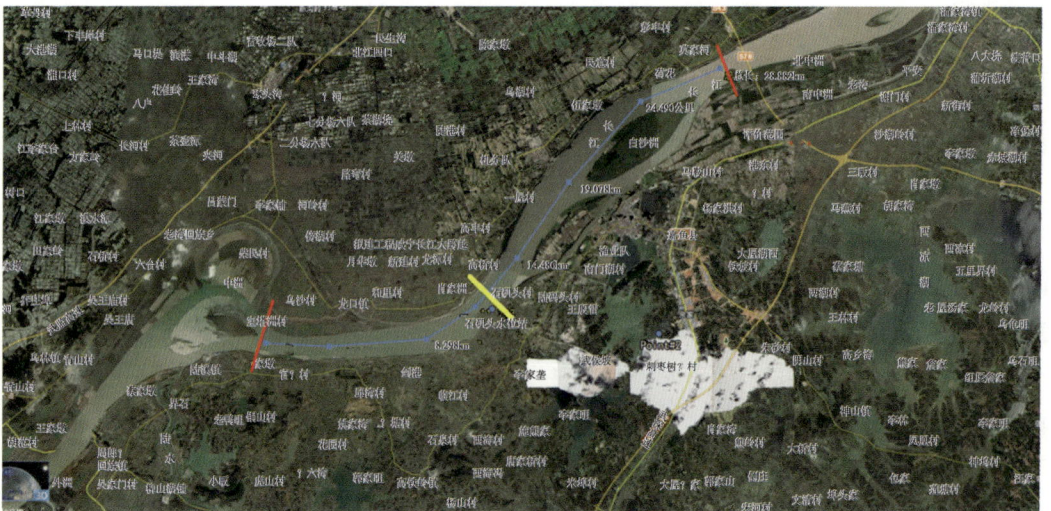

图 5.2-1 咸宁长江大跨越评价范围示意图

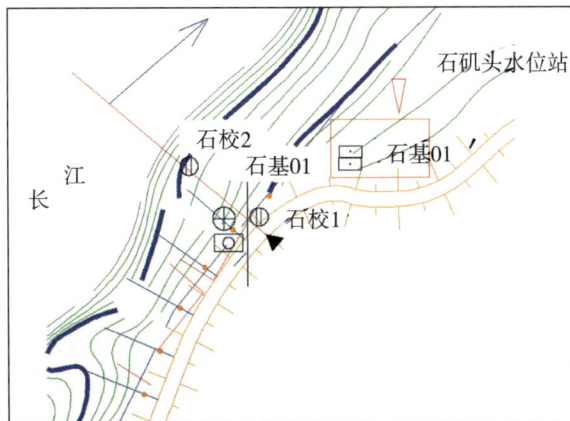

图 5.2-2　石矶头水位站平面布置图

(2)松西河跨越工程

金上—湖北±800kV 特高压直流输电线路松西河跨越工程,位于松西河跨越工程对水文测站的影响评价范围(工程上游 20km 至下游 20km)的水文站有新江口水文站。

新江口水文站位于工程下游约 4.9km,设立于 1954 年 2 月,是长江四口分流松滋河(西支)控制站、国家基本站,为监测四口水系松滋河(西支)水文要素收集基本水文信息,开展防汛测报及综合性水文实验。新江口水文站承担国家确定的重要江河长江分流入洞庭湖—松滋河(西支)河流的水资源监测,隶属于长江水利委员会,由长江水利委员会水文局荆江水文水资源勘测局管理,地理位置为东经 111°46′58.6″,北纬 30°10′42.7″。

(3)松东河跨越工程

金上—湖北±800kV 特高压直流输电线路松东河跨越工程,位于松西河跨越工程对水文测站的影响评价范围(工程上游 20km 至下游 20km)的水文站有沙道观(二)水文站。

沙道观(二)水文站建站于 1954 年 2 月,是监测四口水系松滋河(东支)水文控制站,现为国家重要基本水文站。沙道观(二)水文站位于工程下游约 7km,隶属于长江水利委员会,由长江水利委员会水文局荆江水文水资源勘测局管理,地理位置为东经 111°55′27.2″,北纬 30°10′14.3″。

(4)虎渡河跨越工程

金上—湖北±800kV 特高压直流输电线路虎渡河跨越工程,位于松西河跨越工程对水文测站的影响评价范围(工程上游 20km 至下游 20km)的水文站有弥陀寺(二)水文站、太平口(二)水位站。

弥陀寺(二)水文站位于工程下游约 2.8km,弥陀寺(二)水文站建站于 1952 年 6 月,是监测四口水系虎渡河的主要控制站,现为国家基本水文站,隶属于水利部长江委水文局荆江水文水资源勘测局荆南分局。太平口(二)水位站位于工程上游约 3.7km,隶属于长江水利委员会,由长江水利委员会水文局荆江水文水资源勘测局管理,弥陀寺(二)站地理位置为东经112°07′15.4″,北纬30°13′00.1″,太平口(二)站地理位置为东经112°07′46.0″,北纬30°16′22.6″。松西河、松东河、虎渡河跨越工程评价范围示意图见图5.2-3、荆江河段水文测站布置见图5.2-4。

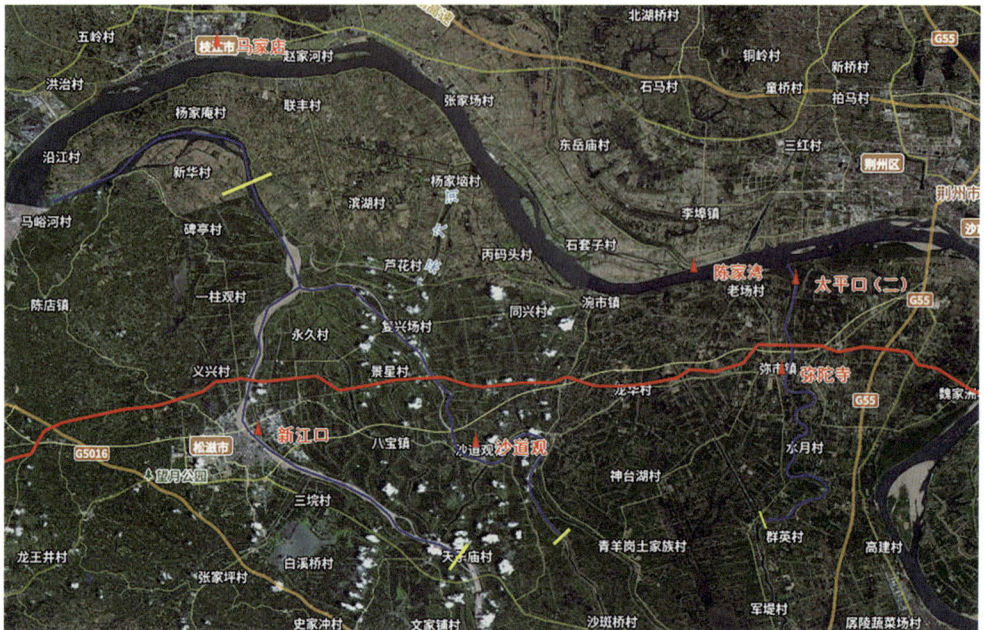

图 5.2-3　松西河、松东河、虎渡河跨越工程评价范围示意图

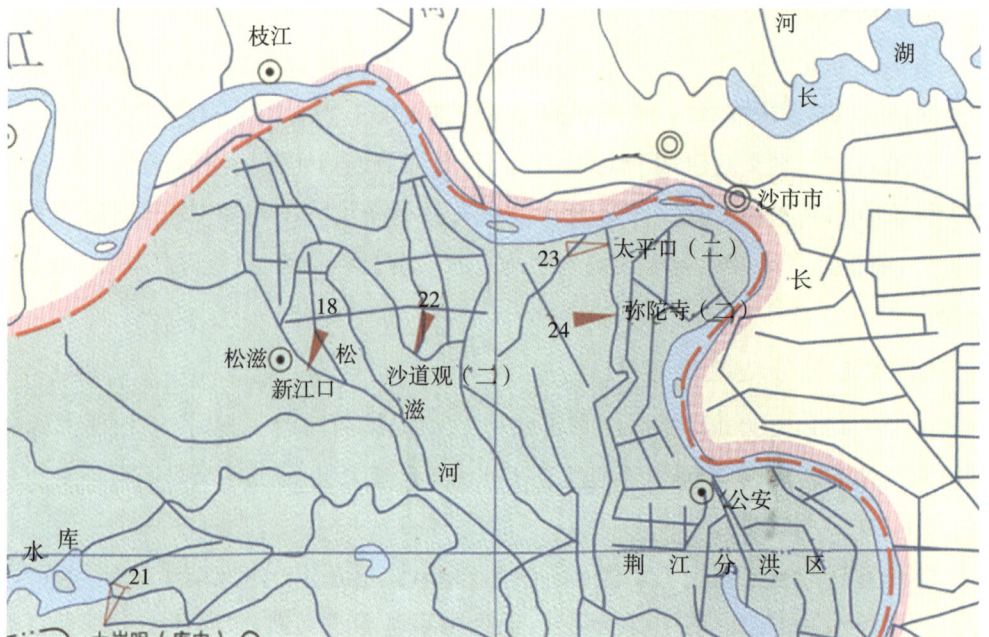

图 5.2-4　荆江河段水文测站布置图

## 5.2.2 测验河段概况

### 5.2.2.1 主要内容

测验河段概况部分,需简要说明测验河段的河道形态、河道演变、地质条件、其他设施情况等。

### 5.2.2.2 案例分析

(1)石矶头水位站

石矶头水位站测验断面上、下游较顺直,河床右岸稳定,主泓偏右。测验断面右岸上游约 20km 处有陆水汇入,约 600m 处有大河口湖排水闸,下游有大沙湖等湖泊支流汇入,上游 20km 附近有一大弯道,有中洲、新洲两大沙洲横卧江中。下游 3km 处有护县洲分离江水。水尺断面两岸建有长江干堤,右岸边滩为软质岩,堤身为块石护坡,右岸低水期有 200m 宽的沙洲。

(2)新江口水文站

新江口水文站为荆江四口分流松滋河(西支)主要控制站。测站上游距松滋口约 36km,距松滋河东、西支分流的大口约 12km、1.4km 处有松滋公路大桥;测站下游 1.8km 处有荆松一级公路大桥,3.7km 处右岸有支流集松滋境内山区水流汇入松滋河(西支),下游分多支后再汇合松滋河(东支)、澧水及虎渡河流入洞庭湖。

测验河段上下游 1.5km 较顺直,测验断面上游 700m 及下游 800m 均为弯道控制,河槽为"U"形,中高水位主槽宽度 250~300m。左岸有约 50m 宽公园绿地,岸边为鹅卵石护坡,右岸为抛石护坡。河床由细沙组成。

(3)沙道观(二)水文站

沙道观(二)水文站为荆江四口松滋河(东支)主要控制站。测站上游距松滋口约 43km,上游距松滋河东西支分流的大口约 18km,距荆松一级公路松东河特大桥约 2.7km;测站下游 30m 处有沙道观大桥,下游约 30km 处有与松滋河(东支)和虎渡河相通的中河口,在下游汇合松滋河(西支)、澧水及虎渡河流入洞庭湖。

测验河段顺直长约 2.0km,河槽呈"U"形,主槽宽约 140m。当水位超过 42.00m 时流量测验断面左岸开始漫滩,滩宽约 100m。断面右岸为六边形水泥块护坡。河床由沙质组成,较为稳定。

(4)弥陀寺(二)水文站

弥陀寺(二)水文站为荆江四口虎渡河主要控制站。测站上游距河口太平口约 8.6km,太平口左岸有荆江分洪闸北闸,上游约 2.3km 处有荆松一级公路虎渡河大桥,上游 750m 处有弥市大桥；测站下游约 41km 为中河口分流与松滋河（东支）相通，流向顺逆不定，下游约 83km 处有节制闸南闸，再下游与松滋河及澧水汇合后流入洞庭湖。

测验河段顺直长度约 2.5km，下游 400m 处有弯道。主槽为单式断面。流量测验断面左岸子堤高程约 45m，在水位 45.00m 以上时开始漫滩，洲滩宽约 350m，有农作物生长；右岸高程 33.00m 以上有人工护坡，高程 45.00m 以上有水文站挡水墙保护；河床由沙质组成。

（5）太平口（二）水位站

太平口（二）站为长江四口分流虎渡河水位站。上游约 2.1km 为虎渡河河口，约 1.5km 处有荆江分洪北闸，当荆江分洪工程启用时，对本站水位影响较大。下游约 4.1km 处有荆松一级公路虎渡河大桥，约 5.8km 有弥市公路桥。

测验河段约 1.0km 较为顺直，河槽为复式、中高水位主槽宽 200～250m。左岸有抛石护坡，右岸为滩地宽约 110m，水位大于 43.00m 时漫滩。河床由沙质组成。

### 5.2.3 测验设施设备

#### 5.2.3.1 主要内容

测验设施设备部分，需简要说明测站生产业务用房、测验河段基础设施、水位观测设施、降水观测设施、流量测验设施、泥沙测验设施、水质监测设施、通信设备等。

#### 5.2.3.2 案例分析

（1）石矶头水位站

石矶头水位站主要设施设备配置见表 5.2-2。实物照片见图 5.2-5。

表 5.2-2  石矶头水位站设施设备一览表

| 名称 | 数量 | 名称 | 数量 |
|---|---|---|---|
| 水准仪 | 1 部 | 水准尺 | 2 支 |
| 气泡压力式自记水位计 WL3100 | 1 套 | 固态存储翻斗式自记雨量计（20cmJDZ05） | 1 套 |
| 浮子式水位计 WFX-40 | 1 套 | 北斗卫星通信终端（主信道） | 1 套 |
| YAC9900 遥测终端机＋RTU | 1 台 | GPRS 通信终端（备用） | 1 台 |
| 仪器房 | 18m² | 岛岸式自记台 | 1 座 |

（2）新江口水文站

新江口水文站主要测验项目为水位、流量、泥沙、降水量。基本水尺为直立式水尺，位于右岸，松滋公路大桥下游 1400m 处；浮子式水位计位于右岸基本水尺断面下游 3m 处；气泡式水位计位于右岸基本水尺断面；降水量采用固态存储翻斗式自记雨量计

（20cmJDZ05）观测。实物照片见图5.2-6。

图 5.2-5　石矶头水位站实物照片

图 5.2-6　新江口水文站实物照片

（3）沙道观（二）水文站

沙道观（二）水文站主要测验项目为水位、流量、泥沙、降水量。基本水尺为直立式水尺，位于左岸，沙道观大桥上游30m处；气泡式水位计位于左岸基本水尺断面下游1m处；降水量采用固态存储翻斗式自记雨量计（20cmJDZ05）观测。实物照片见图5.2-7。

（4）弥陀寺（二）水位站

弥陀寺（二）水位站主要测验项目为水位、流量、泥沙、降水量。基本水尺为直立式水尺，位于右岸，弥市大桥下游750m处；气泡式水位计位于右岸基本水尺断面；降水量采用固态存储翻斗式自记雨量计（20cmJDZ05）观测。实物照片见图5.2-8。

图 5.2-7　沙道观（二）水文站实物照片

图 5.2-8　弥陀寺（二）水文站实物照片

（5）太平口（二）水文站

太平口（二）水文站主要测验项目为水位。基本水尺为直立式水尺，位于左岸鄢家渡荆江分洪纪念碑上游290m处。实物照片见图5.2-9。

图 5.2-9  太平口(二)水位站实物照片

## 5.2.4  测验方案

### 5.2.4.1  主要内容

测验方案部分,按照受影响测站开展的测验项目逐一说明测验方案。补充水位、流量、泥沙、降水量等测验项目的测验方案说明要求。

### 5.2.4.2  案例分析

#### 5.2.4.2.1  石矶头水位站

(1)水位观测

1)基本项目的观测

测次布置以能测得完整的水位变化过程、满足日平均水位计算、准确推求流量过程和其他水文要素、满足汛旱情报送任务书的需求为原则。

水位资料的收集及报汛以固态存储水位自记仪为主,实行无人值守,有人看管,每月对水位自记仪进行不少于 3 次的监视检查并观测记录校核水位,每日必须进行监视检查(远程监控)。当发现仪器运行不正常或自记记录失真时立即进行检查修复,重新设置水位,确保仪器正常运行。当气泡压力式水位自记仪发生故障或探头露出水面时,立即恢复人工观测。

当自记水位与校核水位相差 3cm 以上,应每隔 15~60min 连续观测两次,经分析,若属偶然误差,则仍采用自记水位;若属系统误差,则调整自记仪器。当水位自记仪发生故障或自记台进水管(或探头)露出水面时,立即恢复人工观测。自记水位重新设置后,应立即进行跟踪观测,每隔 15~60min 连续观测不少于两次。

人工观测的内容及要求如下:

①水位观测段次,见表 5.2-3。

表 5.2-3                                         水位观测段次统计表

| 段次 | 二段 | 四段 | 八段 | 逐时 |
|------|------|------|------|------|
| 日变化 | 0.25m 以下 | 0.25～0.50m | 0.50m 以上 | 年最高、最低水位附近 |

注：日变化以相邻基本观测段次水位变化率推求，范围取值包含上下限。

②年最低水位附近应增加测次。

③上下游出现分洪、溃口等现象时应随时增加测次。

④上列段次不能满足报汛要求时，按水情任务书的规定要求增加测次。

2）附属项目的观测

在每次人工观测水位的同时，测记风向风力、水面起伏度。当发生分洪溃口时，要观测流向。

3）观测起讫时间

1 月 1 日至 12 月 31 日。

4）水准点高程的校测

①基本点：每年检查一次，发现有异常情况时，应及时校测。逢 0、5 年份必须校测一次。

②校核点：每年汛前必须校测 1 次，发现有变动迹象随时校测。被洪水淹没的校核点，水退后使用前应进行校测，若不使用可不校测。

5）水尺零点高程的校测

汛前应对水尺进行一次全面调整校测；以后每 1～3 个月对使用水尺校测一次；汛后至少应对洪水淹没过的水尺校测一次，若水尺连续露出水面的时间小于 3d，可不校测；当水尺受外力影响发生变动或水尺损坏设立临时水尺时，应及时校测。

6）测站地形测量

当测站地形、地物有明显变化时，进行一次全部或局部地形测量。地形变化不大时，重测时间不应超过 20 年。

（2）降水量观测

①全年使用 20cmJDZ05 自记雨量计观测。仪器在使用期间，应加强检查与维护，检查次数每月不少于 1 次，在发生较大降雨过程中，应适当增加检查次数，按要求做好检查记录，资料整编时一并提交审查。

②降水资料按降水量观测规范规定的表进行整理、整编。

③观测起讫时间：1 月 1 日至 12 月 31 日。

（3）水情拍报

①加强仪器设备的维护保养，确保自动报汛的顺利进行。

②当仪器发生故障或不能记录时,按长江委水文局下达的《水情拍报任务》报汛段次恢复人工水位观测。

③按长江委水文局下达的水情拍报任务执行;根据中游局及中央、地方党政机关需要提供水情。拍报的电码形式及要求,严格执行现行《水情信息编码标准》(SL 330—2011),并做到不错报、不迟报、不缺报、不漏报。水文情报预报中的有关技术问题,按照《水文情报预报规范》(GB/T 22482—2008)执行。

拍报项目为雨量、水位、旬月雨量。

报汛时间为汛期 4 月 1 日至 10 月 15 日,报汛段次 4-4;枯水期为 10 月 16 日至 3 月 31 日,报汛段次 4-1。要求 15min 到长江水文汉口分中心,20min 到长江委水文局、长江防总,30min 到国家防总。

启用人工观测方式时,一般情况下,汛期采用二段二次,枯水期采用一段一次。

(4)关键落差参证水位站

石矶头水位站是长江中下游干流螺山水文站、汉口(武汉关)水文站水位—流量关系单值化的关键落差参证站,为湖北省以及武汉市防汛抗旱调度等提供决策性依据。

1)螺山水文站

螺山水文站始建于 1953 年,站址位于湖北省洪湖市螺山镇螺山社区,是监测长江荆江与洞庭湖出流汇合后的水情的基本水文站,为监测长江中游干流在洞庭湖汇入后水情的基本站,为一类精度水文站,一类泥沙站。

水位流量单值化处理方案用落差指数法按单一线布点和资料整编。

2)汉口(武汉关)水文站

汉口(武汉关)水文站始建于 1865 年,站址位于湖北省武汉市花楼街道苗家码头,是监测长江中游干流在汉江汇入后水情的基本水文站,控制长江中游干流在汉江汇入后水情的基本站,一类精度水文站,一类泥沙站。

水位流量单值化处理方案用落差指数法按单一线布点和资料整编。

### 5.2.4.2.2 新江口水文站

(1)水位观测

基本水尺为直立式水尺,位于右岸松滋公路大桥下游 1400m。

人工水位观测以能测得完整的水位变化过程、满足日平均水位计算、推求流量和水情报汛的要求为原则。年最高、最低水位附近应增加测次,上下游出现分洪、溃口等现象时应随时增加测次。上列段次不能满足报汛要求时,按水情任务书的规定要求增加测次。每次人工观测水位时,测记风向风力、水面起伏度。

水位自记:浮子式水位计位于右岸基本水尺断面下游 3m 处;气泡式水位计位于右

岸基本水尺断面。全年采用自记水位计观测水位,测次以固态存储器的记录段制为准。实施"无人值守,有人看管"的运行方式,自记水位计运行正常时,每月至少进行一次校核水位观测,查读并记录仪器的有关指标(如气压、电压等)。

(2)流量观测

流速仪测流断面位于基本水尺断面下游 24m 处。

根据水位与流量的变化情况布置测次,以能满足流量整编定线、准确推算逐日平均流量和各种径流特征值为原则。当流量整编关系线发生明显变化时,应根据实际情况适时增加测次,恢复连时序法施测。当出现分洪、溃口、漫溢及顺逆流向转变等现象时应随时增加测次,控制流量变化的过程。每月流量测次不少于 1 次。

(3)泥沙观测

悬移质输沙率按断面平均含沙量过程线法布置测次,应能控制含沙量的变化过程。测次主要布置在洪水时期,每次较大洪峰的测次不应少于 3 次。平、枯水期含沙量较小时,每月 3～5 次。目测河水清澈时,含沙量作"0"处理,并记录水清开始和结束的时间。

悬移质颗粒级配在 5—10 月每次较大洪峰或沙峰过程采样 3～5 次,当水位、含沙量变化平稳时,每月至少 1 次。在洪峰或沙峰的变化转折处附近应布置测次。河水清澈时停测。

床沙应能控制床沙颗粒级配的变化过程,汛期一次洪水过程测 2～4 次。枯水期每月至少施测 1 次。河水清澈时停测。

(4)降水量观测

全年使用固态存储翻斗式自记雨量计(20cmJDZ05)观测。当常用仪器发生故障时,采用人工观测,枯水期二段制,汛期四段制。当出现固态降水时采用人工观测,注记降水物符号。

### 5.2.4.2.3 沙道观(二)水位站

(1)水位观测

基本水尺为直立式水尺,位于左岸沙道观大桥上游 30m 处。

人工水位观测以能测得完整的水位变化过程、满足日平均水位计算、推求流量和水情报汛的要求为原则。年最高、最低水位附近应增加测次,上下游出现分洪、溃口等现象时应随时增加测次。列段次不能满足报汛要求时,按水情任务书的规定要求增加测次。每次人工观测水位时,测记风向风力、水面起伏度。

水位自记:气泡式水位计位于左岸基本水尺断面下游 1m 处。全年采用自记水位计观测水位,测次以固态存储器的记录段制为准。实施"无人值守,有人看管"的运行方式,自记水位计运行正常时,每月至少进行一次校核水位观测,查读并记录仪器的有关指标

（如气压、电压等）。

### （2）流量观测

流速仪测流断面位于基本水尺断面上游 25m 处。

根据水位与流量的变化情况布置测次，以能满足流量整编定线、准确推算逐日平均流量和各种径流特征值为原则。当流量整编关系线发生明显变化时，应根据实际情况适时增加测次，恢复连时序法施测。当出现分洪、溃口、漫溢及顺逆流向转变等现象时应随时增加测次，控制流量变化的过程。当进口口门断流时，流量作"0"处理。

### （3）泥沙观测

通流期本断面流量测验时开展悬移质输沙率测验，按断面平均含沙量过程线法布置测次，应能控制含沙量的变化过程。测次主要布置在洪水时期，每次较大洪峰的测次不应少于 3 次，平、枯水期每月 3 次。目测河水清澈时，含沙量作"0"处理，并记录水清开始和结束的时间。

悬移质颗粒级配在 5—10 月每次较大洪峰或沙峰过程采样 3～5 次，当水位、含沙量变化平稳时，每月至少 1 次。在洪峰或沙峰的变化转折处附近应布置测次。河水清澈时停测。

床沙应能控制床沙颗粒级配的变化过程，汛期一次洪水过程测 2～4 次。枯水期每月至少施测 1 次。河水清澈时停测。

### （4）降水量观测

全年使用固态存储翻斗式自记雨量计（20cmJDZ05）观测。当常用仪器发生故障时，采用人工观测，枯水期二段制，汛期四段制。当出现固态降水时采用人工观测，注记降水物符号。

#### 5.2.4.2.4 弥陀寺（二）水位站

### （1）水位观测

基本水尺为直立式水尺，位于右岸弥市大桥下游 750m 处。

人工水位观测以能测得完整的水位变化过程、满足日平均水位计算、推求流量和水情报汛的要求为原则。年最高、最低水位附近应增加测次，上下游出现分洪、溃口等现象时应随时增加测次。列段次不能满足报汛要求时，按水情任务书的规定要求增加测次。每次人工观测水位时，测记风向风力、水面起伏度。

水位自记：气泡式水位计位于右岸基本水尺断面。全年采用自记水位计观测水位，测次以固态存储器的记录段制为准。实施"无人值守，有人看管"的运行方式，自记水位计运行正常时，每月至少进行一次校核水位观测，查读并记录仪器的有关指标（如气压、电压等）。

（2）流量观测

流速仪测流断面位于基本水尺断面下游 5m 处。

根据水位与流量的变化情况布置测次，以能满足流量整编定线、准确推算逐日平均流量和各种径流特征值为原则。当流量整编关系线发生明显变化时，应根据实际情况适时增加测次，恢复连时序法施测。当出现分洪、溃口、漫溢及顺逆流向转变等现象时应随时增加测次，控制流量变化的过程。当进口口门断流时，流量作"0"处理。

（3）泥沙观测

悬移质输沙率通流期本断面流量测验时开展悬移质输沙率测验，按断面平均含沙量过程线法布置测次，应能控制含沙量的变化过程。测次主要布置在洪水时期，每次较大洪峰的测次不应少于 3 次，平、枯水期每月 3 次。目测河水清澈时，含沙量作"0"处理，并记录水清开始和结束的时间。

悬移质颗粒级配在 5—10 月每次较大洪峰或沙峰过程采样 3～5 次，当水位、含沙量变化平稳时，每月至少 1 次。在洪峰或沙峰的变化转折处附近应布置测次。河水清澈时停测。

床沙应能控制床沙颗粒级配的变化过程，汛期一次洪水过程测 2～4 次。枯水期每月至少施测 1 次。河水清澈时停测。

（4）降水量观测

全年使用固态存储翻斗式自记雨量计（20cmJDZ05）观测。当常用仪器发生故障时，采用人工观测，枯水期二段制，汛期四段制。当出现固态降水时采用人工观测，注记降水物符号。

#### 5.2.4.2.5 太平口（二）水位站

本站为汛期站，主要测验项目为水位，以能测得完整的汛期水位变化过程，满足日平均水位计算的要求为原则。

人工观测水位的基本段次标准如下：一般水情二段，每日 8、20 时观测，峰顶峰谷附近适当增加测次；河干期每日 8 时观测 1 次。年最高水位附近应增加测次。上下游出现分洪、溃口等现象时应随时增加测次。上列段次不能满足报汛要求时，按水情任务书的规定要求增加测次。每次人工观测水位时，测记风向风力、水面起伏度。

水位自记：气泡式水位计位于左岸基本水尺断面下游 1m。采用自记水位计观测水位，测次以固态存储器的记录段制为准。实施"无人值守，有人看管"的运行方式，自记水位计运行正常时，每月至少进行一次校核水位观测，查读并记录仪器的有关指标（如气压、电压等）。

## 5.3　水文监测影响分析计算

建设项目对水文监测影响的分析计算主要包括水文分析计算、壅水分析计算、数学模型计算、河道冲淤分析计算等内容。水文分析计算主要是分析测验河段降水、流量、泥沙特性等。壅水分析计算和数学模型计算主要是分析计算建设项目对工程附近河段水位、流速产生的影响，对水文测站的水文监测成果一致性造成影响，同时将对水文测验断面的水位流量关系造成一定影响，需增加测验工作量。河道冲淤分析计算主要是考虑工程建设可能造成河道局部冲淤发生变化，对水流条件及水文测验大断面将造成影响，将增加测验工作量。计算方法参见第 3 章。

对于输电线路工程，在河道内布置杆塔的方式跨越河道，需要开展建设项目施工期和运行期对水文监测影响的分析计算。采用一跨过河的方式跨越河道，工程建设对水文测站的影响分析主要为运行期高压线电流对自记设施数据传输的影响。

水文监测影响分析计算方法及案例分析已在第 3 章进行了详细介绍，本章不再赘述。

## 5.4　水文监测影响分析评价

水文监测影响分析评价主要包括工程施工期和运行期对水文测站测验设施设备、测验工作环境、测验方案和资料整编方案等方面的影响。施工期需结合工程施工方案及特点，从测验设施设备、测验项目和测验工作环境进行分析；运行期除考虑工程建设对测验设施设备的破坏及场地占用外，还应结合水文监测设施周围环境保护范围分析其影响。结合水文监测影响的分析结果，评价其影响程度，提出补救方案并估算费用。

由于荆南三河跨越工程相距新江口水文站、沙道观（二）水文站、弥陀寺（二）水文站和太平口（二）水位站较远，工程的施工和运行不会对上述水文站的测验设施造成直接影响；杆塔基础均位于堤防背水侧，河道内未立塔，工程建设对河道水位、流速无影响，对上述水文站的测验项目均无影响。故本节以咸宁长江大跨越段工程对石矶头水位站的影响分析评价为案例阐述水文监测影响分析评价的要点。

### 5.4.1　对测验设施设备影响分析评价

#### 5.4.1.1　分析评价要点

水文测验设施设备应包括测站生产业务用房、测验河段基础设施、水位观测设施、降水观测设施、流量测验设施、泥沙测验设施、水质监测设施以及报汛设备等。应根据受影响测站的现有测验设施设备，逐项分析工程建设对设备的影响，并给出明确的影响结论。

### 5.4.1.2 案例分析

根据石矶头水位站测验任务,石矶头水位站的主要观测项目为水位、降水量和高洪应急监测。石矶头水位站的测验设施主要包括基本水尺、自记水位计、观测道、仪器房、高程引据点、基本水准点和校核水准点 6 个,测验设施位于工程上游 72~230m 范围内。

(1)对基本水尺的影响分析

石矶头水位站基本水尺断面布设在本工程上游 230m 处,为直立式水尺,水尺测量范围为 16.27~34.10m。

施工期间灌注桩施工所产生的振动会对周边环境造成一定的影响,可能引起水尺零点高程发生变动。

工程不直接干扰河道水体,因此,工程运行期对基本水尺断面基本设施的正常运行不会造成不利影响。

(2)对水准点设施的影响分析

目前,石矶头水位站有 2 个引据水准点、2 个基本水准点和 2 个校核水准点。引据水准点 BMYR61 明、暗两个标点,均位于嘉鱼县曾家墩居民房屋角落处,高程约 26m;基本水准点为石基 01 明、暗两个标点,均位于石矶头站房院内西北角,高程约 32m;校核水准点石校 01 位于石矶头站水位观测道上端,高程约 31m;校核水准点石校 02 位于石矶头站水位观测道中端平台上,高程约 20m。

上述水准点均位于工程上游 230m 处,施工期间灌注桩施工所产生的振动会对周边环境造成一定的影响,可能引起上述水准点高程发生变动。

工程运行期,工程对水准点设施不直接造成影响。

(3)对观测道的影响分析

石矶头水位站有约 50m 的水位观测道,施工期间灌注桩施工可能会引起周边地形的变化,进而影响观测道的完整性,需加强巡视。

工程运行期,工程不影响观测道。

(4)对站房的影响分析

石矶头水位站站房为 2 层砖混结构,基础高程约为 35m,位于湖北省嘉鱼县石矶头村长江干堤上,上游临近水厂取水码头。

工程施工期、运行期,工程对站房安全稳定不会产生影响。

### 5.4.2　对测验工作环境影响分析评价

#### 5.4.2.1　分析评价要点

根据《水文监测环境和设施保护办法》,水文监测河段周围环境保护范围为:沿河纵向以水文基本监测断面上下游一定距离为边界,不小于 500m,不大于 1000m;沿河横向以水文监测过河索道两岸固定建筑物外 20m 为边界,或者根据河道管理范围确定。水文监测设施周围环境保护范围为:以监测场地周围 30m、其他监测设施周围 20m 为边界。

在对测验工作环境影响分析评价中,要分析评价工程建设对测验河段的冲淤影响、水位流速影响、报汛通信影响、工作环境影响,以及对监测设施环境保护范围内与水文测验相关的仪器设备、道路等的影响进行分析。

#### 5.4.2.2　案例分析

(1)对测验工作环境的影响分析

咸宁长江大跨越上游 230m 为石矶头水位站的基本水尺断面,站房在上游 61.1m 处,工程在石矶头水位站的水文监测环境和设施保护范围内。根据石矶头水位站测验任务,石矶头水位站的主要观测项目为水位和降水。河道内主要观测设施有水尺、压力式水位计、浮子式水位自记仪、自记雨量计和站房,其他均位于河道外。工程产生的电磁场对工作环境有一定的影响。

(2)对报汛通信的影响分析

石矶头水位站为中央报汛站,通信信道为北斗卫星通信和 GPRS 双信道,GPRS 为主信道。

工程施工期间主要为土建、安装工程,工程暂未投入使用,不会产生额外的电磁干扰。因此,工程施工期不会对石矶头水位站通信数据的稳定性产生影响。

工程运行期,电磁场的变化可能会干扰石矶头水位站通信数据的稳定性。

1)场强影响分析

依据国家标准,本工程环境影响评价执行的电磁环境评价标准《直流输电工程合成电场限值及其监测方法》(GB 39220—2020):换流站周边及直流输电线路沿线的电磁环境敏感目标处合成电场强度 $E_{95}$ 的限值为 25kV/m,且 $E_{80}$ 的限值为 15kV/m;直流架空输电线路线下的耕地、园地、牧草地、畜禽饲养地、养殖水面、道路等场所的合成电场强度 $E_{95}$ 的限值为 30kV/m,且应给出警示和防护指示标志。金上—湖北±800kV 大跨越线路地面合成电场强度预测结果见图 5.4-1。

从图 5.4-1 可知湖北咸宁长江大跨越段线路运行产生的最大地面合成电场强度为 11.63kV/m,出现在极导线投影外侧 7m 处,满足地面合成电场强度 $E_{95}$ 值小于

15kV/m 限值要求。

水位自记台、站房距离直流线路中心距离分别为 230m、72m,均远大于极导线投影外侧 7m,能够满足地面合成电场强度 E95 值小于 15kV/m 限值要求。

2)移动通信 GPRS 或 4G 信道影响分析

高压线是否在遥测终端和接收基站之间,受天气系统和电磁波变化等综合影响,接收基站会有所变化,宜加强比测、观察和分析。一个完整基站构成示意图见图 5.4-2,不同基站的分类见表 5.4-1。

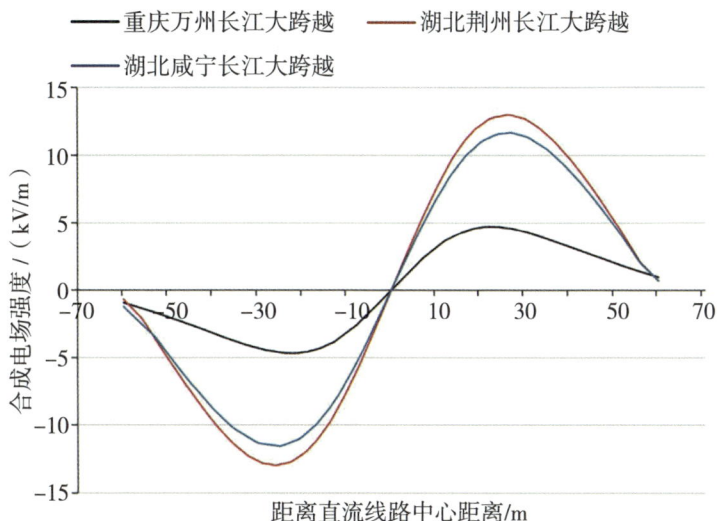

图 5.4-1　金上—湖北±800kV 大跨越线路地面合成电场强度预测结果

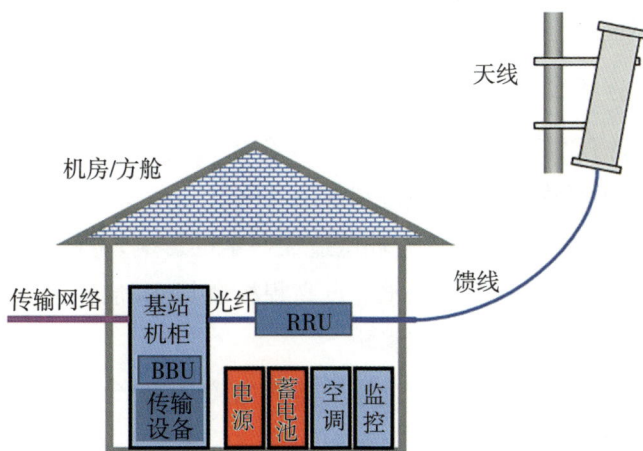

图 5.4-2　一个完整基站构成示意图

表 5.4-1　　　　　　　　　　　　　不同基站的分类

| 类型 | | | 单载波发射 | 覆盖能力 |
|------|------|------|------|------|
| 名称 | 英文名 | 别称 | 功率(20MHz 带宽) | (覆盖半径) |
| 宏基站 | Macro Site | 宏站 | 10W 以上 | 200m 以上 |
| 微基站 | Micro Site | 微站 | 500MW～10W | 50～200m |
| 皮基站 | Pico Site | 微微站<br>企业级小基站 | 100MW～500MW | 20～50m |
| 飞基站 | Femto Site | 毫微微站<br>家庭级小基站 | 100MW 以下 | 10～20m |

3)北斗通信影响分析

对北斗通信而言,高压线不在遥测终端的南方,可以确定没有影响。

## 5.4.3　对测验方案及资料整编影响分析评价

### 5.4.3.1　分析评价要点

按照受影响测站开展的测验项目逐一进行测验方案及资料整编影响分析,并给出明确的影响结论。还要根据施工特点,从水位、流量、泥沙、水质等测验项目,开展施工期测站影响分析。

同时应考虑工程施工或建成后对水文资料的影响,对水文资料的影响主要体现在水位资料的可靠性和一致性上,同时可能对测站的水位流量关系等造成影响,从而增加测验的难度及工作量。

### 5.4.3.2　案例分析

(1)对水位测验项目的影响

观测水位的设备有水尺和水位计。水尺设在顺直的河道旁,水尺的读数加上已知水尺零点高程(相对于基面的高差)即得到水位。

施工期间所产生的振动,会对周边环境造成一定的影响,可能引起水尺零点高程发生变动。因此需增加水尺零点高程和水准点高程校测频次,加强水位人工对比观测,避免工程建设对水位观测项目产生不利影响。

工程运行期,会对水文自动测报设施所需的电磁环境产生一定影响,引起水位自记、存储和传输等发生变化或跳动,进而影响水位数值在长江流域水旱灾害防御中的应用。因此需增加水尺零点高程和水准点高程校测频次,加强水位人工对比观测,避免工程建设对水位观测项目产生不利影响。

(2)对降雨测验项目的影响

石矶头水位站全年使用固态存储翻斗式自记雨量计(20cmJDZ05)观测。

工程施工期间主要为土建、安装工程,工程暂未投入使用,不会产生额外的电磁干扰。因此,工程施工期不会对石矶头水位站雨量自记、存储和传输产生影响。

工程运行期所产生的电磁环境会对雨量的自记、存储和传输等造成一定影响。因此需加强人工检查和进行区域合理性分析。

(3)对上下游站水位流量关系影响分析

根据水文测验任务书,螺山水文站、汉口水文站的水位流量关系均为单值化方案,均将石矶头水位站作为上下游参证的综合落差站。

工程施工期间主要为土建、安装工程,工程暂未投入使用,不会产生额外的电磁干扰。因此,工程施工期不会对石矶头水位站水位自记、存储和传输产生影响,但会对人工观测水位产生影响,进而会影响水位流量关系。

工程运行期所产生的电磁环境会引起石矶头水位站自记水位的变化,进而导致螺山和汉口水文站水位流量关系发生变化,因此,需增加水位人工对比观测、水文测验和水位流量关系变化分析,并根据分析结果采取相应的措施。

(4)对水文情报预报的影响

长江石矶头段历来是长江流域水旱灾害防御的重点河段,历史上曾发生过多次险情,石矶头站水情信息对于保护下游武汉起到了关键的作用。根据长江委防汛调度的安排,在高洪期间会根据水旱灾害防御工作的需要,在石矶头站开展流量测验,提高水文情报预报的精度。

工程施工期间主要为土建、安装工程,工程暂未投入使用,不会产生额外的电磁干扰。因此,工程施工期不会对石矶头水位站水位自记仪、雨量观测设施、声学多普勒流速剖面仪 ADCP 的使用产生影响。

工程运行期所产生的电磁环境会对现有的流量测验设备——声学多普勒流速剖面仪 ADCP 产生严重的电磁干扰,造成实测流量数据失真。因此,需通过增加临时断面、开展水文测验比测和分析,研究其影响程度并采取相应的措施。

(5)对资料整编方面的影响

工程施工期和运行期,均可能会对现有的水位测验方案、螺山水文站和汉口水文站水位—流量关系产生不同程度的影响。因此,需要开展必要的比测和资料分析计算,根据分析结果修订现有的水文资料整编方案,并论证工程建设前后资料的一致性。

## 5.5　水文监测补救方案论证

水文监测补救方案论证要在水文监测影响分析评价结论的基础上进行,对水文监测有影响的,应按照测站受影响程度等级和测站水流特性,分析论证并提出相应的补救措施。本节以咸宁长江大跨越对石矶头水位站的影响分析评价为例阐述水文监测补救方案论证的要点。

### 5.5.1 补救方案论证要点

①针对建设工程对水文测站水文监测设施设备、水文监测方式方法、水文资料、测站生产生活等方面的影响,优先考虑对建设项目的总体布置、方案、建设规模、施工组织设计等提出优化调整意见,调整后可减轻或消除该影响,调整后仍有影响的,应提出有关补救措施。

②设计方案通过论证无法优化调整的,可通过补救措施减轻或消除影响,包括测验基础设施补救方案和测验项目补救方案(水位、流量、泥沙、报汛通信等),如增加测验设施设备、优化调整水文测验方案、修订水文情报预报方案、制定水文资料处理方案以及其他应对措施。

③如需异地迁站重建,需进行具体的方案设计。

④涉及针对水文测站补救措施的,应提出有关费用估算和资金来源。

⑤要附工程建设运行管理单位与水文测站管理单位在建设工程施工期和运行期有关事项的协调意见。

### 5.5.2 案例分析

为分析咸宁长江大跨越施工期和运行期对石矶头水位站水位、降水量和高洪应急监测的影响,比测工作自施工前1年开始,至施工完成后1年结束,施工期按1年考虑,比测时段为3年。

#### 5.5.2.1 高精度水准测量

在石矶头水位站开展3个年度高精度水准测量工作,从高等级水准点接测到本站基本点、校核点,为水位观测提供精确的基面高程。

#### 5.5.2.2 人工观测水位对比分析

(1)人工观测水位

在石矶头水位站开展3个年度的水尺零点高程校核和人工观测水位工作,分施工前、施工期、施工后观测,开展对比分析。比测期间一般要求每天比测1次,遇到较大洪水时适当加密观测。当发现仪器记录出现较大误差时,及时恢复人工观测。

(2)自记水位对比分析

在石矶头水位站开展3个年度的人工观测水位与自记水位的对比工作,分施工前、施工期、施工后观测,开展对比分析。

### 5.5.2.3 自记雨量对比分析

在石矶头水位站开展 3 个年度的人工观测雨量与自记雨量的对比工作,分施工前、施工期、施工后观测,开展对比分析。

### 5.5.2.4 高洪流量比测分析

工程建设前后,在石矶头水位站分别开展 1 个年度本断面流量和临时断面流量比测分析。

### 5.5.2.5 落差水位修正及分析

(1)上下游水位流量关系分析

通过工程建设前后水文资料的系统分析,为螺山、汉口水文站水位—流量关系资料的可靠性、一致性提供技术支撑,验证有关分析计算成果,并进一步研究工程对石矶头水位站水文测验方案的影响,以便及时调整测验方案。

(2)与螺山、汉口水位资料一致性分析

通过工程建设前后石矶头与螺山、汉口站水位资料的一致性修正及系统分析,为石矶头水文资料的可靠性、一致性和代表性提供技术支撑。

### 5.5.2.6 电磁场强效应分析

(1)多重电磁环境的分析

考虑天气(晴雨、雷暴、大雾等)环境以及水文测报仪器发射接收等传输时多重电磁环境叠加的影响,在比测验证时机的把握上需做好区分与甄别。

(2)电磁影响措施的实施

对电磁影响能采取技术手段消除的,采用技术手段处理,如对受影响的仪器增加屏蔽的主动性防御方式;对没有可行办法消除的影响,提出双方可接受的、符合相关行业法规的改进措施。

(3)通信影响的分析

北斗卫星接收信号、GNSS 以及 GSM 信道都有自己特定的最优朝向,比测验证中需甄别信号受影响的改进措施。

### 5.5.2.7 补偿费用估算

甲方委托乙方完成咸宁长江大跨越对石矶头水位站影响比测验证措施。主要工作内容如下:

①三等水准测量:开展 3 个年度水准测量,每年施测 2 次,从引据水准点接测到基本水准点和校核水准点。

②水尺零点高程测量:施工前、运行后每年 2 次,施工期每月 1 次从校核水准点接测水尺零点高程。

③水位比测:开展 3 个年度自记水位与人工观读水位比测工作。

④流量比测:在本断面和临时断面开展施工前、施工后的流量比测,每个断面平均每月 1 次,在 6—10 月适当增加 1 次。

⑤降水观测:开展 3 个年度自记雨量与人工观测雨量比测工作。

⑥水位资料一致性分析。

⑦水位—流量关系分析。

⑧分析总结报告。

补救措施所需工作经费由测站管理单位与建设单位协商。

# 第6章 防洪影响补救措施

## 6.1 主要工作内容

### 6.1.1 主要设计依据

防洪影响补救措施为消除或减轻建设项目对水利规划实施、河道行洪、河势及岸坡稳定、防洪工程安全、水利工程运行管理、防汛抢险等方面的不利影响而采取的工程措施。主要设计依据如下：

①《长江流域和澜沧江以西（含澜沧江）区域河湖管理范围内建设项目防洪影响补救措施专项设计报告编制导则》（T/CTESGS 03—2022）。

②《湖北省涉河建设项目洪水影响评价技术细则》（鄂水利函〔2022〕506 号）。

③《堤防工程设计规范》（GB 50286—2013）。

④《堤防工程管理设计规范》（SL 171—2020）。

⑤《堤防工程安全监测技术规程》（SL/T 794—2020）。

⑥《堤防工程地质勘察规范》（SL 188—2018）。

⑦《堤防工程施工规范》（SL 260—2014）。

⑧《河道整治设计规范》（GB 50707—2011）。

⑨《水利水电工程边坡设计规范》（SL 386—2007）。

⑩《水利水电工程地质勘察规范》（GB 50487—2008）。

⑪《水利水电工程设计洪水计算规范》（SL 44—2006）。

⑫《水利水电工程初步设计报告编制规程》（SL/T 619—2021）。

⑬《岩土工程勘察规范》（GB 50021—2009）。

### 6.1.2 设计总体要求

①防洪影响补救措施专项设计应以建设项目洪水影响评价行政许可决定为依据，以建设项目洪水影响评价报告提出的补救措施项目和范围为基础进行编制，不应减少

行政许可决定要求的补救措施项目。确需调整补救措施项目或范围的应充分论证,其中减少补救措施项目的应报该建设项目原许可单位备案。

②设计报告要附具相应勘测资质证书、设计资质证书、责任页,勘测、设计图纸应有设计、校审等人员签字,并加盖设计文件专用章或出图专用章。

③应在建设项目实施前完成,补救措施应与建设项目同步实施或先期实施。报告编制要满足水利工程初步设计深度要求,设计图纸绘制要达到水利工程施工图设计深度要求。

④采用的水文、河道地形、工程地质等基础资料应准确可靠,满足设计深度和时效性要求。补救措施实施前,河道地形、建设场地地形等建设条件发生变化的,应补充测量并按建设程序变更设计。

⑤补救措施涉及征地拆迁、水土保持、环境保护的,相关内容应纳入建设项目建设方案一并考虑。

⑥设计报告要包括建设项目概况、工程水文和工程地质、补救措施工程设计、施工组织设计、设计概算、结论与建议等章节内容。附件要列于报告正文之后,附表、附图要按章节顺序依次编列于报告正文之后或单独成册。

⑦对于补救措施相对较为简单的,可在洪水影响评价报告中提出补救措施方案,将其纳入主体工程设计中,与洪水影响评价报告一同审批。

### 6.1.3 主要研究内容

防洪影响补救措施要根据《长江流域和澜沧江以西(含澜沧江)区域河湖管理范围内建设项目防洪影响补救措施专项设计报告编制导则》《湖北省涉河建设项目洪水影响评价技术细则》等标准规范中相关要求和规定进行设计和编制报告,主要研究内容如下:

(1)建设项目概况

简述建设项目地理位置及建设地点、前期工作情况、建设内容及规模、防洪工程情况、与防洪工程的关系、高程及平面坐标系统等。

(2)工程水文和工程地质

简述建设项目所在区域河流特征、气象要素特征、洪水和枯水设计成果及相关依据。简述河道、岸坡的工程测量成果。说明各类补救措施工程地质勘察成果。

(3)补救措施工程设计

说明建设项目洪水影响评价行政许可决定明确的补救措施项目。概述设计依据、工程等级和标准、工程规模、近堤段建(构)筑物防渗防冲工程、安全监测等工程布置及建筑物。

（4）施工组织设计

简述施工条件、施工导流及度汛、施工交通及施工总布置、施工总进度等。

（5）设计概算

说明概算编制原则及依据，设计概算成果等。

（6）结论与建议

综述补救措施专项设计的主要结论，包括补救措施效果评价的结论等，提出施工期和运行期建设管理的有关建议，包括补救措施建设的责任主体、运行管理单位及其管理职责等。

## 6.2 基本情况

### 6.2.1 建设项目概况

#### 6.2.1.1 主要内容

（1）建设地点

地理位置要说明其所在河流（湖泊、水库）名称、岸别及所属行政区划。建设地点要说明建设项目所在地地名及其与附近河道内标志性建（构）筑物或地点的距离。列出建设项目控制点坐标。

（2）前期工作情况

概述建设项目前期工作情况，重点说明建设项目洪水影响评价报告编制、审查及行政许可等有关情况。

（3）建设内容及规模

根据补救措施设计需要，概述经建设项目洪水影响评价行政许可决定同意的工程建设方案，包括工程等别、建筑物级别和洪水标准、主要建设内容及规模、工程布置、主要建（构）筑物结构、施工组织设计（含基坑支护方案、施工围堰和施工导流方案）等。

（4）防洪工程情况

说明建设项目涉及的堤防、护岸等防洪工程现状、规划情况。

（5）与防洪工程的关系

说明建设项目与防洪工程（含现状及规划）连接（交叉）方式及平面、立面相对位置关系。建设项目涉及堤防的，要说明该项目所在堤防桩号范围。

（6）高程及平面坐标系统

高程系统推荐采用 1985 国家高程基准，如采用其他高程系统，要注明与 1985 国家高程基准之间的换算关系。平面坐标系统推荐采用 2000 国家大地坐标系,如采用其他平面坐标系统,要附具主要建(构)筑物控制点的 2000 国家大地坐标。

(7)相关附图

①工程地理位置示意图(可采用卫星遥感影像图)。

②工程所在河段河势图。要清晰反映工程河段总体河势及建设项目与河槽、岸滩、防洪工程(含现状及规划)等相对位置关系,并标明工程所在河段河湖管理范围线、深泓线、重要地名、水文(位)测站、相关涉水工程等。

③建设项目涉河建(构)筑物总体平面布置图。

④建设项目涉河建(构)筑物平、剖面结构图。要反映建设项目与防洪工程的平面和立面关系,并标明设计洪水位、河湖管理范围线等。

⑤防洪工程平面布置图及剖面图。要包括建设项目所在河段堤防、护岸等现状防洪工程平面布置图及工程处防洪工程典型剖面图,有规划防洪工程的要反映规划防洪工程的布置、设计断面等。

(8)相关附件

①建设项目项目建议书、可行性研究、初步设计等阶段的批复文件。

②建设项目洪水影响评价报告审查意见和行政许可决定等。

③其他相关专项审查文件。

### 6.2.1.2 案例分析

本章以荆州长江大跨越、王家滩汉江大跨越 2 个工程为例,展开工程建设影响防洪补救措施主要内容及编制要点案例分析。

(1)荆州长江大跨越

1)建设地点

荆州长江大跨越位于长江中游上荆江河段沙市河弯段,荆州长江大桥下游约 15.5km。工程所属行政区划:左岸为荆州市江陵县,右岸为荆州市公安县。

工程主要跨越塔塔基中心点坐标(2000 国家大地坐标系)为左岸 N7454 塔:$X = 3343424.418$,$Y = 621488.93$;右岸 N7453 塔:$X = 3344175.262$,$Y = 620048.818$。

2)项目前期工作情况

按时间先后简要梳理荆州长江大跨越前期工作情况,如下:

2022 年 3 月 28—30 日,电力规划设计总院在成都组织召开了工程可行性研究审查会议。

2022 年 4 月 22—23 日,电力规划设计总院通过视频会议和现场会议相结合的方式召开了工程初步设计主要涉及原则评审会议。

2023 年 1 月 6 日,国家发展和改革委员会对工程进行了核准。

2023 年 3 月 30 日,长江水利委员会在武汉召开了工程洪水影响评价报告专家评审会,形成审查意见。

2023 年 10 月 31 日,取得《长江水利委员会关于金上—湖北±800kV 特高压直流输电线路工程荆州长江大跨越洪水影响评价的行政许可决定》(长许可决〔2023〕257 号)。

3)建设内容及规模

根据补救措施设计需要,概述经长江水利委员会洪水影响评价行政许可决定同意的工程建设方案如下:

①工程等别及洪水标准。

工程结构安全等级一级,设计时洪水按 100 年一遇重现期执行。

②主要建设内容及工程布置。

评价范围内共布置 3 座杆塔(N7453、N7454、N7455),均位于堤防背水侧,河道内未立杆塔。其中 N7453 位于荆南长江干堤背水侧(荆江分洪区内),N7454、N7455 位于荆江大堤背水侧。

工程采用"直—直"方式一跨跨越长江,档距 1624.00m。左岸 N7454、右岸 N7453跨越塔与堤防背水侧堤脚最小距离分别为 123.00m、120.00m,导线与左、右岸现状堤防堤顶间净空分别为 114.10m、129.10m。荆州长江大跨越平面布置见图 6.2-1。

图 6.2-1　荆州长江大跨越平面布置

③主要建筑物结构。

N7453～N7455杆塔呼高为45～205m,全高60～207.2m,均采用钢管塔,杆塔基础形式为承台钻孔灌注桩基础,正面根开19～40m,桩径0.8m,桩数4～9,桩深22.2～43.4m,桩长21～41m,主柱直径2.0～2.5m,主柱高2m,露头高1～2m。

跨越塔N7453、N7454正面根开40m,承台尺寸(长×宽×高)为6.4m×6.4m×1.4m,主柱直径2.5m,主柱高2m,露头分别为1m、1.5m。

锚塔N7455正面根开19m,承台尺寸为4.5m×4.5m×1.2m,主柱直径2m,主柱高2m,露头2m。

报告可列出杆塔形式及全高明细表(包括塔型、呼高、全高、杆塔形式等)、杆塔基础结构形式表(包括基础形式、正面根开、桩径、桩数、桩深、承台尺寸等)。

④施工组织设计。

施工组织设计主要包括施工条件、主体工程施工、施工交通及施工总布置、弃土处置方案、施工进度等。

施工条件:右岸位于湖北省公安县埠河镇新生村附近,左岸位于湖北省江陵县滩桥镇月堤村附近,两岸跨越塔立在堤内背水侧,两岸地势平坦。本施工段地质条件较好。

主体工程施工:主要包括钻孔灌注桩施工、承台施工、基础防渗施工、土方回填、组塔施工等。其中,钻孔灌注桩施工、承台施工描述了其施工工艺及流程,基础防渗施工为防治补救措施,已纳入主体设计。

施工总布置:本项目项目部驻地设置在荆州市,中心材料站设置在沙市区,施工驻地长江以东设置在江陵县、长江以西设置在公安县,运输道路主要利用省道及县乡村公路,必要时修筑临时道路,并给出了基础及组塔施工布置方案。

施工交通布置:杆塔N7453位于长江右岸荆南长江干堤背水侧,将扩宽田间道路和新建临时道路作为杆塔施工进场道路(图6.2-2)。杆塔N7454位于长江左岸荆江大堤背水侧,杆塔施工道路将新建临时道路作为进场道路(图6.2-3)。施工车辆均不利用堤防道路。若施工期利用堤防进入河道或蓄滞洪区内施工,要对堤防进行加固。

弃土处置方案:N7453位于荆江分洪区,塔位余土采取就地平摊的处理方式,将弃土堆放于塔基范围内,并堆放成龟背形,以防止积水,其中蓄滞洪区内N7453塔位剩余弃土将采取外运综合利用措施,不留在蓄滞洪区内堆放。

施工进度:总体工期为从2023年10月20日开始至2024年12月31日完成全部施工,基础施工安排在2023年10月20日至2024年4月30日,评价范围内3座杆塔的基础施工严格控制在非汛期施工。荆州长江大跨越施工总进度计划见表6.2-1。

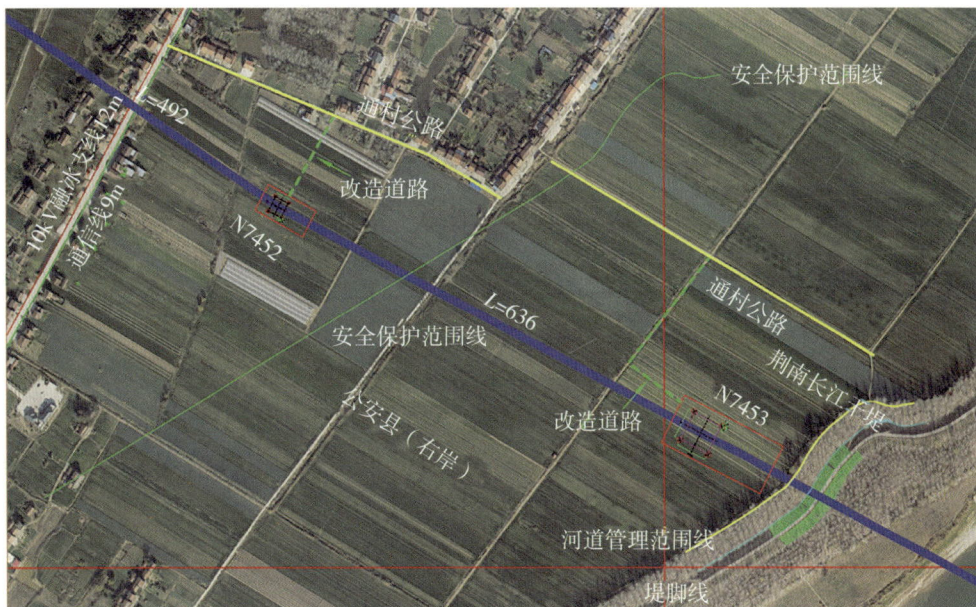

图 6.2-2　N7453 进场道路布置

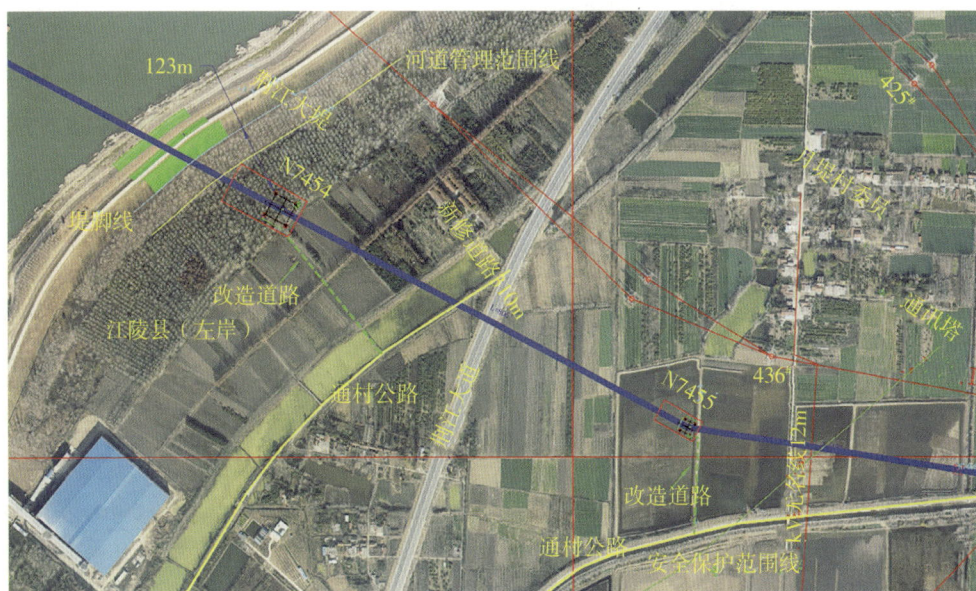

图 6.2-3　N7454 进场道路布置

表 6.2-1　　　　　　　　　　荆州长江大跨越施工总进度计划

| 工作内容 | 开始时间 | 完成时间 |
|---|---|---|
| 基础施工 | 2023 年 10 月 20 日 | 2024 年 4 月 30 日 |
| 组塔施工 | 2024 年 7 月 8 日 | 2024 年 11 月 24 日 |
| 架线施工及附件安装 | 2024 年 12 月 1 日 | 2024 年 12 月 31 日 |

4)防洪工程情况及与防洪工程关系

防洪工程主要包括堤防工程和护岸工程。

①堤防工程。

应简要介绍堤防工程基本情况,给出工程涉及的堤防横断面设计图及堤防现状照片,参照洪水影响评价报告概述工程与堤防的关系(下例同)。工程依次跨越荆江大堤、荆南长江干堤。

荆江大堤坐落在长江中游荆江河段北岸,上至荆州区枣林岗,下讫监利市城南,纵贯荆州区、沙市区、经济开发区、江陵县、监利市5县(市、区),全长182.35km,为1级堤防。荆江大堤综合整治工程2013年12月开工,2021年12月22日通过竣工验收,目前堤防已达标。工程跨越处对应堤防桩号741+720,堤顶高程44.8m,堤宽12m,堤内坡比1:4,堤外坡比1:3,堤顶为水泥路面,堤外坡采用草皮和浆砌块石护坡,堤内坡采用草皮护坡,已达标。

湖北省荆南长江干堤位于荆江河段南岸,上游端在松滋市境内(桩号712+500)与松滋江堤相接,下游端在石首市五马口(桩号497+680)与湖南省岳阳长江干堤相连,全长189.02km,为2级堤防。2001年对荆南长江干堤进行除险加固,目前堤防已达标。工程跨越处对应堤防桩号674+940,堤顶高程44.2m,堤顶为水泥路面,宽6m,堤身有水泥土截渗墙,截渗墙顶高程43.33m,底高程34.58m,堤外坡、堤内坡采用草皮护坡,内外坡比均为1:3,堤内有宽30m内平台,已达标(表6.2-2)。

表 6.2-2　　　　　　　　　　　工程跨越处堤防现状

| 工程河段 | 堤防 | 堤防桩号 | 堤防等级 | 现状堤顶高程/m | 堤顶宽/m | 坡比 | | 达标情况 |
|---|---|---|---|---|---|---|---|---|
| | | | | | | 内 | 外 | |
| 上荆江河段 | 荆江大堤 | 741+720 | 1 | 44.8 | 12 | 1:4 | 1:3 | 达标 |
| | 荆南长江干堤 | 674+940 | 2 | 44.2 | 6 | 1:3 | 1:3 | 达标 |

工程与堤防关系:右岸跨越塔N7453与荆南长江干堤堤脚距离约120m,左岸跨越塔N7454及锚塔N7455与荆江大堤堤脚距离分别为123m、840m。导线弧垂与荆江大堤堤顶净空约114.1m,与荆南长江干堤堤顶净空约129.1m。两岸跨越塔导线弧垂最低点高程为91.44m,与设计洪水位间净空约49.32m(表6.2-3、图6.2-4)。

表 6.2-3　　　　　　　　　　荆州长江大跨越与堤防的关系

| 堤防 | 塔号 | 与堤脚距离/m | 与堤顶净空/m | 与设计水位净空/m |
|---|---|---|---|---|
| 左岸荆江大堤 | N7455 | 840 | — | 49.32 |
| | N7454 | 123 | 114.1 | |
| 右岸荆南长江干堤 | N7453 | 120 | 129.1 | |

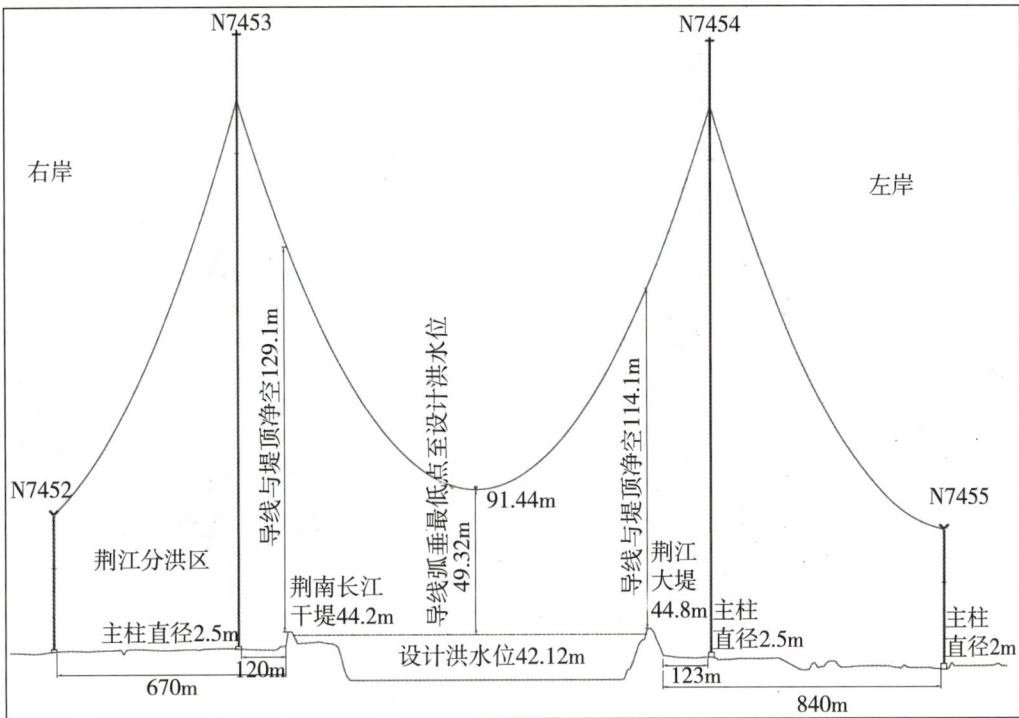

图 6.2-4　荆州长江大跨越与堤防的关系

②护岸工程。

工程河段左岸已有护岸工程：十码头—观音寺段（荆江大堤桩号 755＋000～739＋000），长 16km，防护方式以干砌石为主，局部为混凝土。工程河段右岸已有护岸工程包括：陈家台—新四弓（荆南长江干堤 675＋000～684＋400），长 9.4km，防护方式包括干砌、混凝土护；马家咀—杨厂（荆南长江干堤 668＋000～646＋000），长 22km，防护方式包括网护、混凝土护、干砌、浆砌（图 6.2-5）。

工程跨越位置处左岸（741＋720）护岸工程防护方式为干砌石护坡和抛石护脚；工程跨越位置处右岸（674＋940）无护岸工程，其上游约 60m 有混凝土护岸。

5）高程及平面坐标系统

水位、高程基准均采用 1985 国家高程基准，平面坐标采用 2000 国家大地坐标系统，中央子午线 111°。

各水文/水位站高程基面换算关系为：

沙市（二朗矶）水文站：1985 国家高程基准以上米数＝冻结基面以上米数－2.169m。

6）相关附图附件

工程地理位置示意图、所在河段河势图、总平面布置图、基础结构图等附图均可参考洪水影响评价报告相关附图。

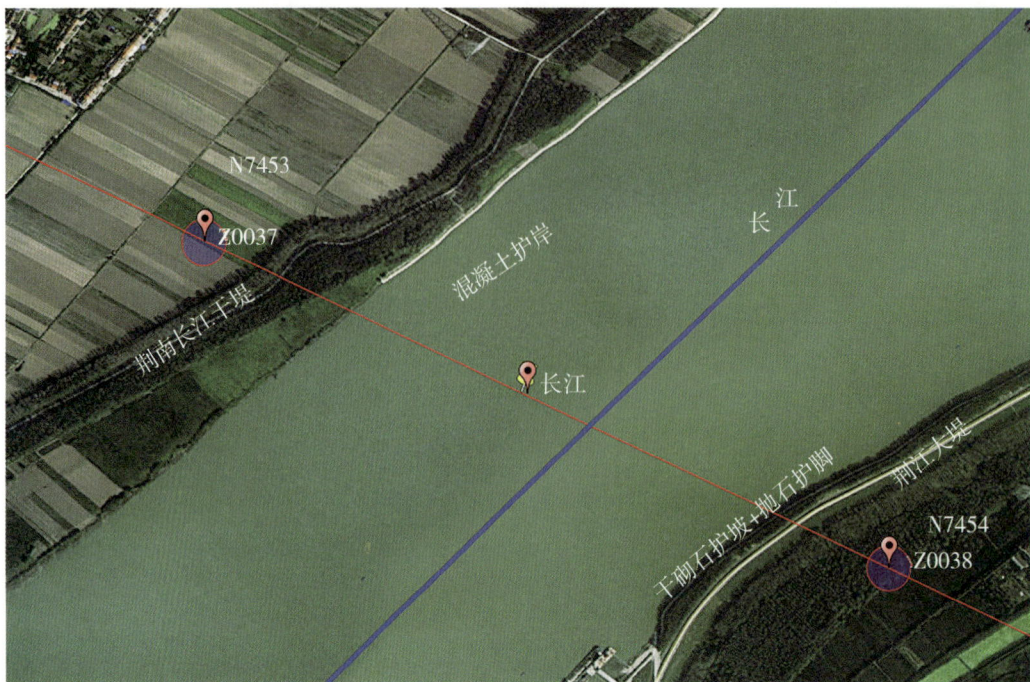

**图 6.2-5 荆州长江大跨越两岸护岸工程分布**

附件主要包括国家发展和改革委员会关于 T059(金上—湖北±800kV 特高压直流输电工程)核准的批复、关于金上—湖北±800kV 特高压直流输电工程环境影响报告书的批复(环审〔2022〕187 号)、《长江水利委员会关于金上—湖北±800kV 特高压直流输电线路工程荆州长江大跨越洪水影响评价的行政许可决定》(长许可决〔2023〕257 号)等。

(2)王家滩汉江大跨越建设项目概况

本书第 3 章也选取了王家滩汉江大跨越进行案例分析,因此建设项目概况本章简要描述。

1)建设地点

荆门—武汉 1000kV 特高压交流输变电工程线路王家滩汉江大跨越工程位于汉江中下游沙洋河段,在沙洋县马良镇张集村王家滩附近跨越汉江(沙洋大桥上游约 8.2km处)。工程所属行政区划:左岸为钟祥市旧口镇,右岸为沙洋县马良镇。

工程主要跨越塔塔基中心点坐标(2000 国家大地坐标系)为:左岸 Z1037 塔:$X=3406406.267,Y=370357.648$;右岸 Z1036 塔:$X=3406614.282,Y=369155.508$。

2)主要建设内容及工程布置

王家滩汉江大跨越两岸采用相同的双回直线跨越塔,跨越塔呼高约 130m,跨越采用"耐—直—直—耐"跨越方式(J1012(L/R)、Z1036、Z1037、J1013(L/R)),主跨档档距

1220m,档距分布为:540m—1220m—450m,耐张段长度 2210m。详细建设内容、工程布置及主要建筑物结构详见本书 3.4.3.2 节案例分析。

3)高程及平面坐标系统

水位和高程资料均采用 1985 国家高程基准(简称 85 高程),平面坐标采用 2000 国家大地坐标系。

沙洋水位站换算关系:

1985 国家高程基准以上米数＝冻结基面以上米数－1.723m。

黄海高程基准以上米数＝冻结基面以上米数－1.797m。

4)相关附图及附件

工程地理位置图、所在河段河势图、总平面布置图、杆塔及塔基设计图等附图均可参考洪水影响评价报告相关附图。

附件主要包括《国家能源局关于加快推进一批输变电重点工程规划建设工作的通知》(国能发电力〔2018〕70 号)、《长江水利委员会关于荆门—武汉 1000kV 特高压交流输变电工程线路工程跨越汉江洪水影响评价的行政许可决定》(长许可〔2020〕203 号)等。

## 6.2.2 工程水文和工程地质

### 6.2.2.1 主要内容

(1)工程水文

简述建设项目所在区域河流特征、气象要素特征。河流特征包括流域面积、河长、河道比降及径流、洪水特性等。气象要素特征包括气温、风速、降雨、蒸发等。

说明补救措施及其所在河段防洪标准、设计洪水(流量、水位)及相关依据。说明补救措施施工期设计洪水标准、流量、水位及相关依据。根据补救措施专项设计需要,说明设计枯水流量、水位和相关依据。

需要补充水文分析计算的,要说明选取的基础资料、采用的计算方法及有关参数和依据。补救措施设计洪水和施工期设计洪水的计算,可参照《水利水电工程等级划分及洪水标准》(SL 252)根据所在区域的地形、建筑物类型和级别确定洪水标准,结合所在区域或流域的资料条件确定计算方法。根据流量资料计算设计洪水可参照《水利水电工程设计洪水计算规范》(SL 44)第 3 章有关规定,根据暴雨资料计算设计洪水可参照《水利水电工程设计洪水计算规范》(SL 44)第 4 章有关规定。设计洪水位计算可参照《水利水电工程水文计算规范》(SL/T 278)第 5 章有关规定。涉及护坡、护脚的补救措施,设计枯水位计算要符合《河道整治设计规范》(GB 50707)第 8.2 节的有关规定。

(2)工程测量

控制测量、地形测量宜符合《工程测量标准》(GB 50026)和《水利水电工程测量规范》(SL 197)相关规定,不应低于初步设计阶段比例尺及测绘范围要求。施工场地及河道地形测量宜满足 1 年内实测的时效性要求。对于岸坡防护工程,要收集近期河道地形测量资料。

（3）工程地质

补救措施工程地质勘察成果应符合《水利水电工程地质勘察规范》(GB 50487)、《堤防工程地质勘察规程》(SL 188)、《中小型水利水电工程地质勘察规范》(SL 55)等标准的有关规定。可利用已有勘察成果,已有勘察成果不能满足要求的,要补充勘察。

（4）相关附图

区域水系图、工程地质平面图、工程地质纵剖面图、横剖面图等。

### 6.2.2.2　案例分析

（1）荆州长江大跨越

1）工程水文

①河流水系。

工程跨越长江(上荆江河段),长江荆江河段上起枝城,下至洞庭湖口的城陵矶,全长 337km。依河型不同,又以藕池口为界,分为上、下荆江。其中上荆江 167km,属微弯型河道;下荆江 170km,属典型的蜿蜒型河道。

②气象要素。

工程所在区域处于北亚热带季风湿润气候区,四季分明、光照充足、温和湿润、无霜期长。根据工程附近公安县气象站多年地面气象观测资料,工程所在区域年平均气温为 17℃,多年平均年降水量为 1193mm,其中 5—9 月暴雨集中,占年平均降水总量的 61.7％。区域全年日照时数为 1670h,多年年平均相对湿度为 78％。区域年平均风速为 2.2m/s,3—4 月,大风、寒潮频繁出现。

③所在河段水文分析计算。

根据补救措施专项设计需要,说明所在河段防洪标准、设计洪水、施工期设计洪水、设计枯水等(下例同)。

补救措施已纳入主体工程设计,因此水文分析计算可参考洪水影响评价报告相关章节内容。

根据《长江流域防洪规划》,长江中下游防洪标准为 1954 年型洪水。

工程跨越长江左岸堤防荆江大堤(741＋720),根据《荆江大堤综合整治工程》,工程跨越位置处荆江大堤设计水位为 42.12m。

工程跨越长江右岸堤防荆南长江干堤(674＋940),根据《湖北省荆南长江干堤加固工程初步设计报告(非隐蔽工程)》,工程跨越位置处荆南长江干堤设计水位为 42.12m。

2）工程测量

施工期测量严格按照《工程测量标准》（GB 50026）和《水利水电工程测量规范》（SL 197）相关规定，如在钻孔灌注桩基础施工时使用全站仪，控制点上设立测站，采用极坐标法进行放样；利用经纬仪来测定护筒标高；在基础防渗施工时，测量人员随时控制开挖标高，确保开挖深度不超过设计底标高。

3）工程地质

①堤防地质概况。

工程左岸荆江大堤地质情况依据《荆江大堤工程地质报告（补充初步设计阶段）》，土层分布参考上游约 470m 的堤防 742＋190 位置处地质横剖面图；工程右岸荆南长江干堤地质情况依据《荆南长江干堤加固工程初步设计工程地质勘查报告》，给出工程附近荆南长江干堤堤身土及堤基土物理力学指标建议值、堤防土层分布图。

②工程地质概况。

可依据《金上—湖北±800kV 特高压直流输电线路工程（包 14）施工图设计阶段荆州长江大跨越岩土工程勘察报告》，分别描述 3 座杆塔（N7453、N7454、N7455）的地质情况。

4）相关附图

工程地质钻孔平面布置图、工程地质钻孔柱状图等附图可依据《金上—湖北±800kV 特高压直流输电线路工程（包 14）施工图设计阶段荆州长江大跨越岩土工程勘察报告》。

（2）王家滩汉江大跨越

王家滩汉江大跨越工程水文及工程地质情况详见第 3 章。

## 6.3　补救措施工程设计

### 6.3.1　设计依据

说明建设项目洪水影响评价行政许可决定明确的补救措施项目。概述洪水影响评价报告中建设项目对水利规划实施、河道行洪、河势及岸坡稳定、防洪工程安全、水利工程运行管理、防汛抢险等方面的影响评价结论（含施工期和运行期）。概述洪水影响评价报告提出的补救措施项目和工程规模，包括位置、范围等。说明设计依据的主要技术标准。说明设计所需的基础资料，包括工程水文与工程勘测成果及相关技术文件等。

### 6.3.2　工程等级和标准

说明补救措施所涉及防洪工程等别、建筑物级别、洪水标准。补救措施建筑物级别和洪水标准不应低于所在防洪工程的建筑物级别和洪水标准。说明地震动参数设计采用值及相应抗震设计烈度。说明补救措施建筑物合理使用年限。说明国家、行业现行标准的主要设计允许值。

### 6.3.3　工程规模

补救措施专项设计要复核行政许可决定中明确的补救措施项目及洪水影响评价报告提出的补救措施范围、规模等。

建设项目影响规划堤防建设的,应按规划标准对受影响堤段的堤防按规划标准与建设项目同步实施。

建设项目对堤防造成破坏、改变堤防受力和运行条件的,应对受影响堤段的堤防进行恢复与加固。建设项目在堤防附近布置有建(构)筑物的,要根据建设项目工程建设方案、周边地形地质条件及堤防历史险情等,复核确定建设项目近堤段建(构)筑物防渗、防冲处理范围。建设项目涉及道路和引桥与堤防衔接的,要根据建设项目道路和引桥接堤段建设方案,复核确定道路和引桥与堤防衔接处的堤防恢复与加高加固项目及范围。需局部改建堤防的,改建堤段应与现状堤防平顺连接,改建堤段断面结构与现状堤段不同的,结合部位应设置渐变段,渐变段范围宜按改建堤段上下游均不小于 20m 确定。

建设项目影响岸坡稳定的,要根据河道深泓位置、断面形态、岸坡坡比、近岸河床冲淤等分析成果,并结合数学模型或河工模型试验成果(如有),复核确定岸坡防护工程范围、规模等。对于库岸边坡,还要考虑降雨、库区水位变化等因素的影响。

建设项目影响河道行洪能力或占用湖泊容积的,要根据行洪断面、容积、水域面积占用情况,结合河道演变分析成果、数学模型或河工模型试验成果(如有),复核确定疏挖工程范围和规模。

建设项目影响防汛通道通行的,要根据建设项目影响范围及其与上、下游堤顶道路或防汛通道的衔接情况,复核确定堤顶道路恢复范围、防汛通道改建范围。

### 6.3.4　工程布置及建筑物

(1)近堤段建(构)筑物防渗防冲工程

建设项目近堤段建(构)筑物影响堤防渗透稳定的,要对近堤段建(构)筑物进行防渗处理。根据堤防工程级别及堤防历史险情、堤基地质条件、近堤段建(构)筑物类型等,进行技术经济比较,选定近堤段建(构)筑物防渗结构形式及主要尺寸、处理范围、防渗材料等。

堤防渗流计算方法应按照《堤防工程设计规范》(GB 50286)中相关要求,可采用公式法或数值模拟方法,要复核设计洪水位或设计高潮位持续时间内浸润线的位置,在背水侧堤坡逸出的,要计算出逸点位置、逸出段与背水侧地面出逸比降。背水侧堤坡及地面逸出段渗流比降应小于允许比降。建设项目在近堤段布置桩、柱、墩等构筑物的,渗透稳定计算应考虑其不利影响。

需对堤防迎水侧近堤段建(构)筑物周边进行防冲处理的,应选定防护范围、控制高程、结构形式及主要尺寸、材料等。防护工程的冲刷深度、水上护坡厚度、水下抛石粒径计算应参照《堤防工程设计规范》(GB 50286)附录 D 的有关规定。

对于输电线路而言,补救措施大多只有近堤段的防渗防冲措施,此种情况下,防渗防冲补救措施可纳入主体工程设计,不单独进行专项设计。根据审批部门要求,对堤防背水侧防渗处理措施提出了更加具体及明确的要求:

1)处理范围

对堤防背水侧堤脚外 200～300m 范围内的桩基进行导渗处理。对于地质条件较差的,应对堤防安全保护区范围内的桩基进行导渗处理。

2)开挖深度

不小于 1.5m 或开挖至承台顶面以下 1m。

3)反滤处理方案

在桩基(或承台)周边铺设一层无纺土工布,无纺土工布与桩基(或承台)侧面采用 Ks 热熔胶粘贴相接,粘贴高度不小于 1m。考虑缆线塔基及风电塔基由于风力等因素,存在横向荷载,结构与土体间可能存在较深的裂隙,其反滤体底部铺设范围距桩基(或承台)边缘不小于 5m。无纺土工布铺设施工完成后上部铺设反滤料后采用砂性土回填至设计地面高程。

4)无纺土工布规格的选取

无纺土工布主要规格以单位面积质量和幅宽表示,单位面积质量(每平方米克重):150g、200g、250g、300g、350g、400g、500g、600g、700g、800g;幅宽:2m、3m、4m、5m、6m。根据《土工合成材料应用技术规范》(GB 50290T—2014),"4.15 用作反滤的无纺土工织物单位面积质量不应小于 $300g/m^2$"。故用于反滤处理的土工布规格不低于 $300g/m^2$。

(2)堤防恢复及加固工程

建设项目破坏堤防的等要按原标准恢复。建设项目影响堤防安全的,要对堤防进行加固处理,选定堤基处理、堤身加固方案,并复核堤防渗透稳定、抗滑稳定、沉降量、堤基承载力。

堤防抗滑稳定计算可采用瑞典圆弧法或简化毕肖普法。堤基存在较薄软弱土层的,宜采用改良圆弧法。土堤抗滑稳定计算应符《堤防工程设计规范》(合 GB 50286)中附录 F 的规定,其抗滑稳定的安全系数应符合《堤防工程设计规范》(GB 50286)第 3.2 节的有关规定。建设项目在堤身布置桩、柱、墩等构筑物的,抗滑稳定分析要考虑其不利影响。

**（3）岸坡防护工程**

岸坡防护工程平面布置要包括防护工程位置、防护长度和宽度。河道岸坡防护应进行必要的结构形式比选，在确保防洪工程安全的前提下，可选用生态护坡。对于平顺护岸工程，要选定水上护坡工程、护滩工程和水下护脚工程的结构形式、控制高程、主要尺寸和材料等；对于坝式护岸工程，要选定坝型、坝体间距、坝长、控制高程、主要尺寸和材料等。

要进行整体岸坡抗滑稳定复核，对建筑物要进行水力和冲刷计算，以及必要的渗流、稳定和结构等计算。岸坡抗滑稳定计算方法及抗滑稳定安全系数应符合《堤防工程设计规范》（GB 50286）中表 3.2.3 的有关规定。岸坡抗滑稳定计算要考虑建设项目引起的河道地形冲刷调整后的工况。

对输电线路工程，在设计方案阶段基本就已优化方案，避免了对河道岸坡的破坏和占用。因此，在输电线路洪水影响评价报告中提出对岸坡的防治补救措施一般针对以下两种情况：

①河道内布置了杆塔，且距岸坡较近，则需在施工前对岸坡进行防护，以保证岸坡的稳定。

②工程跨越位置处规划有岸坡防护工程，则需在施工的同时，对跨越位置上下游一定范围内的岸坡防护工程按照规划标准提前实施。

**（4）防汛道路恢复与改建工程**

建设项目影响防汛通道通行的，要根据建设项目影响范围及其与上、下游堤顶道路或防汛通道的衔接情况，确定堤顶道路恢复范围和防汛通道改建范围。

对防汛道路造成破坏的，要对堤顶道路进行恢复，在专项补救措施中，要提出道路设计参数。明确提出堤顶道路恢复的长度、道路宽度、设计高程、道路净空、路面排水、路面和路基结构形式及材料等。值得注意的是：在设计方案中，道路的宽度应不小于现状堤顶道路宽度，不能降低现状堤防的等级及安全超高，需抬高堤顶道路高程的，其上下游现阶段堤顶道路纵坡不应小于 5%。若施工期中断了现状堤顶道路的，要在补救措施中提出防汛通道临时通行方案，并在工程施工前将临时通行方案实施完成，以保证施工期防汛道路的通畅。

有堤段防汛通道改建应布置在堤防背水侧，自然高地段防汛通道改建布置应满足汛期车辆通行的需要。对于需改建防汛通道的，要在补救措施方案中提出道路的设计参数。明确提出改建防汛通道平面布置、道路宽度、设计高程、道路净空、路面排水、路面和路基结构形式及材料等。改建防汛通道道路纵坡坡度不宜大于 8%，道路宽度不宜小于 7m,净空不应小于 4.5m。

防汛通道改建对于输电线路而言较为少见,一般在工程设计阶段就已优化调整了方案,规避了对防汛通道的占用和破坏。

输电线路工程对防汛道路的可能影响分为运行期和施工期。运行期可能对防汛通道的影响主要为工程建设后其导线至堤顶防汛道路的安全净空不足,可能危及防汛抢险通行车辆及人员的安全,对特高压输电线路而言,其净空基本满足行业规范要求。因此,对输电线路而言,其影响主要体现在施工期,若施工车辆利用堤顶道路进出施工场地,且施工车辆荷载较大,则施工期可能对防汛道路造成影响,需提出施工车辆通行段堤防加固补救措施。

（5）安全监测

说明防洪工程及补救措施建筑物安全监测的原则、目的、范围,选定安全监测总体设计方案。根据工程等别、规模、结构形式及地形与地质条件等,提出监测项目,选定监测断面,说明监测点布置、监测频次及仪器设备选型。安全监测项目选择、监测断面、监测点布置及监测频次应按照相应的标准执行。河道地形监测应明确测图范围、频次及精度要求。提出施工期和运行期观测和巡视检查要求,对安全监测资料提出整理分析要求,提出安全监测预警值。

上述各项补救措施均要提出主要工程量,并列出补救措施工程量汇总表。

（6）相关附图

①补救措施工程总体布置图。

②各类补救措施工程平面图、纵剖面图、横剖面图、结构图及细部大样图。

③各类补救措施工程其他必要的设计图纸。如防汛光缆保护宜附线路路由图,安全监测要附安全监测设备布置图等。

④结构计算、渗透稳定、抗滑稳定计算结果图。

## 6.3.5 案例分析

建设项目洪水影响评价结论、补救措施项目和工程规模等均依据洪水影响评价报告,以下主要描述两个案例所采取的补救措施。

（1）荆州长江大跨越

荆州长江大跨越堤防安全保护区范围内建设了杆塔,因此需对其基础采取防渗、防冲处理措施。

对两岸堤防背水侧近堤杆塔 N7453、N7454 基础采取反滤导渗处理措施（表 6.3-1）。N7453 位于荆江分洪区,为保证杆塔安全,对其增加防冲处理。

表 6.3-1　　　　　　　　　　　　反滤导渗处理的杆塔塔基基本情况

| 跨河名称 | 杆塔编号 | 桩基 | 桩径/m | 承台尺寸（长×宽×高，m） | 杆塔所处位置 | 处理方式 |
|---|---|---|---|---|---|---|
| 长江 | N7453 | 承台灌注桩 | 0.80 | 6.40×6.40×1.40 | 堤内 | 防冲＋反滤导渗 |
| | N7454 | 承台灌注桩 | 0.80 | 6.40×6.40×1.40 | 堤内 | 反滤导渗 |

1）塔基反滤导渗设计

反滤导渗处理方案设计与主体工程同步进行，对杆塔 N7453 塔腿及其附属结构基础承台周边土体浅层开挖 1.60m，在底部铺设一层土工布，土工布采用规格为 300g/$m^2$，土工布铺设完成后上覆 60cm 三级反滤料，60cm 的反滤层由下往上依次为 20cm 厚细砂层、20cm 厚粗砂层和 20cm 厚碎石层，然后再回填 80cm 厚的砂性壤土，最后设置 20cm 格宾网笼石护面防冲，与原地面高程齐平。N7453 杆塔塔基周边防冲反滤体，顶部平面尺寸为 19.60m×19.60m，底部平面尺寸为 16.40m×16.40m，其附属结构顶部平面尺寸为 24.65m×17.70m，底部平面尺寸为 21.45m×14.50m，坡比 1∶1。

对杆塔 N7454 塔腿基础承台周边土体浅层开挖 1.6m，在底部铺设一层土工布，土工布规格为 300g/$m^2$，土工布铺设完成后上覆 60cm 三级反滤料，60cm 的反滤层由下往上依次为 20cm 厚细砂层、20cm 厚粗砂层和 20cm 厚碎石层，然后再回填 100cm 厚的砂性壤土，与原地面高程齐平。其附属结构基础承台周边土体浅层开挖 1.20m，在底部铺设一层土工布，土工布规格为 300g/$m^2$，土工布铺设完成后上覆 60cm 三级反滤料，然后再回填 60cm 厚的砂性壤土，与原地面高程齐平。N7454 杆塔塔基周边反滤体顶部平面尺寸为 19.60m×19.60m，底部平面尺寸为 16.40m×16.40m，其附属结构顶部平面尺寸为 23.85m×16.90m，底部平面尺寸为 21.45m×14.50m，坡比 1∶1。

土工布铺设范围为塔基承台底部向四周外沿 5.00m，土工布搭接处、土工布与承台边缘结合处需重叠 50cm。因本施工在承台施工完成以后，土工布与承台衔接采用专用胶进行粘贴。

2）土方工程

土方工程主要为土方开挖和回填，因杆塔桩基础已施工完成且开挖和回填土方量不大，为避免机械施工破坏已浇筑完成的桩基础及承台，土方开挖应采用小型挖掘机械和局部人工开挖，回填土方时采用小型推土机配合人工铺料，拖拉机和局部小型蛙夯机碾压的方法施工，碾压分层厚度 25～30cm。回填土料及三级反滤料利用开挖土方回填，施工过程中注意土料的质量控制，清除土料中所含杂质，并控制好含水量，压实时土料温度必须在 0℃以上。如施工过程中出现冰冻现象，应停止施工。

3）土工布铺设

因施工时杆塔桩基础及承台施工已完成，土方开挖完成后，在承台四周挖至承台基础,将承台边壁清理干净后铺设土工布,承台边缘预留 0.50m 土工布与桩基搭接。与桩基交接处采用专用工业胶水粘贴。土工布铺设需覆盖整个杆塔桩基,并向承台四周外沿 5.00m,土工布拼接部分应保留 50cm 搭接宽度。

(2)王家滩汉江大跨越

王家滩汉江大跨越防洪影响补救措施主要包括汉江两岸堤内近堤塔基(J1012(L/R)、Z1037)及附属设施反滤导渗处理、河道内右岸滩地塔基(Z1036)防渗和抗冲处理以及施工时临时车辆过堤处堤防加固处理。

1)塔基反滤导渗设计

J1012(L/R)杆塔位于汉江右岸小江湖堤内,对杆塔采取反滤导渗处理措施;Z1037杆塔位于汉江左岸汉江遥堤内侧,对杆塔及附属设施采取反滤导渗处理措施。

反滤导渗处理的杆塔塔基基本情况见表 6.3-2。

表 6.3-2            反滤导渗处理的杆塔塔基基本情况

| 跨河名称 | 杆塔编号 | 桩基 | | | 杆塔所处位置 | 处理方式 |
|---|---|---|---|---|---|---|
| | | 形式 | 桩/m<br>桩数×桩径×桩长 | 承台/m<br>长×宽×高 | | |
| 汉江 | J1012(L/R) | 承台灌注桩 | 12×1.0×22 | 11.0×8.0×2.0 | 小江湖堤内侧 | 反滤导渗 |
| | Z1037 | 承台灌注桩 | 20×1.0×30 | 14.0×11.0×2.0 | 遥堤内侧 | 反滤导渗 |
| | Z1037<br>攀爬设施 | 承台灌注桩＋单桩承台灌注桩 | 4.0×1.0×16.5<br>5.0×1.0×14.5 | 5.0×5.0×1.2<br>2.0×2.0×1.0 | 遥堤内侧 | 反滤导渗 |

根据工程地质平面测量资料及桩基础设计图,杆塔基础承台顶部高程与地面基本齐平。为改善杆塔基础对所在堤段堤身的渗透性与桩基周边及上覆土体的导渗性,同时加强对桩基础周边下部土体的反滤保护。反滤导渗处理方案设计与主体工程同步进行,对 J1012(L/R)和 Z1037 杆塔基础承台周边土体浅层开挖 2.0m 至承台基础面高程,开挖面底部四周外沿 1m 范围铺设一层土工布(土工布规格为 200g/m²,垂直渗透系数 $10^{-3}\sim10^{-4}$ cm/s),土工布铺设完成后上覆 60cm 三级反滤料(60cm 的反滤层由 20cm 厚细砂层、20cm 厚粗砂层和 20cm 厚砾石层依次由下往上铺设而成)。再回填砂性壤土作为耕作保护覆盖层,回填至原地面高程。

对于 Z1037 杆塔攀爬设施,4 桩承台灌注桩基础和 5 个单桩承台灌注桩基础分别开挖 1.2m 和 1.0m 至承台基础面高程,在承台底部四周外沿 1m 范围铺设一层土工布(土工布规格为 200g/m²,垂直渗透系数 $1.0\times10^{-3}\sim1.0\times10^{-4}$ cm/s),土工布铺设完成后上覆 60cm 三级反滤料(60cm 的反滤层由 20cm 厚细砂层、20cm 厚粗砂层和 20cm 厚砾石层依次由下往上铺设而成)。再回填砂性壤土,作为耕作保护覆盖层,回填至原地面高程。

土工布铺设范围为从杆塔基础承台向四周外沿 1m,土工布搭接处及承台边缘需重叠 50cm。因补救措施施工在承台施工完成以后,土工布与承台衔接采用专用胶进行粘贴。

杆塔基础及附属设施反滤导渗设计图见图 6.3-1。

2)塔基防渗和抗冲处理

Z1036 塔立于河道内右岸滩地,因此,既要考虑塔基对堤防防渗的影响,又要考虑塔基自身的抗冲要求,防渗抗冲设计方案拟对杆塔基础承台周边土体浅层开挖 2m 至承台基础面高程,开挖面底部铺设一层土工膜(土工膜规格为 $500g/m^2$ 两布一膜),土工膜铺设完成后上覆 1m 厚黏土,再设置 1m 厚干砌石防冲,范围不少于塔基外沿范围 5m,作为塔基周围的抗冲层,保证塔基的安全。

对于防撞柱设施的灌注桩基础,在桩基周边土体浅层开挖 2m,开挖面底部铺设一层土工膜(土工膜规格为 $500g/m^2$),土工膜铺设完成后上覆 1m 厚回填黏土,再设置 1m 厚的干砌石防冲,范围不少于塔基外沿范围 5m。

对于 Z1036 杆塔攀爬设施的 4 桩承台灌注桩基础,在承台周边土体浅层开挖 1.2m 至承台基础面高程,开挖面底部铺设一层土工膜(土工膜规格为 $500g/m^2$),土工膜铺设完成后上覆 0.6m 厚回填黏土,再设置 0.6m 厚的干砌石防冲,范围不少于塔基外沿范围 3.4m。

对于 Z1036 杆塔攀爬设施的 5 个单桩承台灌注桩基础,在承台周边土体浅层开挖 1.0m 至承台基础面高程,开挖面底部铺设一层土工膜(土工膜规格为 $500g/m^2$),土工膜铺设完成后上覆 0.4m 厚回填黏土,再设置 0.6m 厚的干砌石防冲,范围不少于塔基外沿范围 3m。相邻的承台之间以同样的方法铺设土工膜、回填黏土、干砌石。

土工膜铺设范围为整个杆塔桩基四周外沿 1m,土工膜搭接处及承台边缘需重叠 50cm,采用工业胶水与桩基相连。

Z1036 杆塔塔基防渗及抗冲处理基本情况见表 6.3-3。Z1036 杆塔防渗抗冲设计见图 6.3-2。

比例尺 0 5 10m
回填砂性壤土(复耕土)(厚1.4m)
三级反滤(厚0.6m)
200g/m²工布A
回填砂性壤土(复耕土)
攀爬设施
41750
24000
14000
21000
11000
5000
1:2
说明：
1.图中采用2000国家大地坐标系，1985国家高程基准，结构尺寸以mm计；
2.工程实施与主体工程同步进行，设计工程量详见工程量表；
3.其他未尽事宜参照相关规范执行。

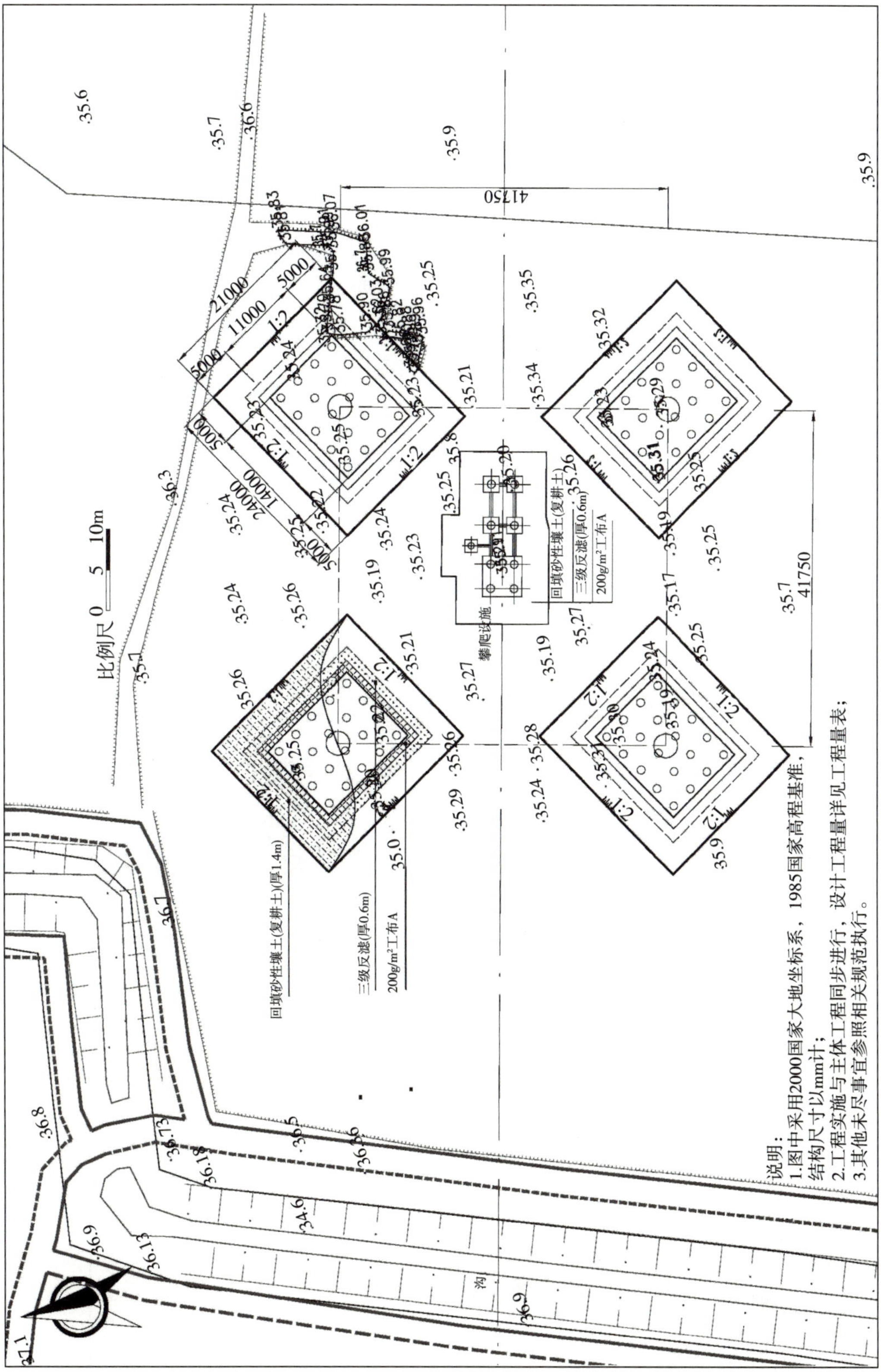

（a）塔基导滤设计平面布置图（Z1037）

（b）塔基导滤设计平面布置图

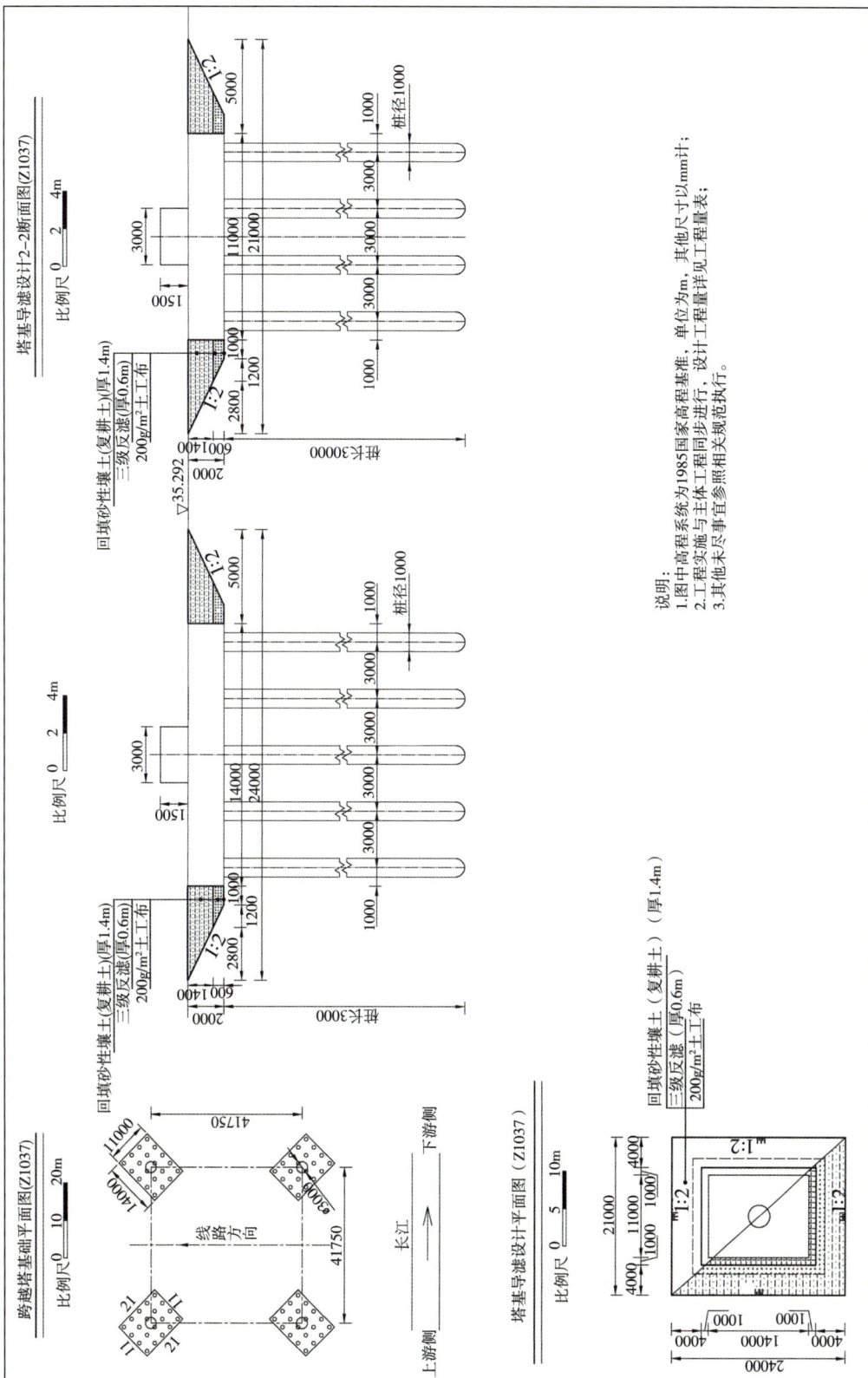

（c）塔基导滤设计1-1断面图（Z1037）

说明：
1.图中高程系统为1985国家高程基准，单位为m，其他尺寸以mm计；
2.工程实施与主体工程同步进行，设计工程量详见工程量表；
3.其他未尽事宜参照相关规范执行。

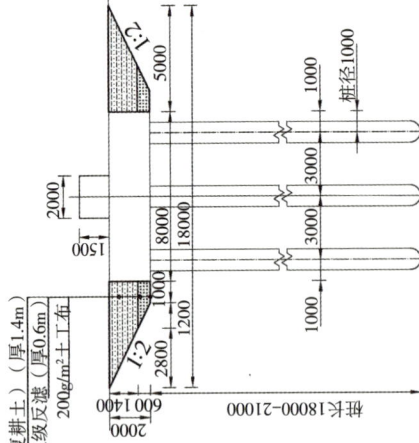

塔基导流设计2-2断面图（JL1012、JR1012）

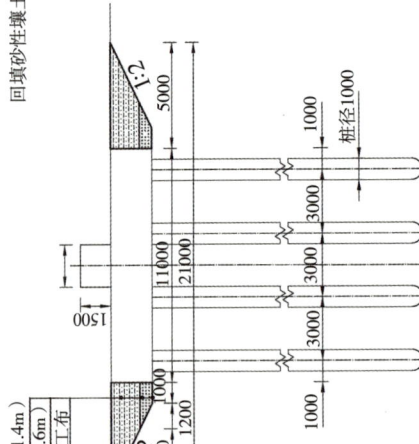

锚塔基础布置图（JL1012、JR1012）

塔基导流设计平面图（JL1012、JR1012）

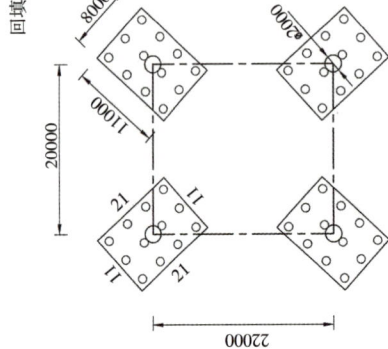

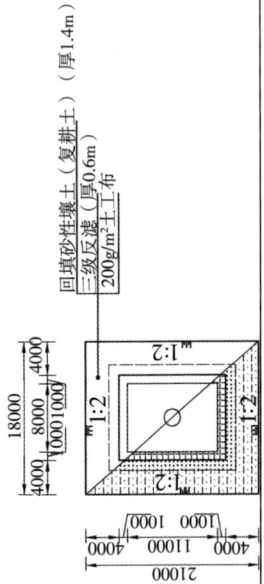

说明：
1. 图中高程系统为1985国家高程基准，单位为m，其他尺寸以mm计；
2. 工程实施与主体工程同步进行，设计工程量详见工程量表；
3. 其他未尽事宜参照相关规范执行。

（d）塔基导流设计1-1断面图（JL1012、JR1012）

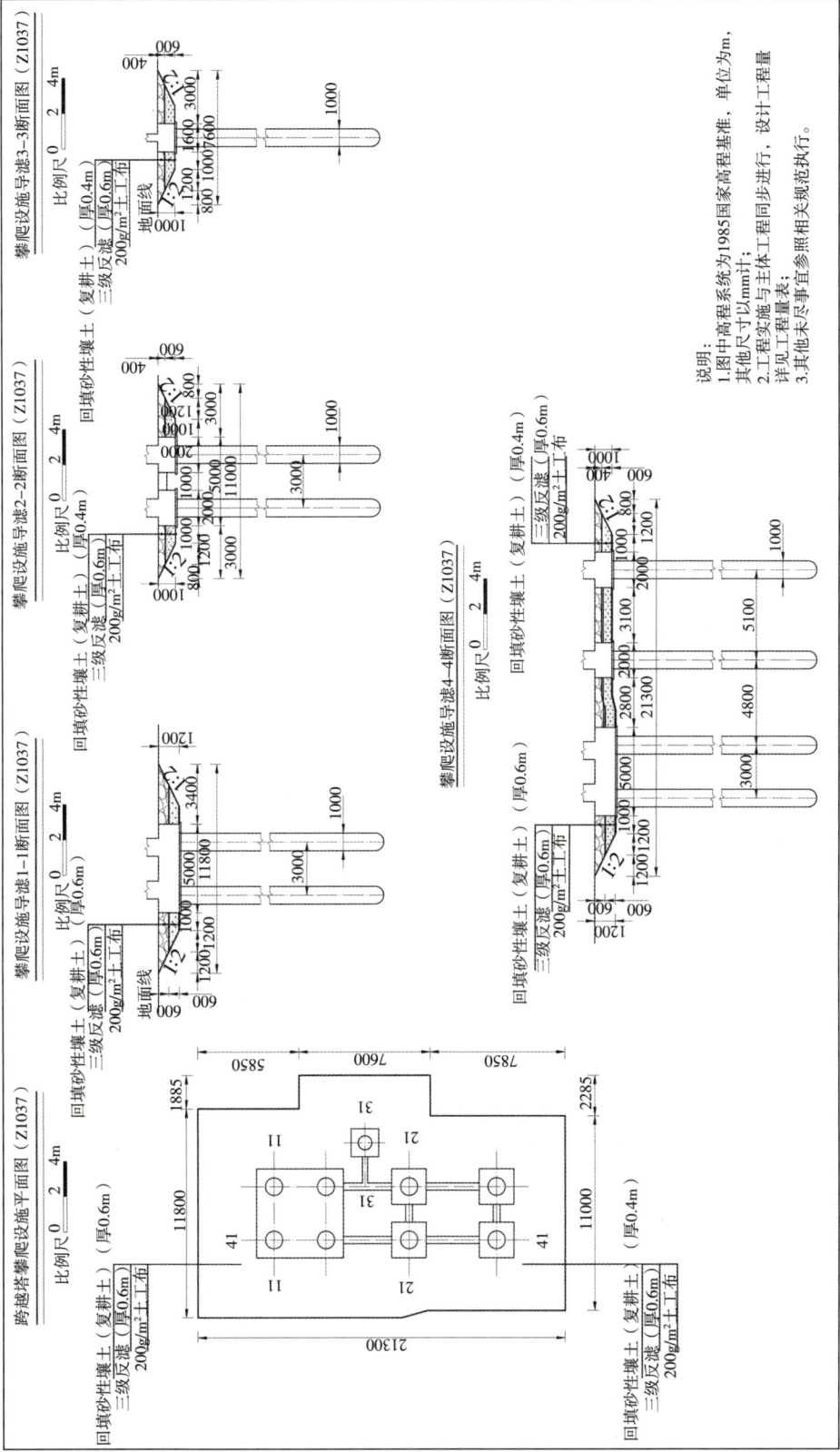

图 6.3-1 杆塔基础及附属设施反滤导渗设计图

（e）附属设施平面图及断面图

说明：
1.图中高程系统为1985国家高程基准，单位为m，其他尺寸以mm计；
2.工程实施与主体工程同步进行，设计工程量详见工程量表；
3.其他未尽事宜参照相关规范执行。

跨越塔攀爬设施平面图（Z1037）

攀爬设施导滤1-1断面图（Z1037）

攀爬设施导滤2-2断面图（Z1037）

攀爬设施导滤3-3断面图（Z1037）

攀爬设施导滤4-4断面图（Z1037）

表 6.3-3　　　　　　　　　　　Z1036 杆塔塔基防渗及抗冲处理基本情况

| 杆塔编号 | 桩基 | | | 杆塔所处位置 | 处理方式 |
| --- | --- | --- | --- | --- | --- |
| | 形式 | 桩(桩数×桩径×桩长)/m | 承台(长×宽×高)/m | | |
| Z1036 塔基 | 承台灌注桩 | 20×1.0×33 | 14.0×11.0×2.0 | 小江湖堤外侧滩地 | 防渗＋抗冲 |
| Z1036 防撞桩 | 灌注桩单桩 | 33×1.0×16 | — | 小江湖堤外侧滩地 | 防渗＋抗冲 |
| Z1036 攀爬设施 | 承台灌注桩＋单桩承台灌注桩 | 4×1.0×20　5×1.0×16 | 5.0×5.0×1.2　2.0×2.0×1.0 | 小江湖堤外侧滩地 | 防渗＋抗冲 |

3)堤防加固

Z1036 塔基施工需借助小江湖堤堤顶,因此需新建施工临时道路,跨越处堤防桩号 8＋270。因现有堤顶路面为 6.0m 宽混凝土路面,堤坡为草皮护坡,为避免施工机械通行对堤顶路面及上下游堤坡造成破坏影响堤防安全,需对翻堤段堤顶道路两侧各 10m 范围内堤顶路面及上下游堤坡进行加固工程设计,施工便道宽 5.5m,堤防加固段总长 25.5m,桩号 8＋257.25～8＋282.75,堤坡加固范围为堤顶至堤脚处外沿 1m,上游侧堤内至堤外总长 37m,下游侧堤内至堤外总长 39.33m(图 6.3-2)。

此外,需拆除该段堤防范围内原有路面,因此对道路堤身进行水泥搅拌桩基础加固,堤身加固采用的桩长为 5m,桩径为 0.5m,孔距 1m,排距 1m 的梅花形布置,需在堤身局部帮宽土方填筑完成后形成施工作业平台再进行搅拌桩施工。

搅拌桩施工完成后需恢复堤顶路面,采用混凝土浇筑重建,路面从下至上依次为 15cm 厚级配碎石、15cm 厚水泥稳定层及 22cm 厚 C30 混凝土面层。上下游堤坡在临时道路拆除后进行草皮护坡恢复。

在上堤道路与堤顶道路交叉路口处应设立醒目警示牌进行安全提示,并设置隔离墩防止车辆超越未加固的堤顶道路。

比例尺 0 5 10m

防置桩

干砌石(厚1m)
回填黏土(厚1m)
500g/m²土工膜

干砌石(厚1m)
回填黏土(厚1m)
500g/m²土工膜

干砌石(厚0.6m)
回填黏土(厚0.6m)
500g/m²土工膜

攀爬设施

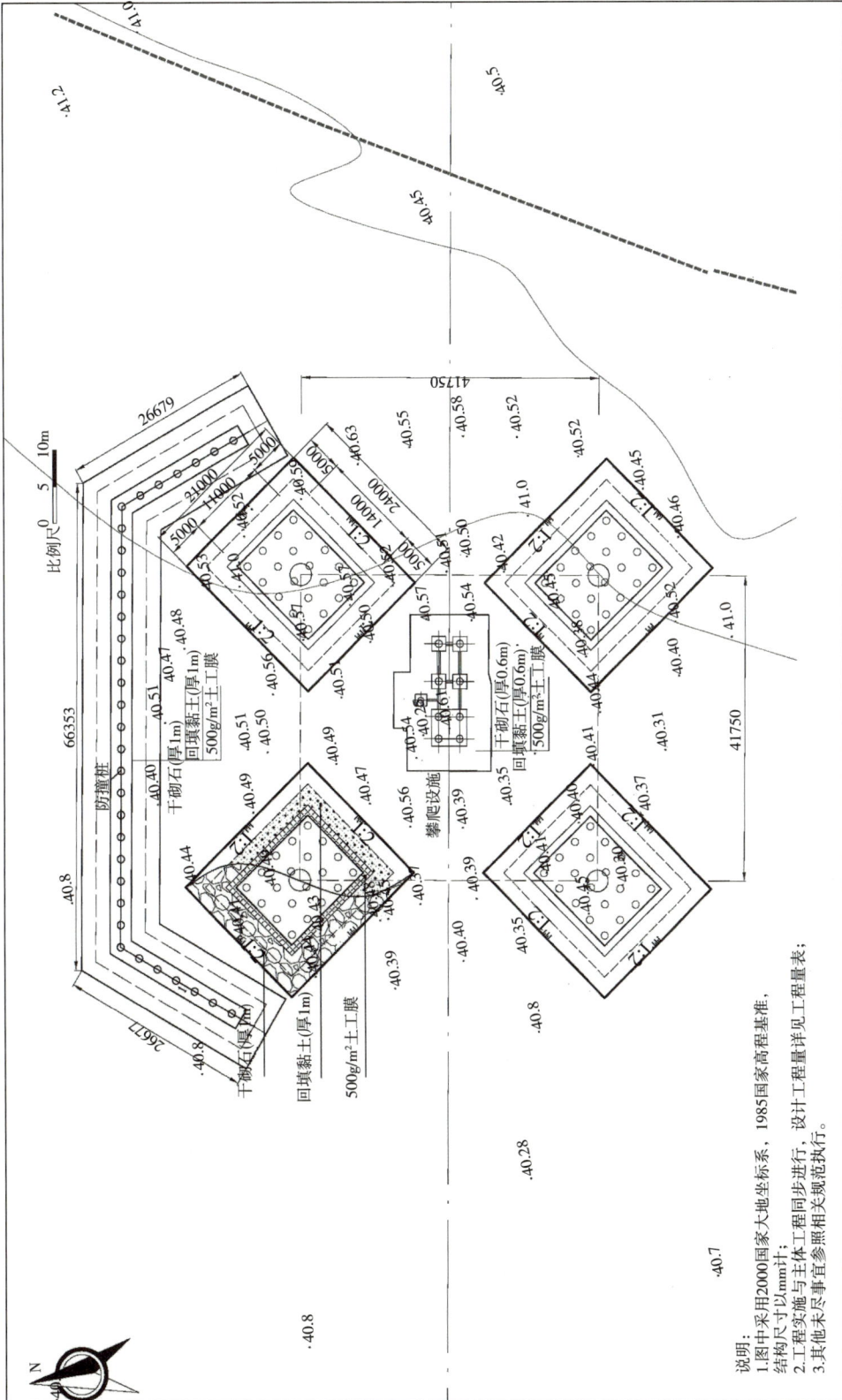

说明：
1.图中采用2000国家大地坐标系，1985国家高程基准，结构尺寸以mm计；
2.工程实施与主体工程同步进行，设计工程量详见工程量表；
3.其他未尽事宜参照相关规范执行。

（a）塔基防渗、抗冲平面布置图（Z1036）

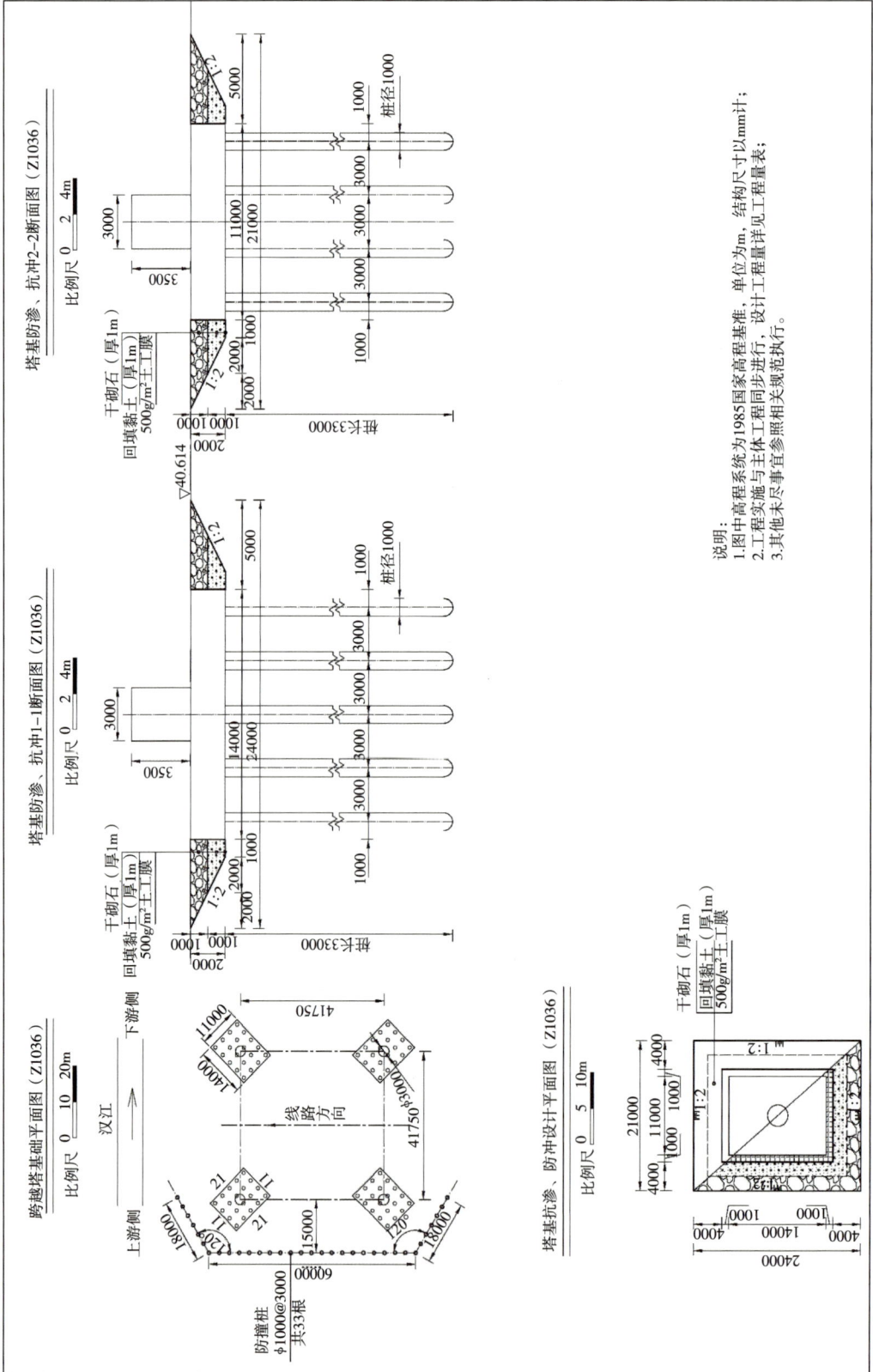

（b）跨越塔和塔基抗渗、防冲的平面图及断面图

防撞桩防渗抗冲设计平面图（Z1036）

比例尺 0　5　10m

干砌石（厚1m）
回填黏土（厚1m）
500g/m² 土工膜

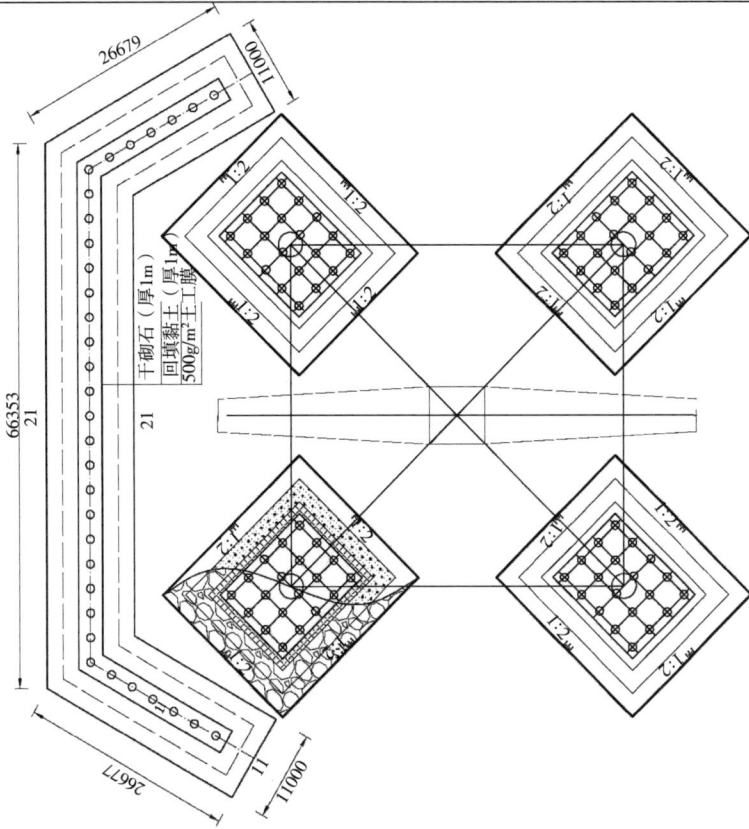

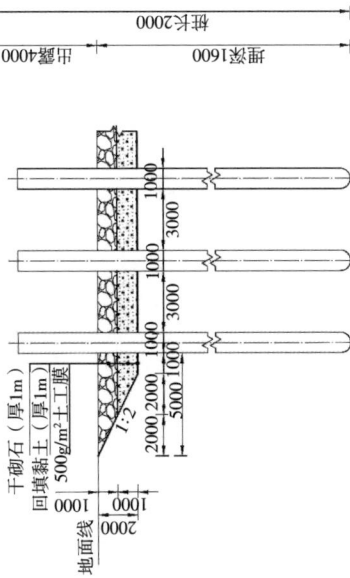

防撞桩防渗抗冲1-1断面图（Z1036）

比例尺 0　2　4m

干砌石（厚1m）
回填黏土（厚1m）
500g/m² 土工膜
地面线

防撞桩抗渗防冲2-2断面图（Z1036）

比例尺 0　2　4m

干砌石（厚1m）
回填黏土（厚1m）
500g/m² 土工膜
地面线

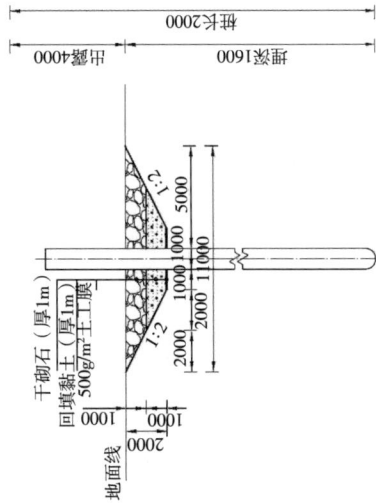

说明：
1.图中高程系统为1985国家高程基准，单位为m，结构尺寸以mm计；
2.工程实施与主体工程同步进行，设计工程量详见工程量表；
3.其他未尽事宜参照相关规范执行。

（c）防撞桩防渗抗冲设计平面图、断面图

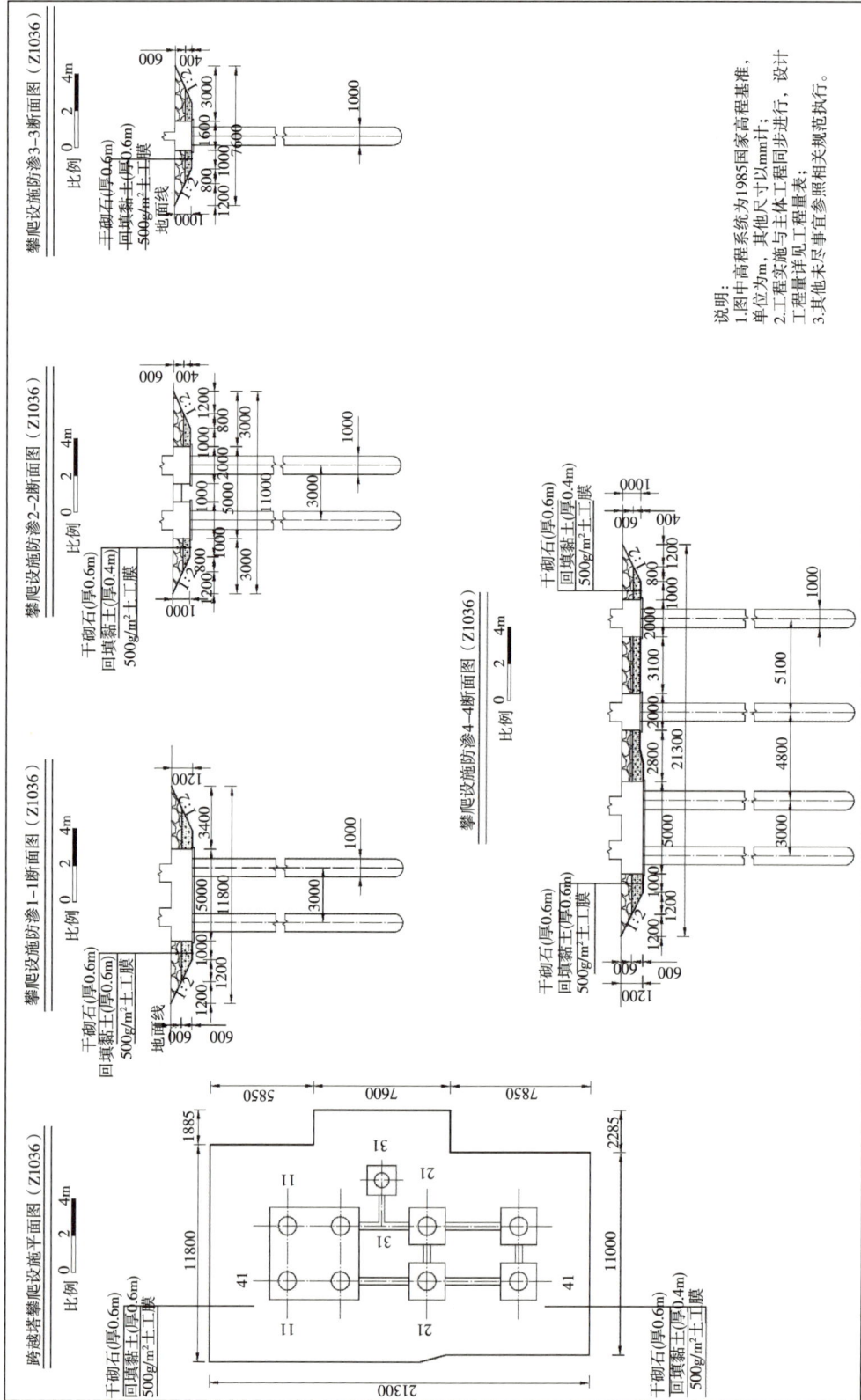

图6.3-2 Z1036杆塔防渗抗冲设计

（d）攀爬设施防渗平面图及断面图

说明：
1.图中高程系统为1985国家高程基准，单位为m，其他尺寸以mm计；
2.工程实施与主体工程同步进行，设计工程量详见工程量表；
3.其他未尽事宜参照相关规范执行。

## 6.4 施工组织设计

### 6.4.1 主要内容

（1）施工条件

简要说明补救措施工程建设地点、项目布置特点、施工场地条件、施工供水与供电条件、水文气象、冰情等基本情况。说明天然建筑材料来源,宜利用建设项目的料场。

（2）施工导流及度汛

施工过程中采用导流建筑物挡水的,要说明施工导流设计洪水标准及导流建筑物级别、平面布置、结构形式及主要尺寸、填筑材料、防渗措施等,提出导流建筑物拆除施工及弃渣方案。跨汛期施工项目要提出度汛标准及度汛方案。

（3）工程施工

主要建筑物施工设计包括确定土石方开挖、疏挖、填筑、地基处理、混凝土等工程的施工程序、方法、工艺及技术要求等。机电设备及金属结构安装设计包括提出主要机电设备和金属结构的安装施工方法、安装程序、技术要求、储运要求等。列明施工机械设备数量表。

（4）施工交通及施工总布置

说明对外交通方案和场内主要交通干线布置,宜利用建设项目场内施工道路。说明施工期是否利用堤顶道路。说明施工工厂、施工仓库、生活办公设施布置,宜利用建设项目施工临时设施。提出土石方工程总量,确定土石方挖填平衡利用规划,选定弃土（渣）场场址。宜利用建设项目弃土（渣）场。

（5）施工总进度

简要说明施工总进度安排原则和依据,提出施工总进度安排。

（6）相关附图

施工总布置图、施工导流方案布置及结构图等。

### 6.4.2 案例分析

荆州长江大跨越补救措施主要包括 N7453 基础防冲＋反滤导渗、N7454 基础反滤导渗处理,王家滩汉江大跨越补救措施主要包括汉江两岸堤内近堤塔基（J1012（L/R）、Z1037）及附属设施反滤导渗处理、河道内右岸滩地塔基（Z1036）防渗和抗冲处理及施工时临时车辆过堤处堤防加固,均已作为主体工程设计方案纳入洪水影响评价报告中一起审批。其施工组织设计可依据洪水影响评价报告,施工条件、施工总布置、施工交通布置、施工进度等详见本章 6.2.1.2 节。

基础防渗施工工艺流程如下:

①根据设计图纸及资料,进行平面位置测量放样。

②防渗施工所用预埋件在施工承台时,按图纸要求埋入。

③土方开挖:确定开挖线,严格控制施工边线,按设计及规范要求预留开挖边坡比,测量人员随时控制开挖标高,确保开挖深度不超过设计底标高,在阴雨天到来之前做好基坑排水的准备工作。

④构件安装及土工膜敷设:回填土表面整平,预埋件及土工膜按图纸设计要求进行规范操作,铺设完毕经验收合格后立即回填土。

施工时需注意:

①施工前由专人对材料及机具进行检查,卷材应完好、无破损;机具应完好,使用便利。

②土工布粘焊人员必须掌握焊接器的性能并能熟练焊接操作。

③卷材焊口必须用手持砂轮机予以打毛,打毛宽度为 20～30mm,不得漏打。

④完工的焊缝应用真空泵及真空盒进行严密性检查,发现焊缝质量问题或漏焊,应及时采取补救措施。

⑤避免在负温下施工;雨、雪、大风天气均不得施工。

# 6.5 设计概算

## 6.5.1 主要内容

防治补救措施除了提出补救措施方案和规模外,还要包括设计方案工程量、主要材料用量和投资估算。在专项补救措施中,要针对各项工程补救措施逐项提出其工程量。投资估算涉及内容较多,主要应包括以下主要内容:

(1)编制说明

编制说明主要包括工程概况、编制原则及依据、主要投资指标、材料价格水平年。

概算编制原则及依据主要包括采用的编制规定、定额及其他有关规定、编制设计概算的价格水平、独立费用及基本预备费的编制原则。

明确人工预算单价、主要材料、施工用电用水及砂石料等基础单价的计算依据,计算主要材料预算价格,确定次要材料价格,计算基础单价和工程单价。明确建筑工程定额、施工机械台时费定额及有关指标的采用依据。

根据《水利工程设计概（估）算编制规定》和工程类别，明确费用计算标准及依据，如涉及水利行业以外的其他行业单项工程概算，可依据相关行业规定和定额编制。

（2）工程概算表

工程概算表包括工程部分总概算表、建筑工程概算表、设备及安装工程概算表、施工临时工程概算表、独立费用概算表。

（3）概算附表

主要包括建筑工程单价汇总表、主要材料预算价格汇总表、施工机械台时费汇总表、工程量汇总表、主要材料数量汇总表、主要材料运输费用计算表、主要材料预算价格计算表、混凝土（砂浆）材料单价计算表、建筑工程单价表、安装工程单价表。

对输电线路工程而言，补救措施相对简单，若只包含防渗防冲补救措施，则无须编制专项补救措施报告，在工程量及投资估算章节，主要交代各项补救措施工程设计方案的工程量，明确投资估算的编制依据、费用计算标准，给出工程总概算表和建筑工程概算表。

## 6.5.2 案例分析

以王家滩汉江大跨越为例说明防治补救措施的设计概算主要内容。

（1）主要依据

设计概算主要依据下列文件：

①水利部水总〔2014〕429 号文颁发的《水利工程设计概（估）算编制规定》（工程部分）。

②《水利工程营业税改征增值税计价依据调整办法》（办水总〔2016〕132 号）。

③《水利部办公厅关于调整工程计价依据增值税计算标准的通知》（办财务函〔2019〕448 号）。

④鄂水利建函〔2012〕932 号文关于对《湖北省水利水电工程设计概（估）算编制规定》（试行）有关内容进行修订的通知。

⑤《水利部办公厅关于调整水利工程计价依据安全生产措施费计算标准的通知》（办水总函〔2023〕38 号）等相关文件进行分析。

（2）主要工程量

王家滩汉江大跨越补救措施主要包括：汉江两岸堤内近堤塔基（J1012（L/R）、Z1037）及附属设施反滤导渗处理、河道内右岸滩地塔基（Z1036）防渗和抗冲处理及施工时临时车辆过堤处堤防加固，其主要工程量见表 6.5-1。

表 6.5-1 主要工程量表

| 编号 | 工程或费用名称 | 数量 |
|------|----------------|------|
| 1 | 塔基编号 Z1037 | |
| 1.1 | 土方开挖Ⅲ类 1km/m³ | 2182 |
| 1.2 | 土方回填/m³ | 1793 |
| 1.3 | 土工布 200g/m²/m² | 540 |
| 1.4 | 反滤层/m³ | 389 |
| 2 | 塔基 J1012(L/R) | |
| 2.1 | 土方开挖Ⅲ类 1km/m³ | 3586 |
| 2.2 | 土方回填/m³ | 3116 |
| 2.3 | 土工布 200g/m²/m² | 821 |
| 2.4 | 反滤层/m³ | 470 |
| 3 | 堤防加固(25.5m 长) | |
| 3.1 | 土方开挖Ⅲ类 1km/m³ | 79 |
| 3.2 | 土方回填/m³ | 79 |
| 3.3 | 路面拆除/m³ | 60 |
| 3.4 | C30 混凝土路面(22cm 厚)/m² | 161 |
| 3.5 | 水泥稳定层(15cm 厚)/m² | 168 |
| 3.6 | 级配碎石垫层(15cm 厚)/m² | 175 |
| 3.7 | 草皮护坡/m² | 84 |
| 3.8 | 水泥搅拌桩(桩径 0.5m,单长 5m)/m³ | 1160 |

（3）工程概算

工程静态总投资费用为 95.85 万元,其中建筑工程总投资为 69.57 万元,其他费用为 26.28 万元,详见表 6.5-2。

表 6.5-2 工程项目概算总表 （单位:万元）

| 序号 | 工程或费用名称 | 建筑安装工程费 | 设备购置费 | 独立费用 | 合计 |
|------|----------------|----------------|------------|----------|------|
| Ⅰ | 工程部分投资 | | | | 92.37 |
| | 第一部分 建筑工程 | 69.57 | | | 69.57 |
| | 第二部分 独立费用 | | | 16.36 | 16.36 |
| | 一至二部分投资合计 | | | | 85.93 |
| | 基本预备费（5%） | | | | 6.44 |
| | 静态投资 | | | | 92.37 |
| Ⅱ | 专项部分 | | | | 3.48 |
| 1 | 建设征地移民补偿投资 | | | | 0 |
| 2 | 环境保护工程投资 | | | | 1.16 |
| 3 | 水土保持工程投资 | | | | 2.32 |
| Ⅲ | 工程投资总计（Ⅰ~Ⅱ部分合计） | | | | 95.85 |
| | 静态总投资 | | | | 95.85 |

# 第 7 章　洪水影响评价行政审批流程及要求

## 7.1　洪水影响评价审批事项

2016 年 9 月,为贯彻落实《水利部关于印发〈水利部简化整合投资项目涉水行政审批实施办法(试行)〉的通知》(水规计〔2016〕22 号)精神,深化水利行政审批制度改革,进一步简化水行政审批事项,创新审批方式,规范审批权限,优化审批流程,提高审批效率,水利部长江水利委员会制定了《长江水利委员会简化整合水行政审批项目实施方案》(以下简称《实施方案》)。《实施方案》指出,有以下情况之一或以上的,应办理洪水影响评价审批。

①在河道、湖泊管理范围内的建设项目,相应审批事项为"河道管理范围内建设项目工程建设方案审批"。

依据《水法》《防洪法》《河道管理条例》《河道管理范围内建设项目管理的有关规定》(水政〔1992〕7 号)、《关于长江流域河道管理范围内建设项目审查权限的通知》(水管〔1995〕5 号)、《水利部关于印发河湖管理范围内建设项目各流域管理机构审查权限的通知》(水河湖〔2021〕237 号)、《水利部长江水利委员会关于印发河湖管理范围内建设项目工程建设方案审查权限工程规模划分表的通知》(长河湖〔2022〕142 号)等规定确定的管理权限,开展河道管理范围内建设项目工程建设方案审批工作。涉及此项审批事项时,其申请书应采用河道管理范围内建设项目工程建设方案审查申请书。

河道管理范围内建设项目工程建设方案审批的牵头部门为长江水利委员会河湖局。

②在蓄滞洪区内建设非防洪建设项目,相应审批事项为"非防洪建设项目洪水影响评价报告审批"。

依据《防洪法》《水利部关于加强洪水影响评价管理工作的通知》(水汛〔2013〕404 号)确定的管理权限,开展非防洪建设项目洪水影响评价报告审批工作。

为进一步统筹高质量发展和高水平安全,维护蓄滞洪区功能,补齐蓄滞洪区短板,加强蓄滞洪区内非防洪建设项目洪水影响评价管理,2024 年 11 月,水利部以"水防〔2024〕300 号"文印发了《水利部关于加强蓄滞洪区内非防洪建设项目洪水影响评价管理的意见》。意见指出,要严格洪水影响评价报告审批,重新划分了蓄滞洪区内非防洪建设项目洪水影响评价报告审批权限,其中国家蓄滞洪区及长江流域汉江中下游蓄滞洪区、参照国家蓄滞洪区实施运用补偿的蓄滞洪区(均不含已建成安全区、安全台)内的项目由水利部许可,技术审查由流域管理机构负责;其他蓄滞洪区(不含已建成安全区、安全台)内的项目,由省级水行政主管部门许可;蓄滞洪区内已建成安全区(包括安全台)内的项目,由地方水行政主管部门许可,具体权限由省级水行政主管部门规定。

③在国家基本水文测站上下游建设影响水文监测的工程,相应审批事项为"国家基本水文测站上下游建设影响水文监测工程审批"。

依据《水文条例》(国务院令第 496 号)确定的管理权限,开展国家基本水文测站上下游建设影响水文监测工程审批工作。涉及此项审批事项时,其申请书应采用国家基本水文测站上下游建设影响水文监测的工程审批申请表。国家基本水文测站上下游建设影响水文监测的工程审批的牵头部门为长江水利委员会规计局。

对涉及 2 项及以上行政审批事项的,长江水利委员会实行统一受理、联合审查、分别办理、限时办结的方式开展审批工作,其申请书应采用长江水利委员会"四个一"行政许可事项申请表,长江水利委员会受理且审批流程完结后,只需下达一份审批文件,但审批文件需针对不同情形分别出具审批意见。

对于湖北省特高压输变电工程而言,其洪水影响评价审批事项主要为:河道管理范围内建设项目工程建设方案审批、非防洪建设项目洪水影响评价报告审批、国家基本水文测站上下游建设影响水文监测工程的审批。

## 7.2 河道管理范围内建设项目工程建设方案审批

### 7.2.1 审批流程

根据水利部长江水利委员会河道管理范围内建设项目工程建设方案审批事项服务指南,河道管理范围内建设项目工程建设方案的审查类型为前审后批。其审批申请应满足两个条件:

①所申请的河道管理范围内建设项目工程建设方案审批属于长江水利委员会权限范围。

②项目申请报送程序符合规定,申请材料齐全完整。

河道管理范围内建设项目工程建设方案审批流程如下:

(1)申请

申请人递交纸质申请材料,并同步进行网上申报。申请的纸质材料应和水利部政务服务平台网上申报的电子材料保持一致。申报材料如下：

1）申请书（原件 2 份）

申请书应采用"河道管理范围内建设项目工程建设方案审查申请书"，涉及河道管理范围内建设项目工程建设方案审批事项，仅需建设单位盖章即可，无须提供县（区）市及省级水行政主管部门的送审意见；若涉及审批事项为 2 项及以上时，申请书应使用长江水利委员会"四个一"行政许可事项申请表，同时，申请表中应包含省级水行政主管部门的意见。应注意，省级水行政主管部门受理项目出具省级意见时，提交材料中应包含县（区）、市级水行政主管部门意见。

2）建设项目所依据的文件（复印件 1 份）

一般为建设项目核准文件或建设项目的可行性研究报告审查意见。

3）涉河建设方案报告（原件 2 份）

涉河建设方案应严格按照《长江流域和澜沧江以西（含澜沧江）区域河道管理范围内建设项目工程建设方案报告编制导则（修订稿）》进行编制。

4）防洪影响评价报告（原件 2 份）

防洪影响评价报告应严格按照《长江水利委员会行政审批项目水影响论证报告编制大纲（试行）》进行编制。

5）与有利害关系的第三方达成的协议或相关说明（原件 1 份）

由建设单位出具，协议或相关说明文件需加盖建设单位印章。

（2）受理

长江水利委员会行政许可服务处接收申请材料，根据规定，承办部门应当自收到申请之日起 5 个工作日内对申请作出处理，制作受理通知书或不予受理决定书或补正通知书或不受理告知书，由长江水利委员会行政许可服务处送达申请人。

建设单位提出河道管理范围内建设项目工程建设方案审批申请时，首先由长江委政法局进行项目的合法性审核，对于不符合水法律法规、生态敏感区相关法律法规以及生态红线管控要求的建设项目，不遵循确有必要、无法避让河湖管理范围原则的涉河建设项目，不符合江河流域综合规划、防洪规划、河道治理规划、岸线保护与开发利用规划等规划要求的建设项目，不符合防洪标准和有关技术要求的建设项目，对河道泄洪能力、河势稳定、河道冲淤变化、堤防护岸和其他水工程安全、防汛抢险、第三人合法水事权益存在不利影响，或有不利影响采取相应补救措施不能消除或减轻至可接受范围的建设项目，自身防御洪涝的设防标准与措施不适当的建设项目，长江水利委员会将不予受理该项目。合法性审核通过后，由行政审批窗口出具长江委行政许可服务处收件处理单，受理号将发送至建设单位网上申报账号的联系人，同时政法局将申报的文件转送至相应的业务部门，河道管理范围内的建设项目则转办至长江委河湖局。

值得注意的是,为进一步规范申请人申报的建设项目涉河建设方案报告的内容和格式,提高审批效率,水利部长江水利委员会于 2018 年 3 月和 2021 年 7 月分别印发了《长江水利委员会行政审批项目水影响论证报告编制大纲》和《长江流域和澜沧江以西(含澜沧江)区域河道管理范围内建设项目工程建设方案报告编制导则(修订稿)》,洪水影响评价报告和涉河建设方案未按以上大纲和导则编制的项目将不予受理。

(3)审查

由长江水利委员会根据国家有关规定对申请材料进行审查,对需要组织开展听证等事项的,由长江水利委员会行政许可服务处告知申请人。河道管理范围内建设项目工程建设方案审批对应的业务部门为河湖局,若需要组织技术审查会,则由河湖局提出技术报告审查方案,提交至河湖局部门负责人审核技术报告方案,并由部门负责人启动技术审查,召开技术审查会。

长江委河湖局印发了河道管理范围内建设项目洪水影响评价报告专家评分表、河道管理范围内建设项目涉河建设方案报告专家评分表。评分细则中明确表示,洪水影响评价报告评分对象为提交评审的洪水影响评价报告,根据评审意见修改及复审的报告不再评分;涉河建设方案评分对象为提交评审的涉河建设方案报告,根据评审意见修改及复审的报告不再评分。报告和方案评分等级分为"优""良""合格"和"不合格"4 个等级,其中总分 90 分以上(含 90 分)的为"优",总分在 80(含 80 分)~90 分的为"良",总分在 60(含 60 分)~80 分的为"合格",总分低于 60 分的为"不合格"。其中报告或方案有一个不合格,则此项目审查不通过,需按照意见修改后重新上报,召开审查会。

技术审查会至出具行政许可批复之间,还有 3 个阶段:

1)审查会后的第一次报告修改

审查会结束后,与会专家将形成专家组审查意见,建设项目设计单位及洪水影响评价报告编制单位根据项目审查意见、专家个人意见修改完善涉河建设方案报告和洪水影响评价报告。修改完善后提交洪水影响评价报告和涉河建设方案报告修订版至专家和管理部门。

2)专家复审和主管部门出具二阶段意见

与会专家及管理部门根据提交的修订版材料,复核报告是否按照审查意见修改完善,同时管理部门将出具长江委行政许可技术报告修改审核意见表,洪评报告编制单位和设计单位应根据复审意见,第二次修改报告,并提交至管理部门。

3)项目报批阶段

对于河道管理范围内建设项目工程建设方案审批,此阶段需提供省级水行政水管部门的意见。一般情况下,当复审及第二次修改报告通过后,项目设计方案不会有大的变化,后期管理部门仅针对两套报告细节要求洪水影响评价报告编制单位和设计单位进行修改完善,因此在提交报批报告后建设单位可同步征询地方水行政主管部门意见。

长江委做出行政许可批复前,需建设单位提供省级水行政水管部门的意见,但省级水行政水管部门受理项目出具省级意见时,需建设单位提供项目所涉及的县(区)、市级水行政主管部门意见,若工程(项目)涉及湖北省汉江河道管理局、荆州市长江河道管理局,省厅亦要求征询其意见并提供相应证明材料。征询省级水行政主管部门意见后,应及时报送至长江委行政审批处。

(4)许可决定

经审查符合条件的,由长江水利委员会出具准予行政许可决定;不符合条件的,出具不予行政许可决定。行政许可阶段,项目主管业务部门河湖局部门负责人将判定本项目是否属于重大行政许可,同时长江委政法局也将出具合法性审核意见至河湖局部门负责人,由其进行审核。

在管理部门负责人审核之前,建设单位应再次在水利部政务服务平台网上申报该项目,此时申报的洪水影响评价报告和涉河建设方案均应为审定本报告。同时根据长江水利委员会要求,在河湖综合管理系统中进行项目的上图工作。此项工作应由建设单位、设计单位和洪水影响评价报告编制单位共同完成。两项网上申报和填报完成后,项目主管部门领导人将进行审核,审核通过后,由其提交至长江委总工审核,总工审核通过后则提交至长江委机关负责人进行审定,审定通过后,则可办文至行政审批窗口,由其印发水利部长江水利委员会行政许可决定。

(5)许可送达

由长江水利委员会行政许可服务处将许可决定送达申请人(图7.2-1)。

## 7.2.2 水利部政务服务平台网上申报

建设单位提出河道管理范围内建设项目工程建设方案审批申请时,申请人首先应递交纸质申请材料,并进行水利部政务服务平台网上申报。

网上申报主体为建设单位,建设单位需提前在水利部政务服务平台上注册法人账号。注册所需材料:

①企业名称和统一社会信用代码。

②法定代表人的身份证。

③法定代表人或企业联系人的手机号。此号码将在项目受理时接收由水利部统一发送的受理号,受理号是本项目在长江委审批项目库中的编号,其进度查询均需提供此受理号,在河湖综合管理系统上图时也需提供受理号。

注册成功后,选择河道管理范围内建设项目工程建设方案审批事项,进入申报页面,需提交以下电子材料(表7.2-1):

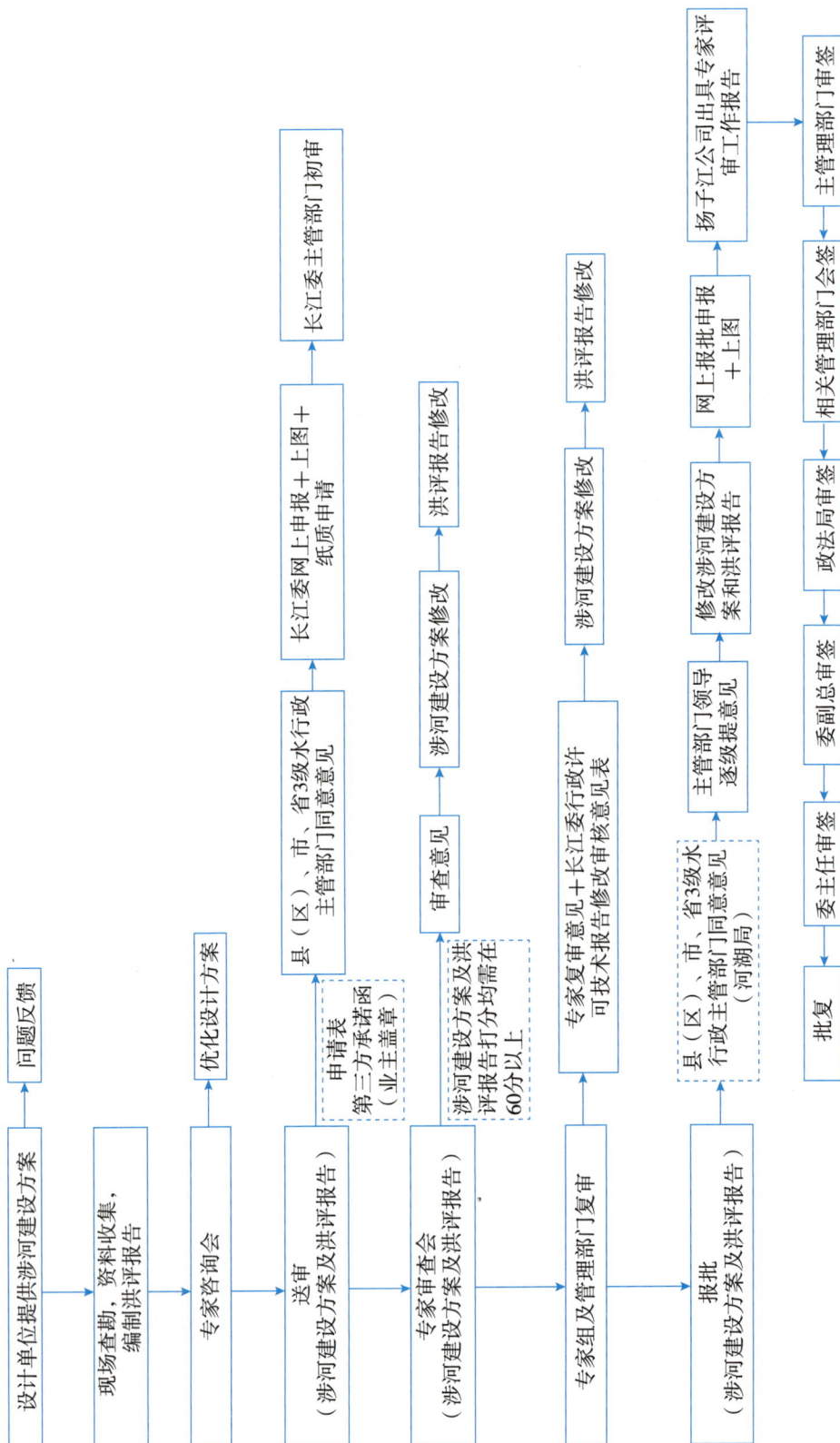

图7.2-1 涉河建设项目洪水影响评价报告编制及审批流程图

①河道管理范围内建设项目申请书。申请书为河道管理范围内建设项目工程建设方案审查申请书的扫描件。

②建设项目所依据的文件。一般为建设项目核准文件或建设项目的可行性研究报告审查意见。

③建设项目涉及河道与防洪部分的初步方案,即涉河建设方案报告。

④洪水影响评价报告。

⑤与有显著利害关系的第三方达成的协议或该第三方的承诺函。

⑥建设单位或者个人的法定身份证明文件。

⑦控制点位坐标。

表 7.2-1　　　　　河道管理范围内建设项目工程建设方案审批网上申报电子材料

| 序号 | 提交材料名称 | 纸质材料 | | | 电子版 |
|---|---|---|---|---|---|
| | | (原/复印)件 | 份数 | 备注 | |
| 1 | 河道管理范围内建设项目申请书 | 原件 | 2 | | 1 |
| 2 | 建设项目所依据的文件 | 复印件 | 1 | | 1 |
| 3 | 建设项目涉及河道与防洪部分的初步方案 | 原件 | 2 | | 1 |
| 4 | 洪水影响评价报告 | 原件 | 2 | | 1 |
| 5 | 与有显著利害关系的第三方达成的协议或该第三方的承诺函 | 原件 | 1 | | 1 |
| 6 | 建设单位或者个人的法定身份证明文件 | 复印件 | 1 | | 1 |
| 7 | 控制点位坐标 | 原件 | 2 | | 1 |

## 7.2.3　河湖综合管理系统上图

为适应新时期河湖管理工作要求,进一步规范和加强长江水利委员会负责的河道管理范围内建设项目工程建设方案审批及监管工作,为涉河建设项目审批及后续监管等业务工作提供有效的信息化支撑,长江水利委员会开展涉河建设项目集成到长江委一张图的工作,提出《长江委涉河建设项目上图要求》。

上图工作在项目申报的同时就应当进行,未进行上图工作的将不予安排审查会。项目审查会会议正式流程开始前,由长江委网信中心进入河湖综合管理系统中,确认工程位置及工程与附近第三方合法水事权益的关系。

上图要求中提出,上图工作需由建设单位、设计单位和洪水影响评价报告编制单位三方人员合作完成。需准备以下材料:

(1)涉河建设方案(含附表、附图)

1)文件命名

项目名称—涉河建设方案、项目名称—涉河建设方案附表、项目名称—涉河建设方案附图。

2)格式

pdf 文件。

3)要求

需包括报告正文及全部附图、附表。

（2）涉河建设方案汇报 PPT

1)文件命名

项目名称—涉河建设方案汇报。

2)格式

pdf 文件。

3)要求

非函审均应提交。

（3）洪评报告（含附表、附图）

1)文件命名

项目名称—洪评报告、项目名称—洪评报告附表、项目名称—洪评报告附图。

2)格式

pdf 文件。

3)要求

需包括报告正文及全部附图、附表。

（4）洪评方案汇报 PPT

1)文件命名

项目名称—洪评汇报。

2)格式

pdf 文件。

3)要求

非函审均应提交。

（5）专项设计方案（若有）

1)文件命名

项目名称—专项设计方案。

2)格式

pdf 文件。

3)要求

需包括方案正文及全部附图、附表。

（6）控制点坐标

1)文件命名

项目名称—控制点坐标。

2)格式

xls、xlsx 文件。

3)要求

应按照模板填写相应控制点坐标，必须采用 CGCS2000 坐标系，高斯克吕投影的直角坐标系；需说明中央子午线度数及带号。

（7）外轮廓图

1)文件命名

项目名称—外轮廓图。

2)格式

dxf 文件。

3)要求

必须采用 CGCS2000 坐标系，高斯克吕投影的直角坐标系；需说明中央子午线度数及带号。文件仅含一个图层，由主体工程简图最外边线构成的单个封闭多边形，若有征地，以征地范围边界作为外轮廓边界。

（8）主要构筑物简图

1)文件命名

项目名称—主要构筑物简图。

2)格式

dxf 文件。

3)要求

必须采用 CGCS2000 坐标系，高斯克吕投影的直角坐标系；需说明中央子午线度数及带号。在平面布置图原图的基础上进行简图制作：简图内容精简为主体工程建（构）筑物（至少包括待许可批复的建设工程）轮廓线，能表达主体工程关键组成部分的注记。cad 文件中仅保留 1 个图层，删除其他无关的参考图层，内容尽可能简洁、但能表达关键信息。

（9）项目平面布置图

1）文件命名

项目名称—平面布置图。

2）格式

pdf 文件。

3）要求

需与长江委最终批复的版本一致；若平面图为分幅图，则合并为一个 pdf 文件。

（10）项目工程设计原图

1）文件命名

项目名称—工程设计原图，多份文件则命名为："项目名称—工程设计原图—平面布置图""项目名称—工程设计原图—河势图"等。

2）格式

dwg 文件或 dxf 文件。

3）要求

必须采用 CGCS2000 坐标系，高斯克吕投影的直角坐标系；需说明中央子午线度数及带号，如采用其他坐标系需转换后提交；需与长江委最终批复的版本一致。

（11）建筑信息模型（BIM）（若有）

1）文件命名

项目名称—建筑信息模型。

2）格式及要求

格式及要求不限。

（12）其他文件（若有）

包括现场照片及视频、联系方式、长江委批复、省厅意见、专家审查意见等。

1）文件命名

项目名称—照片、项目名称—视频、项目名称—联系方式、项目名称—长江委批复、项目名称—省厅意见、项目名称—专家审查意见。

2）格式

txt、pdf 文件。

项目提交送审申请并受理后，应进入河湖综合管理系统提交项目送审阶段的相关资料；行政审批进入报批阶段后，应及时上传项目报批阶段的相关资料。未进行报批阶段上图工作的，将不予批复该项目。

上图系统页面展示见图 7.2-2。

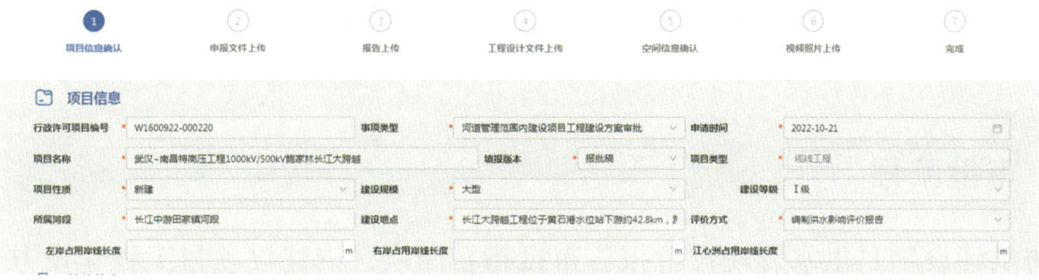

(a)项目信息

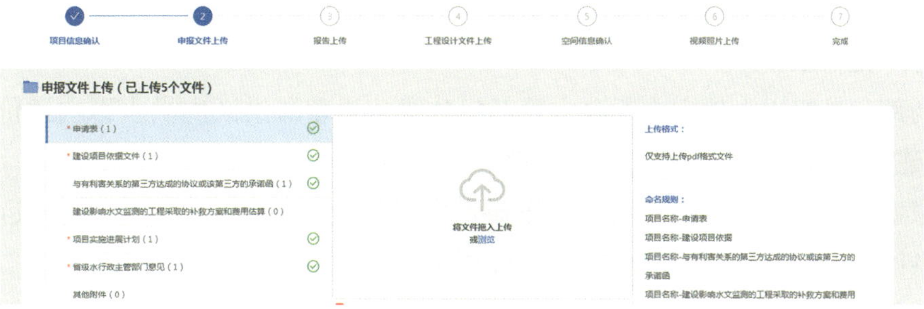

(b)申报文件上传

(c)报告上传

(d)工程设计文件名上传

**图 7.2-2 上图系统页面展示**

## 7.3 非防洪建设项目洪水影响评价报告审批

### 7.3.1 审批流程

非防洪建设项目洪水影响评价报告审批指蓄滞洪区内建设项目工程建设方案审批。

2024年11月,水利部以"水防〔2024〕300号"文印发了《水利部关于加强蓄滞洪区内非防洪建设项目洪水影响评价管理的意见》,明确了蓄滞洪区内非防洪建设项目的洪水影响评价审批权限:

水利部和县级以上地方水行政主管部门分级负责蓄滞洪区内洪水影响评价类审批(非防洪建设项目洪水影响评价报告审批)。

国家蓄滞洪区及长江流域汉江中下游蓄滞洪区、参照国家蓄滞洪区实施运用补偿的蓄滞洪区(均不含已建成安全区、安全台)内的项目由水利部许可。

其他蓄滞洪区(不含已建成安全区、安全台)内的项目,由省级水行政主管部门许可。

蓄滞洪区已建成安全区(包括安全台,下同)内的项目,由地方水行政主管部门许可,具体权限由省级水行政主管部门规定。已建成安全区内可根据实际探索开展洪水影响评价区域评估,相应项目实行告知承诺制。

根据《水利部关于加强蓄滞洪区内非防洪建设项目洪水影响评价管理的意见》,非防洪建设项目洪水影响评价报告审批流程如下:

(1)申请

建设单位应向有权限的审批机关提出洪水影响评价报告审批申请,提交审批申请书、项目建设所依据的文件、洪水影响评价报告、与利益第三方达成的协议或情况说明。建设单位应按照《洪水影响评价报告编制导则》(SL 520)编制洪水影响评价报告。实行代建、工程总承包等管理模式的,须由建设单位提交申请。取得行政许可决定后3年内未开工建设的项目,建设单位应重新提出审批申请。

(2)技术审查

审批机关应组织对洪水影响评价报告进行技术审查,重点评估项目建设与防洪规划、洪水调度安排、行蓄滞洪能力、抢险救援需要等的符合性、项目对蓄洪的影响及保持蓄滞洪容积和功能的措施、项目自身防洪安全状况。技术审查应在40个工作日内完成,一般采取召开技术审查会议方式开展,必要时可进行现场查勘;也可视情采取函审等方式。

审批机关可委托具备相应技术能力的法人单位开展技术审查,水利部负责审批的项目由流域管理机构负责技术审查。

(3)审批

审批机关应自受理行政许可申请之日起20个工作日内(不含技术审查时间)作出行

政许可决定。20 个工作日内不能作出决定的,经审批机关负责人批准,可以延长 10 个工作日,并应告知建设单位延长期限原因。水利部出具的行政许可决定抄送流域管理机构和项目属地省、市、县级水行政主管部门。地方水行政主管部门出具的行政许可决定抄送流域管理机构,并由流域管理机构按年度向水利部报备。

（4）变更

项目功能、用地、规模等发生较大变化的,建设单位应重新组织编制洪水影响评价报告,并按首次申请的程序和要求办理变更后,方可施工。

### 7.3.2 水利部政务服务平台网上申报

建设单位提出非防洪建设项目洪水影响评价报告审批申请时,应在水利部政务服务平台进行网上申报。网上申报主体为建设单位,建设单位需提前在水利部政务服务平台上注册法人账号。

目前水利部非防洪建设项目洪水影响评价报告申报事项暂未出台具体申报流程和申报材料的规定,可参照此前流域管理机构审批要求进行准备,具体以水利部后期发布的文件为准。

## 7.4 "四个一"行政许可事项审批

### 7.4.1 审批流程

"四个一"行政许可审批流程与 7.2.1 节基本一致,此处不再赘述。

### 7.4.2 水利部政务服务平台网上申报

建设单位提出水利部流域管理机构"四个一"行政许可事项审批申请时,申请人首先应递交纸质申请材料,并进行网上申报。网上申报在水利部政务服务平台进行。网上申报以建设单位名义进行申报,建设单位需提前在水利部政务服务平台上注册法人账号。

网上申报时,应勾选"四个一",并提交以下电子材料（表 7.4-1）：

①申请表。申请表为长江水利委员会"四个一"行政许可事项申请表的扫描件。

②建设项目论证或评价技术报告。一般为洪水影响评价报告。

③省级水行政主管部门的意见。

④与有利害关系的第三方达成的协议或该第三方的承诺函。

⑤建设项目依据文件。一般为建设项目核准文件或建设项目可行性研究报告审查意见。

⑥建设项目涉及河道与防洪部分的初步方案,即涉河建设方案报告。

⑦建设影响水文监测的工程采取的补救方案和费用估算。涉及国家基本水文监测

站上下游建设影响水文监测工程的审批事项应提交此项文件。

⑧项目实施进度计划。由设计单位提供。

表 7.4-1　　　　　　　　　"四个一"行政审批网上申报电子材料

| 序号 | 提交材料名称 | 纸质材料 | | | 电子版 |
| | | (原/复印)件 | 份数 | 备注 | |
|---|---|---|---|---|---|
| 1 | 申请书(表) | 原件 | 2 | | 1 |
| 2 | 建设项目论证或评价技术报告 | 原件 | 2 | 只编制项目建议书的水工程,提交项目建议书 | 1 |
| 3 | 省级水行政主管部门意见 | 原件 | 1 | | 1 |
| 4 | 与有利害关系的第三方达成的协议或该第三方的承诺函 | 原件 | 1 | | 1 |
| 5 | 建设项目依据文件 | 复印件 | 1 | | 2 |
| 6 | 建设项目涉及河道与防洪部分的初步方案 | 复印件 | 1 | | 1 |
| 7 | 建设影响水文监测的工程采取的补救方案和费用估算 | 复印件 | 1 | | 1 |
| 8 | 项目实施进度计划 | 原件 | 1 | | 1 |

## 7.5　审批权限及评分细则

### 7.5.1　水利部长江水利委员会河湖管理范围内建设项目工程建设方案审查工程规模划分表

见表 7.5-1。

### 7.5.2　湖北省水利厅河道管理范围内建设项目工程建设方案审批权限

见表 7.5-2。

### 7.5.3　河道管理范围内建设项目涉河建设方案报告专家评分表

见表 7.5-3。

### 7.5.4　河道管理范围内建设项目洪水影响评价报告专家评分表

见表 7.5-4。

### 7.5.5　非防洪建设项目洪水影响评价报告专家评分表

见表 7.5-5。

表7.5-1

**水利部长江水利委员会河道管理范围内建设项目工程建设方案审查工程规模划分表**

一、长江干流

| 序号 | 河段 | 建设项目规模 | 码头工程(含渡口) | 桥梁工程 | 道路工程(含铁路) | 管(隧)道工程 | 缆线工程 通信缆线 | 缆线工程 输变电线路 | 造(修、拆)船项目 | 航道整治工程 | 滩岸环境综合整治工程 | 取排水设施 | 其他项目 |
|---|---|---|---|---|---|---|---|---|---|---|---|---|---|
| 1 | 源头至向家坝枢纽 | 大型 | ≥1000 t级 | 桥长 ≥100m | 公路:高速公路、一级公路、城市快速路、城市主干道，铁路:客运专线及I、II级铁路路基 | 长度 ≥300m | 投资规模 ≥3000 万元 | ≥ 330kV | 船坞:船舶吨位≥10000t，船台、滑道:船体重量≥5000t，舾装码头:≥10000t级 | 通航吨级≥1000t级或基建性疏浚≥200万m³ | 长度≥ 2000m | 取水流量 ≥10m³/s 排水流量 ≥50m³/s | 投资规模 ≥2亿元 |
| 2 | 向家坝枢纽至南京长江大桥 | 大、中型 | ≥500 t级 | 桥长 >30m | 公路:高速公路、一级公路、二级公路、城市快速路、城市主干道，铁路:客货运专线及I～IV级铁路路基 | 长度 ≥100m | 投资规模 ≥1000 万元 | ≥ 220kV | 船坞:船舶吨位≥3000t，船台、滑道:船体重量≥1000t，舾装码头:≥3000t级 | 通航吨级≥300t级或基建性疏浚≥50万m³ | 长度≥ 1000m | 取水流量 ≥3m³/s 排水流量 ≥10m³/s | 投资规模 ≥1亿元 |
| 3 | 南京长江大桥(原50号灯标)至入海口(原50号灯标) | 大、中型 | ≥5000 t级 | 桥长 >30m | 公路:高速公路、一级公路、二级公路、城市快速路、城市主干道，铁路:客货运专线及I～IV级铁路路基 | 长度 ≥100m | 投资规模 ≥1000 万元 | ≥ 220kV | 船坞:船舶吨位≥3000t，船台、滑道:船体重量≥1000t，舾装码头:≥3000t级 | 通航吨级≥300t级或基建性疏浚≥50万m³ | 长度≥ 1000m | 取水流量 ≥3m³/s 排水流量 ≥10m³/s | 投资规模 ≥1亿元 |

项目类型

续表

| 序号 | 河段 | 建设项目规模 | 项目类型 | | | | | | | | | | |
| | | | 码头工程（含渡口） | 桥梁工程 | 道路工程（含铁路） | 管（隧）道工程 | 缆线工程 | | 造（修、拆）船项目 | 航道整治工程 | 滩岸环境综合整治工程 | 取排水设施 | 其他项目 |
| | | | | | | | 通信缆线 | 输变电线路 | | | | | |
| 二、汉江干流 | | | | | | | | | | | | | |
| 1 | 汉中孤山汉江大桥至孤山枢纽 | 大型 | ≥1000t级 | 桥长≥100m | 公路：高速公路、一级公路、城市快速路、铁路：客运专线及Ⅰ、Ⅱ级铁路路基 | 长度≥300m | 投资规模≥3000万元 | ≥330kV | 船坞：船舶吨位、滑道：10000t，船台、船体重量5000t，舾装码头：≥10000t级 | 通航吨级≥1000t级或基建性疏浚≥200万m³ | 长度≥2000m | 取水流量≥10m³/s，排水流量≥50m³/s | 投资规模≥2亿元 |
| 2 | 丹江口枢纽至入江口（武汉） | 大、中型 | ≥500t级 | 桥长>30m | 公路：高速公路、二级公路、城市快速路、城市主干道、城市次干路、铁路：客运专线及Ⅰ~Ⅳ级铁路路基 | 长度≥100m | 投资规模≥1000万元 | ≥220kV | 船坞：船舶吨位、滑道：3000t，船台、船体重量1000t，舾装码头：≥3000t级 | 通航吨级≥300t级或基建性疏浚≥50万m³ | 长度≥1000m | 取水流量≥3m³/s，排水流量≥10m³/s | 投资规模≥1亿元 |
| 三、乌江干流 | | | | | | | | | | | | | |
| 1 | 东风枢纽坝址至乌江渡枢纽 | 大型 | ≥1000t级 | 桥长≥100m | 公路：高速公路、一级公路、城市快速路、铁路：客运专线及Ⅰ、Ⅱ级铁路路基 | 长度≥300m | 投资规模≥3000万元 | ≥330kV | 船坞：船舶吨位、滑道：10000t，船台、船体重量5000t，舾装码头：≥10000t级 | 通航吨级≥1000t级或基建性疏浚≥200万m³ | 长度≥2000m | 取水流量≥10m³/s，排水流量≥50m³/s | 投资规模≥2亿元 |

续表

| 序号 | 河段 | 建设项目规模 | 项目类型 | | | | | | | | | | |
|---|---|---|---|---|---|---|---|---|---|---|---|---|---|
| | | | 码头工程（含渡口） | 桥梁工程 | 道路工程（含铁路） | 管（隧）道工程 | 缆线工程 | | 造（修、拆）船项目 | 航道整治工程 | 滩岸环境综合整治工程 | 取排水设施 | 其他项目 |
| | | | | | | | 通信缆线 | 输变电线路 | | | | | |
| 2 | 乌江渡枢纽至入江口（涪陵） | 大、中型 | ≥500t级 | 桥长>30m | 公路：高速公路、一级公路、二级公路，城市快速路，城市主干路，次干路，铁路：客运专线及I～IV级铁路路基 | 长度≥100m | 投资规模≥1000万元 | ≥220kV | 船坞：船舶吨位≥3000t，船台、滑道：船体重量≥1000t，舾装码头：≥3000t级 | 通航吨级≥300t级或基建性疏浚≥50万m³ | 长度≥1000m | 取水流量≥3m³/s，排水流量≥10m³/s | 投资规模≥1亿元 |
| 四、嘉陵江干流 | | | | | | | | | | | | | |
| 1 | 西汉水入江口至亭子口枢纽 | 大型 | ≥1000t级 | 桥长≥100m | 公路：高速公路、一级公路，城市快速路，铁路：客运专线及I、II级铁路路基 | 长度≥300m | 投资规模≥3000万元 | ≥330kV | 船坞：船舶吨位≥10000t，船台、滑道：船体重量≥5000t，舾装码头：≥10000t级 | 通航吨级≥1000t级或基建性疏浚≥200万m³ | 长度≥2000m | 取水流量≥10m³/s，排水流量≥50m³/s | 投资规模≥2亿元 |
| 2 | 亭子口枢纽至入江口（重庆） | 大、中型 | ≥500t级 | 桥长>30m | 公路：高速公路、一级公路、二级公路，城市快速路，城市主干路，次干路，铁路：客运专线及I～IV级铁路路基 | 长度≥100m | 投资规模≥1000万元 | ≥220kV | 船坞：船舶吨位≥3000t，船台、滑道：船体重量≥1000t，舾装码头：≥3000t级 | 通航吨级≥300t级或基建性疏浚≥50万m³ | 长度≥1000m | 取水流量≥3m³/s，排水流量≥10m³/s | 投资规模≥1亿元 |

续表

| 序号 | 河段 | 建设项目规模 | 码头工程（含渡口） | 桥梁工程 | 道路工程（含铁路） | 管（隧）道工程 | 通信缆线 | 输变电线路 | 造（修、拆）船项目 | 航道整治工程 | 滩岸环境综合整治工程 | 取排水设施 | 其他项目 |
|---|---|---|---|---|---|---|---|---|---|---|---|---|---|
| | | | | | | | 缆线工程 | | | | | | 项目类型 |
| 五、岷江干流 | | | | | | | | | | | | | |
| 1 | 松潘小姓沟入江口至紫坪铺枢纽 | 大型 | ≥1000t级 | 桥长≥100m | 公路：高速公路、一级公路，城市主干道，铁路：客运专线及Ⅰ、Ⅱ级铁路路基 | 长度≥300m | 投资规模≥3000万元 | ≥330kV | 船坞：船舶吨位≥10000t，船体重量≥5000t，船台、滑道：船体重量≥1000t，舾装码头：≥10000t级 | 通航吨级≥1000t级或基建性疏浚≥200万m³ | 长度≥2000m | 取水流量≥10m³/s，排水流量≥50m³/s | 投资规模≥2亿元 |
| 2 | 紫坪铺枢纽至入江口（宜宾） | 大、中型 | ≥500t级 | 桥长>30m | 公路：高速公路、二级公路，城市快速路、城市主干道、次干路，铁路：客运专线及Ⅰ～Ⅳ级铁路路基 | 长度≥100m | 投资规模≥1000万元 | ≥220kV | 船坞：船舶吨位≥3000t，船体重量≥1000t，船台、滑道：船体重量≥50，舾装码头：≥3000t级 | 通航吨级≥300t级或基建性疏浚≥50万m³ | 长度≥1000m | 取水流量≥3m³/s，排水流量≥10m³/s | 投资规模≥1亿元 |
| 六、澜沧江干流 | | | | | | | | | | | | | |
| 1 | 金河入江口至小湾枢纽 | 大型 | ≥1000t级 | 桥长≥100m | 公路：高速公路、一级公路，城市主干道，铁路：客运专线及Ⅰ、Ⅱ级铁路路基 | 长度≥300m | 投资规模≥3000万元 | ≥330kV | 船坞：船舶吨位≥10000t，船体重量≥5000t，船台、滑道：船体重量≥1000t，舾装码头：≥10000t级 | 通航吨级≥1000t级或基建性疏浚≥200万m³ | 长度≥2000m | 取水流量≥10m³/s，排水流量≥50m³/s | 投资规模≥2亿元 |

续表

| 序号 | 河段 | 建设项目规模 | 码头工程(含渡口) | 桥梁工程 | 道路工程(含铁路) | 管(隧)道工程 | 缆线工程 通信缆线 | 缆线工程 输变电线路 | 造(修、拆)船项目 | 航道整治工程 | 滩岸环境综合整治工程 | 取排水设施 | 其他项目 |
|---|---|---|---|---|---|---|---|---|---|---|---|---|---|
| 2 | 小湾枢纽以下 | 大、中型 | ≥500t级 | 桥长>30m | 公路:高速公路、一级公路、二级公路,城市快速路,城市主干道、次干路,铁路:客运专线及I~IV级铁路路基 | 长度≥100m | 投资规模≥1000万元 | ≥220kV | 船坞:船舶吨位≥3000t,船台、滑道:船体重量1000t,舾装码头:≥3000t级 | 通航吨级≥300t级或基建性疏浚≥50万m³ | 长度≥1000m | 取水流量≥3m³/s,排水流量≥10m³/s | 投资规模≥1亿元 |

七、怒江干流

| 序号 | 河段 | 建设项目规模 | 码头工程(含渡口) | 桥梁工程 | 道路工程(含铁路) | 管(隧)道工程 | 缆线工程 通信缆线 | 缆线工程 输变电线路 | 造(修、拆)船项目 | 航道整治工程 | 滩岸环境综合整治工程 | 取排水设施 | 其他项目 |
|---|---|---|---|---|---|---|---|---|---|---|---|---|---|
| 1 | 达曲入口至勐古怒江特大桥 | 大型 | ≥1000t级 | 桥长≥100m | 公路:高速公路、一级公路,城市快速路,城市主干道,铁路:客运专线及I、II级铁路路基 | 长度≥300m | 投资规模≥3000万元 | ≥330kV | 船坞:船舶吨位≥10000t,船台、滑道:船体重量5000t,舾装码头:≥10000t级 | 通航吨级≥1000t级或基建性疏浚≥200万m³ | 长度≥2000m | 取水流量≥10m³/s,排水流量≥50m³/s | 投资规模≥2亿元 |
| 2 | 勐古怒江特大桥以下 | 大、中型 | ≥500t级 | 桥长>30m | 公路:高速公路、一级公路,城市快速路,城市主干道、次干路,铁路:客运专线及I~IV级铁路路基 | 长度≥100m | 投资规模≥1000万元 | ≥220kV | 船坞:船舶吨位≥3000t,船台、滑道:船体重量1000t,舾装码头:≥3000t级 | 通航吨级≥300t级或基建性疏浚≥50万m³ | 长度≥1000m | 取水流量≥3m³/s,排水流量≥10m³/s | 投资规模≥1亿元 |

项目类型

续表

| 序号 | 河段 | 建设项目规模 | 项目类型 | | | | | | | | | |
|---|---|---|---|---|---|---|---|---|---|---|---|---|
| | | | 码头工程（含渡口） | 桥梁工程 | 道路工程（含铁路） | 管（隧）道工程 | 缆线工程 | | 造（修、拆）船项目 | 航道整治工程 | 滩岸环境综合整治工程 | 取排水设施 | 其他项目 |
| | | | | | | | 通信缆线 | 输变电线路 | | | | | |
| 八、雅鲁藏布江干流 | | | | | | | | | | | | | |
| 1 | 多雄藏布入江口至拉萨河入江口 | 大型 | ≥1000t级 | 桥长>100m | 公路：高速公路、一级公路，城市快速路，城市主干道，铁路：客运专线及I、II级铁路路基 | 长度>300m | 投资规模≥3000万元 | ≥330kV | 船坞：船舶吨位≥10000t，船台、滑道：船体重量≥5000t，舾装码头：≥10000t级 | 通航吨级≥1000t级或基建性疏浚≥200万m³ | 长度≥2000m | 取水流量≥10m³/s，排水流量≥50m³/s | 投资规模≥2亿元 |
| 2 | 拉萨河入江口以下 | 大、中型 | ≥500t级 | 桥长>30m | 公路：高速公路、二级公路，城市快速路，城市主干道，铁路：客运专线及I～IV级铁路路基 | 长度>100m | 投资规模≥1000万元 | ≥220kV | 船坞：船舶吨位≥3000t，船台、滑道：船体重量≥1000t，舾装码头：≥3000t级 | 通航吨级≥300t级或基建性疏浚≥50万m³ | 长度≥1000m | 取水流量≥3m³/s，排水流量≥10m³/s | 投资规模≥1亿元 |
| 九、洞庭湖、四水尾闾 | | | | | | | | | | | | | |
| 1 | 湘江湘潭水文站以下、资水桃江水文站以下、沅水桃源水文站以下、澧水石门水文站以下 | 大、中型 | ≥500t级 | 桥长>30m | 公路：高速公路、二级公路，城市快速路，城市主干道、次干路，铁路：客运专线及I～IV级铁路路基 | 长度>100m | 投资规模≥1000万元 | ≥220kV | 船坞：船舶吨位≥3000t，船台、滑道：船体重量≥1000t，舾装码头：≥3000t级 | 通航吨级≥300t级或基建性疏浚≥50万m³ | 长度≥1000m | 取水流量≥3m³/s，排水流量≥10m³/s | 投资规模≥1亿元 |

续表

| 序号 | 河段 | 建设项目规模 | 码头工程(含渡口) | 桥梁工程 | 道路工程(含铁路) | 管(隧)道工程 | 缆线工程 | | 造(修,拆)船项目 | 航道整治工程 | 滩岸环境综合整治工程 | 取排水设施 | 其他项目 |
|---|---|---|---|---|---|---|---|---|---|---|---|---|---|
| | | | | | | | 通信缆线 | 输变电线路 | | | | | |
| **十、鄱阳湖、五河尾闾** | | | | | | | | | | | | | |
| 1 | 赣江外洲水文站以下,抚河李家渡水文站以下,信江梅港以下,饶河虎山下,修水和渡峰坑水文站以下,虬津水文站以下 | 大、中型 | ≥500t级 | 桥长>30m | 公路:高速公路、一级公路、二级公路,城市快速路、城市主干道,城市次干路,铁路:客运专线及Ⅰ~Ⅳ级铁路路基 | 长度≥100m | 投资规模≥1000万元 | ≥220kV | 船坞:船舶吨位≥3000t,船台、滑道:船体重量≥1000t,舾装码头:≥3000t级 | 通航吨级≥300t级或基建性疏浚≥50万m³ | 长度≥1000m | 取水流量≥3m³/s,排水流量≥10m³/s | 投资规模≥1亿元 |
| **十一、跨界河流** | | | | | | | | | | | | | |
| 1 | 水阳江干流:杨村枢纽至入江口(含城湖、固城湖、南漪湖) | 所有 | | | | | | | | | | | |
| 2 | 滁河干流:金银浆至入江口(含骅马山水道、马汊河) | 所有 | | | | | | | | | | | |

续表

| 序号 | 河段 | 建设项目规模 | 项目类型 |||||||||||
|---|---|---|---|---|---|---|---|---|---|---|---|---|---|
| | | | 码头工程（含渡口） | 桥梁工程 | 道路工程（含铁路） | 管（隧）道工程 | 缆线工程 || 造（修、拆）船项目 | 航道整治工程 | 滩岸环境综合整治工程 | 取排水设施 | 其他项目 |
| | | | | | | | 通信缆线 | 输变电线路 | | | | | |
| 3 | 荆南四河（即松滋河、虎渡河、藕池河、调弦河） | 所有 | | | | | | | | | | | |
| 4 | 长江流域和澜沧江以西（含澜沧江）区域<br>其他省界河流边界河段，省界上、下游各10km河段 | 所有 | | | | | | | | | | | |
| 5 | 澜沧江以西（含澜沧江）区域国际或国境边界河流，国境内10km河段 | 所有 | | | | | | | | | | | |

续表

| 序号 | 河段 | 建设项目规模 | 项目类型 | | | | | | | | | | |
| | | | 码头工程（含渡口） | 桥梁工程 | 道路工程（含铁路） | 管（隧）道工程 | 缆线工程 | | 造（修、拆）船项目 | 航道整治工程 | 滩岸环境综合整治工程 | 取排水设施 | 其他项目 |
| | | | | | | | 通信缆线 | 输变电线路 | | | | | |
| 1 | 澜沧江以西（含澜沧江）区域国际或国境边界湖泊 | 大、中型 | ≥500t级 | 桥长>30m | 公路：高速公路，一级公路，二级公路，城市快速路，城市主干道，城市次干道，铁路：客运专线及Ⅰ～Ⅳ级铁路路基 | 长度≥100m | 投资规模≥1000万元 | ≥220kV | 船坞：船舶吨位≥3000t，船台、船体重量≥1000t，舾装码头：≥3000t级 | 通航吨级≥300t级或基建性疏浚≥50万m³ | 长度≥1000m | 取水流量≥3m³/s，排水流量≥10m³/s | 投资规模≥1亿元 |
| 2 | 长江流域和澜沧江以西（含澜沧江）区域省界湖泊 | 大、中型 | ≥500t级 | 桥长>30m | 公路：高速公路，一级公路，二级公路，城市快速路，城市主干道，城市次干道，铁路：客运专线及Ⅰ～Ⅳ级铁路路基 | 长度≥100m | 投资规模≥1000万元 | ≥220kV | 船坞：船舶吨位≥3000t，船台、船体重量≥1000t，舾装码头：≥3000t级 | 通航吨级≥300t级或基建性疏浚≥50万m³ | 长度≥1000m | 取水流量≥3m³/s，排水流量≥10m³/s | 投资规模≥1亿元 |

十二、跨界湖泊

十三 三峡水库区，丹江口水库区，陆水水库库区 所有

注：1. 国际或国境边界河流：澜沧江干流及澜沧江水系的南垒河、南阿河、南览河，南腊河；怒江干流及怒江水系的南卡江，南汀河（南定河）；伊洛瓦底江水系的大盈江、南宛河、瑞丽江、碗町河、独龙江、唯龙江、藏南、马甲河（孔雀河）、森格藏布（狮泉河）、朗钦藏布（象泉河）等。

2. 省界湖泊：赤布张错、劳日特错、泸沽湖、牛浪湖、黄盖湖、龙感湖、太泊湖等（固城湖、石臼湖除外）。

3. 国际或国境边界湖泊：班公错。

4. 荆南四河（即松滋河、虎渡河、藕池河、调弦河）为分流口至湖区入口的干流及连接干流的串河。

5. 三峡水库区：长江干流下流至江津红花碛至三峡枢纽；嘉陵江干流为草街枢纽至入江口，乌江干流为银盘枢纽至入江口；其他支流库区范围为三峡水库校核洪水位以下受淹影响的区域。丹江口、陆水水库区：按水库管理范围划界成果确定。

6. 液化天然气接卸码头：按靠泊船舶舱容确定工程规模，即舱容≥8万m³为大型，4万m³≤舱容＜8万m³为中型，67.5m≤长度＜85m为大型，长度≥85m为中型。公务码头：按靠泊型长度确定工程规模，即靠泊船舶舱容≥8万m³为大型，长度≥110m为大，长度≥85m为中型。其他类型码头：按表中靠泊型码头确定规模，即松滋河京以下河段，长度≥85m为大，中型；其他类型的项目类型确定规模。

7. 管（隧）道工程、滩岸环境综合整治工程长度均指工程位于河道管理范围内的长度。

8. 穿河缆线工程按管（隧）道工程规模。

9. 投资规模指河道管理范围内建设内容的总投资。

10. 改扩建项目以改建后的工程规模或改扩建部分的投资规模确定规模。

11. 同一建设项目涉及多种项目类型的，按最大工程规模的项目类型确定规模。

12. 建设项目不包含临时工程、临时设施。

13. 长江流域和澜沧江以西（含澜沧江）区域其他省界河流边界河段和省界上、下游各10km河段内兴建的小型建设项目，也可由建设项目的省（自治区、直辖市）水行政主管部门征求相邻省（自治区、直辖市）水行政主管部门意见，如经协商一致并取得同意书，由建设项目的省（自治区、直辖市）水行政主管部门审查同意，报长江水利委员会备案，否则需报长江水利委员会审查同意。

表7.5-2

**湖北省水利厅河道管理范围内建设项目工程建设方案审批权限工程规模划分表**

| 序号 | 河段 | 建设项目规模 | 码头工程(含渡口) | 桥梁工程 | 道路工程(含铁路) | 管(隧)道工程 | 通信缆线 | 输变电线路 | 造(修、拆)船项目 | 航道整治工程 | 滩岸环境综合整治工程 | 取排水设施 | 其他项目 |
|---|---|---|---|---|---|---|---|---|---|---|---|---|---|
| 一、长江干流 | | | | | | | | | | | | | |
| 1 | 巴东县鳊鱼溪至黄梅小池口 | 小型 | <500t级 | 桥长≤30m | 公路:三级公路、四级公路、城市支路 | 长度<100m | 投资规模<1000万元 | <220kV | 船坞:船舶吨位<3000t,船台、滑道:船体重量<1000t,舾装码头:<3000t级 | 通航吨级<300t级 或 基建性疏浚<50万m³ | 长度<1000m | 日取水量<5万m³,日排水量<5万m³ | 投资规模<1亿元 |
| 二、汉江干流 | | | | | | | | | | | | | |
| 1 | 丹江口枢纽至汉江入江口(省河道管理局负责管的汉江干流河段除外) | 小型 | <500t级 | 桥长≤30m | 公路:三级公路、四级公路、城市支路 | 长度<100m | 投资规模<1000万元 | <220kV | 船坞:船舶吨位<3000t,船台、滑道:船体重量<1000t,舾装码头:<3000t级 | 通航吨级<300t级 或 基建性疏浚<50万m³ | 长度<1000m | 日取水量<5万m³,日排水量<5万m³ | 投资规模<1亿元 |
| 2 | 省汉江河道管理局负责管理的汉江干流河段 | 小型 | <500t级 | 桥长≤30m | 公路:三级公路、四级公路、城市支路 | 长度<100m | 投资规模<1000万元 | <220kV | 船坞:船舶吨位<3000t,船台、滑道:船体重量<1000t,舾装码头:<3000t级 | 通航吨级<300t级 或 基建性疏浚<50万m³ | 长度<1000m | 日取水量<5万m³,日排水量<5万m³ | 投资规模<1亿元 |

续表

### 三、长江和汉江重要支流

| 序号 | 河段 | 建设项目规模 | 码头工程(含渡口) | 桥梁工程 | 道路工程(含铁路) | 管(隧)道工程 | 通信缆线 | 输变电线路 | 造(修、拆)船项目 | 航道整治工程 | 滩岸环境综合整治工程 | 取排水设施 | 其他项目 |
|---|---|---|---|---|---|---|---|---|---|---|---|---|---|
| 1 | 河口段 | 大、中型 | ≥500t级 | 桥长>30m | 公路：高速公路、一级公路、二级公路，城市快速路、城市主干道次干路，铁路：客运专线及Ⅰ～Ⅳ级铁路路基 | 长度≥100m | 投资规模≥1000万元 | ≥220kV | 船均：船舶吨位≥3000t，船台、船体重量≥1000t，舾装码头：≥3000t级 | 通航吨级≥300t级或基建性疏浚≥50万m³ | 长度≥1000m | 日取水量≥5万m³，日排水量≥5万m³ | 投资规模≥1亿元 |

### 四、东荆河

| 序号 | 河段 | |
|---|---|---|
| 1 | 全河段 | 所有 |

### 五、跨界河流

| 序号 | 河段 | |
|---|---|---|
| 1 | 两岸跨市(州)河段 | 建设项目跨两个及以上市州 |

注：1. 长江和汉江重要支流河口段：清江(高坝洲大桥—入长江口)，府澴河(盘龙大道—入长江口)，举水(沙河—入长江口)，倒水(陆水河节堤电报纽—入长江口)，巴水(大广高速(G45)—入长江口)，唐白河(三道岩子—入汉江口)，南河(滚河—入汉江口)，汉北河(寿北渠—入汉江口)，蛮河(刘湾村—入汉江口)。

2. 两岸跨市(州)河段：澴水，上澴水，清水河，界河，漳水，广水河，郧家河，沙河，柔六河，拾桥河，四湖总干渠，五岔河，通顺河，沦水。

3. 液化天然气接卸码头：按靠泊船舶舱容确定工程规模，即舱容≥8万m³为大型，4万m³≤舱容<8万m³为中型，舱容<4万m³为小型。公务码头：按靠泊船型长度确定工程规模，即长度≥85m为大型，67.5m≤长度<85m为中型，长度<67.5m为小型。其他类型码头：按表中靠泊船舶吨级确定工程规模。

4. 管（隧）道工程、滩岸环境综合整治工程长度均指工程位于河道管理范围内的长度。

5. 穿河缆线管（隧）道工程按管（隧）道工程规模确定工程规模。

6. 投资规模指河道管理范围内建设内容的直接投资。

7. 扩建、改建的码头工程（含渡口）、桥梁工程、道路工程（含铁路）、管（隧）道工程、缆线工程（通信缆线、输变电线路）、造（修、拆）船项目、航道整治工程、滩岸环境综合整治工程，取排水设施，原则上以改扩建后的工程规模（规模不变的以原规模）确定审批权限。其他项目的改扩建以改扩建部分的投资规模确定审批权限。

8. 同一建设项目涉及多种项目类型的，按最大工程规模的项目类型确定审批权限。

9. 项目类型不包括拦河闸河坝、引（调、提）水工程、提防、水电站（含航运水电枢纽工程）等在江河上开发、利用、控制、调配和保护水资源的各类工程。

**表 7.5-3** 河道管理范围内建设项目涉河建设方案报告专家评分表

报告名称：＿＿＿＿＿　　　　　　　　　　　　　　　　　　　　　　　　　　涉河建设方案报告

| 序号 | 评分项 | 主要内容 | 分值 | 赋分原则 | 扣分缘由 | 扣分 | 得分 |
|---|---|---|---|---|---|---|---|
| | | 基本扣分项 | | 1. 报告未如实反映工程现状实际建设情况，隐瞒未批先建等有关重要信息的，扣 50 分；<br>2. 报告未按《长江流域和澜沧江以西（含澜沧江）区域河道管理范围内建设项目工程建设方案报告编制导则》（以下简称《导则》）编制，扣 10 分；报告篇章缺项的，每缺少一项扣 3 分；<br>3. 河道管理范围内工程建设方案不完整的，扣 10～30 分；<br>4. 报告中存在错别字，文字描述前后不一致，图文对应等明显错误的，每处扣 1 分 | | | |
| 一 | 概述 | 1. 项目概况；<br>2. 防洪标准、防洪工程及河道管理范围；<br>3. 高程及平面坐标系统 | 10 | 1. 项目建设地点叙述不清楚，未说明与附近河道内标志性建（构）筑物或地点之间距离的，扣 2 分；<br>2. 项目前期工作开展情况，项目建设必要性及项目建设规模叙述不全的，扣 1～3 分；<br>3. 未说明工程所在河段防洪标准及相应设计洪水位，扣 5 分，设计洪水位的成果不合理的，扣 2 分；<br>4. 项目涉及的堤防、护岸等防洪工程现状说明不清、不准确的，扣 2～5 分；<br>5. 未说明工程所在河段河道管理范围的，扣 10 分；河道管理范围划定依据，标准及具体范围说明不清楚的，扣 2～5 分；<br>6. 未说明采用的平面坐标及高程系统的，扣 5 分；报告附图平面坐标系统或高程系统前后不一致的，扣 2～3 分 | | | |

| 序号 | 评分项 | 主要内容 | 分值 | 赋分原则 | 扣分缘由 | 扣分 | 得分 |
|---|---|---|---|---|---|---|---|
| 二 | 水文 | 1. 流域概况及河道特征；<br>2. 气象；<br>3. 水文基本资料；<br>4. 设计洪水 | 10 | 1. 流域自然概况，河湖水系，河流特性等情况叙述不清或不全的，扣 1～3 分；<br>2. 项目设计依据的主要水文测站水文特征、观测资料等叙述不清或不全的，扣 2～3 分；<br>3. 未说明项目设计、施工期防洪标准及相应设计水位的，每缺一项扣 3 分；采用的设计洪水成果不合理的，扣 3～5 分 | | | |
| 三 | 工程地质 | 1. 概述；<br>2. 区域地质；<br>3. 工程地质 | 15 | 1. 工程地质资料不能满足项目设计要求或成果明显不合理，扣 10～15 分；<br>2. 地质勘察工作情况，承担单位，完成的工作量，主要工作成果等叙述不清或不全的，扣 1～2 分；<br>3. 项目所在区域地形地貌，地质构造，地层岩性，水文地质条件，地质构造稳定性，地震基本烈度等区域地质叙述不清或不全的，扣 2～3 分；<br>4. 项目主要建（构）筑物所在地的地形地貌，地层岩性，河床组成，地质构造，水文地质条件，岩（土）体物理学性质，不良地质现象等叙述不清或不全的，扣 3～8 分 | | | |

续表

| 序号 | 评分分项 | 主要内容 | 分值 | 赋分原则 | 扣分缘由 | 扣分 | 得分 |
|---|---|---|---|---|---|---|---|
| 四 | 推荐方案工程布置及主要建（构）筑物 | 1. 工程等别和标准；<br>2. 工程主要建设内容及规模；<br>3. 工程布置；<br>4. 主要建（构）筑物结构；<br>5. 与防洪工程的关系 | 40 | 1. 工程等别、主要建（构）筑物级别、工程相应设计洪水标准等表述不清或不全的，扣1~3分；<br>2. 工程主要建设内容及规模叙述不清或不全的，扣3~5分；涉及扩建、改建及方案调整的建设项目，未说明原方案主要建设内容的，扣10分；原方案及设计方案对比表述不清楚或表述不全的，扣5~10分；<br>3. 项目平面布置、主要建（构）筑物平面尺寸及主要控制点坐标等工程布置方案表述不清或内容不完整的，扣5~15分；<br>4. 主要建（构）筑物的结构形式、结构尺寸、设计高程等重要设计参数未进行详细说明的，每缺一项，扣2分；<br>5. 未说明项目与防洪工程关系的，扣10分；叙述不清或不全的，扣5~10分 | | | |
| 五 | 施工组织设计 | 1. 施工条件；<br>2. 主体工程施工；<br>3. 主要施工临时设施；<br>4. 施工交通及施工总布置；<br>5. 施工总进度 | 10 | 1. 内容缺项的，每缺一项扣3分，缺少三项以上该评分分项得分为0分；<br>2. 项目施工场地条件、水文气象等施工条件描述不清或不全的，每项扣2分；<br>3. 未说明主体工程施工方法、施工工程序的，扣5分，说明不清楚不全或不可行的，扣1~3分；<br>4. 主要施工临时设施、施工交通及施工总布置描述不清或不全的，每项扣2分；<br>5. 未说明施工总进度的，扣2分；施工总进度安排明显不合理的，扣1~2分 | | | |

续表

| 序号 | 评分项 | 主要内容 | 分值 | 赋分原则 | 扣分缘由 | 扣分 | 得分 |
|------|--------|----------|------|----------|----------|------|------|
| 六 | 附图附表 | 1. 编制单位责任页，成果公章；<br>2. 项目基本情况表；<br>3. 附图、附表及其他应附资料 | 15 | 1. 《导则》要求附具的设计图纸缺项的，缺一项扣 2～5 分；<br>2. 报告无责任页或报告未加盖编制单位公章的，扣 2 分；<br>3. 工程设计图纸标题栏未签名或不完整的，扣 2 分；<br>4. 项目总平面布置图、断面图或剖面图等主要设计图纸，不能清晰反映工程建设内容的，扣 5～10 分；<br>5. 总平面布置图未标注河道管理范围线的，扣 5 分；河道管理范围线标注不合理的，扣 2～3 分；<br>6. 断面图或剖面图未标注河道管理范围线、设计洪水位的，每缺一项扣 2 分；<br>7. 附图未标注建（构）筑物的结构尺寸、设计高程等重要设计参数的，每缺一项扣 1 分；<br>8. 缺少其他应附资料的，每缺一项扣 1～2 分 | | | |
| 总分 | | | | | | | |

说明：1. 评分对象为提交评审的涉河建设方案报告，根据评审意见修改的报告不再评分。

2. 报告评分项共六项，每个单项扣分后的最低得分为 0 分。

3. 报告评分等级为"优""良""合格"和"不合格"4 个等级。总分在 90 分以上（含 90 分）的，为"优"；总分在 80（含 80 分）～90 分的，为"良"；总分在 60（含 60 分）～80 分的，为"合格"；总分低于 60 分的，为"不合格"。

专家签字：

年　　月　　日

369

表 7.5-4

河道管理范围内建设项目洪水影响评价报告专家评分表

报告名称：_____

洪水影响评价报告

| 序号 | 评分项 | 主要内容 | 最高分值 | 赋分原则 | 扣分缘由 | 扣分 | 得分 |
|---|---|---|---|---|---|---|---|
|  |  | 基本扣分项 |  | 1. 防洪评价报告有明显抄袭行为的，该评分项分计为 0 分；<br>2. 洪评报告评价的工程设计方案与涉河报告方案不一致的，扣 50 分；<br>3. 未说明河道管理范围的，扣 10 分；未在平面布置图及断面图上标明河道管理范围线的，扣 3 分；<br>4. 未说明工程处防洪设计水位的，扣 5 分；未在断面图上标明防洪设计水位的，扣 3 分；<br>5. 报告中存在错别字、文字前后不一致，图文不对应等低级错误的，每一处扣 1 分。 |  |  |  |
| 一 | 概述 | 1. 项目背景；<br>2. 评价依据；<br>3. 评价范围与对象；<br>4. 技术路线及工作内容；<br>5. 平面坐标及高程系统 | 5 | 1. 项目背景叙述不清或不全的，扣 1 分；<br>2. 评价依据不充分的，扣 1 分；<br>3. 评价范围与对象不明确的，扣 3~5 分；<br>4. 技术路线不清晰，或工作内容叙述不全的，扣 1~2 分；<br>5. 未说明采用的平面坐标及高程系统或高程系统不统一的，扣 2 分 |  |  |  |
| 二 | 基本情况 | 1. 建设项目概况；<br>2. 河道基本情况；<br>3. 现有水利工程及其他设施情况；<br>4. 水利规划及实施安排；<br>5. 其他应说明的有关情况 | 10 | 1. 每缺一项扣 5 分，缺少两项及以上该评分项分计为 0 分；<br>2. 项目建设方案表述不清或内容不完整的，扣 5~10 分；<br>3. 项目施工方案不明确或内容叙述不清或内容不完整的，扣 3~5 分；<br>4. 第 2~4 项叙述不清或内容不全的，每项扣 2 分；<br>5. 未说明其他应说明的有关情况，扣 1 分 |  |  |  |

续表

| 序号 | 评分项 | 主要内容 | 最高分值 | 赋分原则 | 扣分缘由 | 扣分 | 得分 |
|---|---|---|---|---|---|---|---|
| 三 | 河道演变分析 | 河道演变分析应包括以下 4 项内容：<br>1. 河道历史演变概况；<br>2. 河道近期演变分析；<br>3. 局部河床演变分析；<br>4. 河道演变趋势分析 | 15 | 1. 河道历史演变概况缺项扣 2 分；<br>2. 2～4 项每缺一项扣 5 分，缺少两项以上该评分项得分计为 0 分；<br>3. 河道近期演变分析及局部河床演变分析未采用近 5 年河道地形资料，不满足评价工作要求的，扣 8～15 分；<br>4. 主要内容完整，但叙述不清或分析不深入的，每项扣 1～3 分 | | | |
| 四 | 防洪评价计算 | 防洪评价计算工作主要包括以下 3 项内容：<br>1. 数学模型计算，如需进行河工模型试验的，合计为一项；<br>2. 渗透稳定、抗滑稳定、河床冲刷等计算；<br>3. 其他须进行的有关计算，如水文分析计算、排涝影响计算等，合计为一项； | 25 | 1. 只需进行一项评价计算工作的，该项最高得分为 25 分；<br>2. 须进行第 1,2 项或第 1,3 项的评价计算工作，第 1 项最高得分为 15 分，第 2 项或第 3 项最高得分为 10 分；<br>3. 须同时进行第 1,2,3 项评价计算工作的，第 1 项最高得分为 15 分，第 2,3 项最高得分均为 5 分；<br>4. 数学模型计算范围不合理，率定验证不符合规范要求，计算（试验）水文条件偏小或不合理，计算（试验）工况不全及分析内容不完整等问题，每个问题扣 2 分；<br>5. 有关参数选取，计算工况及计算成果明显不合理的，每项扣 10 分；<br>6. 评价手段与方法不满足评价工作要求的，扣 10～20 分 | | | |

续表

| 序号 | 评分项 | 主要内容 | 最高分值 | 赋分原则 | 扣分缘由 | 扣分 | 得分 |
|---|---|---|---|---|---|---|---|
| 五 | 防洪综合评价 | 1. 与现有水利规划的关系与影响分析；<br>2. 与现有防洪标准、有关技术要求和管理要求的适应性分析；<br>3. 对行洪安全的影响分析；<br>4. 对河势稳定的影响分析；<br>5. 国家基本水文站影响分析评价（若有）；<br>6. 对现有防洪工程、河道整治工程及其他水利工程与设施影响分析；<br>7. 对防汛抢险的影响分析；<br>8. 施工期防洪影响评价；<br>9. 建设项目防御洪涝的设防标准与措施是否适当；<br>10. 对第三人合法水事权益的影响分析 | 15 | 1. 内容缺项的，每缺一项扣5分，缺少3项以上该评分项得分计为0分；<br>2. 主要内容完整，但叙述不清或不全的，每项扣2分 | | | |
| 六 | 防治与补救措施 | 对水利规划实施、行洪安全、河势稳定、防洪工程、防汛抢险、第三人合法水事权益等影响的防治与补救措施 | 10 | 1. 需提出防治与补救措施但未提出的，扣10分；<br>2. 虽提出了防治与补救措施，但针对性不强或主要内容不完整的，每项扣3~5分 | | | |

续表

| 序号 | 评分项 | 主要内容 | 最高分值 | 赋分原则 | 扣分缘由 | 扣分 | 得分 |
|---|---|---|---|---|---|---|---|
| 七 | 结论与建议 | 1.防洪评价的主要结论; 2.有关建议 | 10 | 1. 应结合相关分析计算成果总结项目对行洪安全、河势稳定、防洪工程等各方面影响的有关结论，每缺一项扣2分; 2. 结论与防洪综合评价结论不一致或表述不明确的，每一项扣2分; 3. 对工程布置、结构形式、施工方案等存在的问题未提出必要优化建议的，每一项扣1~2分 | | | |
| 八 | 附图附表 | 1.编制单位责任页，成果公章; 2.现场音像，图像等资料; 3.项目基本情况表; 4.附图、附表及其他应附资料 | 10 | 1. 无责任页，或未加盖编制单位成果公章的，扣5分; 2. 附图、附表不清晰的，或缺少关键附图、附表的，扣5分; 3. 工程设计图纸标题栏未签名或不完整的，扣5分; 4. 现场音像(优先采用航拍，并配解说)，图像资料不能清晰反映工程现场实际情况的，扣5分; 5. 缺少其他应附资料的，扣1~2分 | | | |

说明：1. 评分对象为提交评审的防洪评价报告，根据评审意见修改的报告不再评分。

2. 报告评分项共八项，每个单项扣分后的最低得分为0分。

3. 实际评分中，可以省略部分评分项的(如不需要进行防洪评价计算的，则不对该评分项予以评分)，仅计算其他评分项的实际得分，并折算为百分制得分，最终评分=实际得分÷100×(100−可省略评分项的最高得分)。可省略评分项根据审查项目的涉河建设方案具体情况，由专家组商定。

4. 报告评分等级为"优""良""合格"和"不合格"4个等级。总分在90分以上(含90分)的，为"优";总分在80分(含80分)~90分的，为"良";总分在60分(含60分)~80分的，为"合格";总分低于60分的，为"不合格"。

专家签字：

年　　月　　日

表 7.5-5　　非防洪建设项目洪水影响评价报告专家评分表

报告名称：_____

| 序号 | 评分项 | 主要内容 | 最高分值 | 赋分原则 | 洪水影响评价报告 | | |
|---|---|---|---|---|---|---|---|
| | | | | | 扣分缘由 | 扣分 | 得分 |
| | 必备条件 | 必备条件 | | 有下列情形之一的，不予赋分（总得分为 0）：<br>1. 建设项目违反有关法律法规的；<br>2. 建设项目存在未批先建、弄虚作假的；<br>3. 洪水影响评价报告有明显抄袭行为的 | | | |
| | 基本扣分项 | 基本扣分项 | | 1. 评价报告未按《洪水影响评价报告编制导则》（SL 520—2014）和《长江水利委员会行政审批项目洪水影响论证报告编制大纲（试行）》编制的，扣 5 分；<br>2. 评价报告存在错别字、文字（数据）描述前后不一致、图文不一致等错误的，每处扣 1 分 | | | |
| 一 | 概述 | 1. 项目背景；<br>2. 评价依据；<br>3. 评价范围与对象；<br>4. 技术路线及工作内容；<br>5. 平面坐标及高程系统 | 5 | 1. 项目背景叙述或不清或不全的，扣 1 分；<br>2. 评价依据不充分的，扣 1 分；<br>3. 评价范围与对象未说明的，扣 1~2 分；<br>4. 技术路线不清晰，或工作内容叙述不全的，扣 1~2 分；<br>5. 未说明采用的平面坐标及高程系统（推荐采用 2000 国家大地坐标系、1985 国家高程基准），扣 2 分；<br>以上各项，累计扣分不超过 5 分 | | | |

续表

| 序号 | 评分项 | 主要内容 | 最高分值 | 赋分原则 | 扣分缘由 | 扣分 | 得分 |
|---|---|---|---|---|---|---|---|
| | | | | 1.自然概况、资源与环境概况、经济社会概况等叙述不清或不全的，扣 1 分；<br>2.与建设项目相关的水利规划及实施安排包括：<br>①综合规划；<br>②防洪规划；<br>③蓄滞洪区建设与管理规划；<br>④河道（渠系）治理规划等基本情况及实施安排情况；<br>叙述不清或不全的，每项扣 1 分；<br>3.蓄滞洪区基本情况包括：<br>①设计蓄洪水位；<br>②蓄洪面积与有效蓄洪容积；<br>③进洪和退洪设施；<br>④蓄滞洪区围堤；<br>⑤安全建设工程（安全区、安全台、转移道路等）；<br>⑥区内主要河道（渠系）及两岸堤防（与建设项目相关的）；<br>⑦涵闸泵站（与建设项目相关的）；<br>⑧蓄滞洪区的调度方案、运用预案与运用几率、蓄滞洪区历史运用情况等；<br>叙述不清或不全的，每项扣 1 分；<br>以上各项，累计扣分不超过 11 分 | | | |
| 二 | 项目所在区域基本情况 | 1.自然概况；<br>2.资源与环境概况；<br>3.经济社会概况；<br>4.现有水利工程及其他设施情况；<br>5.水利规划及实施安排；<br>6.蓄滞洪区基本情况 | 10 | | | | |

续表

| 序号 | 评分项 | 主要内容 | 最高分值 | 赋分原则 | 扣分缘由 | 扣分 | 得分 |
|---|---|---|---|---|---|---|---|
| 三 | 建设项目基本情况 | 1. 前期工作情况及必要性论证；<br>2. 项目建设条件；<br>3. 项目设计主要成果；<br>4. 项目施工组织设计 | 20 | 1. 前期工作情况及必要性论证叙述不清的，扣1～2分；<br>2. 工程地质资料包括：<br>①工作情况（勘察单位、勘察工作量及完成情况等）；<br>②主要地层岩性及其物理力学参数（建设项目与堤防、河道（渠系）等交叉处地层岩性及其物理力学参数）；<br>③建设项目存在的主要工程地质问题及处理建议；<br>①、③项叙述不清或不全的，每项扣1分，②项叙述不清或不全的，扣2分；<br>3. 建设项目设计主要成果包括：<br>①项目建设规模；<br>②工程等别与防洪标准；<br>③工程总体布置；<br>④工程主要建（构）筑物结构形式、结构尺寸、设计高程；<br>⑤工程主要控制点坐标；<br>⑥对于改（扩）建和复建的建设项目，还应说明原方案建设内容、相关批复内容，拆除及保留建（构）筑物情况、原方案与设计方案对比情况，叙述不清的，每项扣2分。<br>4. 对于建设项目与①蓄滞洪区围堤、②进退洪设施、③安全区、④安全台、⑤转移道路、⑥河道（渠系）等交叉或相邻的，应明确位置关系和连接方式。叙述不清或不全的，每项扣1分。<br>5. 施工组织设计（与堤防、河道（渠系）等交叉衔接的建（构）筑物）包括：<br>①施工总布置；<br>②施工交通组织； | | | |

续表

| 序号 | 评分项 | 主要内容 | 最高分值 | 赋分原则 | 扣分缘由 | 扣分 | 得分 |
|---|---|---|---|---|---|---|---|
|  |  |  |  | ③主要施工方法;<br>④施工临时设施;<br>⑤施工进度安排;<br>⑥施工期度汛方案;<br>⑦施工取土和弃土方案;<br>叙述不清或不全的,每项扣1分;以上各项,累计扣分不超过21分 |  |  |  |
| 四 | 洪水影响分析计算 | 1. 建设项目对防洪影响分析计算;<br>2. 洪水对建设项目影响分析计算;<br>3. 其他须进行的有关分析计算,如水文分析计算、排涝影响计算、河势演变分析等 | 30 | 1. 只有1,2项分析计算时,第1,2项分别为20分、10分;需进行第1~3项分析计算时,第1~3项分别为15分、10分、5分;<br>2. 评价分析手段与方法不满足评价工作要求的,扣10分;<br>3. 建设项目对防洪影响分析计算包括:<br>①建设项目占用蓄滞洪区的面积和容积分析计算(含明细);<br>②建设项目对冲(退)洪影响分析计算;<br>③占用河道(沟渠)的,应进行阻水、壅水分析计算;<br>④与堤防交叉衔接的,应进行施工期、运行期堤防稳定计算(渗流稳定、抗滑稳定、抗渗稳定,堤防沉降等);<br>缺失的每项扣5分,结果不合理的每项扣2~3分;<br>4. 洪水对建设项目影响分析计算包括:<br>①淹没影响分析计算(分洪后建设项目淹没范围、水深等);<br>②冲刷或淤积影响分析计算(分洪后洪水冲刷影响或淤积影响建设项目安全的);<br>缺失的每项扣5分,结果不合理的每项扣2~3分 |  |  |  |

续表

| 序号 | 评分项 | 主要内容 | 最高分值 | 赋分原则 | 扣分缘由 | 扣分 | 得分 |
|---|---|---|---|---|---|---|---|
|  |  |  |  | 5. 其他必要的分析计算：确有必要开展水文分析计算、排涝影响计算、河势演变分析的，缺失的每项扣5分，结果不合理的每项扣2～3分；<br>以上各项，累计扣分不超过31分 |  |  |  |
| 五 | 洪水影响分析综合评价 | 1. 项目与相关规划的关系分析；<br>2. 防洪标准符合性分析；<br>3. 防洪及河势影响分析；<br>4. 蓄滞洪区影响分析；<br>5. 对现有水利工程与设施影响分析；<br>6. 对防汛抢险与水上救生的影响分析；<br>7. 对第三人合法水事权益的影响分析；<br>8. 洪水影响综合评价 | 10 | 1. 在蓄滞洪区影响分析中，若建设项目可能造成生态环境污染，应进行分洪后建设项目可能的生态环境影响分析（推荐引用生态环境部门批复或认可的相关报告成果），内容缺失的，扣3分，分析不足的，扣1～2分；<br>2. 应分析施工期和运行期建设项目对现有水利工程与设施（提防、河道（渠）、安全建设设施等）影响，内容缺失的，扣3分，分析不足的，扣1～2分；<br>3. 对于线性建设项目（道路、桥梁、输电线路等），应分析线性建设项目与设计蓄滞水位、堤顶道路及转移道路之间净空高度是否满足防汛抢险与水上救生的要求，内容缺失的，扣3分，分析不足的，扣1～2分；<br>4. 对于其他项，内容缺失的，每项扣2分，分析不足的，每项扣1分；<br>以上各项，累计扣分不超过11分 |  |  |  |

续表

| 序号 | 评分项 | 主要内容 | 最高分值 | 赋分原则 | 扣分缘由 | 扣分 | 得分 |
|---|---|---|---|---|---|---|---|
| 六 | 防治与补救措施 | 1. 对水利规划实施、蓄滞洪区运用防洪工程安全和安全建设运行、河道（渠系）防洪排涝灌溉及河势、防汛抢险与水上救生、第三人合法水事权益等影响的工程防治与补救措施；<br>2. 工期优化调整、监测、管理、监督、防汛抢险预案编制、防洪保安措施等非工程防治与补救措施 | 10 | 1. 确需采取防治与补救措施，但未提出的，扣 10 分；<br>2. 防治与补救措施针对性不强或主要内容（基本方案、实施范围等）不完整的，每项扣 2 分；<br>3. 建设项目占用河道（渠系）阻水比较大的，防治与补救措施，如河道（渠系）改线、疏挖等，应包括平面布置图、横断面图，内容缺失的，扣 3 分；<br>以上各项，累计扣分不超过 11 分 | | | |
| 七 | 结论与建议 | 1. 洪水影响评价主要结论；<br>2. 有关建议 | 5 | 1. 结论包括：<br>①建设项目与相关规划的符合性；<br>②对防洪影响（施工期和运行期）；<br>③洪水对建设项目影响；<br>④对第三人合法水事权益影响；<br>⑤对防汛抢险与水上救生影响；<br>⑥防治与补救措施等；<br>结论缺失的或不明确的，每项扣 1 分；<br>2. 结论与洪水影响分析综合评价结论不一致的，扣 1~2 分；<br>3. 针对工程设计方案、施工组织设计等存在的问题，未提出必要建议的，扣 1~2 分；<br>以上各项，累计扣分不超过 5 分 | | | |

379

续表

| 序号 | 评分项 | 主要内容 | 最高分值 | 赋分原则 | 扣分缘由 | 扣分 | 得分 |
|---|---|---|---|---|---|---|---|
| 八 | 附图附件附表 | 1. 编制单位责任页、公章;<br>2. 现场音像、图像等资料;<br>3. 建设项目基本情况表;<br>4. 附图、附件、附表及其他应附资料 | 10 | 1. 无责任页、或责任页未签字、或未加盖编制单位公章的，扣2分;<br>2. 现场拍摄视频、音像、图像等资料不能清晰反映建设项目区域现场实际情况的（建设项目与蓄滞洪区关系），扣3~5分;<br>3. 缺少建设项目基本情况表、或建设项目基本情况表不全、或建设项目基本情况表与报告内容不一致的，扣1~2分;<br>4. 附图、附件、附表不清晰的，或缺少关键附图、附件、附表的，扣2分;<br>5. 工程设计图纸标题栏未签名或不完整的，扣2分;<br>6. 缺少其他应附资料的（第三方影响承诺函、有关协议等），扣2分;<br>以上各项，累计扣分不超过11分 | | | |
| 总分 | | 111 | | | | | |

注:1. 评分对象为提交评审的洪水影响评价报告，根据评审意见修改的报告不再评分。

2. 报告评分共八项，每个单项扣分后的最低得分为0分。

3. 报告评分等级为"优""良""合格"和"不合格"4个等级。总分在90分以上（含90分）的，为"优"；总分在80（含80分）~90分的，为"良"；总分在60（含60分）~80分的，为"合格"；总分低于60分的，为"不合格"。

专家签字:

年　　月　　日

# 7.6 附录

## 7.6.1 涉河建设方案报告编制目录

工程特性表

1 概述

   1.1 项目概况

   1.2 防洪标准、防洪工程及河道管理范围

   1.3 高程及平面坐标系统

   1.4 主要附图、附表

2 水文

   2.1 流域概况及河道特征

   2.2 气象

   2.3 水文基本资料

   2.4 设计洪水

3 工程地质

   3.1 概述

   3.2 区域地质

   3.3 工程地质

   3.4 主要附图、附表

4 推荐方案工程布置及主要建(构)筑物

   4.1 工程等别和标准

   4.2 工程主要建设内容及规模

   4.3 工程布置

   4.4 主要建(构)筑物结构

   4.5 与防洪工程的关系

   4.6 主要附图、附表

5 施工组织设计

   5.1 施工条件

   5.2 主体工程施工

   5.3 主要施工临时设施

   5.4 施工交通及施工总布置

   5.5 施工总进度

5.6  主要附图、附表

## 7.6.2  涉河建设方案报告建设项目基本情况表

见表 7.6-1。

**表 7.6-1**　　　　　　　　　　　建设项目基本情况表

| 序号 | 名称 | 内容 |
|---|---|---|
| 一、建设项目名称 | | |
| 二、建设单位概况 | | |
| 1 | 单位名称 | |
| 2 | 联系人姓名 | |
| 3 | 联系电话 | |
| 4 | 单位通讯地址 | |
| 三、设计单位概况 | | |
| 1 | 单位名称 | |
| 2 | 联系人姓名 | |
| 3 | 联系电话 | |
| 4 | 单位通讯地址 | |
| 四、建设项目概况 | | |
| 1 | 所在河段 | |
| 2 | 建设地点 | 填写建设项目与附近河道内标志性建(构)筑物或地点的距离 |
| 3 | 所属行政区域 | 省级：　　地(市)级：　　县级： |
| 4 | 涉及水行政主管部门 | 省、地(市)、县级水行政主管部门及相关河道堤防管理单位 |
| 5 | 所在河段防洪标准 | |
| 6 | 所在河段设计洪水位/m | |
| 7 | 工程处现状堤防基本情况 | 填写堤防等级、达标情况、堤顶高程、堤顶宽度和迎水侧、背水侧坡比等 |
| 8 | 项目是否位于生态敏感区 | 如涉及生态敏感区需具体说明所在生态敏感区名称及所属区域 |
| 9 | 工程规模 | |
| 五、主要建筑物 | | |
| 1 | 缆线结构形式 | |
| 2 | 跨越档距/m | |
| 3 | 跨越杆塔结构形式 | |

| 序号 | 名称 | 内容 |
|---|---|---|
| 4 | 基础结构形式 | |
| 5 | 基础结构尺寸/m | |
| 6 | 基础与堤脚间最小距离/m | |
| 7 | 与左/右岸现状或规划堤防堤顶间净空/m | |

## 7.6.3  洪水影响评价报告编制目录

工程特性表

1  概述

   1.1  项目背景

   1.2  评价依据

   1.3  评价范围

   1.4  技术路线及工作内容

2  项目所在区域基本情况

   2.1  自然概况

   2.2  资源与环境概况

   2.3  经济社会概况

   2.4  现有水利工程及其他设施情况

   2.5  水利规划与实施安排

   2.6  蓄滞洪区基本情况

3  项目基本情况

   3.1  前期工作情况及必要性论证

   3.2  涉水建设项目基本情况

4  水文、河道演变及洪水影响分析计算

   4.1  水文分析计算

   4.2  河道演变分析

   4.3  洪水影响分析计算

5  洪水影响分析评价

   5.1  项目与相关规划的关系分析

   5.2  防洪标准符合性分析

   5.3  防洪及河势影响分析

   5.4  蓄滞洪区影响分析

## 7.6.4 洪水影响评价报告项目基本情况表

见表 7.6-2。

**表 7.6-2** 项目基本情况表

| 序号 | 名称 | 内容 |
|---|---|---|
| | 一、建设项目名称 | |
| | 二、建设单位概况 | |
| 1 | 名称 | |
| 2 | 联系人 | |
| 3 | 联系电话 | |
| 4 | 通讯地址 | |
| | 三、报告编制单位概况 | |
| 1 | 名称 | |
| 2 | 联系人 | |
| 3 | 联系电话 | |
| 4 | 通讯地址 | |
| | 四、建设项目概况 | |
| 1 | 建设项目性质 | □新建 □改建 □扩建 □方案调整 □延续申请 |

| 序号 | 名称 | 内容 |
|---|---|---|
| 2 | 建设项目类型 | □码头工程(含渡口)<br>□桥梁工程<br>□道路工程(含铁路)<br>□管(隧)道工程<br>□缆线工程(通信缆线、输变电线路)<br>□造(修、拆)船项目<br>□航道整治工程<br>□滩岸环境综合整治工程<br>□取排水设施<br>□其他项目 |
| 3 | 建设项目工程规模 | □大型 □中型 □小型 |
| 4 | 项目建设地点 | 说明建设项目所在河流、河段、岸别及建设项目与上下游相邻标志性建设项目或其他参照物的距离,例如,"长江武汉河段右岸,长江大桥下游××km" |
| 5 | 建设项目概位坐标 | 东经: 度 分 秒,北纬: 度 分 秒或东经: 度,北纬: 度(小数点后保留 6 位小数) |
| 6 | 所属行政区域 | 说明建设项目所在省、市、县级行政区 |
| | 涉及水行政主管部门 | 说明建设项目涉及的省、市、县级水行政主管部门及河道堤防管理单位 |
| 7 | 所在河段防洪标准 | 说明 |
| 8 | 所在河段设计洪水位<br>(注明设计洪水位依据) | 说明工程处设计洪水位以及相关依据,并注明高程系统 |
| 9 | 河湖管理范围 | 说明建设项目所在地河湖管理范围划定成果、划定标准。例如,"根据××县人民政府公示的河湖管理范围划定成果,本河段划定标准采用××年一遇设计洪水位(或历史最高洪水位),高程为××m"或"根据××县人民政府公示的河湖管理范围划定成果,本河段河湖管理范围线距堤防背水侧堤脚××m" |
| 10 | 建设项目附近现状<br>堤防基本情况 | 说明建设项目附近堤防等级、达标情况、堤顶高程、堤顶宽度和内外坡比等 |
| 11 | 蓄滞洪区情况 | 说明建设项目是否涉及蓄滞洪区,如有,需说明所涉及蓄滞洪区基本情况及蓄滞洪区设计蓄洪水位 |
| 12 | 国家基本水文测站情况 | 说明建设项目上、下游各 20km(平原河流上、下游各 10km)是否有国家基本水文测站,如有,需说明国家基本水文测站名称及与建设项目的距离 |

| 序号 | 名称 | 内容 |
|---|---|---|
| 13 | 阻水比(位于三峡库区的,应补充占用三峡防洪库容容积) | |
| | 占用蓄滞洪区有效蓄洪容积 | |
| 14 | 建设项目所在岸线功能分区及划分依据 | |
| 15 | 建设项目是否位于生态敏感区(如是,请具体说明) | |
| 16 | 工程规模 | |
| 17 | 高程及平面坐标系统 | 说明本报告表所采用的高程及平面坐标系统。高程系统原则上应采用 1985 国家高程基准,如采用其他高程系统,应注明与 1985 国家高程基准之间的换算关系;平面坐标系统原则上应采用 2000 国家大地坐标系,如采用其他平面坐标系统,应同时附具建设项目主要建(构)筑物控制点的 2000 国家大地坐标 |
| 五、主要建筑物 | | |
| 1 | 平面布置 | |
| 2 | 主要建筑物结构方案 | |
| 六、评价范围 | | |
| 1 | 与规划的符合性 | 填写建设项目与流域综合规划、防洪规划、岸线保护与利用规划、河道(湖泊)治理规划、河道(湖泊)采砂规划、港口规划、过江通道布局规划等相关规划的符合性分析结论 |
| 2 | 与负面清单符合性 | 填写建设项目与《长江经济带发展负面清单指南(试行,2022 年版)》及各省(直辖市)实施细则的符合性分析结论 |
| 3 | 主要河演结论 | |
| 4 | 主要防洪评价计算结论 | |
| 5 | 主要防洪影响综合评价 | |
| 6 | 主要防治与补救措施 | 根据洪水影响评价计算及岸坡稳定性分析等结论,提出需采取的防治与补救措施,明确防治与补救措施范围和规模。例如,堤防加固的范围及长度,岸坡防护的范围及长度,需要进行防渗处理的桩基数量及编号等 |
| 7 | 主要建议 | |

# 第8章 结 论

本书系统梳理总结了湖北省特高压输变电工程建设方案、河道管理范围内建设项目洪水影响评价、蓄滞洪区内建设项目洪水影响评价、建设项目对国家基本水文测站影响评价、防洪影响补救措施的评价要点、关键技术及有关管理要求,并结合典型工程案例进行了解析,同时梳理总结了洪水影响评价行政审批流程及具体要求,可为特高压输变电工程及其他建设项目洪水影响评价工作提供重要参考,主要总结如下:

## 8.1 工程建设方案管理要求

①工程建设方案应包括项目建设地点、建设必要性、建设区的水文和工程地质、主要建设内容和规模、总体布置以及施工组织设计等主要内容。

②建设项目应与流域综合规划及防洪规划、河湖岸线保护与利用规划、河湖治理规划、河湖采砂管理规划、港口规划、过江通道布局规划等有关专业(专项)规划相适应,应符合河湖管理和水利工程管理的有关规定。

③建设项目选址应避开重要水利工程设施、饮用水水源一级保护区、水文监测设施周围环境保护范围等。

④建设项目布置应遵循确有必要、无法避让河湖管理范围和确保防洪与生态安全的原则;应节约集约布置,严格控制河湖管理范围内建(构)筑物占用的岸线长度、过水断面面积、水域及滩地面积、河槽(湖泊、水库)容积,严格控制蓄滞洪区内占地面积和占用有效蓄洪容积。

⑤建设项目应与堤防、蓄滞洪区的进退洪口门保持足够的安全距离,输变电线路工程垂弧应与堤顶、河道沟渠的设计洪水位、蓄滞洪区设计蓄洪水位、蓄滞洪区转移道路、蓄滞洪区安全区和安全台保持足够的安全净空。

⑥施工临时道路施工完毕时应及时拆除,弃土弃渣堆场(包括临时堆放)不得布置在河道和蓄滞洪区内。利用堤身作为场内施工道路的,应根据施工机械荷载标准,对堤防进行加固处理。

⑦建设项目对水利规划实施、河道行洪、河势及岸坡稳定、防洪工程安全、蓄洪工程、

安全建设工程、河道（沟渠）行洪排涝、防汛抢险及水上救生、其他水利工程设施等产生影响的，应采取防洪影响补救措施；建设项目防洪影响补救措施设计应符合水利行业相关标准的要求，并与建设项目同步实施。建设项目影响堤防加高加固、河道（沟渠）整治、转移道路建设等水利工程实施时，应将影响范围内的水利工程按规划标准纳入建设项目投资并同步实施。建设项目影响规划新建堤防建设的，应为规划新建堤防实施预留空间。

## 8.2　河道管理范围内建设项目洪水影响评价要点

①河道管理范围内建设项目洪水影响评价的主要研究内容包括评价范围及对象、基础资料收集与现场查勘、项目所在区域基本情况、项目基本情况、水文分析计算、河道演变分析、洪水影响分析计算、洪水影响分析评价和防洪影响补救措施。

②河道管理范围内建设项目洪水影响评价范围应包括建设项目所在位置上下游一定长度河段及其管理范围。河道管理范围一般根据各省、市、县（区）人民政府公示的河道管理范围线确定；湖北省特高压输变电工程洪水影响评价横向评价范围应包括河道划界确权范围和堤防工程保护范围。河道纵向评价范围应包含工程上、下游影响范围。

③洪水影响评价工作前期及过程中，应当系统、全面地收集工程设计资料和区域基础资料，并开展现场查勘、视频拍摄和测验测量等必要的外业工作。审查会需提供近一个月的现场视频。

④项目所在区域基本情况应包括自然概况、资源与环境概况、经济社会概况、现有水利工程及其他设施情况、水利规划及实施安排等。

现有水利工程及其他设施情况应重点说明评价范围内现有堤防、水库、涵闸、泵站、安全建设、排水、灌溉等水利（防洪）工程以及桥梁、码头、港口、取水、排水、航道整治等设施的基本情况。

水利规划应重点梳理流域综合规划、防洪规划、水资源利用与保护规划、采砂规划等报告中与工程河段相关联的规划内容；岸线利用规划、堤防加固规划、河道整治规划等应重点介绍工程跨越位置处的规划方案；工程位置处有规划工程措施的，应交代工程措施的实施情况。

⑤项目基本情况应包括项目前期工作情况及必要性论证、项目建设条件、项目设计方案、施工方案和工程与现有水利工程的关系。

项目建设地质条件应包含工程地质条件和堤防地质条件。设计方案应包括工程规模及设计标准、工程平面布置方案和主要建（构）筑物结构设计。对输变电工程而言，河道内杆塔基础的防冲及近堤基础的防渗（导滤）措施应纳入主体工程设计，应在设计方案中进行交代。施工方案应包括施工条件、主体工程施工、主要施工临时设施、施工交通及施工总布置、施工弃土弃渣处置、施工总进度安排等。对两岸有堤防的河道,施工车辆将会利用堤顶道路进入施工场地,施工方案中应明确车辆利用堤顶道路的长度及最大施工车辆荷载,是否对堤防进行防护等;河道内及近堤杆塔基础施工应尽量安排在非汛期。

河道管理范围内的建设项目与堤防的关系,应主要分析承台(桩基)边缘与堤脚的最近净空、杆塔导线弧垂与堤顶的最小净空,弧垂与堤顶的最小距离除了考虑防汛抢险要求,还应考虑输电线路工程设计规范中要求的导线与交叉工程的安全距离。

⑥洪水影响分析计算应包括水文分析计算、河道演变分析、阻水分析计算、壅水分析计算、冲刷分析计算、堤防渗流稳定计算等。河道演变分析应包括历史演变分析、近期演变分析、工程局部河段演变分析和演变趋势分析等内容,至少应包含近 5 年内的河道地形资料。

⑦洪水影响分析评价应包括项目与相关规划的关系分析、防洪标准符合性分析、防洪及河势影响分析、对现有水利工程与设施的影响分析、对防汛抢险的影响分析、对第三者合法水事权益的影响分析、洪水影响综合评价,要评价建设项目是否属于长江经济带发展负面清单指南中的禁止建设项目,工程建设是否符合《长江经济带发展负面清单指南》中对建设项目的管控要求。

⑧须执行的有关管理要求:塔基严禁布置在堤防工程管理范围内,且塔基外缘与1、2级堤防堤脚的最小距离不应小于 100m,与 3 级及以下级别堤防堤脚的最小距离不应小于 50m。输电线路不应在河湖管理范围内顺河堤布置,应采用跨越方式一跨跨越河道,确实难以满足的,阻水比应小于 1%。输电线路跨越堤防处与规划堤顶间净空不应小于 5m,并应满足相关行业标准要求。

## 8.3 蓄滞洪区内建设项目洪水影响评价要点

①蓄滞洪区内建设项目洪水影响评价的主要研究内容包括评价对象、基础资料收集与现场查勘、项目所在区域基本情况、项目基本情况、建设项目对防洪的影响计算、洪水对建设项目的影响计算、洪水影响分析评价和防洪影响补救措施。

②洪水影响评价工作前期及过程中,要梳理评价依据,明确评价范围及对象,确定研究内容及技术路线;应当系统、全面地收集工程设计资料和区域基础资料,并开展现场查勘、视频拍摄和测验测量等必要的外业工作。

③项目所在区域基本情况应包括自然地理概况、资源与环境概况、经济社会概况、现有水利工程及其他设施、水利规划及实施安排、蓄滞洪区基本情况等。

④项目基本情况应包括前期工作情况及必要性论证、建设项目基本情况、主要设计成果、地勘成果、施工方案等。

⑤洪水影响分析计算应包括建设项目对防洪的影响分析计算和洪水对建设项目的影响分析计算。

建设项目对防洪的影响分析计算包括蓄滞洪区内主要河道渠系的水文分析计算、阻水与壅水分析计算、河道演变分析及河势影响分析计算、建设项目占用蓄滞洪区的面积和容积分析计算、建设项目对分洪和退洪影响的数学模型计算、对防洪工程影响分析计算;洪水对建设项目的影响包括淹没、冲刷与淤积等影响计算。

⑥洪水影响分析评价应包括建设项目与相关规划的关系、防洪标准的符合性、防洪及河势的影响、蓄滞洪区及运用的影响、现有水利工程与设施的影响、防汛抢险和水上救生的影响、第三者合法水事权益的影响、施工期影响等。

⑦须执行的有关管理要求:在进、退洪口门左右两侧各 500m 和进、退洪通道口门上下游 1000m 内,严禁建设输变电工程;输电线路导线垂弧最低点与设计蓄洪水位间净空必须满足防汛抢险及水上救生和相关行业标准的安全超高要求。

## 8.4  对国家基本水文测站影响评价要点

①在水文测站上下游各 20km 河道管理范围内,新建、改建、扩建工程影响水文监测的,建设单位应当采取相应措施,在征得对该水文测站有管理权限的流域管理机构或者水行政主管部门同意后方可建设。

②建设项目对国家基本水文测站影响评价主要研究内容包括收集工程河段及评价范围内所有水文测站基本情况、分析工程建设对水文监测的影响、评价工程建设对水文测站可能产生的影响及程度、提出水文监测补救方案和资金筹措方案、提出工程建设对国家基本水文测站影响评价的主要结论和建议。

③水文测验基本情况主要包括评价范围内水文测站概况、测验河段情况、测验设施设备、测验方案及资料整编方案等。

④建设项目对水文监测影响分析计算主要包括水文分析计算、壅水分析计算、数学模型计算、河道冲淤分析计算等内容。输变电工程在河道内布置,建(构)筑物需要开展建设项目施工期和运行期对水文监测影响的分析计算;采用一跨过河的方式跨越河道,要分析运行期高压线电流对水文自记设施数据传输的影响。

⑤建设项目对水文监测影响评价分析主要包括工程施工期和运行期对水文测站测验设施设备、测验工作环境、测验方案和资料整编方案等方面,并应提出补救方案和估算费用。施工期需结合工程施工方案及特点,从测验设施设备、测验项目和测验工作环境进行分析;运行期除考虑工程建设对测验设施设备的破坏及场地占用外,还应结合水文监测设施周围环境保护范围分析其影响。

⑥水文监测补救方案论证,要在水文监测影响分析评价结论的基础上进行,对水文

监测有影响的,应按照测站受影响程度等级和测站水流特性,分析论证并提出相应的补救措施。

## 8.5 防洪影响补救措施设计要求

①防洪影响补救措施专项设计应以建设项目洪水影响评价行政许可决定为依据,以建设项目洪水影响评价报告提出的补救措施项目和范围为基础进行编制,不应减少行政许可决定要求的补救措施项目。

②防洪影响补救措施专项设计报告主要依据《长江流域和澜沧江以西(含澜沧江)区域河湖管理范围内建设项目防洪影响补救措施专项设计报告编制导则》《湖北省涉河建设项目洪水影响评价技术细则》等标准规范中相关要求和规定进行设计和编制,主要内容包括建设项目概况、工程水文和工程地质、补救措施工程设计、施工组织设计、设计概算、结论与建议。

③建设项目对堤防造成破坏、改变堤防受力和运行条件的,应对受影响堤段的堤防进行恢复与加固;建设项目影响岸坡稳定的,要复核确定岸坡防护工程范围、规模等;建设项目影响河道行洪能力或占用湖泊容积的,要复核确定疏挖工程范围和规模;建设项目影响防汛通道通行的,要复核确定堤顶道路恢复范围、防汛通道改建范围。

④输变电线路工程对防汛道路的影响主要体现在施工期,在施工期,若施工车辆利用堤顶道路进出施工场地,且施工车辆荷载较大,则工程在施工期可能对防汛道路造成影响,需提出施工车辆通行段堤防加固补救措施。

⑤输变电工程的近堤塔基防渗防冲、岸坡防护、堤防加固、沟渠疏挖和改道等防洪影响补救措施可纳入主体工程设计,与主体工程同步实施。

## 8.6 洪水影响评价行政审批要求

①湖北省特高压输变电工程洪水影响评价审批事项主要包括河道管理范围内建设项目工程建设方案审批、蓄滞洪区内非防洪建设项目洪水影响评价报告审批、国家基本水文测站上下游建设影响水文监测工程的审批。

②河道管理范围内建设项目工程建设方案审批流程主要包括申请、受理、审查、许可决定、许可送达。建设单位提交审批事项申请时,应提交纸质申请材料,并在水利部政务服务平台上进行网上申报,在河湖综合管理系统中进行上图工作。

③《水利部关于加强蓄滞洪区内非防洪建设项目洪水影响评价管理的意见》(水防〔2024〕300 号)指出,国家蓄滞洪区及长江流域汉江中下游蓄滞洪区、参照国家蓄滞洪区实施运用补偿的蓄滞洪区(均不含已建成安全区、安全台)内的项目由水利部许可,技术

审查由流域管理机构负责。

水利部非防洪建设项目洪水影响评价报告审批流程主要包括申请、技术审查、审批、变更。建设单位提交审批事项申请时，应提交纸质申请材料，并在水利部政府服务平台上进行网上申报。

④长江水利委员会对同一建设项目、同一申请人需要同时申请多项行政许可事项的，按照"四个一"（一次申报，一本报告，一次审查，一件批文）的方式进行行政审批，同时申请人仍可选择按单一事项的要求办理申请手续。

国家基本水文测站上下游建设影响水文监测工程的审批一般与河道管理范围内建设项目工程建设方案审批事项一并申报，其审批流程包括申请、受理、审查、许可决定、许可送达5项流程。

⑤长江水利委员会洪水影响评价审批事项申请时，应提交省级水行政主管部门同意本工程建设的意见；省级水行政主管部门审查的项目或流域管理机构审查项目需征求省级意见时，应提交县（区）、市水行政主管部门的意见。